教育部高等学校材料类专业教学指导委员会规划教材

国家级一流本科专业建设成果教材

河南省“十四五”普通高等教育规划教材

现代材料分析测试技术

罗树琼　管学茂　主编
李海艳　张海波　徐志超　副主编

MODERN MATERIAL ANALYSIS AND TESTING TECHNOLOGY

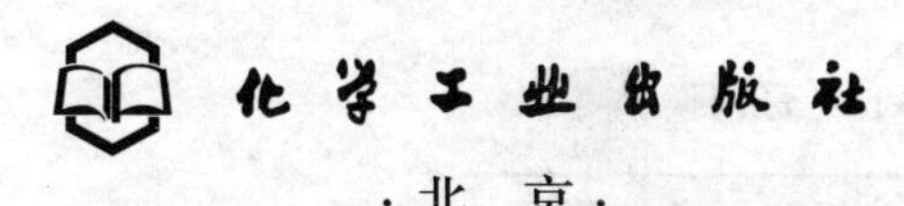

·北　京·

内容简介

《现代材料分析测试技术》以本科生培养目标为准则，介绍各种分析测试技术的基本理论、基本方法与基本技能，重点放在分析测试技术最常用的分析测试方法的应用。书中以材料常用的X射线衍射分析、电子显微分析和热分析基本测试方法为主要内容，辅以红外光谱分析和核磁共振分析。在编写过程中，以面向应用为主，尽量简化甚至去除深奥的理论推导，采用应用实例传递知识，增加理解，以达到易学易用的目的。同时，本书内容注重结合材料分析测试技术的前沿发展，在分析测试方法应用方面采用了科研工作中的大量实际案例。

本教材可作为高等院校材料类各专业本科生、研究生的教材，还可作为材料工作者的参考用书。

图书在版编目（CIP）数据

现代材料分析测试技术 / 罗树琼，管学茂主编. --北京：化学工业出版社，2024.7
ISBN 978-7-122-45588-8

Ⅰ.①现… Ⅱ.①罗… ②管… Ⅲ.①工程材料-分析方法-高等学校-教材②工程材料-测试技术-高等学校-教材 Ⅳ.①TB3

中国国家版本馆CIP数据核字（2024）第090580号

责任编辑：陶艳玲　　文字编辑：王晓露　王文莉
责任校对：田睿涵　　装帧设计：史利平

出版发行：化学工业出版社
（北京市东城区青年湖南街13号　邮政编码100011）
印　　装：河北鑫兆源印刷有限公司
787mm×1092mm　1/16　印张16¼　字数400千字
2024年9月北京第1版第1次印刷

购书咨询：010-64518888　　售后服务：010-64518899
网　　址：http://www.cip.com.cn
凡购买本书，如有缺损质量问题，本社销售中心负责调换。

定　　价：48.00元

前言

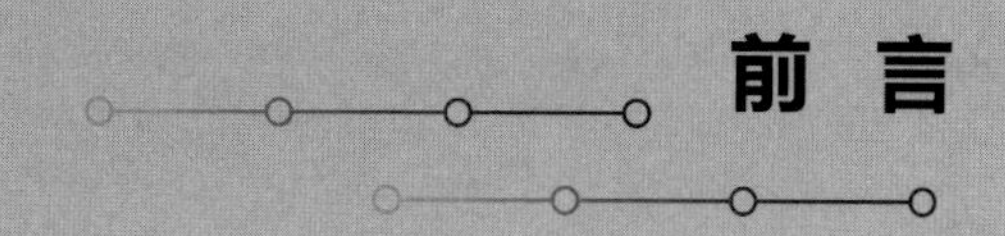

材料分析测试技术是关于材料成分、结构、微观形貌与缺陷等的分析、测试技术及其有关理论基础。作为材料专业的学生，学习和掌握常用分析测试方法的基本原理、测试仪器的基本构造、测试的一般过程以及图谱数据分析的一般方法十分必要，要能够结合专业知识选用合理的测试方法，检测材料的结构、形貌、成分和性能等，并对所获得的信息进行正确的解释，具有应用材料基本知识和分析方法进行分析研究的能力。

本教材是根据教育部高等学校材料类专业教学指导委员会规划教材的建设精神编写的。本教材在保证内容的系统性和连续性的基础上，根据目前各高校的课程课时安排的总体情况，对内容篇幅进行相应地调整。其中，第1章建议采用8课时，第2章建议采用6课时，第3章建议采用4课时，第4章建议采用4课时，第5章建议采用4课时，第6章建议采用4课时，第7章建议采用2课时。不同学校不同专业可以根据自己的授课目的与学时安排酌情增减。本教材除可作为高等院校材料类各专业本科生、研究生教材外，还可作为材料工作者的入门参考书。

本教材由罗树琼、管学茂主编。参编人员及编写分工如下：第1章由罗树琼编写，第2章由张海波、苏壮飞编写，第3章由徐志超编写，第4章由罗树琼、苏壮飞编写，第5章由李海艳编写，第6章由李涛编写，第7章由管学茂、张海波、徐志超、郭凯编写。全书由罗树琼、管学茂统稿。

本教材是河南理工大学材料科学与工程专业国家级一流本科专业建设成果教材。本教材在编写过程中得到了河南理工大学和化学工业出版社的大力支持和帮助，范广新、吴庆华、黄丽娜、杨雷、常玉凯和张博文给予了宝贵建议，高升、刘卓、向婷玉、张能、李书辉、褚鸿洋、丁珊、桂世磊和王鹏飞给予了大力帮助，在此致以衷心的感谢！同时，对教材中所引用文献资料的作者致以诚挚的谢意!

限于编者的水平和时间，书中不当之处在所难免，敬请广大读者批评指正。

编者

2024年1月于河南理工大学

目录

第1章 X射线衍射

第2章 扫描电子显微镜与电子探针

第4章 热分析技术

第5章 红外吸收光谱分析

第6章 核磁共振波谱法

第7章 综合应用与分析

第1章

X射线衍射

1.1 X射线物理学基础

1.1.1 X射线的基本性质

1895年伦琴发现了X射线，在此后很长的一段时间内，人们并不了解其本质，只认识到这种射线具有一些特征，如：X射线直线传播，在穿过电场和磁场时不发生偏转；能使底片感光，使荧光物质发光，使气体电离；对动物有机体有杀伤作用等。直到1912年德国物理学家劳厄等人发现了X射线在晶体中的衍射现象后，才揭示了其本质。

从本质上说，X射线和无线电波、可见光、γ射线等一样，也是电磁波，其波长范围在0.001～10nm之间，介于紫外线和γ射线之间，但没有明显的分界线，如图1-1所示。

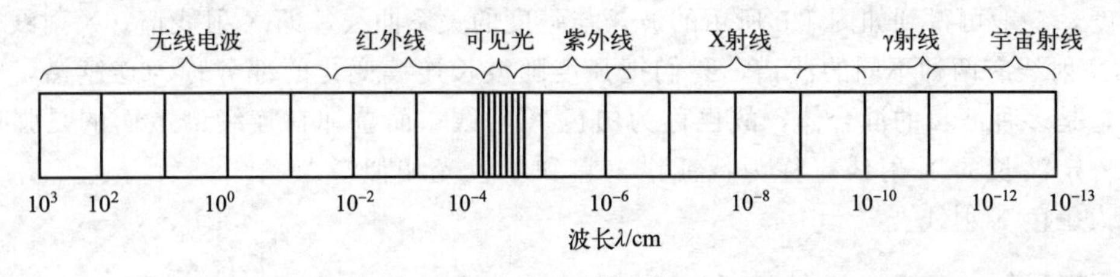

图1-1　电磁波谱

X射线同可见光、紫外线以及电子、中子、质子等基本粒子一样，具有波粒二象性。

X射线存在一个波长范围，不同波长的X射线有不同的用途。在X射线衍射分析中，常用0.05～0.25nm波长的射线，其穿透力较弱，称为软X射线。在金属探伤中，一般使用0.005～0.01nm甚至更短波长的射线，其穿透力很强，称为硬X射线。

1.1.2 X射线的产生及X射线谱

1.1.2.1 X射线的产生

伦琴在阴极射线管中偶然发现X射线后，通过大量的实验证明：凡是高速运动着的电子碰到任何障碍物，均能产生X射线。其它带电的基本粒子也有类似的现象。因此，X射线产生的条件可以归纳为：

① 以某种方式获得一定量的自由电子；

② 在高真空中，高压电场作用下迫使电子朝一定方向加速运动；

③ 在高速电子流的运动路线上设置障碍物（阳极靶），使高速运动的电子突然受阻而停止下来。

X 射线发生装置的基本原理如图 1-2 所示。这种射线管实际上是一个真空二极管，发射电子的灯丝是阴极，阻碍电子运动的金属靶为阳极。在管子两极间加上高电压，使阴极发射出的电子流高速撞击金属阳极靶，就会产生 X 射线。

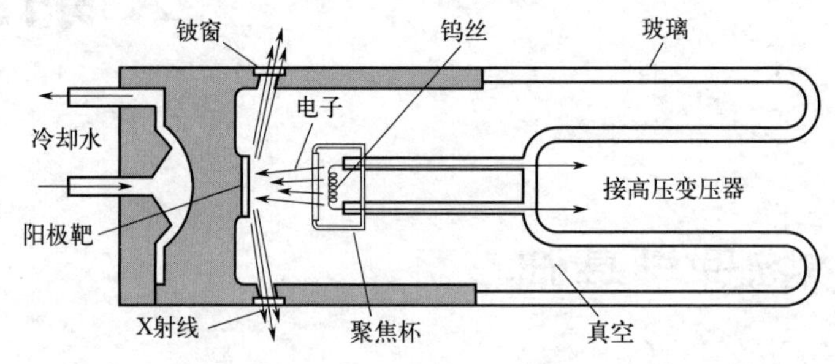

图 1-2　X 射线发生装置

阳极靶通常由熔点高且导热性好的金属铜制成。为了获得各种波长的 X 射线，常在阳极靶面镀一层金属 Cr、Co、Fe、Mo 或 W。由于高速电子的能量有 99% 都转变为热能，故阳极靶需要通水进行冷却。

1.1.2.2　X 射线谱

由 X 射线管发出的 X 射线，其波长并不相同。如果用适当的方法去测量各个波长的 X 射线强度，一般可得到如图 1-3 所示的波长与强度的关系曲线，即 X 射线谱。X 射线管中发射出的 X 射线有两种不同的波谱，我们把强度随波长连续变化的部分称为连续谱，它和白光相似，是多种波长的混合体，故也称为白色 X 射线；而叠加在连续谱上面的是强度很高的具有一定波长的 X 射线，称为特征谱，它和单色光相似，故也称为单色 X 射线。

（1）连续谱

在图 1-3 中，不同的管电压下，连续谱都有一个强度最大值，并在短波方面有一波长极限，称为短波限（λ_{SWL}），用 λ_0 表示。随 X 射线管电压的升高，各种波长的 X 射线的强度一致升高，最大强度值所对应的波长变短，短波限也相应变短，与此同时波谱变宽。这些规律说明管电压既影响连续谱的强度，也影响其波长范围。

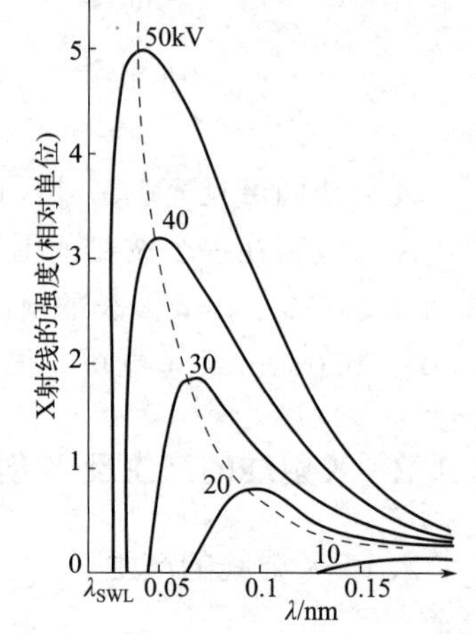

图 1-3　不同管电压下的 X 射线谱

量子理论认为：当能量为 eU 的电子与阳极靶的原子发生碰撞时，电子损失能量，其中绝大部分能量转变为热能，仅一小部分能量以 X 射线光子的形式辐射出来。在与阳极靶碰撞的电子中，有的辐射一个光子，有的发生多次碰撞辐射多个能量不同的光子，它们的总和就构成了连续谱。由于光子的能量来自于电子，故光子的能量一般都小于电子的能量，但也有极端的情况：有的电子通过一次碰撞将其能量全部转变为光子的能量，此时，光子的能量达到一最大值，其值为：

$$eU = h\nu_{max} = hc/\lambda_0 \tag{1-1}$$

式中　e——电子电荷，其值为 1.602×10^{-19}C；

U ——管电压，V；

h ——普朗克常数，其值为 6.626×10^{-34} J·s；

ν ——射线频率，s^{-1}；

c ——X 射线的速度，其值为 2.998×10^{8} m/s；

λ_0 ——短波限，nm。

由式(1-1) 可得：

$$\lambda_0=\frac{hc}{eU}=\frac{1.24\times10^{3}}{U} \tag{1-2}$$

由式(1-2) 可知，短波限只与管电压有关，与阳极靶材料无关。

X 射线的强度 I 取决于每个光子的能量和单位时间内通过光子的数量，因此，在连续谱中，尽管短波限对应的光子能量最大，但相应的光子数量并不多，故强度极大值并不在短波限处，通常在 $1.5\lambda_0$ 附近。

连续谱的总强度就是如图 1-3 所示的曲线下所包围的面积，即：

$$I_{连续}=\int_{\lambda_0}^{\infty} I(\lambda)\mathrm{d}\lambda \tag{1-3}$$

实验证明：连续谱的总强度与管电压 U 、管电流 i 及阳极靶材的原子序数 Z 之间存在下列关系：

$$I_{连续}=KiZU^{m} \tag{1-4}$$

式中　K ——常数，K 为 $1.1\times10^{-9}\sim1.4\times10^{-9}$；

m ——常数，$m=2$。

由此可计算出 X 射线管发射连续 X 射线的效率 η ：

$$\eta=\frac{连续谱总强度}{X射线管功率}=\frac{KiZU^{2}}{iU}=KZU \tag{1-5}$$

式(1-5) 说明，随靶材原子序数 Z 增加，X 射线管效率提高。但即便使用原子序数很大的钨靶（$Z=74$），当管电压高达 100kV 时，η 也仅约为 1%，可见效率还是较低的。入射电子能量的绝大部分在与阳极撞击时生成热能而损失掉，因此必须设法强烈地冷却阳极。为了提高 X 射线管发射 X 射线的效率，尽量选用重金属靶并施以高的加速电压。

（2）特征谱

当管电流不变而管电压增高到某一临界值 U 时，在连续谱的某些特定波长上出现一些强度很高的锐锋，它们构成了 X 射线特征谱（见图 1-4）。刚好激发特征谱的临界管电压称为激发电压。当管电压继续增加时，连续谱和特征谱强度都增加，但特征谱对应的波长保持不变，只取决于阳极靶材的原子序数。对一定材料的阳极靶，产生的特征谱的波长是固定的，此波长可以作为阳极靶材的标志或特征，故称为特征谱或标识谱。

特征谱的产生机理与原子结构有关。按照原子结构的壳层模型，原子结构中心是原子核，原子中的电子分布在以原子核为中心的若干壳层中，每一壳层都有固定的能量，按能量高低，依次称为 K、L、M、N…壳层，分别对应于主量子数 $n=1$、2、3、4…在稳定状态下，每个壳层有一定数量的电子，它们具有一定的能量，最内层（K 层）电子的能量最低，然后按 L、M、N…的顺序递增，从而构成一系列的能级。在正常情况下，电子总是先占满能量低的壳层（见图 1-5）。

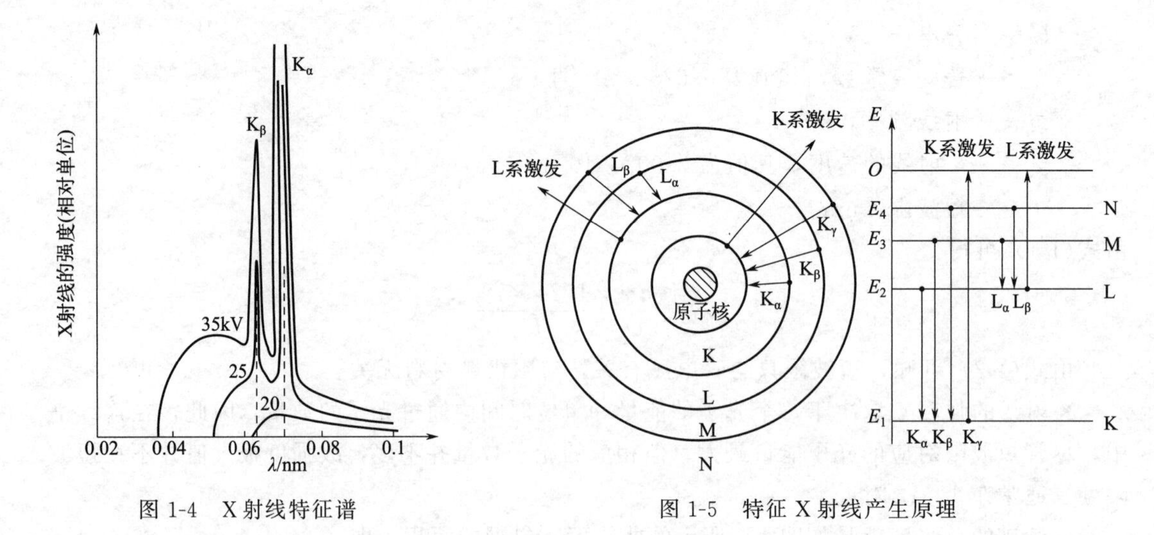

图 1-4　X 射线特征谱　　　　图 1-5　特征 X 射线产生原理

从 X 射线管中的阴极发出的电子，在高电压的作用下，以很快的速度撞到阳极上时，如果电子的能量足够大，就可以将阳极物质原子中的内层电子击到能量较高的外部壳层或击出原子外，使原子电离，于是原子就处于高能的不稳定状态，称为激发态，同时，这一过程被称为激发。按能量最低原理，电子具有自发地回到低能级的趋势，所以当 K 层中间一旦出现空位时（K 激发态），L、M、N…层中的电子就会跃入此空位，同时将多余的能量以 X 射线光子的形式释放出来（见图 1-5），这一过程被称为跃迁。辐射出的 X 射线光子能量由电子跃迁所跨越的两个能级的能量差来决定，由此可以计算出 X 射线频率和波长：

$$h\nu_{n_2 \to n_1} = E_{n_2} - E_{n_1} \tag{1-6}$$

$$\lambda_{n_2 \to n_1} = \frac{c}{\nu_{n_2 \to n_1}} = \frac{hc}{E_{n_2} - E_{n_1}} \tag{1-7}$$

式中　n_2，n_1——电子跃迁前后所在的能级；

E_{n_2}，E_{n_1}——电子跃迁前后的能量状态。

为了方便起见，定义由不同外层上的电子跃迁至同一内层而辐射出的特征谱线属于同一线系，并按电子跃迁所跨越的电子能级数目多少的顺序，将这一线系的谱线分别标以 α、β、γ 等符号。如图 1-6 所示，电子由 L→K，M→K 跃迁，辐射出的是 K 系特征谱线中的 K_α 和 K_β 谱线，以此类推还有 M 系等。

电子能级间的能量差并不是均等分布的，愈靠近原子核，相邻能级间的能量差愈大。所以，同一靶材的 K、L、M、N 系谱线中，以 K 系谱线的波长最短。此外，由式(1-7) 结合图 1-7 可推知，同一线系各谱线间，如在 K 系谱线中，必定是 $\lambda_{K_\alpha} > \lambda_{K_\beta} > \lambda_{K_\gamma}$。

特征 X 谱线的波长 λ 只与靶材原子结构有关，与其它外界因素无关，它随靶材原子序数 Z 的增大而变小（见图 1-7）。莫塞莱在 1914 年发现了这一规律，并给出了如下关系式：

$$\sqrt{\frac{1}{\lambda}} = K(Z - \sigma) \tag{1-8}$$

式中　K，σ——常数。

式(1-8) 称为莫塞莱定律，它是现代 X 射线光谱分析法的基础。

由于原子同一壳层上的电子并不处于同一能量状态，而是分属于不同的亚能级。如 L 层的 8 个电子分属于 L_1、L_2、L_3 的三个亚能级。亚能级之间有微小的能量差，电子从同层

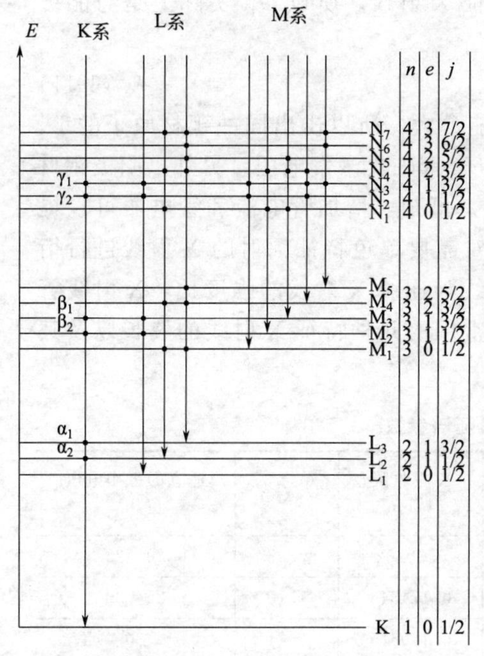

图 1-6　电子能级可能产生的辐射

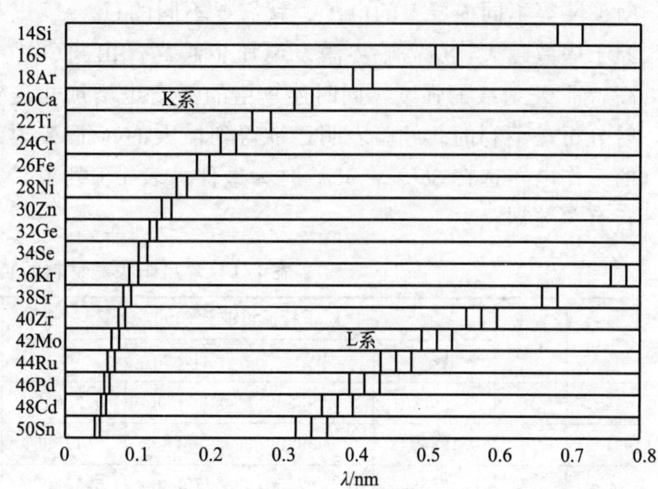

图 1-7　原子序数与特征谱波长的关系

但不同亚层向同一内层跃迁，辐射的特征谱线波长也有微小的差别。此外，电子在各能级间的跃迁并不是随意的，要符合“选择定则”，如图 1-6 所示，L_1 亚能级上的电子不能跃迁到 K 层上来，故 K_α 谱线是电子由 $L_2 \rightarrow K$ 和 $L_3 \rightarrow K$ 跃迁时辐射出来的 K_{α_1} 和 K_{α_2} 两根谱线组成的。由于能级 L_3 与 L_2 能量值相差很小，因此 K_{α_1} 和 K_{α_2} 线的波长很相近，通常无法分辨。为此以 K_{α_1} 和 K_{α_2} 谱线波长的加权平均值作为 K_α 线的波长。根据实验测定，K_{α_1} 线的强度是 K_{α_2} 线的两倍，故 K_α 线的平均波长为：

$$\lambda_{K_\alpha}=\frac{2\lambda_{K_{\alpha_1}}+\lambda_{K_{\alpha_2}}}{3} \tag{1-9}$$

特征谱的相对强度是由电子在各能级间的跃迁概率决定的，同时与跃迁前原来壳层上的电子数多少有关。例如，L 层电子跃入 K 层空位的概率比 M 层电子跃入 K 层空位的概率大，因此，K_α 线的强度大于 K_β 线的强度，其比值大约为 5∶1。而对 K_{α_1} 和 K_{α_2} 谱线来说，L_3 上的 4 个电子跃迁至 K 层空位的概率比 L_2 上的两个电子跃迁至 K 层的概率大一倍，所以 K_{α_1} 与 K_{α_2} 的强度之比为 2∶1。

特征 X 射线的辐射强度 I 随管电压 U 和管电流 i 的增大而增大，K 系谱线强度的经验公式为：

$$I_K=Ai(U-U_K)^n \tag{1-10}$$

式中　A ——比例常数；

U_K——系谱线的临界激发电压；

n ——常数，约为 1.5。

从前面分析可知，产生特征辐射的前提是在原子内层产生空位，这需要入射电子把内层电子击出，也要求由阴极射来的电子具有足够的动能，其值必须大于（至少等于）内层（如 K 层）电子与原子核的结合能 E_K。只有当加速电压 $U \geqslant U_K$ 时，受电场加速的电子的动能足够大，将靶材原子的内层电子击出来，才能产生特征 X 射线。所以 U_K 实际上是与能级 E_K 的数值相对应的：

$$eU_K = E_K \tag{1-11}$$

由于愈靠近原子核的内层，电子与原子核的结合能愈大，所以击出同一靶材原子的 L、M、N 等不同内层上的电子，就需要不同的 U_K、U_L、U_M 等临界激发电压。另外，阳极靶材原子序数越大，所需临界激发电压也越高。由式(1-10）可知，增加管电流和管电压可以提高特征 X 射线的强度，同时连续谱的强度也增加，这对需要单色特征辐射的 X 射线进行衍射分析是不利的。经验表明，欲得到最大的特征 X 射线与连续 X 射线的强度比，X 射线管的工作电压选在 $3U_K \sim 5U_K$ 时为最佳。表 1-1 列出了常用的几种特征 X 射线的波长以及其它有关数据。

表 1-1　常用阳极靶材料的特征谱参数

靶材元素	原子序数	K 系特征谱波长/nm				K 吸收限 λ/nm	U_K/kV	适宜的工作电压 U/kV
		K_{α_1}	K_{α_2}	K_α	K_β			
Cr	24	0.228970	0.2293606	0.229100	0.208487	0.20702	5.98	20～25
Fe	26	0.1936042	0.1939980	0.1937355	0.175661	0.174346	7.10	25～30
Co	27	0.1788965	0.1792850	0.1790260	0.162079	0.160815	7.71	30
Ni	28	0.1657910	0.1661747	0.1659189	0.1500135	0.148807	8.29	30～35
Cu	29	0.1570562	0.1544390	0.1541828	0.1392218	0.138059	8.86	35～40
Mo	42	0.070930	0.0713590	0.0710730	0.0632288	0.061978	20.0	50～55

1.1.3　X 射线与物质的相互作用

当 X 射线与物质相遇时，会产生一系列效应，这是 X 射线应用的基础。一般情况下，除部分能够贯穿的光束外，射线能量损失在与物质作用过程之中，基本上可以归为两大类：其中一部分消耗在 X 射线的散射之中，包括相干散射和非相干散射；另一部分变成热量逸出。这些过程大致可以用图 1-8 来表示。下面分别讨论 X 射线的散射作用、光电效应和吸收规律。

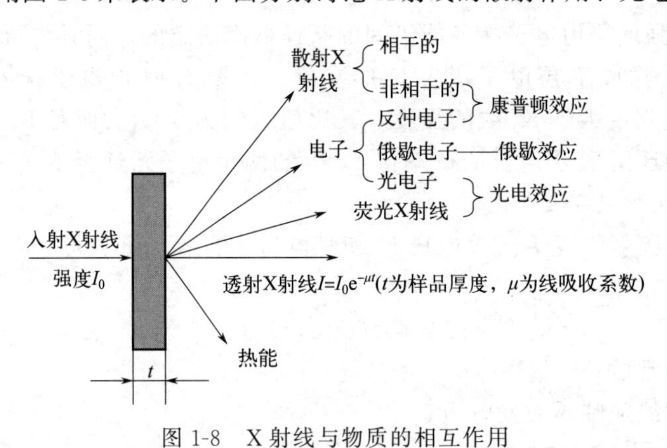

图 1-8　X 射线与物质的相互作用

1.1.3.1　X 射线的散射

沿一定方向运动的 X 射线光子流与物质的电子相互碰撞后，向周围弹射开来，这便是

X 射线的散射。散射分为波长不变的相干散射和波长改变的非相干散射。

（1）相干散射（经典散射）

入射的 X 射线光子与原子内受核束缚较紧的电子相碰撞而弹射，光子的方向改变了，但能量几乎没有损失，波长也不改变，这种散射称为相干散射，也称为经典散射或汤姆逊散射。相干散射是 X 射线在晶体中产生衍射的基础。

（2）非相干散射（量子散射）

当 X 射线光子与原子中受核束缚较弱的电子发生碰撞时，电子被撞离原子并带走光子的一部分能量，从而成为反冲电子，而光子也被撞偏了一个角度 2θ（见图 1-9）。散射光子的能量小于入射光子的能量，散射波的波长大于入射波的波长。这种散射效应是由康普顿（A. H. Compton）及我国物理学家吴有训等人首先发现的，故称之为康普顿-吴有训散射，也称为非相干散射。因散射线散布于各个方向且波长互不相同，因此不能相互干涉，所以非相干散射不能参与晶体对 X 射线的衍射，只会在衍射图像上形成强度随 $\sin\theta/\lambda$ 的增加而增大的连续背底，给衍射分析工作带来不利影响。

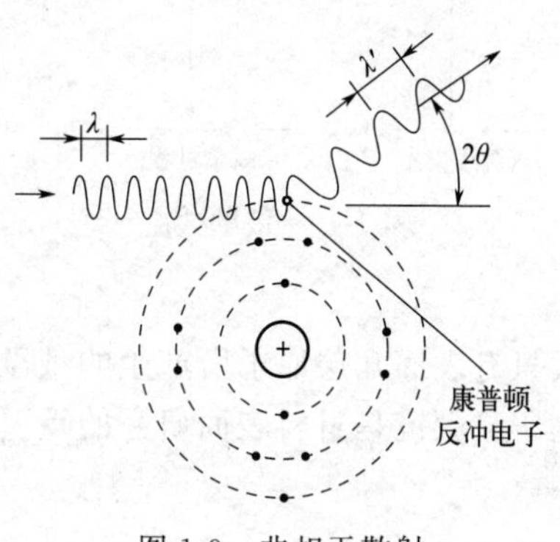

图 1-9　非相干散射

1.1.3.2　X 射线的真吸收

物质对 X 射线的吸收，是指 X 射线通过物质时，光子的能量变成了其它形式的能量。

（1）光电效应与荧光辐射

当入射的 X 射线光量子的能量足够大时，可以像高速电子一样将原子内层电子击出，产生光电效应。被击出的电子称为光电子。被打掉了内层电子的受激原子，将发生如前所述的外层电子向内层跃迁的过程，同时辐射出波长一定的特征 X 射线。为了区别于由电子轰击靶时产生的特征辐射，称这种利用 X 射线激发而产生的特征辐射为二次特征辐射，它在本质上属于光致发光的荧光现象，故也称为荧光辐射。

要激发原子产生 K、L、M 等线系的荧光辐射，则入射 X 射线光量子的能量必须不小于从原子中击出一个 K、L、M 层电子所需的功，亦即电子与原子核的结合能 E_K、E_L、E_M，例如：

$$E_K = h\nu_K = hc/\lambda_K \tag{1-12}$$

式中　ν_K——激发被照物质产生 K 系荧光辐射，入射的 X 射线须具有的频率临界值；

λ_K——激发被照物质产生 K 系荧光辐射，入射的 X 射线须具有的波长临界值。

产生光电效应时，入射 X 射线光量子能量被大量吸收，所以 λ_K、λ_L 和 λ_M 等也称为被照物质因产生荧光辐射而大量吸收入射 X 射线的 K、L、M 吸收限。

激发不同元素产生不同谱线的荧光辐射所需要的临界能量条件是不同的，所以它们的吸收限值也是不相同的，原子序数愈大，同名吸收限波长值愈短。

在 X 射线衍射分析中，X 射线荧光辐射是有害的，它会增加衍射花样的背底；但在元素分析中，它又是 X 射线荧光分析的基础。

(2) 俄歇效应

原子K层电子被击出，L层电子（如 L_1 电子）向K层跃迁，其能量差 $\Delta E = E_K - E_{L_1}$ 可能不是以产生一个K系X射线光量子的形式释放，而是被邻近的电子（比如另一个 L_2 电子）所吸收，使这个电子受激发而逸出原子成为自由电子，这就是俄歇效应，这个自由电子就称为俄歇电子（见图1-10）。俄歇电子常用参与俄歇过程的三个能级来命名，如上所述的即为 KL_1L_2 俄歇电子。俄歇电子的能量与参与俄歇过程的三个能级能量有关，按上述例子，俄歇电子的能量为 $\Delta E = E_K - E_{L_1} - E_{L_2}$。可见能量是特定的，与入射X射线波长无关，仅与产生俄歇效应的物质的元素种类有关。实验表明，轻元素俄歇电子发射概率比荧光X射线发射概率大。

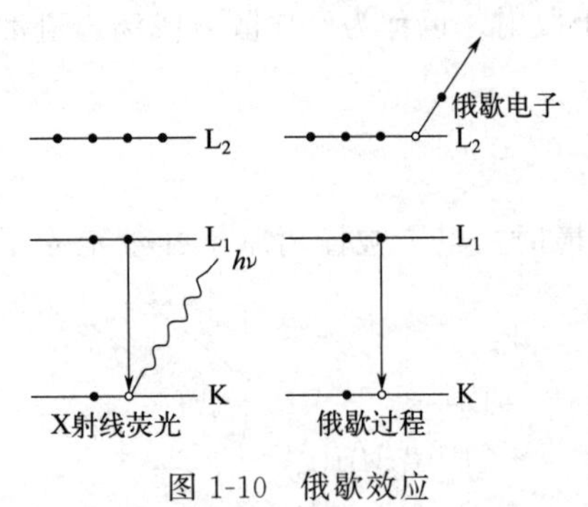

图 1-10　俄歇效应

此外，俄歇电子能量低，一般只有几百电子伏特，故只有表面几层原子所产生的俄歇电子才能逸出而被探测到，所以，由此原理而研制的俄歇电子显微镜是材料表面研究的重要工具之一。

1.2 X射线的衍射基础

X射线在晶体中产生的衍射现象可以研究晶体结构中的各类问题，是X射线衍射分析的基础。为了通过衍射现象来分析晶体结构内部的各种问题，必须在衍射现象与晶体结构之间建立起定性和定量的关系，这是X射线衍射理论所要解决的核心问题。本章主要讨论晶体的X射线衍射理论基础，包括几何晶体学简介、X射线衍射原理与判据、衍射强度的影响因素等。

1.2.1 几何晶体学简介

晶体几何结构是更为基础的知识，有关点阵、晶胞、晶系以及晶向指数、晶面指数等在某些课程中可能已涉及，但为更好地理解晶体的X射线衍射原理，本章再做概要的介绍。

1.2.1.1 布拉维点阵

晶体是由原子在三维空间中周期性规则排列而成的，这种堆砌模型复杂而繁琐。在研究晶体结构时一般只抽象出其重复规律，这种抽象的图形称为空间点阵。空间点阵上的阵点不只限于原子，也可以是离子、分子或原子团。为了方便，往往用直线连接阵点而组成空间格子。格子的交点就是点阵结点。纯元素物质点阵中的任何结点，都不具有特殊性，即每个结点都有完全相同的环境（离子晶体如 NaCl，Na^+ 具有相同的环境，而 Cl^- 具有另一同样的环境）。可取任一结点作为坐标原点，并在空间三个方向上选取重复周期 a、b、c（图1-11）。在三个方向上的重复周期矢量 $\boldsymbol{a}$、$\boldsymbol{b}$、$\boldsymbol{c}$ 称为基本矢量。由基本矢量构成的平行六面体称为单位晶胞。单位晶胞在三个方向上重复即可建立整个空间点阵。

对于同一点阵，单位晶胞的选择有多种可能性。选择的依据是：晶胞应最能反映出点阵的对称性；基本矢量长度 a、b、c 相等的数目最多；三个方向的夹角 α、β、γ 应尽可能为直角；单胞体积最小。根据这些条件选择出来的晶胞，其几何关系、计算公式均最简单，称为布拉维晶胞。这是为了纪念法国结晶学家布拉维（A. Bravais）而命名的。

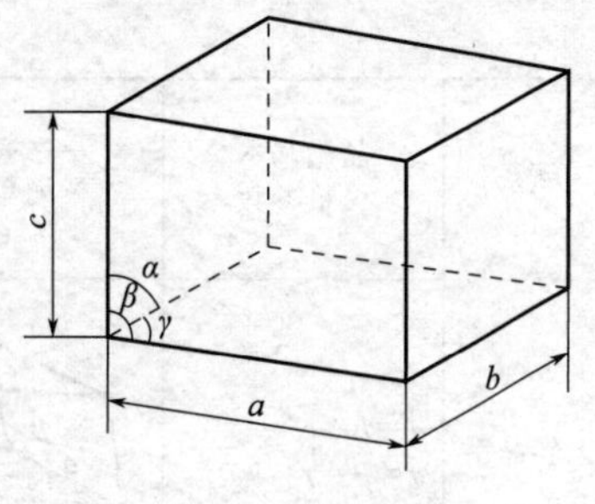

图 1-11　单位晶胞

按照点阵的对称性，可将自然界的晶体划分为 7 个晶系。每个晶系最多可包括 4 种点阵。如果只在晶胞的角上有结点，则这种点阵为简单点阵。有时在晶胞的面上或体中也有结点，就称为复杂点阵，它包括底心、体心及面心点阵。1848 年，布拉维证实了在 7 大晶系中，只可能有 14 种布拉维点阵。14 种布拉维点阵及其所属的 7 大晶系列于表 1-2。

表 1-2　晶系及布拉维点阵

晶系	晶胞基本矢量参数	布拉格晶胞			
		简单晶胞（P）	底心晶胞（C）	体心晶胞（I）	面心晶胞（F）
立方晶系（等轴）	$a=b=c$ $\alpha=\beta=\gamma=90°$	简单立方(P)		体心立方(I)	面心立方(F)
正方晶系（四方）	$a=b\neq c$ $\alpha=\beta=\gamma=90°$	简单正方(P)		体心正方(I)	
斜方晶系（正交）	$a\neq b\neq c$ $\alpha=\beta=\gamma=90°$	简单斜方(P)	底心斜方(C)	体心斜方(I)	面心斜方(F)
菱方晶系（三方）	$a=b=c$ $\alpha=\beta=\gamma\neq 90°$	菱方(P)			
单斜晶系	$a\neq b\neq c$ $\alpha=\gamma=90°\neq\beta$	简单单斜(P)	底心单斜(C)		

续表

晶系	晶胞基本矢量参数	布拉格晶胞			
		简单晶胞 (P)	底心晶胞 (C)	体心晶胞 (I)	面心晶胞 (F)
三斜晶系	$a \neq b \neq c$ $\alpha \neq \beta \neq \gamma \neq 90°$	三斜(P)			
六方晶系	$a = b \neq c$ $\alpha = \beta = 90°$ $\gamma = 120°$	六方(P)			

1.2.1.2 晶体学指数

(1) 晶向指数

晶体点阵是阵点在空间中按照一定的周期规律排列而成的。可将晶体点阵在任意方向上分解为平行的结点直线簇，阵点就等距离地分布在这些直线上。不同方向的直线簇阵点密度互异，但同一线簇中的各直线其阵点分布则完全相同，故其中的任一直线均可充当簇的代表。

在晶体学上用晶向指数表示一直线簇。为确定某方向直线簇的指数，需引入坐标系统。取点阵结点为原点，布拉维晶胞的基本矢量为坐标轴，并用过原点的直线来求取。设晶胞的三个基本矢量分别为 a 、b 、c 。从原点出发，在 X 方向上移动 a 长度的 u 倍，然后沿 Y 方向移动 b 长度的 v 倍，再沿 Z 方向移动 c 长度的 w 倍，可到达直线上与原点最近的结点 M（见图 1-12）。若该点的坐标用[[uvw]]表示（注意此处用双括号），则该直线指数在数值上与此点坐标相同，并加上单括号表示，即 [uvw]。u 、v 、w 是三个最小的整数，故用直线上其它结点确定出的晶向指数，其比值不变。

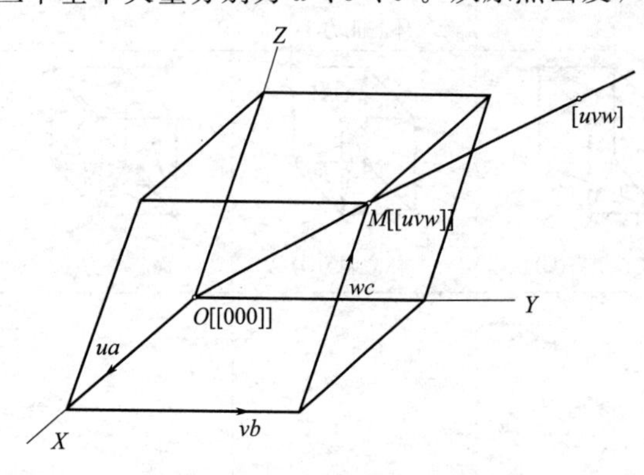

图 1-12　晶向指数的确定

若晶体中任意两点的坐标为已知，则过此两点的直线指数即可确定。设其坐标分别为 [[$X_1Y_1Z_1$]] 及 [[$X_2Y_2Z_2$]]，则相应坐标差的最小整数比即为晶向指数。故

$$(X_2 - X_1) : (Y_2 - Y_1) : (Z_2 - Z_1) = u : v : w$$

(2) 晶面指数

可将晶体点阵在任意方向上分解为相互平行的结点平面簇。同一取向的平面，不仅互相

平行、间距相等，而且其上结点的分布亦相同。不同取向的结点平面其特征各异。

在晶体学上习惯用（hkl）来表示一簇平面，称为晶面指数，亦称密勒（W. H. Miller）指数。实际上 h、k、l 是平面在三个坐标轴上截距倒数的互质比。为说明（hkl）可以表征晶面族，在平面族中选取平面 I（图 1-13），它与三个坐标轴分别交于 M_1、N_1 及 P_1 点。由于这是结点平面，故三截距必是三个坐标轴上单位矢量长度 a、b、c 的整数倍，即：$OM_1 = m_1 a$，$ON_1 = n_1 b$，$OP_1 = p_1 c$。m_1、n_1、p_1 是用轴单位来量度截距所得的整份数。该平面的截距方程为：

$$\frac{X}{m_1} + \frac{Y}{n_1} + \frac{Z}{p_1} = 1 \tag{1-13}$$

平面簇中另一面 II 的方程为：

$$\frac{X}{m_2} + \frac{Y}{n_2} + \frac{Z}{p_2} = 1 \tag{1-14}$$

式中，m_1、n_1、p_1 与 m_2、n_2、p_2 有类似的意义。

按照比例关系

$$\frac{OM_1}{OM_2} = \frac{ON_1}{ON_2} = \frac{OP_1}{OP_2} = \frac{m_1}{m_2} = \frac{n_1}{n_2} = \frac{p_1}{p_2}$$

设这个共同的比值为 D，则 $m_1 = m_2 D$，$n_1 = n_2 D$，$p_1 = p_2 D$。

将以上各值代入式(1-14）中得：

$$\frac{X}{m_2 D} + \frac{Y}{n_2 D} + \frac{Z}{p_2 D} = 1 \text{ 或 } \frac{X}{m_2} + \frac{Y}{n_2} + \frac{Z}{p_2} = 1$$

亦可写成：

$$hK + kY + lZ = D$$

从上面几个式子可以看出

$$h : k : l = \frac{1}{m_2} : \frac{1}{n_2} : \frac{1}{p_2} = \frac{1}{m_1} : \frac{1}{n_1} : \frac{1}{p_1}$$

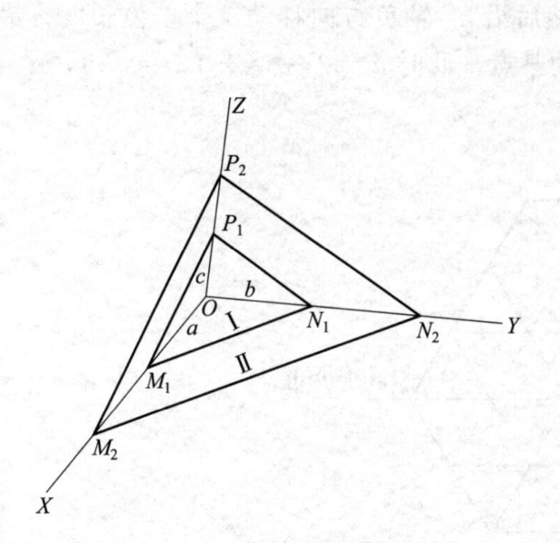

图 1-13　晶面指数的导出用途

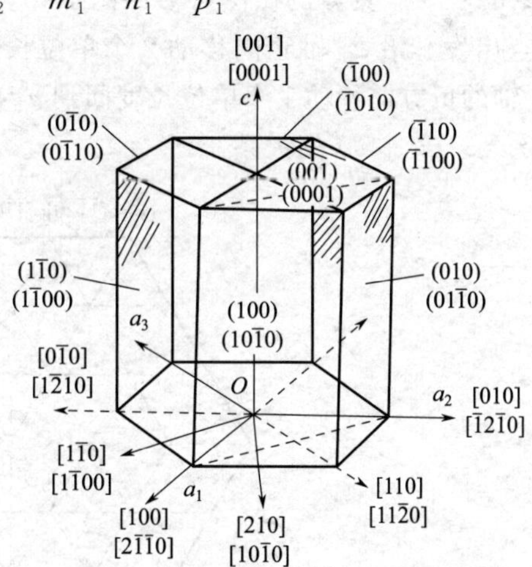

图 1-14　六方晶体的晶面与晶向指数

上式说明 $h : k : l$ 是平面簇中所有平面的共同比值，故可以表征该平面簇。

为了求得晶面指数，需先求出晶面与三个坐标轴的截距（指用轴单位去量度截距所得的整倍数而非绝对长度），取其倒数，再化成互质整数比并加上圆括号。一般来说，知道了晶体点阵中任三点的坐标，就可将之代入方程中，从而求得包含该三点的平面的晶面指数。

低指数的晶面在X射线衍射中具有较大的重要性。这些晶面上的原子密度较大，晶面间距也较大，如（100）、（110）、（111）、（210）、（310）等。

在同一晶体中，存在着若干组等同晶面，其主要特征为晶面间距相等，晶面上结点分布相同。这些等同晶面构成晶面系或晶面族，用符号｛hkl｝来表示。在立方晶系中，｛100｝晶面族包括（100）、（010）、（001）、（$\bar{1}00$）、（$0\bar{1}0$）、（$00\bar{1}$）六个等同晶面。

（3）六方晶系的指数

六方晶系同样可用三个指数标定其晶面和晶向，即取 a_1、a_2、c 作为坐标轴，其中 a_1 与 a_2 轴的夹角为120°，如图1-14所示。该方法的缺点是不能显示晶体的六次对称及等同晶面关系。例如六个柱面是等同的，但在三轴制中，其指数却分别为（100）、（010）、（$\bar{1}10$）、（$\bar{1}00$）、（$0\bar{1}0$）及（$1\bar{1}0$）。其晶向的表示上也存在着同样的缺点，如［100］与［110］实际上是等同晶向。为克服此缺点可采用四轴制。令 a_1、a_2、a_3 三轴间交角为120°，此外再选一个与它们垂直的 c 轴，此时晶面指数用（$hkil$）来表示，六个柱面的指数分别为（$10\bar{1}0$）、（$01\bar{1}0$）、（$\bar{1}100$）、（$\bar{1}010$）、（$0\bar{1}10$）和（$\bar{1}100$）。这六个晶面便具有明显的等同性并可归入｛$1\bar{1}00$｝晶面族。

四轴制中的前三个指数只有两个是独立的，它们之间的关系为：$i=-(h+k)$。因第三个指数可由前两个指数求得，故有时将它略去而使晶面指数成为（hkl）。

采用四轴坐标时，根据巴瑞特（C. S. Barrett）的建议，晶向指数的确定方法如下：从原点出发，沿着平行于四个晶轴的方向依次移动，最后到达预标定的方向上的点。移动时需选择适当的路线，使沿 a_3 轴移动的距离等于沿 a_1、a_2 轴移动距离之和但方向相反。将上述距离化成最小整数，加上方括号，即为该方向的晶向指数，用［$uvtw$］来表示，其中 $t=-(u+v)$。具体的做法可参照图1-15。例如，晶轴 a_1 的晶向指数为［$2\bar{1}\bar{1}0$］，标定时是从原点出发，沿 a_1 轴正向移动2个单位长度，然后沿 a_2 轴负方向移动1个单位长度，最后沿 a_3 轴的负方向移动1个单位长度回到 a_1 轴上的某点，此时 $u=2, v=-1, t=-1, w=0$，符合 $t=-(u+v)$ 的关系。

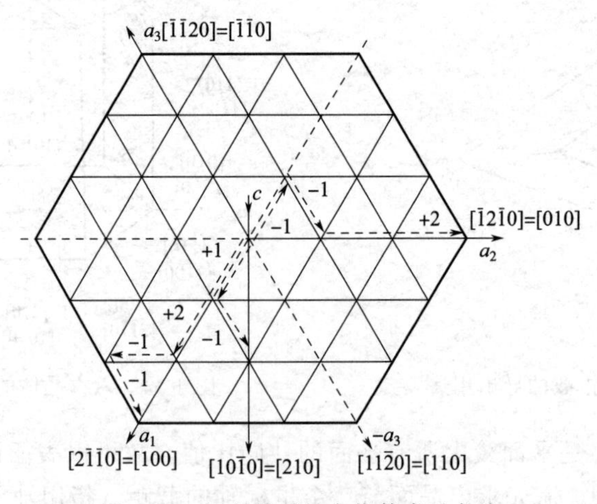

图1-15　六方晶系晶向指数表示方法

三轴坐标系的晶向指数［UVW］和四轴坐标系的晶向指数［$uvtw$］之间可按下列关

系互换：

$$U=u-t, V=v-t, W=w$$

$$u=\frac{1}{3}(2U-V), v=\frac{1}{3}(2V-U)$$

$$t=-(u+v), w=W$$

1.2.1.3 简单点阵的晶面间距公式

如图 1-16 所示，使坐标原点 O 过晶面族（hkl）中某一晶面，与之相邻的晶面将交三坐标轴于 A、B、C。过原点作此面的法线 ON，其长度即为晶面间距 d_{hkl}。

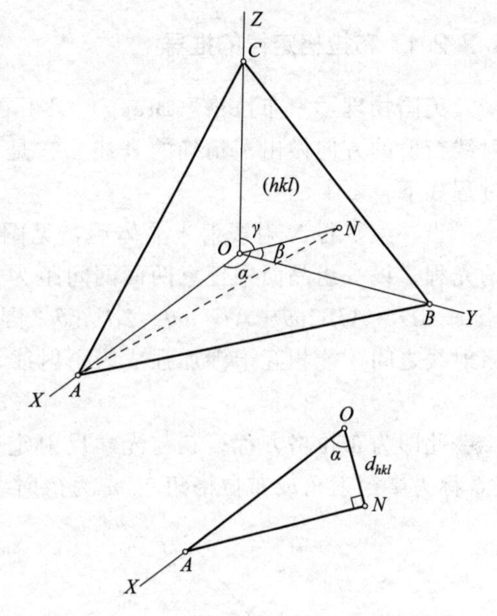

图 1-16 正交晶系晶面间距公式的推导

ON 与 X 轴的夹角为 α，与 Y 轴及 Z 轴的夹角分别是 β 和 γ。从图中可以看出

$$\cos\alpha=ON/OA=d/OA$$

若 X 轴上的单位矢量长度为 a，则截距 OA 可表示为 ma，即

$$\cos\alpha=d/(ma)$$

同样，若在 Y 和 Z 轴上的单位矢量长度分别 b 和 c，则有

$$\cos\beta=ON/OB=d/(nb)$$

$$\cos\gamma=\frac{ON}{OC}=\frac{d}{pc}$$

以上表达式中的 m、n、p 为晶面在三轴上的截距用单位矢量长度量度得的整数倍，它们与 h、k、l 具有倒数关系，故

$$\cos\alpha=d/(a/h)$$

$$\cos\beta=d/(b/k)$$

$$\cos\gamma=d/(c/l)$$

若晶体的三个基本矢量互相垂直，则有关系：

$$\cos^2\alpha+\cos^2\beta+\cos^2\gamma=1$$

即：

$$\frac{d^2}{(a/h)^2}+\frac{d^2}{(b/k)^2}+\frac{d^2}{(c/l)^2}=1$$

$$d^2[(h/a)^2+(k/b)^2+(l/c)^2]=1$$

则：

$$d_{hkl}=\frac{1}{\sqrt{h^2/a^2+k^2/b^2+l^2/c^2}} \tag{1-15}$$

这就是正交晶系的晶面间距公式。

对于四方晶系，因 $a=b$，

则

$$d_{hkl}=\frac{1}{\sqrt{(h^2+k^2)/a^2+l^2/c^2}} \tag{1-16}$$

对于立方晶系，因 $a=b=c$，

则

$$d_{hkl}=\frac{a}{\sqrt{h^2+k^2+l^2}} \tag{1-17}$$

六方晶系的晶面间距公式为

$$d_{hkl}=\frac{1}{\sqrt{\frac{4}{3}(h^2+hk+k^2)/a^2+l^2/c^2}} \tag{1-18}$$

1.2.2 X射线衍射的方向

1.2.2.1 布拉格定律的推导

英国物理学家布拉格（Bragg）父子在1912年提出了著名的布拉格定律。该定律对X射线衍射的方向做出了精确的表述。它是X射线发展史上的第二个里程碑。该定律的推导过程如下：

当一束平行X射线射入晶体后，见图1-17，晶体内部的不同晶面将使散射线具有不同的光程。设一组晶面中任意两面网间距为 d，则两面网上相邻原子 A 和 B 的光程差为 $\delta=CB+BD=AB\sin\theta+AB\sin\theta=2d\sin\theta$。因为只有其光程差为波长的整数倍时，相邻面网的衍射线之间才能相互干涉加强成为衍射线，则产生衍射线的条件为：

$$2d\sin\theta=n\lambda \tag{1-19}$$

此即为布拉格方程。它与光学反射定律一起合称为布拉格定律。其中，2θ 称为衍射角（θ 称为半衍射角或布拉格角），n 为衍射级数。

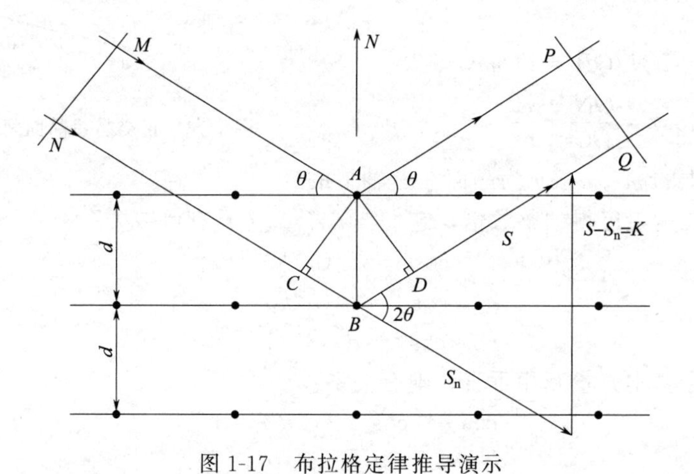

图1-17 布拉格定律推导演示

1.2.2.2 布拉格定律的讨论

式(1-19)中的 n 称为衍射级数，$n=1$ 时产生一级衍射。因为 $2d\sin\theta=n\lambda$，而 $\sin\theta=\frac{n\lambda}{2d}$，所以 $n\leqslant\frac{2d}{\lambda}$。它给出了一组晶面可能产生衍射方向的数量。又因为 n 必须为正整数，所以只有 $d\geqslant\frac{\lambda}{2}$ 的晶面才有可能产生衍射。同时，当 n 不同时，$\sin\theta$ 值不同，使得同一组晶面可能存在不同的 θ 值，这会造成分析的不便。为此，将布拉格方程改写为 $2\left(\frac{d}{\lambda}\right)\sin\theta=\lambda$，令 $d^*=\frac{d}{n}$，则 $2d^*\sin\theta=\lambda$。如此，指数为（$nh\ nk\ nl$）的晶面与（hkl）的晶面是间距为

d^* 的一组平行的晶面族。即面间距为 d 的 n 级衍射，相当于面间距为 $\dfrac{d}{n}$ 面网的一级衍射。此时的布拉格方程便略去了 n，具有较为简单的形式。在使用布拉格方程时，通常不写 d^*，而以 d 表示，其通用形式为

$$2d\sin\theta=\lambda \tag{1-20}$$

1.2.3 倒易点阵

倒易点阵（reciprocal lattice）又称为倒易格子。它不是客观存在的，也无确定的物理意义；它纯粹是一种虚构的数学工具，是想象的几何构图，是与晶体点阵互为倒易点的虚点阵。然而，晶体的倒易点阵与正点阵之间却存在一种特殊的变换关系——傅里叶（Fourier）变换。它的一个最重要的实际意义，就是可用于解释衍射图的成因。

1.2.3.1 倒易点阵的定义

对于正点阵 R（基矢 $\boldsymbol{a}$、$\boldsymbol{b}$、$\boldsymbol{c}$），其对应的倒易点阵为 R^*（基矢 $\boldsymbol{a}^*$、$\boldsymbol{b}^*$、$\boldsymbol{c}^*$），倒易矢量关系如图 1-18 所示，其中，基矢 $\boldsymbol{a}^*$、$\boldsymbol{b}^*$、$\boldsymbol{c}^*$ 的定义式如下：

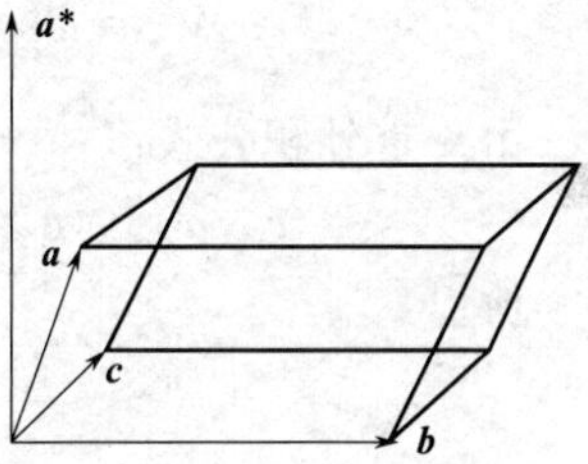

图 1-18 倒易矢量关系

（1）基本定义

$$\begin{cases}\boldsymbol{a}^*\cdot\boldsymbol{a}=1,\ \boldsymbol{a}^*\cdot\boldsymbol{b}=0,\ \boldsymbol{a}^*\cdot\boldsymbol{c}=0\\ \boldsymbol{b}^*\cdot\boldsymbol{a}=0,\ \boldsymbol{b}^*\cdot\boldsymbol{b}=1,\ \boldsymbol{b}^*\cdot\boldsymbol{c}=0\\ \boldsymbol{c}^*\cdot\boldsymbol{a}=0,\ \boldsymbol{c}^*\cdot\boldsymbol{b}=0,\ \boldsymbol{c}^*\cdot\boldsymbol{c}=1\end{cases}$$

则：

$$\begin{cases}\boldsymbol{a}^*\perp\boldsymbol{b},\ \boldsymbol{a}^*\perp\boldsymbol{c}\\ \boldsymbol{b}^*\perp\boldsymbol{a},\ \boldsymbol{b}^*\perp\boldsymbol{c}\\ \boldsymbol{c}^*\perp\boldsymbol{a},\ \boldsymbol{c}^*\perp\boldsymbol{b}\end{cases}$$

所以：

$$\begin{cases}\boldsymbol{a}^*/\!/(\boldsymbol{b}\times\boldsymbol{c}),\boldsymbol{a}^*=K(\boldsymbol{b}\times\boldsymbol{c})\\ \boldsymbol{b}^*/\!/(\boldsymbol{c}\times\boldsymbol{a}),\boldsymbol{b}^*=K(\boldsymbol{c}\times\boldsymbol{a})\\ \boldsymbol{c}^*/\!/(\boldsymbol{a}\times\boldsymbol{b}),\boldsymbol{c}^*=K(\boldsymbol{a}\times\boldsymbol{b})\end{cases} \tag{1-21}$$

又因为 $\boldsymbol{a}^*\cdot\boldsymbol{a}=K(\boldsymbol{b}\times\boldsymbol{c})\cdot\boldsymbol{a}=1$，而 $(\boldsymbol{b}\times\boldsymbol{c})\cdot\boldsymbol{a}$ 为正点阵的单位格子体积 V，所以 $\boldsymbol{a}^*\cdot\boldsymbol{a}=KV=1$，故 $K=\dfrac{1}{V}$，

$$\begin{cases}\boldsymbol{a}^*=\dfrac{\boldsymbol{b}\times\boldsymbol{c}}{V}\\ \boldsymbol{b}^*=\dfrac{\boldsymbol{c}\times\boldsymbol{a}}{V}\begin{cases}V=\boldsymbol{a}\cdot(\boldsymbol{b}\times\boldsymbol{c})\\ V=\boldsymbol{b}\cdot(\boldsymbol{c}\times\boldsymbol{a})\\ V=\boldsymbol{c}\cdot(\boldsymbol{a}\times\boldsymbol{b})\end{cases}\\ \boldsymbol{c}^*=\dfrac{\boldsymbol{a}\times\boldsymbol{b}}{V}\end{cases} \tag{1-22}$$

(2) 正、倒点阵基矢的关系

因为正、倒点阵互为倒易，所以

$$\begin{cases} \boldsymbol{a}=\dfrac{\boldsymbol{b}^* \times \boldsymbol{c}^*}{V^*} \\ \boldsymbol{b}=\dfrac{\boldsymbol{c}^* \times \boldsymbol{a}^*}{V^*} \\ \boldsymbol{c}=\dfrac{\boldsymbol{a}^* \times \boldsymbol{b}^*}{V^*} \end{cases}$$

即：

$$\begin{cases} V^*=\boldsymbol{a}^* \cdot (\boldsymbol{b}^* \times \boldsymbol{c}^*) \\ V^*=\boldsymbol{b}^* \cdot (\boldsymbol{c}^* \times \boldsymbol{a}^*) \\ V^*=\boldsymbol{c}^* \cdot (\boldsymbol{a}^* \times \boldsymbol{b}^*) \end{cases} \tag{1-23}$$

证明：因为

$$V^*=\boldsymbol{a}^* \cdot (\boldsymbol{b}^* \times \boldsymbol{c}^*)=\frac{1}{V^3}(\boldsymbol{b}\times\boldsymbol{c}) \cdot [(\boldsymbol{c}\times\boldsymbol{a})\times(\boldsymbol{a}\times\boldsymbol{b})]$$

由二重外积公式：

$$(\boldsymbol{c}\times\boldsymbol{a})\times(\boldsymbol{a}\times\boldsymbol{b})=[(\boldsymbol{c}\times\boldsymbol{a})\cdot\boldsymbol{b}]\boldsymbol{a}-[(\boldsymbol{c}\times\boldsymbol{a})\cdot\boldsymbol{a}]\boldsymbol{c}=V\boldsymbol{a}-0=V\boldsymbol{a}$$

所以

$$V^*=\frac{1}{V^3}(\boldsymbol{b}\times\boldsymbol{c}) \cdot (V\boldsymbol{a})=\frac{1}{V} \tag{1-24}$$

又因为 $\boldsymbol{b}^* \times \boldsymbol{c}^*=\dfrac{\boldsymbol{c}\times\boldsymbol{a}}{V}\times\dfrac{\boldsymbol{a}\times\boldsymbol{b}}{V}=\dfrac{\boldsymbol{a}}{V}$，所以 $\boldsymbol{a}=(\boldsymbol{b}^* \times \boldsymbol{c}^*)V=\dfrac{\boldsymbol{b}^* \times \boldsymbol{c}^*}{V^*}$，所以 $\boldsymbol{a}=\dfrac{\boldsymbol{b}^* \times \boldsymbol{c}^*}{V^*}$，同理：$\boldsymbol{b}=\dfrac{\boldsymbol{c}^* \times \boldsymbol{a}^*}{V^*}$，$\boldsymbol{c}=\dfrac{\boldsymbol{a}^* \times \boldsymbol{b}^*}{V^*}$。

(3) 正、倒点阵基矢夹角之间的关系

证明：设 α、β、γ 和 α^*、β^*、γ^* 为正、倒点阵基矢间的夹角；并设 $\hat{ab}=\gamma$，$\hat{bc}=\alpha$，$\hat{ca}=\beta$，则

$$\begin{cases} |\boldsymbol{b}\times\boldsymbol{c}|=bc\sin\alpha \\ |\boldsymbol{c}\times\boldsymbol{a}|=ca\sin\beta \\ |\boldsymbol{a}\times\boldsymbol{b}|=ab\sin\gamma \end{cases} \quad \text{所以} \quad \begin{cases} |\boldsymbol{a}^*|=bc\sin\alpha/V \\ |\boldsymbol{b}^*|=ca\sin\beta/V \\ |\boldsymbol{c}^*|=ab\sin\gamma/V \end{cases}$$

同理

$$\begin{cases} |\boldsymbol{a}|=b^*c^*\sin\alpha^*/V^* \\ |\boldsymbol{b}|=c^*a^*\sin\beta^*/V^* \\ |\boldsymbol{c}|=a^*b^*\sin\gamma^*/V^* \end{cases} \tag{1-25}$$

因为：

$$\boldsymbol{b}^* \cdot \boldsymbol{c}^*=|\boldsymbol{b}^*||\boldsymbol{c}^*|\cos\alpha^*$$

所以：

$$\cos\alpha^*=\frac{\boldsymbol{b}^* \cdot \boldsymbol{c}^*}{|\boldsymbol{b}^*||\boldsymbol{c}^*|}=\frac{\boldsymbol{c}\times\boldsymbol{a}}{V}\cdot\frac{\boldsymbol{a}\cdot\boldsymbol{b}}{V}\times\frac{1}{|\boldsymbol{b}^*||\boldsymbol{c}^*|} \tag{1-26}$$

又因为：

$$(\boldsymbol{c}\times\boldsymbol{a})\times(\boldsymbol{a}\times\boldsymbol{b})=(c\times a)(a\times b)-(c\times b)a^{2}$$

所以

$$\begin{aligned}\cos\alpha^{*}&=\frac{(\boldsymbol{c}\times\boldsymbol{a})(\boldsymbol{a}\times\boldsymbol{b})-(\boldsymbol{c}\times\boldsymbol{b})a^{2}}{V^{2}|\boldsymbol{b}^{*}||\boldsymbol{c}^{*}|}\\&=\frac{ca\cos\beta\times ab\cos\gamma-a^{2}cb\cos\alpha}{V^{2}\dfrac{ca\sin\beta}{V}\times\dfrac{ab\sin\gamma}{V}}\\&=\frac{a^{2}bc(\cos\beta\cos\gamma-\cos\alpha)}{a^{2}bc\sin\beta\sin\gamma}\\&=\frac{\cos\beta\cos\gamma-\cos\alpha}{\sin\beta\sin\gamma}\end{aligned}$$

同理，

$$\cos\beta^{*}=\frac{\cos\gamma\cos\alpha-\cos\beta}{\sin\gamma\sin\alpha}$$

$$\cos\gamma^{*}=\frac{\cos\alpha\cos\beta-\cos\gamma}{\sin\alpha\sin\beta}\tag{1-27}$$

倒点阵和正点阵形状相似，只是绕原点旋转 90° 而已。它是德国物理学家埃瓦尔德（Ewald）在 1912 年所提出的。

1.2.3.2 倒易点阵的性质

倒易点阵具有以下两个主要的性质：

（1）倒易点阵矢量与相应正点阵晶面相互垂直，且长度为相应晶面间距的倒数

证明：见图 1-19，设（hkl）为距原点 O 最近的面网，其在 a、b、c 晶轴上的截距分别为：

$$\boldsymbol{OA}=\frac{\boldsymbol{a}}{h},\ \boldsymbol{OB}=\frac{\boldsymbol{b}}{k},\ \boldsymbol{OC}=\frac{\boldsymbol{c}}{l}$$

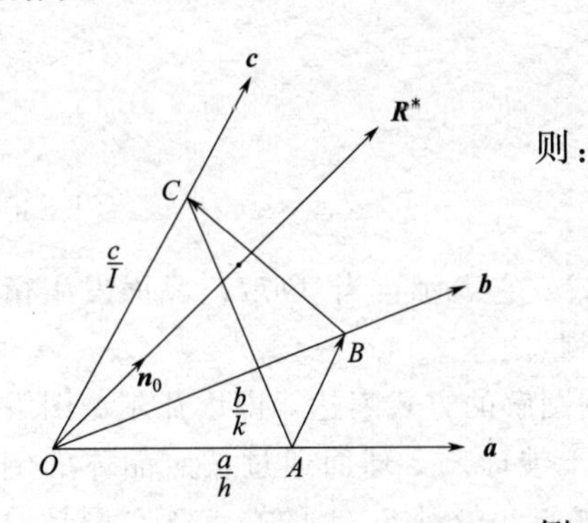

图 1-19　倒矢量与其相应晶面（hkl）的关系

则：

$$\boldsymbol{AB}=\boldsymbol{OB}-\boldsymbol{OA}=\frac{\boldsymbol{b}}{k}-\frac{\boldsymbol{a}}{h},\ \boldsymbol{BC}=\boldsymbol{OC}-\boldsymbol{OB}=\frac{\boldsymbol{c}}{l}-\frac{\boldsymbol{b}}{k}$$

所以：

$$\boldsymbol{R}^{*}\cdot\boldsymbol{AB}=(h\boldsymbol{a}^{*}+k\boldsymbol{b}^{*}+l\boldsymbol{c}^{*})\left(\frac{\boldsymbol{b}}{k}-\frac{\boldsymbol{a}}{h}\right)=0\tag{1-28}$$

式中，$\boldsymbol{R}^{*}$ 为从倒点阵原点到坐标 h、k、l 的倒结点的倒点阵矢量，

$$\boldsymbol{R}^{*}=h\boldsymbol{a}^{*}+k\boldsymbol{b}^{*}+l\boldsymbol{c}^{*}$$

由 $\boldsymbol{R}^{*}\cdot\boldsymbol{AB}=0$，得出 $\boldsymbol{R}^{*}\perp\boldsymbol{AB}$。同时，可得 $\boldsymbol{R}^{*}\perp\boldsymbol{BC}$，$\boldsymbol{R}^{*}\perp(hkl)$。因为 ABC 面距原点最近，所以从原点到 ABC 的距离就是（hkl）平面族的面间距 d。

设 $\boldsymbol{n}_0$ 为（hkl）面法线方向上的单位矢量，即 $\boldsymbol{R}^{*}$ 方向上的单位矢量。其可表达为：

$\boldsymbol{n}_0=\dfrac{\boldsymbol{R}^*}{|\boldsymbol{R}^*|}$。($hkl$) 面间距 d_{hkl} 等于 ABC 面在晶轴上截距向 $\boldsymbol{n}_0$ 的投影，即 $d=\dfrac{\boldsymbol{a}}{h}\cdot\boldsymbol{n}_0$。

则：

$$d=\frac{\boldsymbol{a}}{h}\cdot\frac{h\boldsymbol{a}^*+k\boldsymbol{b}^*+l\boldsymbol{c}^*}{|\boldsymbol{R}^*|}=\frac{1}{|\boldsymbol{R}^*|}\text{,所以 }\boldsymbol{R}^*=\frac{1}{d_{hkl}} \tag{1-29}$$

（2）倒点阵矢量与正点阵矢量的标积必为整数

证明：设正点阵原点至结点（l、m、n）的矢量为 $\boldsymbol{R}_{lmn}$，倒点阵原点至倒结点（H、K、L）的矢量为 $\boldsymbol{R}^*_{HKL}$，则

$$\boldsymbol{R}_{lmn}\cdot\boldsymbol{R}^*_{HKL}=(l\boldsymbol{a}+m\boldsymbol{b}+n\boldsymbol{c})\cdot(H\boldsymbol{a}^*+K\boldsymbol{b}^*+L\boldsymbol{c}^*)=lH+mK+nL \tag{1-30}$$

因为 l、m、n 及 H、K、L 为整数，则该式为整数。

1.2.3.3 倒易空间的衍射方程式和埃瓦尔德图解

倒易点阵最重要的应用，就是用埃瓦尔德（Ewald）图解来阐明衍射原理。由图 1-19 知，若以 $\boldsymbol{S}_0$ 和 $\boldsymbol{S}$ 分别代表入射和衍射方向上的单位矢量，$\boldsymbol{N}$ 为衍射面法线方向矢量，则其相互关系为：

$$\boldsymbol{S}-\boldsymbol{S}_0=\boldsymbol{K},\quad \boldsymbol{K}\text{ 平行 }\boldsymbol{N} \tag{1-31}$$

又因为 $|\boldsymbol{K}|=2\sin\theta$，由布拉格方程知 $2d\sin\theta=\lambda$（$n=1$ 时），所以

$$|\boldsymbol{K}|=\frac{\lambda}{d} \tag{1-32}$$

式(1-31) 和式(1-32) 表明，衍射方向单位矢量与入射方向单位矢量之差，与一个垂直于衍射面且量值为波长与晶面间距之商的矢量 $\boldsymbol{K}$ 相等。

由式(1-31) 知，当某一（hkl）晶面产生衍射时，满足

$$\boldsymbol{S}-\boldsymbol{S}_0=c\boldsymbol{R}^*_{hkl} \tag{1-33}$$

因为 $\boldsymbol{R}^*_{hkl}$ 平行于 $\boldsymbol{N}$，且 c 为常数。又因为 $|\boldsymbol{S}-\boldsymbol{S}_0|=|\boldsymbol{K}|=2\sin\theta$。

所以 $|\boldsymbol{S}-\boldsymbol{S}_0|=|c\boldsymbol{R}^*_{hkl}|=\dfrac{c}{d}$，所以 $2d\sin\theta=c$。

由布拉格方程知 $c=\lambda$，代入式(1-33) 得

$$\frac{|\boldsymbol{S}-\boldsymbol{S}_0|}{\lambda}=\boldsymbol{R}^*_{hkl} \tag{1-34}$$

式(1-34) 就是在倒易空间表示衍射条件的衍射方程式。它表示：当（hkl）晶面发生衍射时，其倒易矢量的 λ 倍等于衍射方向与入射方向单位矢量之差。

倒易空间的衍射方程式是衍射条件的矢量式，可以用图解的方式表达，即埃瓦尔德图解法。如图 1-20 所示，以 $1/\lambda$ 为半径作球 C，称反射球或干涉球。令球面通过被照晶体的倒易原点 O^*，且 $CO^*=\boldsymbol{S}_0/\lambda$，即入射方向矢量通过反射球心，矢量 $\boldsymbol{S}_0/\lambda$ 的端点落在倒易原点 O^* 上。根据式(1-34)，凡发生衍射的晶面，其倒易点必落在反射球面上，衍射线的方向为从反射球心指向该倒易点。入射矢量与衍射矢量的夹角即为衍射角 2θ。图 1-20 表示，倒易点 P 落在反射球面上，（hkl）面发生衍射。图示的矢量关系为：$(\boldsymbol{S}/\lambda)-(\boldsymbol{S}_0/\lambda)=\boldsymbol{R}^*_{hkl}$，与式(1-34) 符合。当晶体围绕通过 O^* 的轴运动时（或入射线沿任何方向入射时），凡处于以 $2/\lambda$ 为半径的球 O^* 内的倒易点都有可能和反射球相交，即其对应的晶面可能发生衍射。倒易点在该球外的则不能发生衍射。故半径为 $2/\lambda$ 的球 O^* 称极限球，它限制了在一定入射

波长条件下，可能发生衍射的晶面的范围，即必须 $\boldsymbol{R}_{hkl}^{*} \leqslant 2/\lambda$ 的晶体才能发生衍射，显然这与布拉格方程是一致的。由此可以看出 λ 越小，极限球越大，可能发生衍射的晶体越多。图 1-21 表示反射球、极限球以及晶体倒易点阵间的关系。空圈表示可能发生衍射的晶面的倒易点。

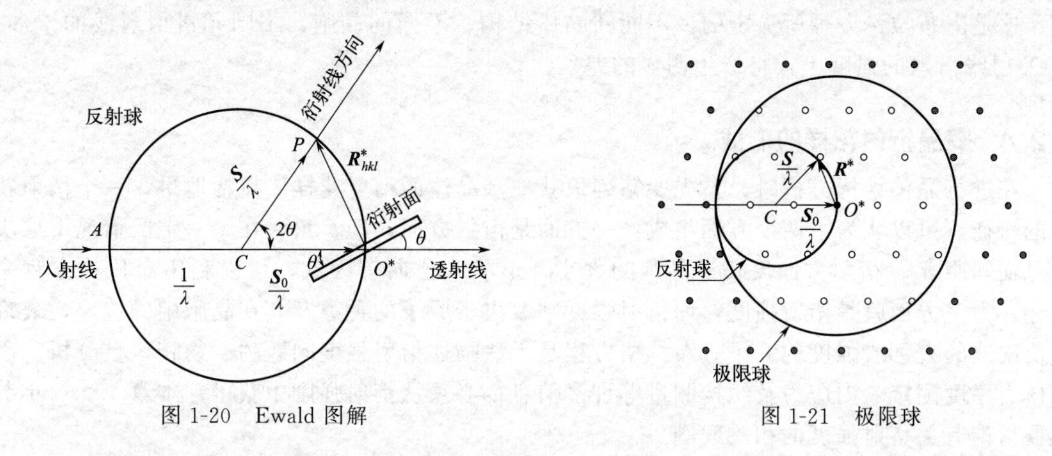

图 1-20　Ewald 图解　　　　图 1-21　极限球

单晶体的倒易点阵是在空间规则排列的阵点，根据埃瓦尔德图解可知单晶体的衍射花样由一系列规则排列的衍射斑点组成。多晶体由无数个任意取向的晶粒组成。所以其某一晶面 (hkl) 的倒易点在 4π 空间是均匀分布的，其倒易点构成一个半径为 $1/d_{hkl}$ $(=\boldsymbol{R}_{hkl}^{*})$ 的倒易球壳，显然此倒易球壳对应于一个晶面族 $\{hkl\}$。同一多晶体不同间距的晶面对应不同半径的同心倒易球壳，它们与反射球相交得到一个个圆，衍射线由反射球心指向圆上各点形成半顶角为 2θ 的衍射锥。当我们用垂直于入射线放置的底片接收衍射线时，就得到一个个同心圆环——衍射环（或称德拜环 Debye ring）。若用计数器接收衍射线，就可从记录仪上得到一系列衍射峰构成的衍射谱。其中，每一衍射环（或衍射峰）对应一定 d 值的衍射面。

图 1-22 表示多晶体的倒易点阵（一系列同心的倒易球面）、衍射环的形成及多晶体衍射

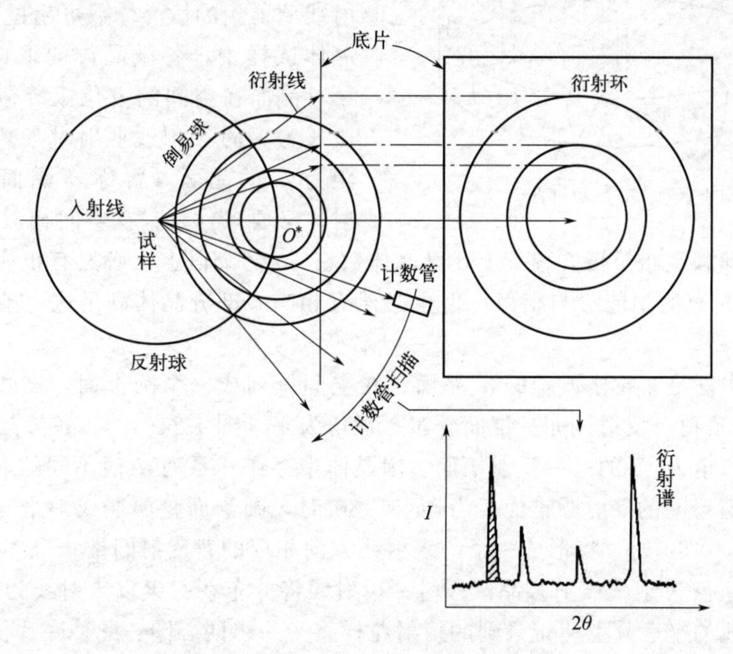

图 1-22　多晶体衍射花样的形成

花样的特点。但和埃瓦尔德球相交的结点不一定都有衍射产生。系统消光的存在将使复杂点阵在某些方向的衍射线消失。

晶体产生衍射的方向只与晶胞参数有关，也就是说只与晶胞大小有关，与晶体的结构无关。这是由布拉格方程所决定的。不同的晶体结构、不同的晶胞、不同元素衍射线的干涉，在X射线衍射的强度上，将产生明显的差别。

1.2.4 多晶衍射花样的形成

在进行晶体结构分析时，首先要精确地获取多晶体的衍射花样。概括地讲，一个衍射花样的特征，可以认为由两个方面组成：一方面是衍射方向，即θ角，在λ一定的情况下取决于晶面间距d。衍射方向反映了晶胞的大小、形状和位向等因数，可以利用布拉格方程来描述；另一方面就是衍射强度，而衍射强度则取决于原子的种类及其在晶胞中的位置，表现为反射线的有无或强度的大小。布拉格方程是无法描述衍射强度问题的。物相定量分析、固溶体有序度测定、内应力及织构测量等许多信息都必须从衍射强度中获得。本章1.2.5小节主要讨论有关衍射强度的相关问题。

在衍射仪上获得的衍射谱图反映的是衍射峰的高低（或积分强度——衍射峰轮廓所包围的面积，将在本章1.2.5小节详细说明），在照相底片上则反映为黑度。严格地说，就是单位时间内通过与衍射方向相垂直的单位面积上的X射线光量子数目，但它的绝对值的测量既困难又无实际意义。因此，衍射强度往往用同一衍射图中各衍射强度（积分强度或峰高）的相对比值即相对强度来表示。为使讲述较为形象具体，拟从多晶体的德拜-谢勒（P. Debye-P. Scherrer）衍射花样的形成谈起。

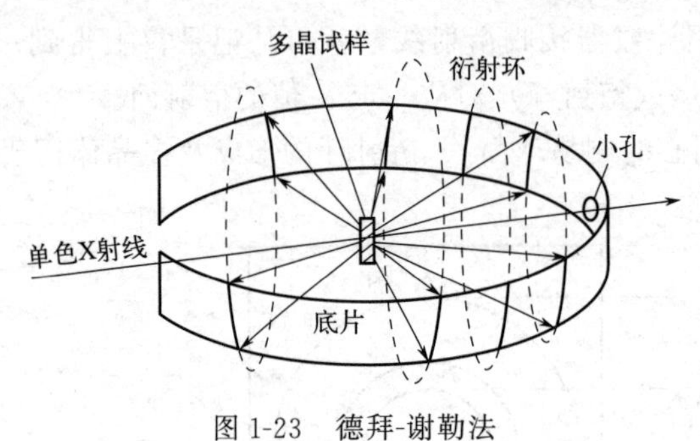

图1-23 德拜-谢勒法

德拜-谢勒法采用一束特征X射线垂直照射多晶体试样，并用圆筒窄条底片记录衍射花样，图1-23所示为德拜-谢勒法。通常X射线照射到的微晶体数可超过10亿个。在多晶体试样中，各微晶体的取向是无规则的，某种晶面在空间的方位按等概率分布。当用波长为λ的X射线照射时，某微晶体中面间距为d的晶面（暂称d晶面）若要发生反射，必要条件是它在空间相对于入射X射线呈θ角放置，即满足布拉格方程。上述微晶体数在10亿个以上，必然有很多不满足这一条件，对应的d晶面便不能参与衍射；但也必然有相当一部分晶体满足这一条件，其d晶面便能参与衍射。

各微晶体中满足布拉格方程的d晶面，在空间排列成一个圆锥面。该圆锥面以入射线为轴，以2θ为顶角。反射线亦呈锥面分布，顶角为4θ［图1-24(a)］。各微晶中间距为d的晶面，将产生顶角为4θ的另一反射锥面。因晶体中存在一系列d值不同的晶面，故对应也出现一系列θ值不同的反射圆锥面。当$4\theta=180°$时，圆锥面将演变成一个与入射线相垂直的平面。当$4\theta>180°$时，将形成一个与入射线方向相反的背反射圆锥。

可见，当单色X射线照射多晶试样时，衍射线将分布在一组以入射线为轴的圆锥面上。在垂直于入射线的平底片上所记录到的衍射花样将为一组同心圆。此种底片仅可记录部分衍射圆锥，故通常是用以试样为轴的圆筒窄条底片来记录。此种布置的示意图如图1-23所示。

图 1-24(b) 所示为一张展开的德拜相示意图。

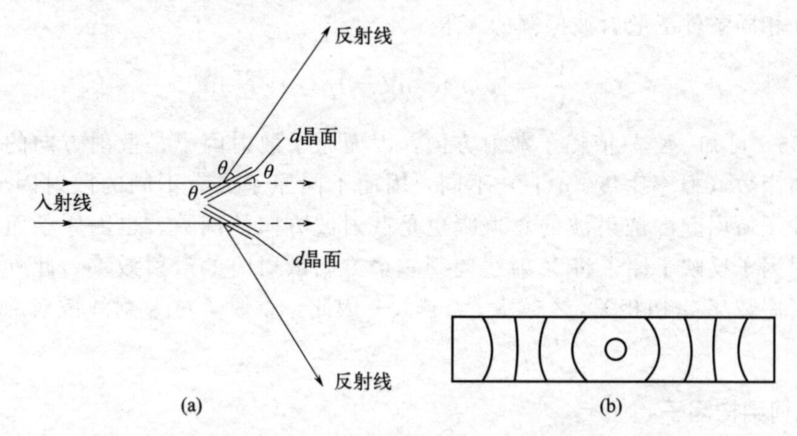

图 1-24　d 晶面及其反射线的平均分布（a）及德拜相示意（b）

一张照片上的衍射线，强度（黑度）是很不一样的。衍射方向的理论只能说明衍射线出现的位置，但弧线的强度却有赖于衍射强度理论来解决。如前所述，在 X 射线衍射分析中，如物相定量分析、固溶体有序度测定、内应力及织构测定等都必须进行衍射强度的准确测定。

从应用的角度出发，衍射强度的研究偏重宏观效果，但若要弄清衍射强度的本质，就需从微观的角度进行。晶体是原子三维的周期性堆砌，而 X 射线衍射则是以电子对波的散射和干涉作为基础的。在第一节中已讨论了电子及原子对 X 射线的散射，下文将讨论单位晶胞乃至整个晶体的衍射强度，最后还要考虑衍射几何与实验条件的影响，从而得出多晶体衍射线条的积分强度。

1.2.5 衍射强度的影响因素

讨论 X 射线在晶体中的衍射是以电子作为散射 X 射线的基本单元，将晶体中所有电子对 X 射线的散射分解为几个层次。首先，晶体对 X 射线的散射分解为单胞的散射之和；其次，单胞的散射再分解为单胞内原子的散射之和；然后，原了的散射分为核外电子的散射之和；最后，再结合实验方法得出衍射线束积分强度。因此，分析 X 射线的衍射强度在空间中的分布情况时，可以分成以下三个步骤：

① 首先计算被一个原子内的各个电子散射的电磁波的相互干涉，其结果常用原子散射因子表示。

② 其次计算一个单胞内各个原子散射波之间的相互干涉，一个单胞的总散射波的情况可以用几何结构因子表示。

③ 最后计算各个单胞散射波之间的相互干涉。各单胞散射波之间的相互干涉加强条件即是布拉维格子中被各个格点散射的散射波之间的干涉加强条件，它们由劳厄方程或布拉格反射条件决定。

1.2.5.1 原子散射因子

对某一波长原子内所有电子的散射波振幅的几何和（A_a）与一个电子的散射波的振幅（A_e）之比，称为原子散射因子。原子散射因子 f 是以一个电子散射波的振幅为度量单位的一个原子散射波的振幅，也称原子散射波振幅。它表示一个原子在某一方向上散射波的振幅是一个电子在相同条件下散射波振幅的 f 倍。

$$f=\frac{A_a}{A_e}=\int\rho(r)e^{i\phi}dV=\int\rho(r)e^{2\pi i\frac{Kr}{\lambda}}dV \tag{1-35}$$

由式(1-35) 可知，K 只依赖于散射方向，因而原子散射因子是散射方向的函数；不同原子电子分布函数（概率密度）$\rho(r)$ 不同，因而不同原子具有不同的散射因子；由 $A_a=fA_e$ 可见，原子所引起的散射波的总振幅也是散射波方向的函数，也因原子而异。综上所述，原子散射因子反映了原子将 X 射线向某一个方向散射时的散射效率。此外，原子散射因子与其原子序数 Z 密切相关，Z 越大，f 越大。因此，重原子对 X 射线散射的能力比轻原子要强。

1.2.5.2 几何结构因子

当晶胞（如复杂点阵单胞）中原子数大于 1 时，由于来自于同一单胞中各个原子的散射之间存在干涉，单胞中原子的分布不同，其散射能力也不同，因而必须考虑单胞中不同位置的原子对 X 射线的散射能力。晶胞中各个原子所在的子晶格引起的衍射极大，存在着固定的相位，而各个衍射极大又可以相互干涉，因而总的衍射强度取决于两个因素：①各衍射极大的相位差，它取决于各子晶格的相对距离；②各衍射极大的强度，它取决于不同原子的散射因子。为描述以上两个因素对总的衍射强度的影响，这里引入几何结构因子这一概念。

单胞内所有原子在某一方向上引起的散射波的总振幅与某一电子在该方向上所引起的散射波的振幅之比称为几何结构因子。因而，一个单胞的总散射波的情况可以用几何结构因子表示。简单点阵只由一种原子组成，每个晶胞只有一个原子，它分布在晶胞的顶角上，单位晶胞的散射强度相当于一个原子的散射强度。复杂点阵晶胞中含有 n 个相同或不同种类的原子，它们除占据单胞的顶角外，还可能出现在体心、面心或其它位置。可将复杂点阵看成是由简单点阵平移穿插而得。复杂点阵单胞的散射波振幅应为单胞中各原子的散射波振幅的矢量合成。由于衍射线的相互干涉，某些方向的强度将会加强，而某些方向的强度将会减弱甚至消失。这种规律习惯称为系统消光。研究单胞结构对衍射强度的影响，在衍射分析的理论和应用中都十分重要。

(1) 几何结构因子公式的推导

如图 1-25 所示，取单胞的顶点 O 为坐标原点，A 为单胞中任一原子 j，它的坐标矢量为

$$\boldsymbol{OA}=\boldsymbol{r}_j=X_j\boldsymbol{a}+Y_j\boldsymbol{b}+Z_j\boldsymbol{c}$$

式中，$\boldsymbol{a}$、$\boldsymbol{b}$、$\boldsymbol{c}$ 为单胞的基本平移矢量；X_j、Y_j、Z_j 为 A 原子的坐标。A 原子与 O 原子间散射波的波程差为

$$\delta_j=2\pi(HX_j+KY_j+LZ_j)$$

知其相位差应为

$$\phi_j=2\pi(HX_j+KY_j+LZ_j)$$

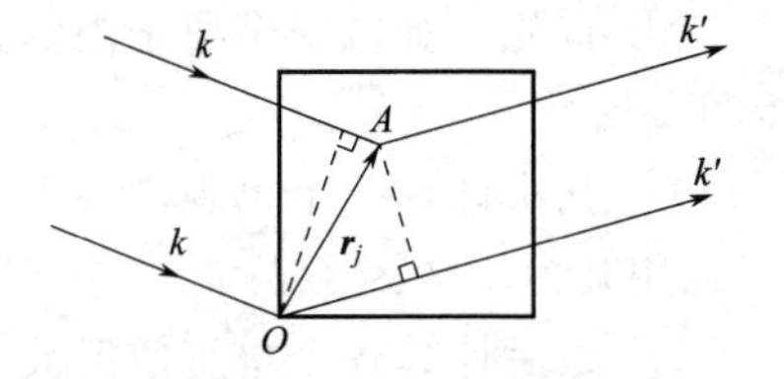

图 1-25　复杂点阵单胞中两原子的相干散射

若单胞中各原子的散射波振幅分别为 f_1A_e，f_2A_e，…，f_jA_e，…，f_nA_e（A_e 为一个电子相干散射波振幅，不同种类原子其 f 不同），它们与入射波的相位差分别为 ϕ_1，ϕ_2，…，ϕ_j，…，ϕ_n（原子在单胞中的位置不同，其 ϕ 也不同），则所有这些原子散射波振

幅的合成就是单胞的散射波振幅 A_b。

至此，可引入一个以电子散射能力为单位的、反映单胞散射能力的参量——几何结构因子 F_{HKL}，则

$$F_{HKL}=\frac{\text{一个晶胞的相干散射辐射波}}{\text{一个电子的相干散射辐射波}}=\frac{A_b}{A_e}$$

即

$$F_{HKL}=\sum_{j=1}^{n}f_j e^{i\phi_j} \tag{1-36}$$

可将复指数展开成复三角函数形式

$$e^{i\phi}=\cos\phi+i\sin\phi$$

于是

$$F_{HKL}=\sum_{j=1}^{n}f_j[\cos2\pi(HX_j+KY_j+LZ_j)+i\sin2\pi(HX_j+KY_j+LZ_j)] \tag{1-37}$$

在X射线衍射工作中可测量到的衍射强度 I_{HKL} 与几何结构因子的平方 $|F_{HKL}|^2$ 成正比。欲求此值，需将式(1-37)乘以其共轭复数

$$\begin{aligned}|F_{HKL}|^2&=F_{HKL}F^*_{HKL}\\&=[\sum_{j=1}^{n}f_j\cos2\pi(HX_j+KY_j+LZ_j)]^2+[\sum_{j=1}^{n}f_j\sin2\pi(HX_j+KY_j+LZ_j)]^2\end{aligned} \tag{1-38}$$

式中，几何结构因子的平方 $|F_{HKL}|^2$ 表征了单胞的衍射强度，反映了单胞中原子种类、原子数目及原子位置对（HKL）晶面衍射方向上衍射强度的影响。

（2）几种点阵的结构因子计算

下面是几种由同类原子组成的点阵（例如纯元素）的结构因子计算。

① 简单点阵　单胞中只有一个原子，其坐标为（0，0，0），原子散射因子为 f，根据式(1-38)有

$$|F_{HKL}|^2=[f\cos2\pi(0)]^2+[f\sin2\pi(0)]^2=f^2$$

该种点阵的结构因子与 HKL 无关，即 HKL 为任意整数时均能产生衍射，不会产生系统消光。例如（100）、（110）、（111）、（200）、（210）…能够出现的衍射面指数平方和之比是 $(H_1^2+K_1^2+L_1^2):(H_2^2+K_2^2+L_2^2):(H_3^2+K_3^2+L_3^2)\cdots=1^2:(1^2+1^2):(1^2+1^2+1^2):2^2:(2^2+1^2)\cdots=1:2:3:4:5\cdots$

② 体心点阵　单胞中有两种位置的原子，即顶角原子和体心原子，其坐标分别为（0，0，0）和 $\left(\frac{1}{2},\frac{1}{2},\frac{1}{2}\right)$，原子散射因子均为 f。

$$\begin{aligned}|F_{HKL}|^2&=\left[f\cos2\pi(0)+f\cos2\pi\left(\frac{H}{2}+\frac{K}{2}+\frac{L}{2}\right)\right]^2+\left[f\sin2\pi(0)+f\sin2\pi\left(\frac{H}{2}+\frac{K}{2}+\frac{L}{2}\right)\right]^2\\&=f^2[1+\cos\pi(H+K+L)]^2\end{aligned}$$

a. 当 $H+K+L=$ 奇数时，$|F_{HKL}|^2=f^2(1+1)^2=0$，即该种晶面的散射强度为零，该种晶面的衍射线不能出现，例如（100）、（111）、（210）、（300）、（311）等。

b. 当 $H+K+L=$ 偶数时，$|F_{HKL}|^2=f^2(1+1)^2=4f^2$，即体心点阵只有指数和为偶数的晶面可产生衍射，例如（110）、（200）、（211）、（220）、（310）…。这些晶面的指数平方和之比是：

$$(1^2+1^2):2^2:(2^2+1^2+1^2):(2^2+2^2):(3^2+1^2)\cdots=2:4:6:8:10\cdots。$$

③ 面心点阵单胞中有四种位置的原子，它们的坐标分别是（0，0，0）、$\left(0,\frac{1}{2},\frac{1}{2}\right)$、

$\left(\frac{1}{2},\ \frac{1}{2},\ 0\right)$、$\left(\frac{1}{2},\ 0,\ \frac{1}{2}\right)$，其原子散射因子均为 f。

$$
\begin{aligned}
|F_{HKL}|^2 &= \left[f\cos 2\pi(0) + f\cos 2\pi\left(\frac{K}{2}+\frac{L}{2}\right) + f\cos 2\pi\left(\frac{H}{2}+\frac{K}{2}\right) + f\cos 2\pi\left(\frac{H}{2}+\frac{L}{2}\right)\right]^2 + \\
&\quad \left[f\sin 2\pi(0) + f\sin 2\pi\left(\frac{K}{2}+\frac{L}{2}\right) + f\sin 2\pi\left(\frac{H}{2}+\frac{K}{2}\right) + f\sin 2\pi\left(\frac{H}{2}+\frac{L}{2}\right)\right]^2 \\
&= f^2[1+\cos\pi(K+L)+\cos\pi(H+K)+\cos\pi(H+L)]^2
\end{aligned}
$$

a. 当 H、K、L 全为奇数或全为偶数时，有

$$|F_{HKL}|^2 = f^2(1+1+1+1)^2 = 16f^2$$

b. 当 H、K、L 为奇偶混杂时，有

$$|F_{HKL}|^2 = f^2(1-1+1-1)^2 = 0$$

即面心点阵只有指数为全奇或全偶的晶面才能产生衍射，例如（111）、（200）、（220）、（311）、（222）、（400）…。能够出现的衍射线，其指数平方和之比是：$(1^2+1^2+1^2):2^2:(2^2+2^2):(3^2+1^2+1^2):(2^2+2^2+2^2):(4^2+0^2+0^2)\cdots=3:4:8:11:12:16\cdots=1:1.33:2.67:3.67:4:5.33\cdots$。

由以上可知，结构因子只与原子的种类及在单胞中的位置有关，而不受单胞的形状和大小的影响。例如对体心点阵，不论是立方晶系、正方晶系还是斜方晶系，其消光规律均是相同的，可见系统消光的规律有较广泛的适用性。

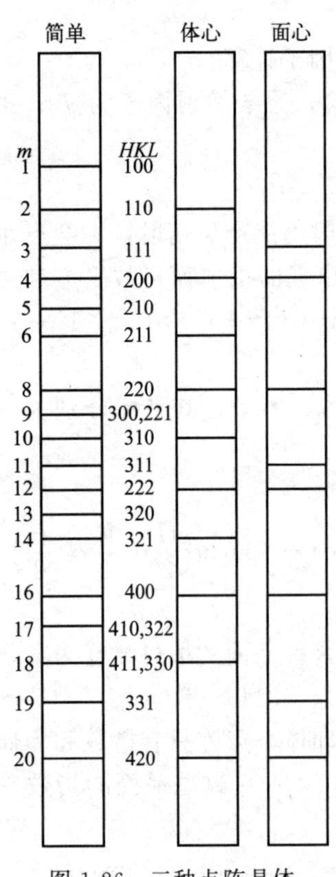

图 1-26　三种点阵晶体衍射线的分布

图 1-26 所示为上述三种点阵的晶体经系统消光后所呈现的衍射线分布状况，其中 $m=H_2^2+K_2^2+L_2^2$。由此可知，即使满足布拉格方程，若 $|F_{HKL}|^2=0$，仍然不能得到衍射线，即衍射线的产生是由结构因子决定的，因而布拉格方程是产生衍射的必要条件，而结构因子 $|F_{HKL}|^2\neq 0$ 是产生衍射的充要条件。

当晶胞中有异种原子存在时，则异种原子的原子散射因子不同，将会得到与同种原子组成时不同的结构因子，因而消光规律和衍射线强度都会发生变化。例如由异类原子组成的化合物，其结构因子的计算与上述大体相同，但由于组成化合物的元素有别，致使衍射线条分布会有较大的差异。例如化合物 CuBe，具有简单立方点阵，Cu 原子占据着单胞的顶角，Be 原子位于单胞的中心（或相反）靶，每种原子各自组成简单格子。结构因子的计算表明：当 $H+K+L=$ 奇数时，$|F_{HKL}|^2=(f_{Cu}-f_{Be})^2$；当 $H+K+L=$ 偶数时，$|F_{HKL}|^2=(f_{Cu}+f_{Be})^2$。由于 Cu 与 Be 的原子序数相差较大，晶体的衍射线条分布规律与简单点阵的基本相同，只是某些线条较弱。在另一种情况下，例如化合物 CuZn，结构同样为简单立方点阵，但由于 Cu 和 Zn 为相邻元素，f_{Cu} 与 f_{Zn} 极为接近，指数和为奇数的线条其结构因子接近于零，故 CuZn 晶体衍射线的分布规律与体心点阵的相同。某些固溶体在发生有序化转变后，不同元素的原

子将固定地占据单胞中某些特定位置，晶体的衍射线条分布亦将随之变化。例如，实验中常出现在某一合金上原来不存在的衍射线，经过热处理形成长程有序后出现了，即所谓的超点阵谱线，这是由于晶胞中固溶了异种原子。

1.2.5.3 洛伦兹因子

实际晶体不一定是完整的，而且入射线的波长也不是绝对单一的，且入射线并不绝对平行而是具有一定的发散角。因而，衍射线的强度尽管在满足布拉格方程的方向上最大，但偏离一定的布拉格角时也不会为零，故衍射曲线呈山峰状，具有一定的宽度，而不是严格的直线，如图 1-27 所示。所以，在测试衍射强度时把晶体固定，仅在布拉格角的位置测定最大衍射强度的做法意义不大，一般应使晶体在布拉格角的附近左右旋转，把全部衍射记录在底片上或用计数器记录下衍射线的全部能量。以这种能量代表的衍射强度称为积分强度。如在多晶衍射分析中，每个衍射圆锥是由数目巨大的微晶体反射 X 射线形成的，底片上的衍射线是在相当长时间曝光后得到的，故所得衍射强度称为累积强度或积分强度。从横断面去考察一根衍射线（相当于察看圆锥面的厚度），得知其强度近似呈概率分布，如图 1-27 所示。分布曲线所围成的面积（扣除背景强度后）称为衍射积分强度。衍射强度分布曲线即衍射峰，可利用 X 射线衍射仪（参看后续章节）直接采集得到。

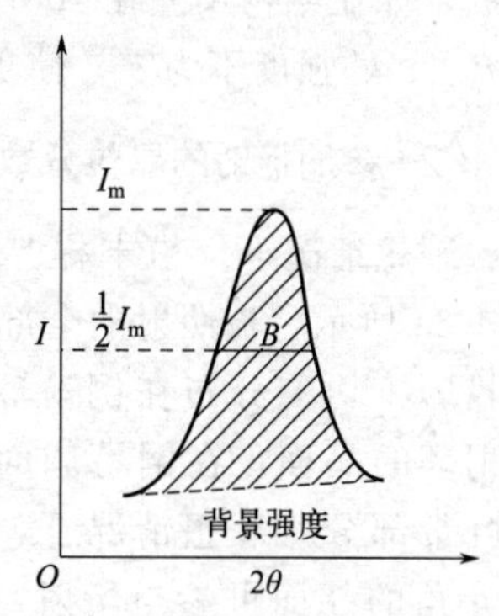

图 1-27　衍射线的积分

衍射积分强度近似地等于 I_mB，其中 I_m 为顶峰强度，B 为在 $I_m/2$ 处的衍射线宽度，称为衍射峰的半高宽。I_m 与 $1/\sin\theta$ 成比例，而 B 与 $1/\cos\theta$ 成比例，故衍射积分强度与 $1/(\sin\theta\cos\theta)$，即 $1/\sin2\theta$ 成比例。

衍射积分强度除与上述的非理想实验条件有关外，还与晶粒大小、参加衍射晶粒数目及衍射线位置三个几何因子有关，由于这三种几何因子影响均与布拉格角有关，因而可将其归并在一起，统称为洛伦兹因子。洛伦兹因子可说明衍射的几何条件对衍射强度的影响。

（1）晶粒大小的影响

在讨论布拉格方程时，常默认晶体为无穷大，而实际上并非如此。当晶体很小时，衍射情况会有一些变化。

一个小晶体在三维方向的积分强度可用下式表示：

$$I \propto \frac{\lambda}{t\cos\theta} \times \frac{\lambda^2}{N_a N_b \sin\theta} \tag{1-39}$$

式中　N_a——晶面长度；

　　　N_b——晶面宽度。

因为 $t \times N_a \times N_b = V_c$（体积），所以

$$I \propto \frac{\lambda^3}{V_c \sin2\theta} \tag{1-40}$$

式(1-40) 也称为第一几何因子，它反映了晶粒大小对衍射强度的影响。由式(1-40) 可知，V_c 越小，I 越大，即晶粒越小，吸收越小，故衍射强度 I 越大。此外，当晶体很薄、晶

面数目很少时，一些相消干涉也不能彻底，结果某些本应该相消的衍射线将会重新出现，也使衍射强度 I 增加。

衍射峰的半高宽 B 与晶粒大小存在如下关系：

$$B=\frac{\lambda}{t\cos\theta}$$

式中，$t=md$，m 为晶面数；d 为晶面间距。

这个结果具有实际意义：X 射线不是绝对平行的，存在较小的发散角；X 射线不可能是纯粹单色的（K_α 本身就有 0.0001nm 的宽度），它可以引起强度曲线变宽；晶体不是无限大的，如亚结构尺寸在 100nm 数量级，相互位相向 ε 有 1°至数分的差别，在参加反射时，在 $\theta\pm\varepsilon$ 处强度不为零，使 B 增加，衍射强度 I 也增加。

（2）参加衍射的晶粒分数的影响

理想情况下，粉末样品中晶粒数目可以认为是无穷多且晶粒的取向是无规则的。如图 1-28 所示，被照射的全部晶粒，其（HKL）的投影将均匀分布在倒易球面上。能参与形成衍射环的晶面，在倒易球面的投影只是有影线的环带部分（理想情况下，只有与入射线成严格 θ 角的晶面可参与衍射，实际上衍射可发生在小角度 $\Delta\theta$ 范围内）。环带面积与倒 θ 易球面积之比，即为参加衍射的晶粒分数。

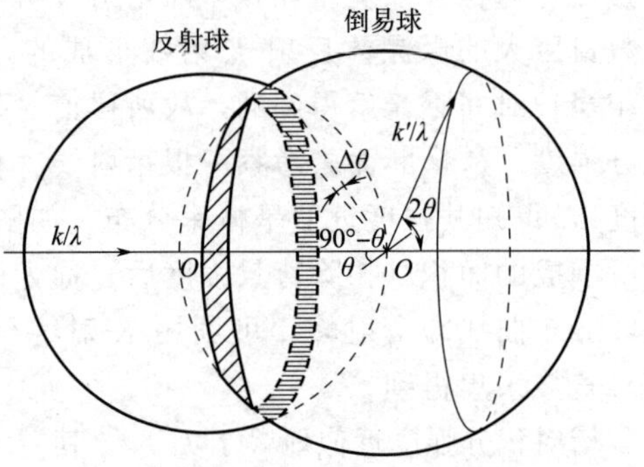

$$\text{参加衍射的晶粒分数}=\frac{2\pi r^{*}\sin(90°-\theta)r^{*}\Delta\theta}{4\pi(r^{*})^{2}}$$

图 1-28　反射级数的讨论用图

式中　r^{*}——倒易球半径；

$r^{*}\Delta\theta$——环带宽。

计算表明，参加衍射的晶粒分数与 $\cos\theta$ 成正比。

也就是说，在晶粒完全混乱分布的条件下，粉末多晶体的衍射强度与参加衍射晶粒数目成正比，而这一数目又与衍射角有关，即 $I\propto\cos\theta$，也将这一项称为第二几何因子。可见，在背反射时参加衍射的晶粒数极少。

（3）衍射线位置对强度测量的影响（单位弧长的衍射强度）

在德拜-谢勒法中，粉末试样的衍射圆锥面与底片相交构成感光的弧对（图 1-29），而衍射强度是均匀分布于圆锥面上的。若圆锥面越大（θ 越大），单位弧长上的能量密度就越小，在 $2\theta=90°$附近能量密度最小，在讨论相对衍射强度时并不是把一个衍射圆锥的全部衍射能量与其它的衍射圆锥的衍射能量相比较，而是比较几个圆环上的单位弧长的积分强度值，这时就应考虑圆弧所处位置所带来的单位弧长上的强度差别。

图 1-29 表明，衍射角为 2θ 的衍射环，其上某点至试样的距离若为 R，则衍射环的半径为 $R\sin2\theta$，衍射环的周长为 $2\pi R\sin2\theta$，可见单位弧长的衍射强度反比于 $\sin2\theta$，即 $I\propto 1/\sin2\theta$。有时也将因衍射线所处位置不同对衍射强度的影响称为第三几何因子。

综合上述三种衍射几何因子可得：

$$\text{洛伦兹因子}=\frac{1}{\sin2\theta}\cos\theta\frac{1}{\sin2\theta}=\frac{\cos\theta}{\sin^{2}2\theta}=\frac{1}{4\sin^{2}\theta\cos\theta}$$

将洛伦兹因子与偏振因子 $\frac{1}{2}(1+\cos^2 2\theta)$ 再合并，得到一个与掠射角 θ 有关的函数，称为角因数，或称洛伦兹-偏振因数。

$$角因数=\frac{1+\cos^2 2\theta}{8\sin^2\theta\cos\theta}$$

实际应用中多只涉及相对强度，所以通常称 $1/(\sin^2\theta\cos\theta)$ 为洛伦兹因子，而称 $(1+\cos^2 2\theta)/(\sin^2\theta\cos\theta)$ 为角因数。

角因数与 θ 角的关系如图 1-30 所示。应指出常用的角因数表达式仅适用于德拜法，因为洛伦兹因子的表达式与具体的衍射几何有关。

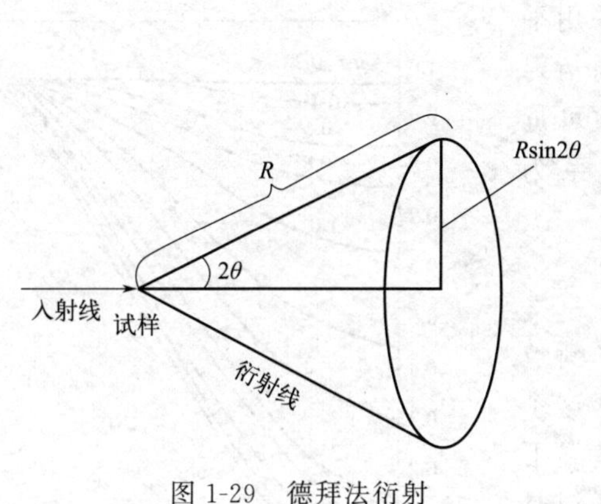

图 1-29　德拜法衍射

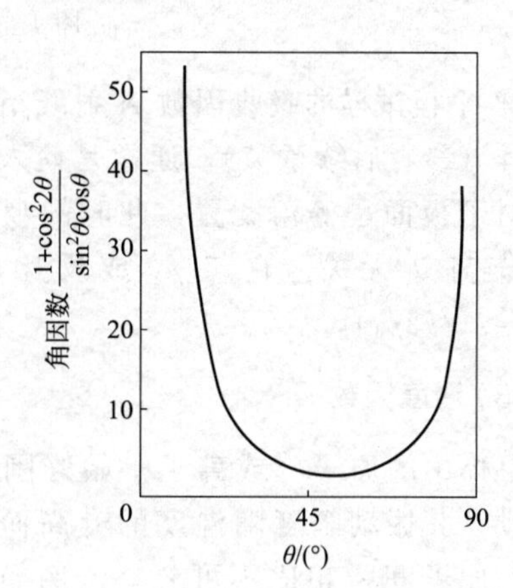

图 1-30　角因数与 θ 角的关系

1.2.5.4　衍射强度的其它影响因素

(1) 多重性因数

晶体中同一晶面族 $\{hkl\}$ 的各等同晶面，其原子排列相同，晶面间距相等，在多晶衍射中它们有相同的衍射角 2θ，故其衍射将重叠在同一个衍射环上。某种晶面的等同晶面数增加，参与衍射的概率随之增加，相应的衍射亦将增强。称某种晶面的等同晶面数为影响衍射强度的多重性因数 P。多重性因数与晶体对称性及晶面指数有关，如立方晶系 {100} 晶面族，$P=6$；{110} 晶面族，$P=12$；四方晶系 {100} 晶面族，$P=4$。

(2) 吸收因数

由于试样本身对 X 射线的吸收，使衍射强度的实测值与计算值不符。为修正这一影响，需在强度公式中乘以吸收因数 $A(\theta)$。吸收因数与试样的形状、大小、组成以及衍射角有关。

① 圆柱试样的吸收因数如图 1-31 所示，若试样半径 r 和线吸收系数 μ_1 较大时，入射线仅穿透一定的深度便被吸收殆尽，实际只有表面一薄层物质（有影线部分）参与衍射。衍射线穿过试样也同样被吸收，其中在透射方向上比较严重，背射方向影响较小。当衍射强度不受吸收影响时，通常取 $A(\theta)=1$。对同一试样，θ 越大，吸收越小，$A(\theta)$ 值越接近 $A(\theta)$ 与 μ_1r、θ 的关系曲线，如图 1-32 所示。

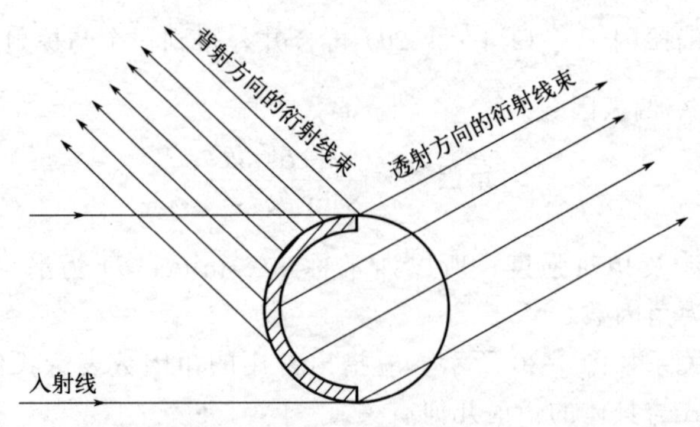

图 1-31 圆柱试样的吸收情况

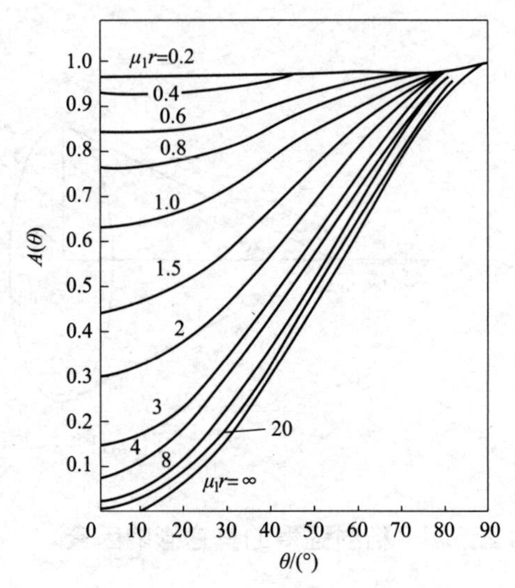

图 1-32 圆柱试样的吸收因数 μ_1r 及 θ 的关系

② 平板试样的吸收因数 X 射线衍射仪采用平板试样（参看后续章节），通常是使入射线与衍射线相对于板面呈等角配置，此时的吸收因数可近似看作与 θ 无关。它与 μ_1 成反比，其关系为 $A(\theta)=1/(2\mu_1)$。

（3）温度因数

晶体中的原子（或离子）始终围绕其平衡位置振动，其振动幅度随温度的升高而加大。这个振幅与原子间距相比不可忽略。例如，在室温下铝原子偏离平衡位置可达 0.017nm，相当于铝晶体最近原子间距的 6%。

原子热振动使晶体点阵原子排列的周期性受到破坏，使得原来严格满足布拉格条件的相干散射产生附加的相差，从而使衍射强度减弱。为修正实验温度给衍射强度带来的影响，需在积分强度公式中乘以温度因数 e^{-2M}。

在温度 T 下的衍射 X 射线强度 I_T，与热力学温度为 0K 下的衍射强度 I 之比即为温度因数，即

$$I_T/I=e^{-2M}$$

显然，e^{-2M} 是一个小于 1 的量。由固体物理理论可导出

$$M=\frac{6h^2}{m_a k\Theta}\left[\frac{\phi(\chi)}{\chi}+\frac{1}{4}\right]\frac{\sin^2\theta}{\lambda^2} \tag{1-41}$$

式中 h ——普朗克常量；

m_a——原子的质量；

k ——玻尔兹曼常数；

Θ ——以热力学温度表示的晶体的特征温度平均值；

χ ——特征温度与实验时试样的热力学温度之比，即 χ 为 Θ/T（其中 T 为试样的热力学温度）；

θ ——半衍射角；

λ ——X 射线波长；

$\phi(\chi)$ ——德拜函数。

由式(1-41) 可见，T 愈高，M 愈大，e^{-2M} 愈小，即原子热振动愈剧烈，衍射强度减弱愈显著。当 T 一定时，θ 角愈大，M 愈大，e^{-2M} 愈小。说明在同一衍射花样中，θ 角愈大的衍射线强度减弱愈多，随着 θ 角渐增，温度因数将渐减。对于圆柱试样，其吸收因数与方向将向相反方向变化，二者的影响大约可抵消，因此，在一些对强度要求不很精确的工作中，可以把 e^{-2M} 与 $A(\theta)$ 同时略去。

晶体原子的热振动减弱布拉格方向上的衍射强度，却增加了非布拉格方向上的散射强度，其结果造成衍射花样背底加重，且随 θ 角增大而越趋严重，这对于衍射分析是不利的。

1.2.5.5 多晶体衍射的积分强度公式

综上所述，将多晶体衍射的积分强度公式总结如下。

若以波长为 λ 、强度为 I_0 的 X 射线，照射到单位晶胞体积为 V_0 的多晶试样上，被照射晶体的体积为 V，在与入射线夹角为 2θ 的方向上产生了指数为（HKL）晶面的衍射，在距试样为 R 处记录到衍射线单位长度上的积分强度为

$$I=I_0\frac{\lambda^3}{32\pi R}\left(\frac{e^2}{mc^2}\right)^2\frac{V}{V_0^2}P\,|F_{HKL}|^2\,\frac{1+\cos^2 2\theta}{\sin^2\theta\cos\theta}A(\theta)e^{-2M} \tag{1-42}$$

公式中各符号的意义与前述相同。

式(1-42) 是以入射线束强度 I_0 的若干分之一的形式给出的，故是绝对积分强度。实际工作中一般只需考虑强度的相对值。对同一衍射花样中同一物相的各根衍射线，其 $I_0\frac{\lambda^3}{32\pi R}\left(\frac{e^2}{mc^2}\right)^2\frac{V}{V_0^2}$ 之值是相同的，故比较它们之间的相对积分强度仅需考虑

$$I_{相对}=P\,|F_{HKL}|^2\,\frac{1+\cos^2 2\theta}{\sin^2\theta\cos\theta}A(\theta)e^{-2M} \tag{1-43}$$

若比较同一衍射花样中不同物相的衍射，尚需考虑各物相的被照射体积和它们各自的单胞体积。

1.3 X 射线多晶衍射方法及应用

1.3.1 X 射线衍射仪法

衍射仪法利用计数管来接收衍射线，可以省去照相法中的暗室工作，具有快速、灵敏及精确等优点。X 射线衍射仪包括辐射源、测角仪、探测器、控制测量与记录系统等，可以安装各种附件，如高低温衍射、小角散射、织构及应力测量等。

一台优良的 X 射线衍射仪，首先应具有足够的辐射强度，例如采用旋转阳极辐射源，可有效增加试样的衍射信息。从测量角度讲，仪器性能主要体现在以下几个方面：一是衍射角测量要准确；二是采集衍射计数要稳定可靠；三是尽可能除掉多余的辐射线并降低背底散射。本节主要介绍与测量有关的仪器部件，包括测角仪、计数器和单色器。

1.3.1.1 测角仪

粉末衍射仪中均配备常规的测角仪，其结构简单且使用方便，扫描方式可分为 $\theta/2\theta$ 耦合扫描与非耦合扫描两种类型。

（1）耦合扫描方式

图 1-33 所示为粉末衍射仪的卧式测角仪示意图，它在构造上与德拜相机有很多相似之处。平板状试样 D 安装在试样台 H 上，二者可围绕 O 轴旋转。S 为 X 射线源，其位置始终是固定不动的。一束 X 射线由射线源发出，照射到试样 D 上并发生衍射，衍射线束指向接收狭缝 F，然后被计数管 C 所接收。接收狭缝 F 和计数管 C 一同安装在测角臂 E 上，它们可围绕 O 轴旋转。当试样 D 发生转动即 θ 改变时，衍射线束 2θ 角必然改变，同时相应地改变测角臂 E 位置以接收衍射线。衍射线束 2θ 角就是测角臂 E 所处的刻度，刻度尺制作在测角仪圆 G 的圆周上。在测量过程中，试样台 H 和测角臂 E 保持固定的转动关系，即当试样台转过 θ 角时测角臂恒转过 2θ 角，这种连动方式称为 $\theta/2\theta$ 耦合扫描。计数管在扫描过程中逐个接收不同角度下的计数强度，绘制强度与角度的关系曲线，即得到 X 射线的衍射谱线。

采用 $\theta/2\theta$ 耦合扫描，确保了 X 射线相对于平板试样的入射角与反射角始终相等，且都等于 θ 角。试样表面法线始终平分入射线与衍射线的夹角，当 2θ 符合某（hkl）晶面布拉格条件时，计数管所接收的衍射线始终是由那些平行于试样表面的（hkl）晶面所贡献，如图 1-34 所示。

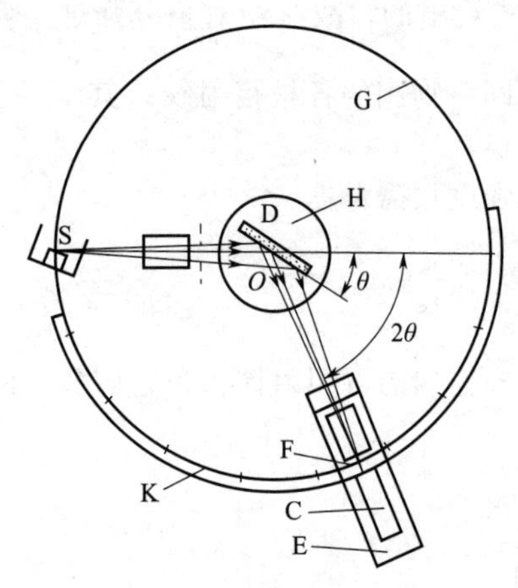

图 1-33　卧式测角仪示意图

G—测角仪圆；S—X 射线源；D—试样；H—试样台；
F—接收狭缝；C—计数管；E—测角臂；K—刻度尺

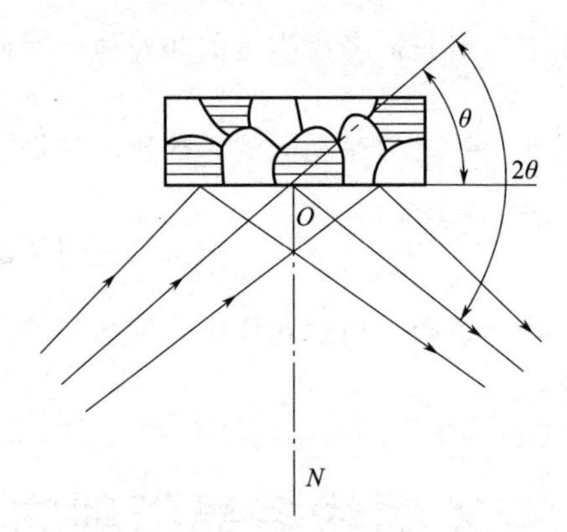

图 1-34　耦合扫描方式下对衍射有贡献的晶面

图 1-35 所示为测角仪的聚焦几何关系。根据图中的聚焦原理，光源 S、试样被照表面 MON 以及反射线会聚点 F 必须落到同一聚焦圆上。在实验过程中聚焦圆时刻在变化，其半径 r 随 θ 角的增大而减小。聚焦圆半径 r、测角仪圆半径 R 以及 θ 角的关系为：

$$r=R/(2\sin\theta) \tag{1-44}$$

这种聚焦几何要求试样表面与聚焦圆有同一曲率。但因聚焦圆的大小时刻变化，故此要求难以实现。衍射仪习惯采用的是平板试样，在运转过程中始终与聚焦圆相切，即实际上只有 O 点在这个圆上。因此，衍射线并非严格地聚集在 F 点上，而是分散在一定的宽度范围内，只要宽度不大，在应用中是允许的。

这里的聚焦圆与倒易点阵中的反射球属于两个不同的概念，反射球是晶体倒易空间中假想的一个半径为 $1/\lambda$ 的球面，代表的是布拉格方程，没有聚焦的含义。而这里的聚焦圆是由发射焦点、被照射点及接收焦点在实际空间中所组成的几何圆周。

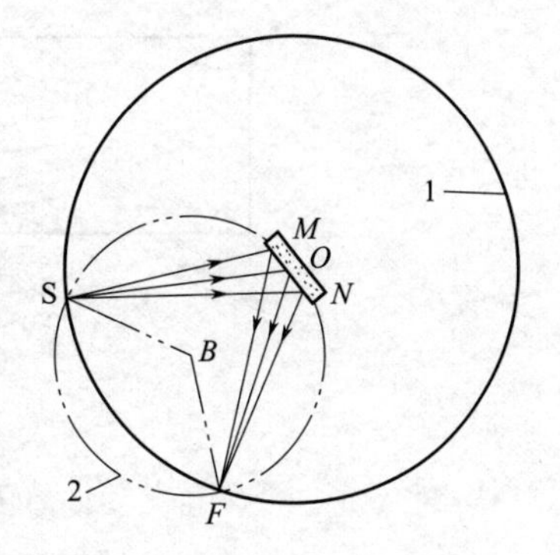

图 1-35 测角仪的聚焦几何关系

1—测角仪圆；2—聚焦圆

测角仪的光学布置如图 1-36 所示。靶面 S 为线焦点，其长轴沿竖直方向，因此射线在水平方向会有一定发散，而垂直方向则近乎平行。射线由光源 S 发出，经过入射 sollar 狭缝 S_1 和发散狭缝 DS，照射到垂直放置的试样表面后，衍射线束依次经过防散射狭缝 SS、衍射 sollar 狭缝 S_2 及接收狭缝 RS，最终被计数管接收。

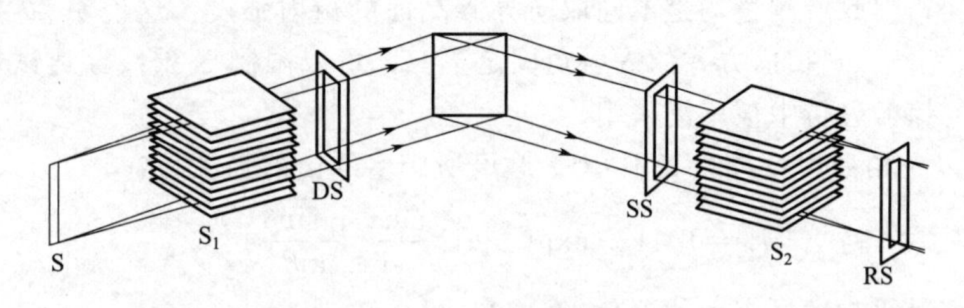

图 1-36 测角仪的光学布置

狭缝 DS 限制入射线束的水平发散度，SS 限制衍射线束的水平发散度，RS 限制衍射线束的聚焦宽度，sollar 狭缝 S_1 限制入射线束垂直发散，S_2 限制衍射线束垂直发散。使用上述一系列狭缝，可以确保正确的衍射光路，有效阻挡多余散射线进入计数管中，提高衍射分辨率。

狭缝 DS、SS 和 RS 的宽度是配套的，例如 DS＝1°、SS＝1°和 RS＝0.3mm，表示入射线束和衍射线束水平发散度为 1°，衍射线束聚焦宽度为 0.3mm。sollar 狭缝 S_1 和 S_2 由一组相互平行的金属薄片组成，例如相邻两片间空隙小于 0.5mm，薄片厚度约 0.05mm 及长约 30mm，这样 sollar 狭缝可将射线束垂直方向的发散限制在 2°以内。

（2）非耦合扫描方式

利用图 1-33 所示的测角仪，也可以实现非耦合扫描方式，例如 α 扫描和 2θ 扫描。如果测角臂 E 固定，仅让试样台 H 转动，实际是衍射角 2θ 固定而入射角变动，由于此时入射角并非布拉格角，故改写为 α，这种扫描方式就是 α 扫描。若试样台 H 固定，仅让测角臂 E 转动，实际是入射角固定而衍射角 2θ 变动，故称为 2θ 扫描。在图 1-34 所示的耦合扫描方式下，X 射线入射角与反射角始终相等，试样表面法线平分入射线与衍射线的夹角，始终是那些平行于试样表面的晶面发生衍射（见图 1-34），而在 α 扫描或 2θ 扫描方式下，则不存在这种几何关系。

图 1-37(a) 和图 1-37(b) 分别示出了 α 扫描过程中的两个试样位置，两个位置的衍射角 2θ 相同即被测晶面为同族晶面，但两个位置的 X 射线入射角 α 不同即参加衍射的晶面取向不同，所测量的是不同取向同族晶面的衍射强度。考虑到块体试样大都不同程度地存在晶面择优取向问题，利用这种扫描方式，能够初步判断材料中同族晶面的取向不均匀性。

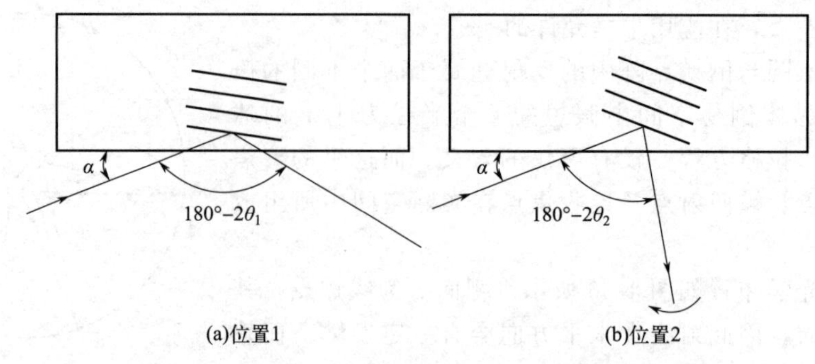

图 1-37　非耦合 α 扫描方式下对衍射有贡献的晶面

图 1-37(a) 和图 1-37(b) 分别展示了 2θ 扫描过程中的两个衍射位置，两个位置的 2θ 角不同即被测晶面为异族晶面。虽然两位置的入射角 α 相同，但由于 2θ 不同而导致参加衍射的晶面取向不同，因此所测量的是不同取向异族晶面的衍射强度，这说明 2θ 扫描要比 α 扫描的问题复杂。由于 2θ 扫描方式的入射角固定不变，可以限制 X 射线穿透试样的深度，因此在薄膜材料的掠射分析中被广泛采用。

如 X 射线以 α 角照射试样，其中 $0 \sim t$ 厚度所产生的衍射强度为：

$$I_t = I_o \left[1 - \exp\left(-\mu_1 t \frac{\sin\alpha + \sin\beta}{\sin\alpha \sin\beta} \right) \right] \tag{1-45}$$

式中　β——衍射线与试样表面的夹角，$\beta = 2\theta - \alpha$；

μ_1——线吸收系数；

I_o——试样总衍射强度：

$$I_o = I_t |_{t=\infty}$$

若射线有效穿透深度为 t_e，定义为衍射强度占整个衍射强度的 80%，即，$I_{t_e} = 0.8 I_o$，不难证明

$$t_e \approx 1.6 \sin\alpha \sin\beta / [\mu_1 (\sin\alpha + \sin\beta)] \tag{1-46}$$

当 X 射线入射角 α 很小时即为掠射，式(1-46) 则变为：

$$t_e \approx 1.6 \alpha (\pi/180°) / \mu_1 \tag{1-47}$$

式中，α 单位为 (°)，表明入射角 α 越小，则有效穿透深度 t_e 越浅，越容易揭示材料的表面信息。

在实际工作中，通常是选择不同入射角 α 并分别进行 2θ 扫描，这样可得到一系列穿透深度不同的衍射谱线，这些谱线代表了试样不同深度的组织结构特征，特别适合薄膜及表面改性等材料的表层衍射分析。这种方法也称为二维 X 射线衍射分析。

1.3.1.2　计数器

衍射仪的 X 射线探测元件为计数管，计数管及其附属电路称为计数器。目前使用最为普遍的是闪烁计数器。在要求定量关系较为准确的场合下，仍习惯使用正比计数器。近年来，有的衍射仪还使用较先进的位敏探测器及 Si(Li) 探测器等。

(1) 闪烁计数器

闪烁计数器是利用 X 射线激发某些固体（磷光体）发射可见荧光，并通过光电管进行测量。由于所发射的荧光量极少，为获得足够的测量电流，须采用光电倍增管放大。因为输

出电流与光线强度成正比，即与被计数管吸收的X射线强度成正比，故可以用来测量X射线强度。

真空闪烁计数管的构造及探测原理，如图1-38所示。磷光体一般为质量分数约0.5%的铊作为活化剂的碘化钠（NaI）单晶体，经X射线照射后可发射蓝光。晶体的一面常覆盖一薄层铝，铝上再覆盖一薄层铍。覆盖层位于晶体和计数管窗口之间，铍不能透过可见光，但对X射线是透明的，铝则能将晶体发射的光反射回光敏阴极上。

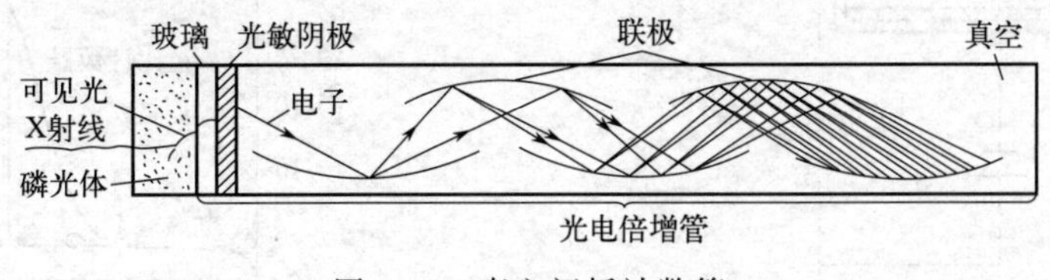

图1-38　真空闪烁计数管

晶体吸收一个X射线光子后，在其中即产生一个闪光，这个闪光射进光电倍增管中，从光敏阴极（一般用铯锑金属间化合物制成）上撞出许多电子。为简明起见，图1-38中只画了一个电子。在光电倍增管中装有若干个联极，后一个均较前面一个高出约100V的正电压，而最后一个则接到测量电路中去。从光敏阴极上迸出的电子被吸到第一联极，该电子可从第一联极金属表面上撞出多个电子（图中只撞出两个），而每个到达第二个联极上的电子又可撞出多个电子，依此类推。各联极实际增益4～5倍，一般有8～14个联极，总倍增将超过10^6。这样，晶体吸收了一个X射线光子以后，便可在最后一个联极上收集数目众多的电子，从而产生电压脉冲。

闪烁计数管的作用很快，其分辨时间可达10^{-8}数量级，即使计数率在10^5次/s以下时也不存在计数损失的现象。闪烁计数器的主要缺点在于背底脉冲过高，在没有X射线光子射进计数管时仍会产生无照电流的脉冲，其来源是光敏阴极因热离子发射而产生电子。此外，闪烁计数器价格较高，体积较大，对温度的波动比较敏感，受振动时亦容易损坏，晶体易于受潮解而失效。

（2）正比计数器

正比计数管及其基本电路如图1-39所示。计数管外壳为玻璃，内充氩、氪及氙等惰性气体。计数管窗口由云母或铍等低吸收系数的材料制成。计数管阴极为一金属圆筒，阳极为共轴的金属丝，阴阳极之间保持一定的电位差。X射线光子进入计数管后，使其内部气体电离，并产生电子。在电场力的作用下，这些电子向阳极加速运动。电子在运动期间，又会使气体进一步电离并产生新的电子，新电子运动再次引起更多气体的电离，于是就出现了电离过程的连锁反应。在极短的时间内，所产生的大量电子便会涌向阳极，从而产生可探测到的电流。这样，即使少量光子的照射，也可以产生大量的电子和离子，这就是气体的放大作用。

若X射线光子直接电离气体的分子数为n，则经放大作用后的电离气体分子总数为A^n，因此A被称为气体放大因子，它与施加在计数管两极的电压有关。典型计数管气体放大因子A与两极电压U的关系曲线如图1-40所示。当施加较低的电压时，无气体放大作用。当电压升高到一定程度时，一个X射线光子能电离的气体分子数可达电离室的10^3～10^5倍，从而形成电子雪崩现象，在此区间A与U呈直线关系，因而这是正比计数器的工作区域，该区间一般为 600～900V。如果电压继续升高到 1000～1500V，计数管便处于电晕放电区，此时气体放大因子达 10^8～10^9，即进入盖革计数器的工作区。

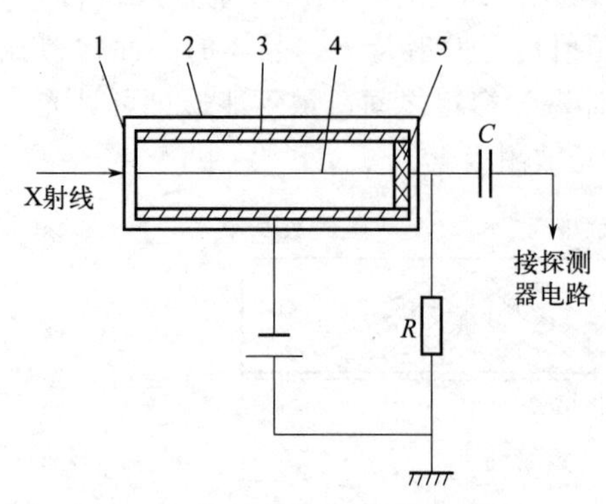

图 1-39 正比计数管及其基本电路

1—X 射线；2—窗口；3—玻璃壳；4—阴极；5—阳极

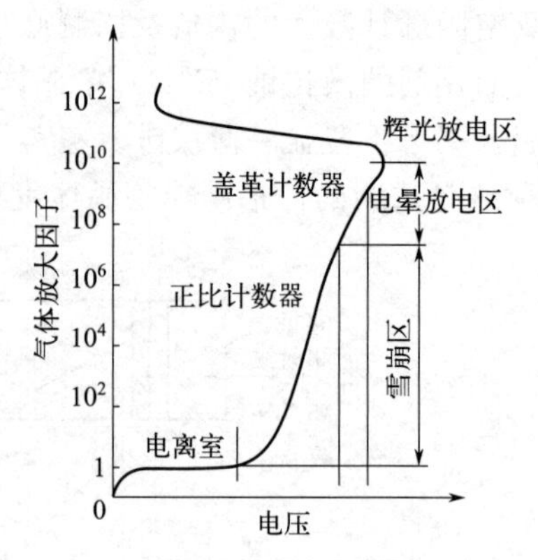

图 1-40 气体放大因子与两极电压的关系

正比计数器所给出的脉冲大小和它所吸收的 X 射线光子能量成正比，在进行衍射强度测量时的结果比较可靠。正比计数器的反应极快，对两个连续到来的脉冲分辨时间只需 10^{-6}s。它性能稳定、能量分辨率高、背底脉冲低、光子计数效率高，在理想情况下可认为没有计数损失。正比计数器的缺点是对温度比较敏感，计数管需要高度稳定的电压，而且“雪崩”放电所引起电压的瞬时降落只有几毫伏。

1.3.1.3 单色器

在 X 射线进入计数管之前，需要除掉连续辐射线以及 K_β 辐射线，降低背底散射，以获得良好的衍射效果。单色化处理可采用滤波片、晶体单色器以及波高分析器等。

（1）滤波片

前面的章节曾经讨论过，为了滤去 X 射线中无用的 K_β 辐射线，需要选择一种合适的材料作为滤波片，这种材料的吸收限刚好位于 K_α 与 K_β 波长之间，滤波片将强烈地吸收 K_β 辐射线，而对 K_α 辐射线的吸收很少，从而得到的基本上是单色的 K_α 辐射线。

单滤波片，通常是将一 K_β 滤波片插在衍射光程的接收狭缝 RS 处。但某些情况下例外，例如 Co 靶测定 Fe 试样时，Co 靶 K_β 辐射线可能激发出 Fe 试样的荧光辐射，此时应将 K_β 滤波片移至入射光程的发散狭缝 DS 处，这样可减少荧光 X 射线，降低衍射背底。使用 K_β 滤波片后难免还会出现微弱的 K_β 峰。

（2）晶体单色器

降低背底散射的最好方法是采用晶体单色器。如图 1-41 所示，在衍射仪接收狭缝 RS 后面放置一块单晶体即晶体单色器，此单色器的某晶面与通过接收狭缝的衍射线所成角度等于此晶面对靶 K_α 线的布拉格角。试样的 K_α 衍射线经过单晶体再次衍射后即进入计数管，而非试样的 K_α 衍射线却不能进入计数管。接收狭缝、单色器和计数管的位置相对固定，因此尽管衍射仪在转动，也只有试样的 K_α 衍射线才进入计数管。利用单色器不仅对于消除 K_β 线非常有效，而且由于消除了荧光 X 射线，也大大降低了衍射的背底。

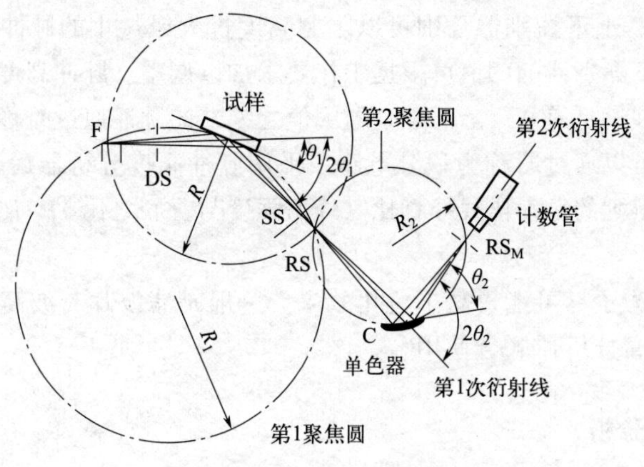

图 1-41　晶体单色器

选择单色器的晶体及晶面时，有两种方案：一是强调分辨率；二是强调反射能力，即强度。对于前者，一般选用石英等晶体；对于后者，则使用热解石墨单色器，它的（002）晶面的反射效率高于其它单色器。晶体单色器并不能排除所用 K_α 线的高次谐波，例如 (1/2) $\lambda_{K\alpha}$ 及 (1/3)$\lambda_{K\alpha}$ 辐射线与 K_α 一起在试样上和单色器上发生反射，并进入探测器。然而利用下面将要介绍的波高分析器，可以排除这些高次谐波所贡献的信号。

如果采用晶体单色器，则强度公式中的角因子改为：

$$L_p=(1+\cos^2 2\theta_M\cos^2 2\theta)/(\sin^2\theta\cos\theta) \tag{1-48}$$

式中　$2\theta_M$——单色器晶体的衍射角。

（3）波高分析器

闪烁计数器或正比计数器所接收到的脉冲信号，除了试样衍射特征 X 射线的脉冲外，还将夹杂着一些高度大小不同的无用脉冲，它们来自连续辐射、其它散射及荧光辐射等，这些无用脉冲只会增加衍射背底，必须设法消除。

来自探测器的脉冲信号，其脉冲波高正比于所接收的 X 射线光子能量（反比于波长），因此通过限制脉冲波高就可以限制波长，这就是波高分析器的基本原理。如图 1-42 所示，根据靶的特征辐射（如 CuK_α）波长确定脉冲波高的上、下限，设法除掉上、下限以外的信号，保留与该波长相近的脉冲信号（图中 WINDOW 区间），这就是所需要的衍射信号。

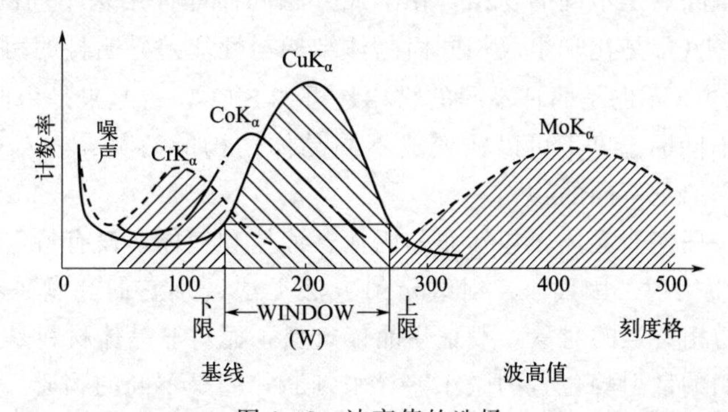

图 1-42　波高值的选择

波高分析器又称脉冲高度分析器，实际是一种特殊的电路单元。脉冲高度分析器由上下甄别器等电路所组成。上下甄别器分别可以限制高度过大或过小的脉冲进入，从而起到去除杂乱背底的作用。上下甄别器的阈值可根据工作要求加以调整。脉冲高度分析器可选择微分和积分两种电路。只允许满足道宽（上下甄别器阈值之差）的脉冲通过时称为微分电路；超过下甄别阈值高度的脉冲可以通过时称为积分电路。采用脉冲高度分析器后，可以使入射X射线束基本上呈单色。所得到的衍射谱线峰背比（峰值强度与背底之比）P/R 明显降低，谱线质量得到改善。

在实际应用中，为了尽可能提高单色化效果，一般是滤波片与波高分析器联合使用，或者是晶体单色器与波高分析器联合使用。

1.3.2 X射线物相分析

1.3.2.1 物相的含义

所谓物相，是指具有某种晶体结构的物质。具体来说，物相包括物质形成的4种情形。

① 单质。如Fe、Cu等，它们是由同一种原子构成的晶体。

② 化合物。如NaCl晶体，由至少两种异类原子构成。化合物包括具有稳定化学计量比元素组成的化合物和非化学计量的化合物。

③ 固溶体。如Fe、Ni。在金属中常见两种固溶形式：间隙式固溶体和置换式固溶体。前者是一些小半径原子进入到某种金属晶体结构的原子间隙中，如C原子进入到Fe的原子间隙。后者则是一种金属原子取代另一种金属原子的位置。无论哪一种固溶体，一般都会保持溶剂物质的晶体结构，但会使晶格畸变而导致晶胞参数变大或变小。

另一种常见的固溶形式是自然界形成的各种矿物，特别是黏土矿物中最为常见。例如 $(Ca, Na)(Al, Si)_2Si_2O_8$ 中，Ca、Na原子可以互换，而部分Si原子位置也可以被Al原子所置换。但是，这种置换不会改变晶体结构类型。

④ 金属间化合物。例如 Al_3Zr。若在铝中添加微量的Zr，部分Zr可以溶入到Al基体中而形成固溶体，多余的Zr则会形成一种稳定化学计量的金属间化合物 Al_3Zr。这种金属间化合物与普通的化合物不同，不是通过离子键或共价键结合的，而是通过金属键结合。

物相的另一个定义是：以化学组成和结构相区别的物质被称为不同的物相。这就说明，化学成分不同的物质固然是不同的物相，化学成分相同而晶体结构不同的也是不同的物相。例如 α-Al_2O_3 和 γ-Al_2O_3 是化学组成相同而晶体结构与性能差异明显的两个物相；又同质异构体的立方Co和六方Co也是两种不同的物相；再如 SiO_2，看起来是由两个O原子和一个Si组成。但是，在不同的温度下可以转变成不同晶体结构的石英、方石英、菱石英或者玻璃（非晶体）等，它们是不同的物相。

值得注意的是，任何非晶体，包括非晶固体、液体和气体，没有特定的晶体结构，它们都不会对X射线产生衍射，因而，X射线衍射方法无法区别它们究竟是哪一种物相。也就是说，X射线衍射物相鉴定的对象一般是指晶体材料，而对非晶体材料是无能为力的。尽管有时候可以根据它们的散射峰位置的微小差异来判断它们是不同的物质。

1.3.2.2 物相检索原理

X射线入射到结晶物质上，产生衍射的充分必要条件是：

$$\begin{cases} 2d_{hkl}\sin\theta_{hkl} = n\lambda \\ F_{hkl} \neq 0 \end{cases}$$

第一个公式即布拉格定律，它确定了衍射的方向。在一定的实验条件下（波长 λ 一定）衍射方向取决于晶面间距 d 。而 d 是晶胞参数的函数。反过来说，具有一定晶胞参数的物质产生的衍射峰位置（ 2θ ）具有一定的规律。这个公式说明两个问题：①并非任何晶面都可以产生衍射，因为 $\sin\theta_{hkl} \leqslant 1$，所以，能产生衍射的晶面间距 d 有一定的范围，太小和太大的晶面间距都不能产生衍射；②如果两个晶面的晶面间距相同，则它们的衍射角是相同的。例如立方结构中的（333）和（511）是两个不同的晶面，但是，它们的晶面间距是相同的，所以，它们产生的衍射处于同一个衍射角，实际测量到的是这两个晶面衍射的叠加。更多的例子是那些等价晶面，如立方结构中的（110）、(011)、(101)、(110)，这样的晶面共有 12 个，它们的衍射角位置是相同的。

第二个公式表示衍射强度与结构因子 F_{hkl} 的关系。衍射强度正比于 F_{hkl} 模量的平方。F_{hkl} 的数值取决于物质的结构，即晶胞中原子的种类、数目和排列方式。反过来说，具有特定原子种类、数目和排列方式的晶体物质，每个衍射峰的强度具有一定的规律。这一个公式也说明了两个问题：首先，它决定了在满足布拉格公式的条件下，哪些衍射会出现或是被消光（不能出现）。例如，简单点阵全部都会出现，而体心点阵要求 $h+k+l$ 为偶数，面心点阵要求 h 、k 和 l 全部为奇数或偶数，底心点阵则要求 h 和 k 全为奇数或全为偶数，否则就不会出现衍射而被消光；另外，结构因子是影响衍射强度大小的因素之一，结构因子大则衍射强度高，否则可能会很低。

Hull 指出，决定 X 射线衍射谱中衍射方向（衍射峰位置）和衍射强度的一套 d 和 I 的数值是与一个确定的晶体结构相对应的。也就是说，任何一个物相都有一套 d-I 特征值，两种不同物相的结构稍有差异，其衍射谱中的 d-I 值将有区别。这就是应用 X 射线衍射分析和鉴定物相的依据。

若被测样品中包含有多种物相时，每个物相产生的衍射将独立存在，该样品衍射谱是各个单相衍射图谱的简单叠加。因此应用 X 射线衍射可以对多种物相共存的体系进行全面分析。一种物相衍射谱中的 d-I/I_0（ I_0 是衍射图谱中最强峰的强度值，I/I_0 是经过最强峰强度归一化处理后的相对强度）的数值取决于该物质的组成与结构，其中 I/I_0 称为相对强度。当两个样品 d-I/I_0 的数值都对应相等时，这两个样品就是组成与结构相同的同一种物相。因此，当一未知样品的衍射谱 d-I/I_0 的数值与某一已知物相（假定为 M 相）的 d-I/I_0 数据相吻合时，即可认为未知物即是 M 相。由此看来，物相分析就是将未知物的衍射谱，考虑各种偶然因素的影响，经过去伪存真获得一套可靠的 d-I/I_0 数据后与已知物相的 d-I/I_0 相对照，再依照晶体和衍射的理论对所属物相进行肯定与否定。物相分析的过程也称为“物相检索”。

1.3.2.3 ICDD-PDF 卡片

为完成物相检索，首先要建立一整套已知物相的衍射数据文件，然后将被测样品的 d-I/I_0 数据与衍射数据文件中的全部物相的 d-I/I_0 数据一一比较，从中检索出与被测样品谱图相同的物相。保存已知物相的 d-I/I_0 数据的数据库称为粉末衍射文件（powder diffraction file，PDF）。

PDF 最先由 J. D. Hanawalt 等人于 1938 年首先发起建立，以 d-I 数据组代替衍射花样，制备衍射数据卡片。1942 年美国材料与试验协会（ASTM）出版了约 1300 张衍射数据卡片，称为 ASTM 卡片。这种卡片逐年增加。1969 年成立了粉末衍射标准联合委员会（Joint Committee on Powder Diffraction Standards，JCPDS），它是一个国际性组织，由它负责编辑和出版粉末衍射卡片，制作的卡片称为 JCPDS 卡片。现在由美国的一个非营利性公司国际衍射数据中心（the International Centre for Diffraction Data，ICDD）负责这项工作，制作的卡片称为 ICDD-PDF 卡片。现在虽然也印制纸质卡片，但使用最多的是以光盘形式发行的 PDFx 。其中 x 表示数据库包含内容的多少。最常使用的是 PDF2 和 PDF4，PDF4 相对于 PDF2 有更多的物相信息，包括电子衍射图片、晶体结构图等。

下面以 PDF2 为例，说明 PDF 卡片所包含的信息，见图 1-43。

图 1-43　PDF2 卡片正面

图 1-44 包括 6 栏数据。

① 卡片号和数据来源。卡片号由组号（01～99）和组内编号（0001～9999）组成。PDF4 卡片号由 3 组数据构成，即在前面再加上一个两位数。这样，数据库可容纳更多的卡片。数据来源是指卡片数据是由实验测得还是通过计算得来的。卡片库中前 59 组的卡片是实验测得的，60 组以后的卡片是计算得到的，或者是由国际晶体学数据库卡片（ICSD）转换过来的。卡片的可靠程度用一个符号或字符表示。“＊”表示最高可靠性；“i”表示重新检查了衍射线强度，但数据的精确度比星级低；“C”表示用计算方法得到的数据；“O”表示可靠性低的数据；“?”表示可能存在疑问；没有标记的说明没有作评价；“D”则表示该卡片已被删除，被删除的原因可能是该卡片的数据不正确或者不精确而有新的卡片代替。

② 物相的化学组成、化学名称和矿物名称。其中 Syn 表示是人工晶体。有些矿物名后还有晶型说明，如 3R、6H 等。

③ 测量条件和 RIR 值以及数据引源（Ref=…）。1～59 组卡片的数据都是实测出来的，这些数据测量时使用的衍射条件被一一列出。除此以外，还有 I/I_c，称为参考比强度 (reference intensity ratio)，这个数据是传统定量分析中需要的一个参数。最后是参考文献，即该卡片的数据引自于什么文献报道。

④ 晶体结构和晶体学数据。包括晶型、晶胞参数、Z 值（一个单胞内含有的结构单元数）。$Z=2$，表示一个 TiO_2 单胞中包含两个 TiO_2 结构基元，即含有 2 个 Ti 原子和 4 个氧原子。

⑤ 8 强线数据。即该物相衍射谱中最强的 8 条线位置和相对强度。

⑥ 衍射谱图或者对物相的进一步说明。

右上角的几个按钮：PDF 卡片可以保存成一个文件名以“PDF”开头的文本文件，可以被打印出来或复制到剪贴板。

图谱显示：如果按一下“S”左边的双线按钮，则会在下面显示出该卡片的谱线图，见图 1-44。

图 1-45 所示是 PDF2 卡片的第 2 页。这一个页面就是物相的 d-I/I_0 列表。物相一定时，

面间距 d 值、I/I_0 值、$I(f)$ 以及衍射面指数 (hkl) 就一定。选定一种靶材（如 Cu 靶）后，衍射角 2θ 也就确定。卡片中面间距 d 的单位是埃（Å），1Å=0.1nm。相对强度 $I(f)$ 是指固定狭缝时的相对强度。(hkl) 表示产生衍射的衍射面指数。有些卡片上还标出了 n^2 的值，它是 $h^2+k^2+l^2$。对于简单、体心、面心等不同类型的晶体有不同的消光规律，由此可以观察该物相的消光规律从而判断是何种晶型。

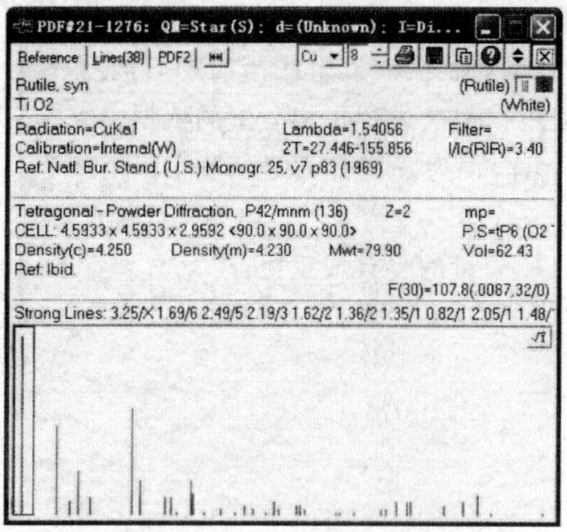

PDF#21-1276: QM=Star(S): d=(Unknown): I=Di...

Reference | Lines(38) | PDF2 | Cu | 8

Rutile, syn (Rutile)
Ti O2 (White)

Radiation=CuKa1 Lambda=1.54056 Filter=
Calibration=Internal(W) 2T=27.446-155.856 I/Ic(RIR)=3.40
Ref: Natl. Bur. Stand. (U.S.) Monogr. 25, v7 p83 (1969)

Tetragonal - Powder Diffraction, P42/mnm (136) Z=2 mp=
CELL: 4.5933 x 4.5933 x 2.9592 <90.0 x 90.0 x 90.0> P.S=tP6 (O2
Density(c)=4.250 Density(m)=4.230 Mwt=79.90 Vol=62.43
Ref: Ibid.
F(30)=107.8(.0087,32/0)

Strong Lines: 3.25/X 1.69/6 2.49/5 2.19/3 1.62/2 1.36/2 1.35/1 0.82/1 2.05/1 1.48/

图 1-44 显示 PDF 卡片的谱线

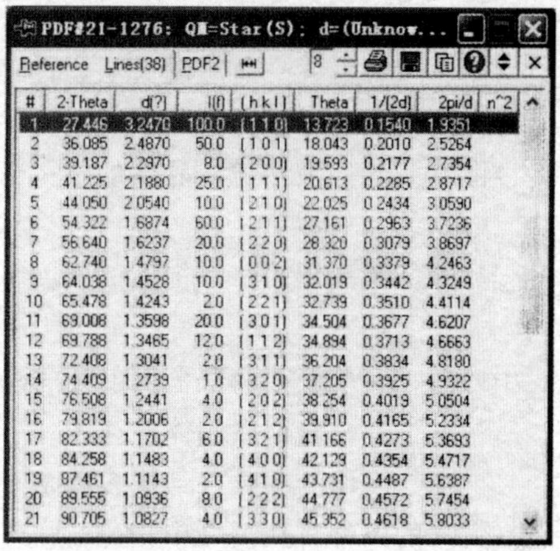

PDF#21-1276: QM=Star(S): d=(Unknow...

Reference | Lines(38) | PDF2 | 8

#	2-Theta	d(?)	I(f)	(h k l)	Theta	1/(2d)	2pi/d	n^2
1	27.446	3.2470	100.0	(1 1 0)	13.723	0.1540	1.9351	
2	36.085	2.4870	50.0	(1 0 1)	18.043	0.2010	2.5264	
3	39.187	2.2970	8.0	(2 0 0)	19.593	0.2177	2.7354	
4	41.225	2.1880	25.0	(1 1 1)	20.613	0.2285	2.8717	
5	44.050	2.0540	10.0	(2 1 0)	22.025	0.2434	3.0590	
6	54.322	1.6874	60.0	(2 1 1)	27.161	0.2963	3.7236	
7	56.640	1.6237	20.0	(2 2 0)	28.320	0.3079	3.8697	
8	62.740	1.4797	10.0	(0 0 2)	31.370	0.3379	4.2463	
9	64.038	1.4528	10.0	(3 1 0)	32.019	0.3442	4.3249	
10	65.478	1.4243	2.0	(2 2 1)	32.739	0.3510	4.4114	
11	69.008	1.3598	20.0	(3 0 1)	34.504	0.3677	4.6207	
12	69.788	1.3465	12.0	(1 1 2)	34.894	0.3713	4.6663	
13	72.408	1.3041	2.0	(3 1 1)	36.204	0.3834	4.8180	
14	74.409	1.2739	1.0	(3 2 0)	37.205	0.3925	4.9322	
15	76.508	1.2441	4.0	(2 0 2)	38.254	0.4019	5.0504	
16	79.819	1.2006	2.0	(2 1 2)	39.910	0.4165	5.2334	
17	82.333	1.1702	6.0	(3 2 1)	41.166	0.4273	5.3693	
18	84.258	1.1483	4.0	(4 0 0)	42.129	0.4354	5.4717	
19	87.461	1.1143	2.0	(4 1 0)	43.731	0.4487	5.6387	
20	89.555	1.0936	8.0	(2 2 2)	44.777	0.4572	5.7454	
21	90.705	1.0827	4.0	(3 3 0)	45.352	0.4618	5.8033	

图 1-45 PDF 卡片的反面（反射面指数数据）

需要说明的是，PDF 卡片的收集经历了几十年的发展，其数据来源有两个方面：一个是由科学家用各种方法实验检测得到的衍射数据并被 ICDD 公司校验、确认为正确的数据；另一个是通过国际晶体学数据库发表的晶体结构换算出来的衍射数据（级别为“C”）。当同一种物相有多次发表的数据时，ICDD 公司可能都收录进来。因此，同一物相可能在 PDF 库中有许多张卡片，而这些卡片上的数据并无本质的区别，只是由于测量条件、计算精度不同而存在微小的差别。

图 1-46 中仅仅是从 PDF2 数据库的“ICSD-Patterns”子库中检索到的石英（Quartz）的卡片，从这些卡片的基本数据来看，它们的化学组成和空间群（晶型）是相同的，不同的是它们的晶胞参数稍有不同，这可能是由测量误差导致的，其次，RIR 值也有不同。

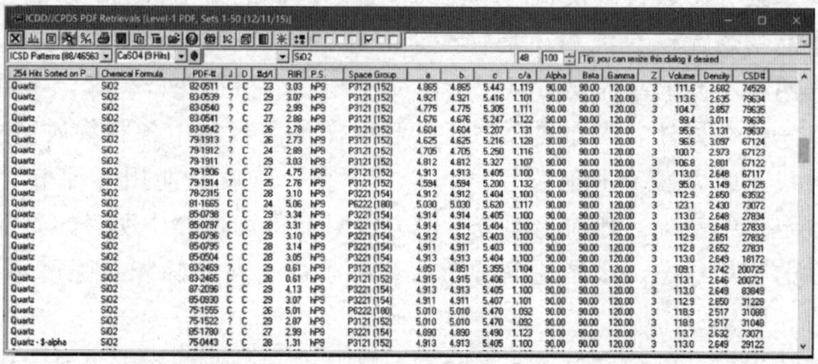

ICDD/JCPDS PDF Retrievals (Level-1 PDF, Sets 1-50 (12/11/15))

ICSD Patterns (88/46563) | CaSO4 (9 Hits) | SiO2 | 48 | 100 | Tip: you can resize this dialog if desired

254 Hits Sorted on P...	Chemical Formula	PDF-#	J	D	#d/I	RIR	P.S.	Space Group	a	b	c	c/a	Alpha	Beta	Gamma	Z	Volume	Density	CSD#
Quartz	SiO2	82-0511	C	C	23	3.03	hP9	P3121 (152)	4.865	4.865	5.443	1.119	90.00	90.00	120.00	3	111.6	2.682	74529
Quartz	SiO2	83-0539	?	C	29	3.07	hP9	P3121 (152)	4.921	4.921	5.416	1.101	90.00	90.00	120.00	3	113.6	2.635	79634
Quartz	SiO2	83-0540	?	C	27	2.99	hP9	P3121 (152)	4.775	4.775	5.305	1.111	90.00	90.00	120.00	3	104.7	2.857	79635
Quartz	SiO2	83-0541	?	C	27	2.88	hP9	P3121 (152)	4.676	4.676	5.247	1.122	90.00	90.00	120.00	3	99.4	3.011	79636
Quartz	SiO2	83-0542	?	C	26	2.78	hP9	P3121 (152)	4.604	4.604	5.207	1.131	90.00	90.00	120.00	3	95.6	3.131	79637
Quartz	SiO2	79-1913	?	C	26	2.73	hP9	P3121 (152)	4.625	4.625	5.216	1.128	90.00	90.00	120.00	3	96.6	3.097	67124
Quartz	SiO2	79-1912	?	C	24	2.89	hP9	P3121 (152)	4.705	4.705	5.250	1.116	90.00	90.00	120.00	3	100.7	2.973	67123
Quartz	SiO2	79-1911	?	C	29	3.03	hP9	P3121 (152)	4.812	4.812	5.327	1.107	90.00	90.00	120.00	3	106.8	2.801	67122
Quartz	SiO2	79-1906	C	C	27	4.75	hP9	P3121 (152)	4.913	4.913	5.405	1.100	90.00	90.00	120.00	3	113.0	2.648	67117
Quartz	SiO2	79-1914	?	C	25	2.76	hP9	P3121 (152)	4.594	4.594	5.200	1.132	90.00	90.00	120.00	3	95.0	3.149	67125
Quartz	SiO2	78-2315	C	C	28	3.10	hP9	P3221 (154)	4.912	4.912	5.404	1.100	90.00	90.00	120.00	3	112.9	2.650	63532
Quartz	SiO2	81-1665	C	C	24	5.06	hP9	P6222 (180)	5.030	5.030	5.620	1.117	90.00	90.00	120.00	3	123.1	2.430	73072
Quartz	SiO2	85-0798	C	C	29	3.34	hP9	P3221 (154)	4.914	4.914	5.405	1.100	90.00	90.00	120.00	3	113.0	2.648	27834
Quartz	SiO2	85-0797	C	C	28	3.31	hP9	P3221 (154)	4.914	4.914	5.404	1.100	90.00	90.00	120.00	3	113.0	2.648	27833
Quartz	SiO2	85-0796	C	C	29	3.10	hP9	P3221 (154)	4.912	4.912	5.403	1.100	90.00	90.00	120.00	3	112.9	2.651	27832
Quartz	SiO2	85-0795	C	C	28	3.14	hP9	P3221 (154)	4.911	4.911	5.403	1.100	90.00	90.00	120.00	3	112.8	2.652	27831
Quartz	SiO2	85-0504	C	C	28	3.05	hP9	P3221 (154)	4.913	4.913	5.404	1.100	90.00	90.00	120.00	3	113.0	2.649	18172
Quartz	SiO2	83-2469	?	C	29	0.61	hP9	P3121 (152)	4.851	4.851	5.355	1.104	90.00	90.00	120.00	3	109.1	2.742	200725
Quartz	SiO2	83-2465	C	C	28	0.61	hP9	P3121 (152)	4.915	4.915	5.406	1.100	90.00	90.00	120.00	3	113.1	2.646	200721
Quartz	SiO2	87-2096	C	C	29	4.13	hP9	P3221 (154)	4.913	4.913	5.405	1.100	90.00	90.00	120.00	3	113.0	2.649	83849
Quartz	SiO2	85-0930	C	C	29	3.07	hP9	P3221 (154)	4.911	4.911	5.407	1.101	90.00	90.00	120.00	3	112.9	2.650	31228
Quartz	SiO2	75-1555	C	C	26	5.01	hP9	P6222 (180)	5.010	5.010	5.470	1.092	90.00	90.00	120.00	3	118.9	2.517	31088
Quartz	SiO2	75-1522	?	C	29	2.87	hP9	P3121 (152)	5.010	5.010	5.470	1.092	90.00	90.00	120.00	3	118.9	2.517	31048
Quartz	SiO2	85-1780	C	C	27	2.99	hP9	P3221 (154)	4.890	4.890	5.490	1.123	90.00	90.00	120.00	3	113.7	2.632	73071
Quartz - $-alpha	SiO2	75-0443	C	C	28	1.31	hP9	P3121 (152)	4.913	4.913	5.405	1.100	90.00	90.00	120.00	3	113.0	2.649	29122

图 1-46 石英卡片

但是，除极个别相差较大外，基本上都趋于一个“中间值”。之所以这些数据都被收录到 PDF 库中，是因为这些数据是由不同的科学家测量出来的，不能肯定哪组数据是“完全精确”的。

1.4 粉末衍射方法的应用

1.4.1 X 射线衍射方法的依据

晶体的 X 射线衍射图谱是对晶体微观结构精细的形象变换，每种晶体结构与其 X 射线衍射图之间有着一一对应的关系，任何一种晶态物质都有独特的 X 射线衍射图，而且不会因为与其它物质混合在一起而发生变化，这就是 X 射线衍射法进行物相分析的依据。

由 Bragg 方程知道，晶体的每一衍射都必然和一组间距为 d 的晶面组相联系：

$$2d\sin\theta = n\lambda \tag{1-49}$$

另外，某晶体的每一衍射的强度 I 又与结构因子 F 模量的平方成正比：

$$I = I_0 K \mid F \mid^2 V \tag{1-50}$$

式中 I_0——单位截面积上入射线的功率；

V——参与衍射晶体的体积；

K——比例系数，与诸多因素有关。

上式的条件将在后文中指出。

我们知道，每种晶体结构中可能出现的 d 值是由晶胞参数 a_0、b_0、c_0、α_0、β_0、γ_0 所决定的，它们决定了衍射的方向。$|F|^2$ 也是由晶体结构决定的，它是晶胞内原子坐标的函数，它决定了衍射的强度。d 和 $|F|^2$ 都是由晶体结构所决定的，因此每种物质都有其特有的衍射图谱。由此可以肯定，混合物的衍射图谱不过是其各组成物质物相图谱的简单叠合，我们必定可以通过对混合物衍射图的解释、辨认，进行物相鉴定。从上式可以看到：每一衍射线的强度还与 V 有关，在混合物的情况下则应与该衍射线所对应物相的含量有关，可见 X 射线衍射方法不仅能进行物相定性的鉴定，还可以完成定量的测定。

1.4.2 物相定性鉴定

任何结晶物质，无论是单晶体还是多晶体，都具有特定的晶体结构类型、晶胞大小、晶胞中的原子、离子或分子数目以及它们所在的位置，因此能给出特定的多晶体衍射花样。换句话说，一种多晶物质无论是纯相还是存在于多相混合试样中，它都能给出特定的衍射花样。事实上没有两种不同的结晶物质可以给出完全相同的衍射花样，就像不可能找到指纹全然相同的两个人一样。另外，未知混合物的衍射花样是混合物中各相物质衍射花样的总和，每种相的各衍射线条的 d 值和相对强度（I/I_1）不变，这就是能用各种衍射方法做物相定性分析（物相鉴定）的基础。任何化学分析的方法只能得出试样中所含的元素及其含量，而不能说明其存在的物相状态。多晶的电子衍射和中子衍射花样除相对强度不同于 X 射线衍射外，其它则应相同。

通常只要辨认出样品的粉末衍射图谱分别与哪些已知晶体的粉末衍射图相关，我们就可以判定该样品是由哪些晶体混合组成的。这里的“相关”包括两层含义：

① 样品的图中能找到组成物相对应出现的衍射峰，而且实验的 d 值和相对应的已知 d 值在实验误差范围内一致。

② 各衍射线相对强度顺序原则上也应该是一致的。

显然，要把这一原理顺利地付诸应用，需要积累大量的各种已知化合物的衍射图数据资料作为参考标准，而且还要有一套实用的查找对比方法，才能迅速完成未知物衍射图的辨认和解释，得出其物相组成的鉴定结论。

作为X射线衍射参考标准的基本要求是：这个物质必须真实地代表自身以及所采用的记录方法，衍射图应得到充分重视。该物质必须是单相的，是经过精密的化学组成分析后确定其化学式的。目前，这种参考标准图不仅能通过实验得到，而且也能通过计算机计算得到。

前文提到，现今内容最丰富、规模最庞大的多晶衍射数据库是由JCPDS编纂的《粉末衍射卡片集》(PDF)。PDF数据卡片的数目现在以每年2000张的速度增长，并且增长速度越来越快。

图1-47给出一张Fe_3O_4的PDF卡片，其中左边第一栏中的2.53Å、1.49Å、2.97Å是卡片中的第一、二、三条最强线的d值，4.85为卡片中出现的最大d值，下面是对应的相对强度数据；左边第三栏给出试验条件，如辐射、波长、滤片、照相机直径，其中Cut off为该照相机所能获得最大的晶面间距；I/I_1所指示相对强度的测量方法，如衍射仪强度标定或目测估计等。

卡号位置	19-629				Fe_3O_4 氧化铁(Ⅰ,Ⅱ)	★ 磁铁矿
d	2.53	1.49	2.97	4.85		
I/I_1	100	40	30	8		

	d/Å	I/I_1	hkl	d/Å	I/I_1	hkl
辐射 CuK 1.540 5 滤片 Ni 直径 截至 I/I_1 衍射仪	4.85	8	111	1.050	6	800
参考文献 National Bureau of Standards, Monograph25,Sec.5,31(1967)	2.967	30	220	0.9896	2	822
晶系 立方 空间群$Fd3m$(227)	2.532	100	311	0.9695	6	751
a_0 8.396 b_0 c_0 A C	2.424	8	222	0.9632	4	662
α β γ Z8 D×5.197	2.099	20	400	0.9388	4	840
参考文献 同上	1.715	10	422	0.8952	2	864
ε $n\omega\beta$ ε Sig (符号)	1.616	30	511	0.8802	6	931
$2V$ D mp 颜色 黑	1.485	40	440	0.8569	8	844
参考文献 同上	1.419	2	531	0.8233	4	1020
	1.323	4	620	0.8117	6	951
样品从纽约哥伦比亚碳Gonsi获得,纽约	1.281	10	533	0.8080	4	1022
光谱照相分析表明主要杂质(0.01%~0.1%) Co,(0.01%~0.1%)Ag,Al,Mg,Mn,Mo,Ni Ti,Zn。	1.266	4	622			
花样在25℃下获得	1.212	2	444			
	1.122	4	642			
	1.092	12	731			

图1-47 磁铁矿(Fe_3O_4)的标准粉末衍射卡

左边第四栏给出该相所属晶系、空间群，点阵参数a_0、b_0、c_0和α、β、γ，其$A=a_0/b_0$，$C=c_0/a_0$，Z后面的数字表示晶胞中相当于化学式的分子数目，D×是由晶胞体积和其中原子总质量计算的理论密度。

左边第五栏给出该相的光学及其它物理性能数据，其中 $\varepsilon\alpha$、$n\omega\beta$、ε 为折射率，Sign 为光性质的正负，$2V$ 为光轴间夹角，D 为实测密度，mp 为熔点，还注明物相的颜色，如 Fe_3O_4 为黑色。

左边第六栏说明物相分析出的化学成分、试样来源及处理、分解温度（D. F)、转变点(T. P)、摄照温度等。

右上方第一栏的左侧给出该物相的化学式和名称，右侧给出物相的结构式、矿物学名称。右上角还给出一些符号，“★”表示数据高度可靠，“c”表示衍射数据是计算的，“i”表示强度是估计的，“0”表示数据可靠性差。

右边这张表给出衍射花样的 d 值，以最强线强度为 100 计的相对强度 I/I_1 和衍射晶面指数（hkl)，这是卡片的最重要部分，其中还有一些附加说明，b 为线条宽化或漫散；d 为双线；n 为不是所有资料上都有的线；nc 为与晶胞参数不符的线；ni 为用晶胞参数不能指标化的线；np 为空间群不允许的指数；β 为因 β 辐射存在或重叠而使强度不可靠的线；fr 为痕迹；＋为可能是另一指数。图 1-48 说明最后三条线是用 CuKα，$\lambda=1.54056\text{Å}$ 得到的；0.9386～1.0922Å 的衍射线是 $\lambda=1.78890\text{Å}$ 获得的。卡片左上角给出该物相的 PDF 卡号 19-629，即第 19 组第 629 号卡。

标准粉末衍射数据的丰富，使 X 射线衍射物相鉴定法在日常的鉴定工作中变得越来越有把握，但是也使得查对解释工作变得更加耗费时间，在解释过程中可能会碰到更多的“似是而非”的物质，可以开列出的“嫌疑者”名单很长。随着试验和制样技术的发展，发现过去出版的某些卡片的数据已不太可靠而被抛弃，由一张新编出版卡组中的新卡所代替，因此在进行物相鉴定的时候，有关样品的成分来源、处理过程及其物理化学性质的数据资料对于分析确定结论十分重要，同时也应充分利用其它实验方法；高准确度的多晶衍射 d-I 数据，有助于减少“嫌疑者”的数目；而使用衍射仪或 Guirier 相机能得到质量比 Debye 相机高得多的数据。这些都能增加物相鉴定的确定性。

由于固溶现象、类质同象、化学成分偏离、结构畸变等复杂情况的存在，常常可能碰到待分析样品中某些组成物的衍射数据与标准数据不一致的情形，因此，在解释一个未知样品的衍射图时，判断某物质是否与其标准衍射数据“符合”的依据，不仅仅在于实验误差范围，有时也考虑到被检出物质物相的结构特点。在这种情况下，允许有较大的偏差，关键是检查物相和参考卡片是否有相同的一套衍射指标。

ICDD 编有多种形式的 PDF 卡索引，可以通过多种方法进行检索，这是使用这一丰富数据库的钥匙。此外，还有不少专题的粉末衍射数据集，例如关于矿物的甚至某一范围的矿物（如黏土矿物、稀土矿物、盐矿物以及分散元素矿物等）的专集，在一些专门鉴定的工作中是很方便的。

现在可以使用计算机进行 PDF 卡检索，自动解释样品的粉末衍射数据，并已有多种全自动衍射仪问世。但是用计算机解释衍射图时，对 d-I 数据质量的要求更为严格，而且计算机的应用并不意味着可以降低对分析者工作水平的要求，它只能帮助人们节省查对 PDF 卡的时间，给人们提供一些可供考虑的答案，正式的结论必须由分析者根据各种数据资料加以核定才能得出。

定性分析工作共分为实验、数据观测和分析、检索对卡及最后判断四大步骤。下面就这些步骤及有关技术问题做简单介绍。

（1）实验获得待检测物质的衍射数据

实验的目的是获得未知试样的衍射数据，即 d 值和相对强度数据。在 X 射线照相法中常使用德拜相机和聚焦相机，必要时可使用试样到底片距离大的平板相机以获得大 d 值（低角度）的衍射数据。这些照相法需要的样品极少，特别是四重聚焦照相法一次可获得四个样品的衍射数据。

在使用粉末衍射仪收集数据时，要特别注意试样的制备。

粉末试样一般制备比较简单，但对于某些复相分析，试样应全部通过一定的筛目，以防筛掉某些相。另外建议多做几个试样分别进行实验，获得数据互相补充，以弥补可能出现由相的不均匀分布造成的困难，尤其是能根据某些性质上的差别（比如颜色、粒度、磁性、密度以及在溶液中的可溶性等）有选择性地制取几个试样进行实验，将会给以后的分析带来便利。

一般都将粉末试样压入专制的试样架的槽内。制备试样架的材料多种多样，但以铝质或玻璃试样架最为常用。架上的试样槽有对通和不对通两种，槽的长宽尺寸对不同型号的衍射仪可能不同。槽的深度可制成多种，视试样粉末多少选用。如果粉末粒度较粗，在使用水平衍射仪时还应添加少量黏结剂，如用苯稀释的加拿大树胶或5‰的火棉胶酒精溶液。

在很多情况下不是粉末试样，只能采用块状试样，如附着在材料表面的腐蚀产物、氧化产物或其它表面处理的产物和合金试样等。在采用块状试样做实验时，要注意织构对衍射线相对强度的影响，一方面最好采用旋转试样架，另一方面尽可能从几个角度获得实验数据。例如，磁性方柱体块状材料可能由于各个面所处条件的差别并互相影响，在每一个面只能显示出个别相的极强衍射线峰，而其它相则被淹没，此时不能做出其它相不存在的结论，而应该对几个面（至少应对组成方柱体的三个基本面）分别仔细进行实验。

一些块状试样中某些相含量极少（相对含量少于1%～5%），特别是弥散相，可能给不出相应的衍射线条而被漏掉，这时要采用特殊的相提取技术，如超声-机械钻取、化学萃取分离等。

（2）数据观测与分析

首先应对衍射花样进行初步、仔细的观察以发现花样的特征，如花样中衍射线条是否具有单相、面心立方、简单立方或密堆六方的衍射花样的特点。未知复相花样中是否具有某种特征，如某些较宽化的线等。如果同时进行具有某些类似特点的一系列试样分析时，要特别注意对比观察，发现各试样间衍射线出现与否的特点。

在衍射仪法中，一般用顶峰法确定峰位，测定每条衍射线的 2θ 或 θ 值，获得相应的晶面间距 d 值。在扣除背景之后读出每条衍射线的峰高强度，以其中最强线 I_1 为 100，计算各线条的相对强度 I/I_1，如果进行人工检测，还需决定其三强线或八强线（复相时可以超过八条）的 d 值。照相法直接使用 d 值测量，目测法观测强度。

在使用计算机控制的现代衍射仪时，特别是带有 Jade 等衍射数据分析程序的衍射仪，衍射花样的观测工作变得十分简单。

（3）检索和匹配

在考虑了适当的实验误差以后，合理地使用各种索引，寻找可能符合的 PDF 卡号，抽出卡片与未知花样的实验数据核对，必要时应多次反复。关于计算机检索将在之后讨论。

在人工检索时应灵活使用各种索引，不可局限于一种。除考虑实验数据的可能偏差外，还要有坚强的信心和毅力，坚持不懈地努力，切忌急躁情绪。抽卡核对要细心，反复核对比较，对所抽出的许多卡片（特别是使用三强线索引时）做出尽可能合理的取舍，同时还要注意由于待分析花样的实验条件与 PDF 标准卡片的实验条件不同而造成的差异，d 值系统偏离以及卡片中可能存在的错误。

（4）最后判断

经验告诉我们，单纯从数据分析做最后判断有时是完全错误的。比如，TiC、TiN 和 TiO 都属面心立方结构，点阵参数相近，元素分析阳离子都是 Ti，即使了解试样的来源，仍难以区别 TiN 和 TiO，这时需要精确测定点阵参数才能最后判断。此外还应注意：

① 分析结果的合理性和可能性。如在某种复杂矿物试样中分析多种矿物物相，但由矿物知识得知它们不可能共生，分析结果必须重新考虑。又如，在腐蚀产物和氧化产物分析时，虽然数据符合尚好，但实际不可能生成时，此结果也应重新考虑。

② 分析结果的唯一性。特别是单相分析时要注意分析结果的唯一性，最好能与其它手段密切配合。一般可根据初步分析结果计算点阵参数，使用《晶体数据》在相应晶系和点阵参数附近查寻是否存在与此相似的物相，这对物相的最后判定是有益的。

Jade 定性相分析系统的应用如图 1-48 所示。

左键双击 MDI Jade6.5，即进入 Jade6.5 程序，出现图 1-49 所示图样。

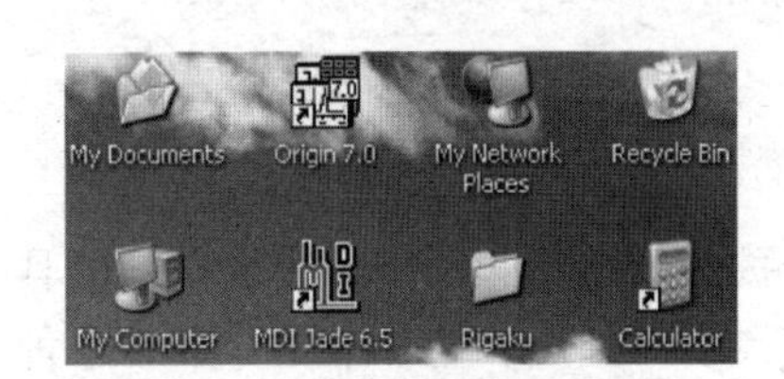

图 1-48　电脑界面上的 MDI Jade 6.5

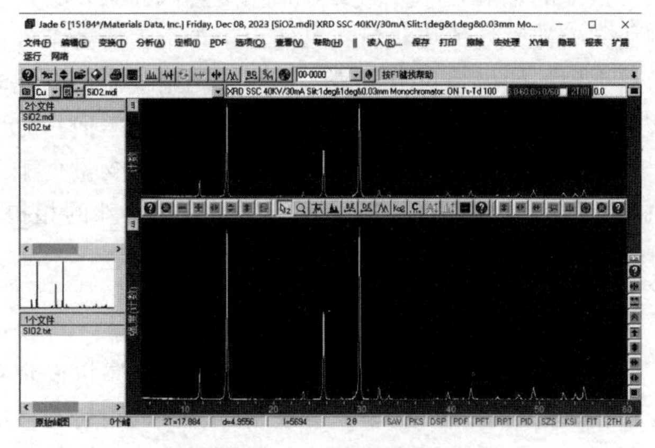

图 1-49　Jade 6.5 程序界面

左键点击，寻找欲分析的文件夹和文件名称（图 1-50）。

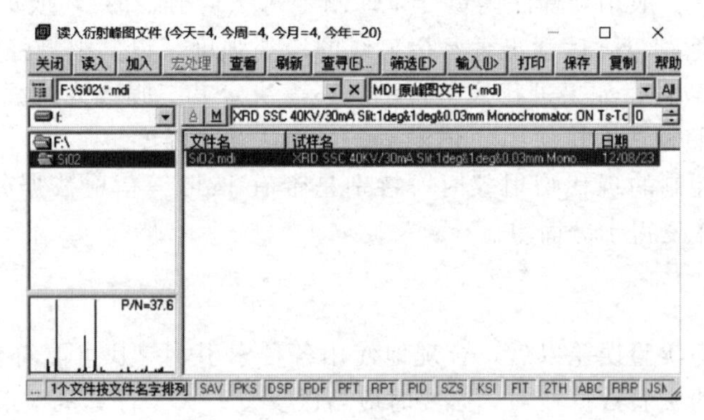

图 1-50　文件夹界面

左键双击 SiO2. mdi（或单击读入），得到分析的衍射花样（图 1-51）。

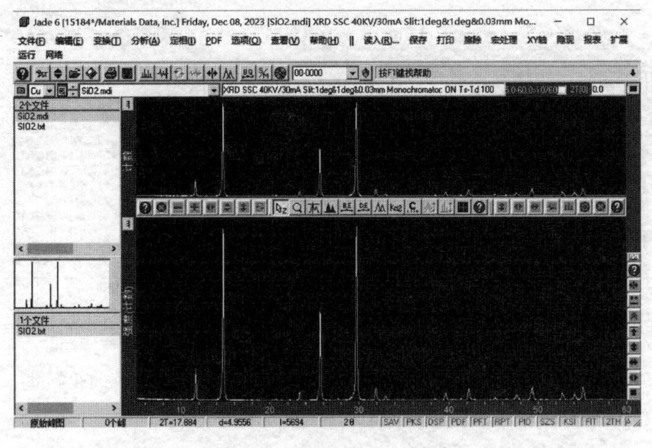

图 1-51　衍射花样界面

右击，出现图 1-52 所示图样。

左键单击应用和剥除 Kα2 峰，即去除 K-alpha2 成分，或左键单击应用和消除，即同时去除背景和 K-alpha2 成分。右击或，出现图 1-53 所示图样。

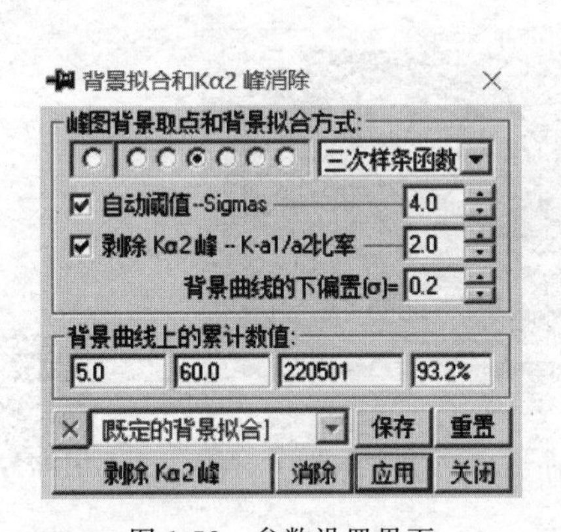

图 1-52　参数设置界面

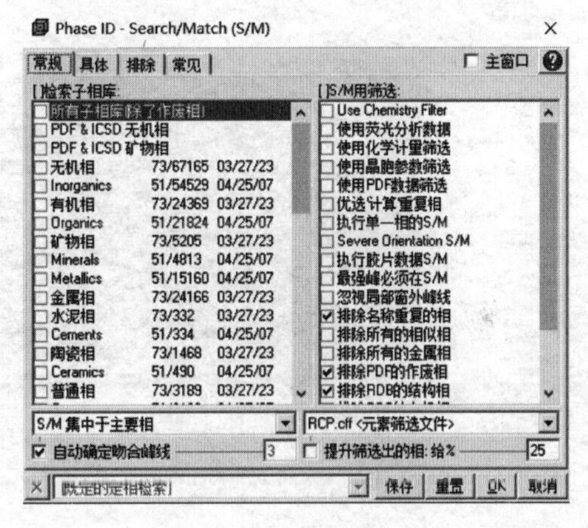

图 1-53　操作界面 1

左键单击常规、重置，回复到没有设定的状态，设定检索子相库和 S/M 用筛选，见图 1-53，即出现元素周期表（图 1-54）。

选择样品中的元素，分必需的(O) 和可能的(Si) 两种情况。左键单击 OK（图 1-55），再左键单击 OK，则出现图 1-56 所示界面。

再左键单击否或是（否表示不扣背景，是为扣除背景），则出现许多候选的可能相的英文名称、化学式、PDF 卡号、空间群和点阵参数等，见图 1-57。

左键选择（逐条或跳选）可能符合的相与未知花样匹配，并在符合较好相的左侧点击，即打上钩，已打了两个钩，然后右击，消去未选中的相，只保留 $CaSO_4 \cdot 0.662H_2O$[Ca(SO4)(H2O)0.662]和 $CaSO_4 \cdot 0.5H_2O$[Ca(SO4)(H2O)0.5] 两个相，见图 1-58。

左键单击会出现未被鉴定的峰一览表，见图 1-59 的右下方。

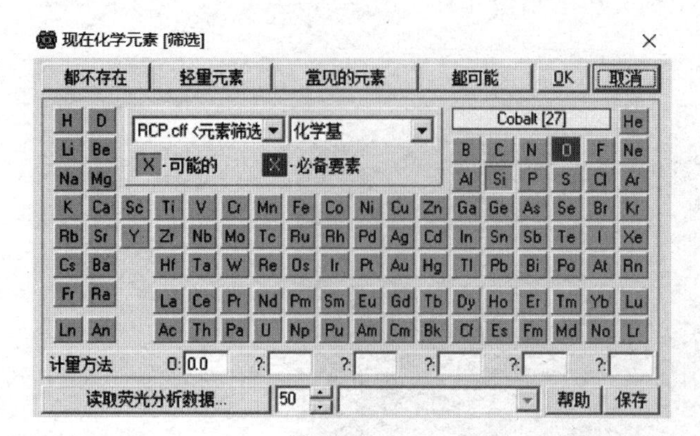

图 1-54　元素周期表界面

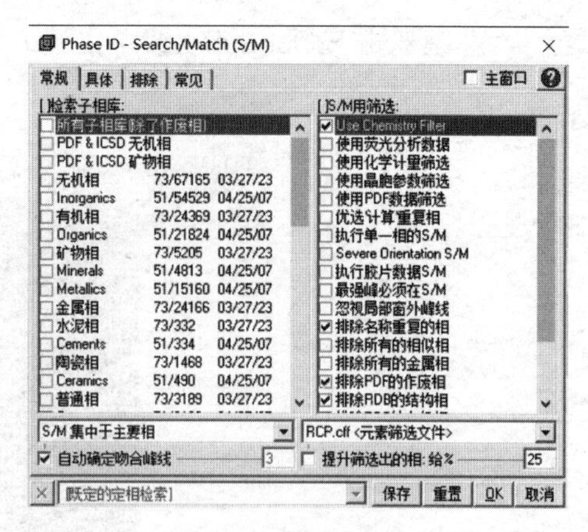

图 1-55　操作界面 2

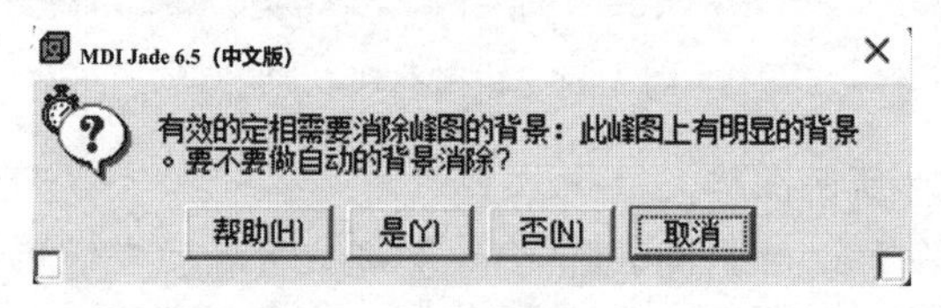

图 1-56　操作界面 3

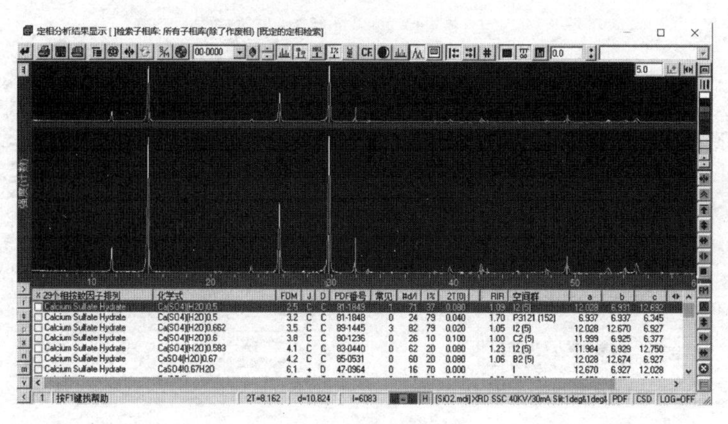

图 1-57　操作界面 4

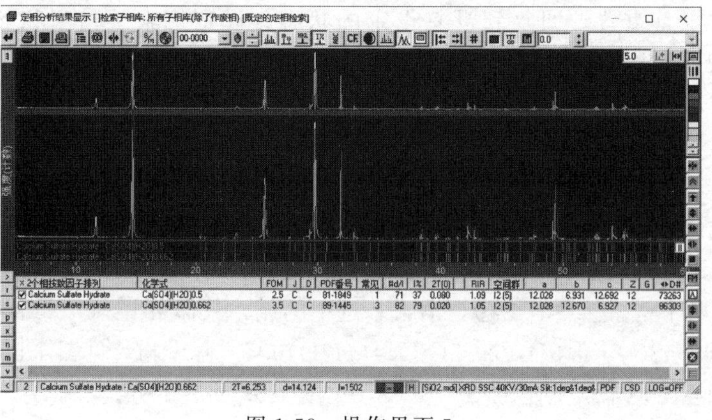

图 1-58　操作界面 5

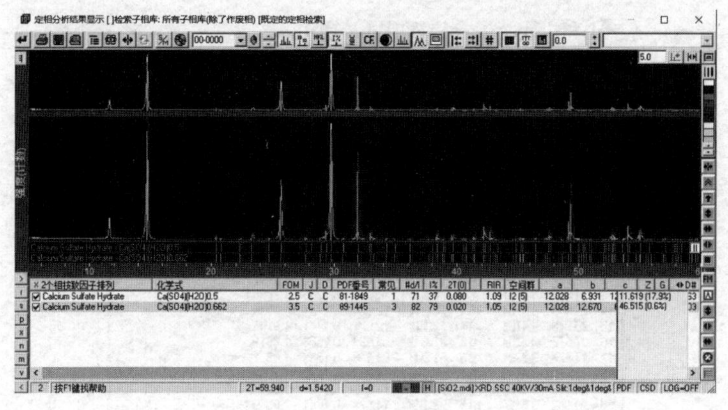

图 1-59　操作界面 6

可对这些峰逐条匹配，左键点击■，回到图 1-59 所示界面。

显然图中只显示最后一个相的相对强度。为了对所有相的相对强度进行匹配，左键点击■便得到图 1-60，两个相的相对强度都显示在图中。再左键点击■，即恢复原样。

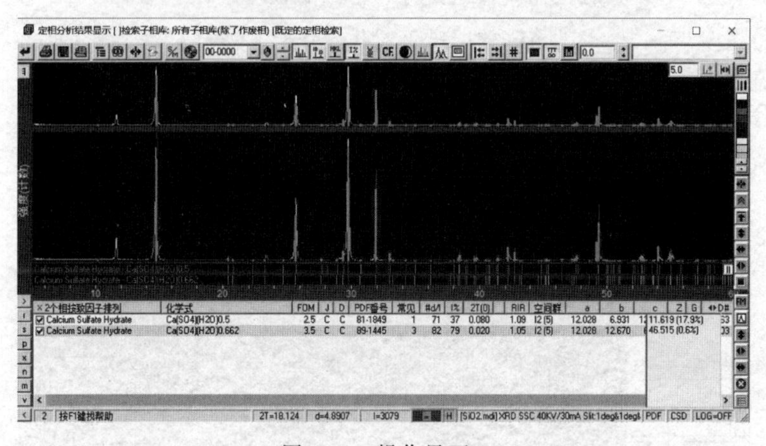

图 1-60　操作界面 7

如果需要查看 PDF 卡片，可左键双击该相，便能获该相卡片的数据，见图 1-61。

左键单击■，出现图 1-62 所示界面。

左键单击 2，出现图 1-63 所示界面。

在全、相物名、d（埃）或/和 2θ、$I\%$、hkl 前方框中点击，即打钩，得到最后的分析结果（图 1-64）。

由以上可知，其检索和匹配均以人机对话的方式进行。在分析衍射花样之后，只选定检索子相库，而清除 S/M 用筛选的设定之后，左键击 S/M 或■，即进行全自动检索。理论和经验表明，这种全无约束的自动检索/匹配结果往往是不可信的或者误检率很高，这是因为结构完全（空间群、原子数目、占位和晶胞参数）相同的物相是不存在的，但十分相近的相是很多的。

从以上的介绍可见，多晶 X 射线衍射物相鉴定方法原理简单，容易掌握，应用时不必具有专门的理论基础，而且它是一种非破坏性分析，不消耗样品。多晶 X 射线衍射法是对晶态物相进行分析鉴定的“特效”手段，尤其是对同质多相、多型、固溶体的有序-无序转

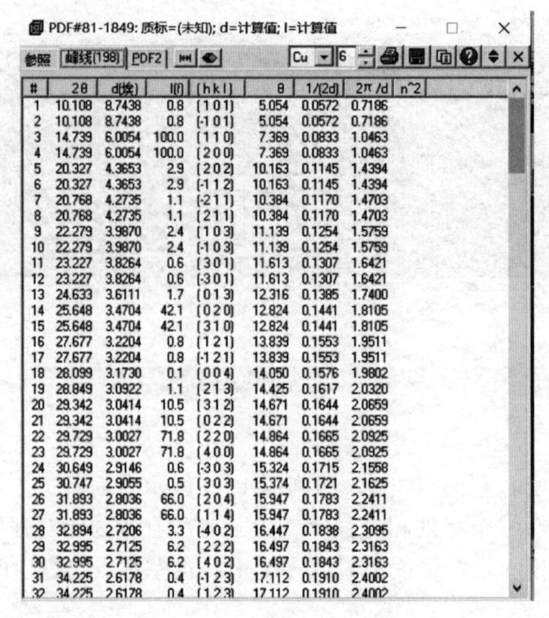

PDF#81-1849: 质标=(未知); d=计算值; I=计算值

#	2θ	d(埃)	I(f)	(h k l)	θ	1/(2d)	2π/d	n^2
1	10.108	8.7438	0.8	(1 0 1)	5.054	0.0572	0.7186	
2	10.108	8.7438	0.8	(-1 0 1)	5.054	0.0572	0.7186	
3	14.739	6.0054	100.0	(1 1 0)	7.369	0.0833	1.0463	
4	14.739	6.0054	100.0	(2 0 0)	7.369	0.0833	1.0463	
5	20.327	4.3653	2.9	(2 0 2)	10.163	0.1145	1.4394	
6	20.327	4.3653	2.9	(-1 1 2)	10.163	0.1145	1.4394	
7	20.768	4.2735	1.1	(-2 1 1)	10.384	0.1170	1.4703	
8	20.768	4.2735	1.1	(2 1 1)	10.384	0.1170	1.4703	
9	22.279	3.9870	2.4	(1 0 3)	11.139	0.1254	1.5759	
10	22.279	3.9870	2.4	(-1 0 3)	11.139	0.1254	1.5759	
11	23.227	3.8264	0.6	(3 0 1)	11.613	0.1307	1.6421	
12	23.227	3.8264	0.6	(-3 0 1)	11.613	0.1307	1.6421	
13	24.633	3.6111	1.7	(0 1 3)	12.316	0.1385	1.7400	
14	25.648	3.4704	42.1	(0 2 0)	12.824	0.1441	1.8105	
15	25.648	3.4704	42.1	(3 1 0)	12.824	0.1441	1.8105	
16	27.677	3.2204	0.8	(1 2 1)	13.839	0.1553	1.9511	
17	27.677	3.2204	0.8	(-1 2 1)	13.839	0.1553	1.9511	
18	28.099	3.1730	0.1	(0 0 4)	14.050	0.1576	1.9802	
19	28.849	3.0922	1.1	(2 1 3)	14.425	0.1617	2.0320	
20	29.342	3.0414	10.5	(3 1 2)	14.671	0.1644	2.0659	
21	29.342	3.0414	10.5	(0 2 2)	14.671	0.1644	2.0659	
22	29.729	3.0027	71.8	(2 2 0)	14.864	0.1665	2.0925	
23	29.729	3.0027	71.8	(4 0 0)	14.864	0.1665	2.0925	
24	30.649	2.9146	0.6	(-3 0 3)	15.324	0.1715	2.1558	
25	30.747	2.9055	0.5	(3 0 3)	15.374	0.1721	2.1625	
26	31.893	2.8036	66.0	(2 0 4)	15.947	0.1783	2.2411	
27	31.893	2.8036	66.0	(1 1 4)	15.947	0.1783	2.2411	
28	32.894	2.7206	3.3	(-4 0 2)	16.447	0.1838	2.3095	
29	32.995	2.7125	6.2	(2 2 2)	16.497	0.1843	2.3163	
30	32.995	2.7125	6.2	(4 0 2)	16.497	0.1843	2.3163	
31	34.225	2.6178	0.4	(-1 2 3)	17.112	0.1910	2.4002	
32	34.225	2.6178	0.4	(1 2 3)	17.112	0.1910	2.4002	

图 1-61　操作界面 8

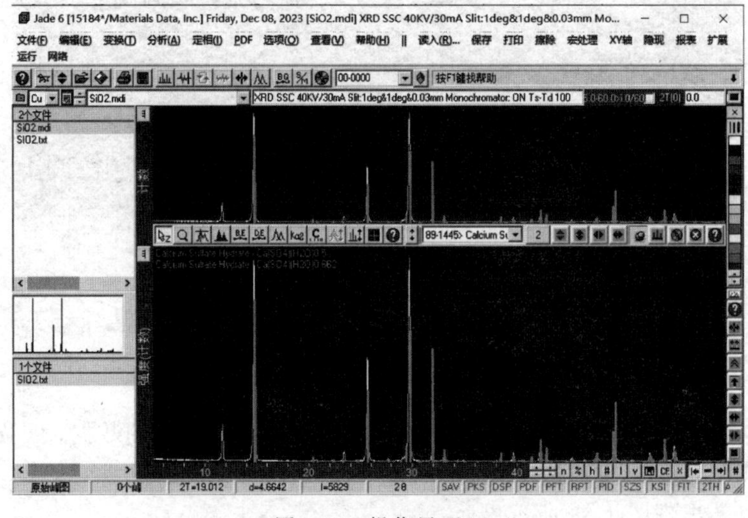

图 1-62　操作界面 9

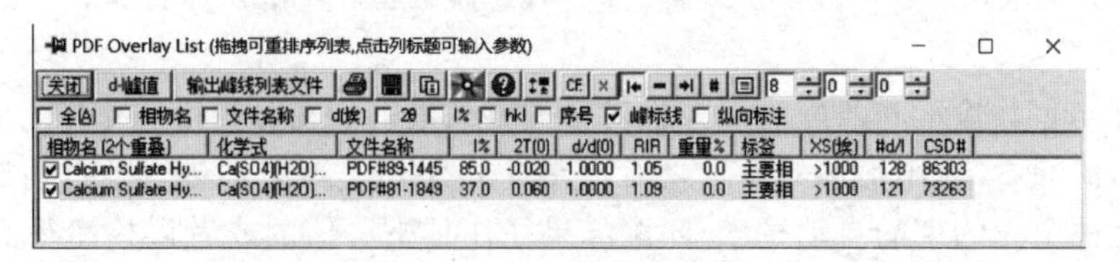

PDF Overlay List (拖拽可重排序列表,点击列标题可输入参数)

相物名 (2个重叠)	化学式	文件名称	I%	2T(0)	d/d(0)	RIR	重量%	标签	XS(埃)	#d/I	CSD#
Calcium Sulfate Hy...	Ca(SO4)(H2O)...	PDF#89-1445	85.0	-0.020	1.0000	1.05	0.0	主要相	>1000	128	86303
Calcium Sulfate Hy...	Ca(SO4)(H2O)...	PDF#81-1849	37.0	0.060	1.0000	1.09	0.0	主要相	>1000	121	73263

图 1-63　操作界面 10

变等的鉴别，现在还没有可以替代它的其它方法。不过，用此法进行物相鉴定有时也要通过较为复杂的程序和步骤，并不是靠“一张图、一张卡片”便能够得到答案的，有的分析对象（如黏土）其组成物相大多具有相近的结构，鉴定时必须综合比较样品经不同物理化学处理或不同分离手段之后衍射图的变化，并参考其它实验方法的结果（如化学成分鉴定、热分

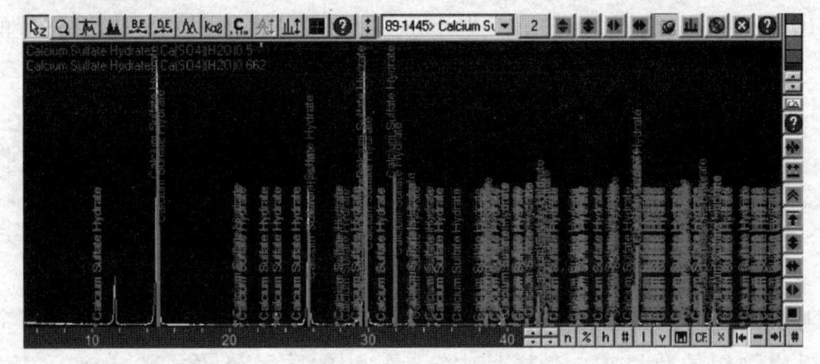

图 1-64　分析结果界面

析、电子显微镜等）才能得出较为正确、详尽的鉴定结论。对于具有同等结构的物质的鉴别更是如此。对于有机物，其种类数目之大如同天文数字，相比之下现有的 PDF 卡内的数据实在很贫乏，所以此法用于有机晶体的鉴定还大受限制，但是用在样品间的对照鉴定上还是很有特点的。

1.4.3　物相定量分析

(1) 衍射强度与物相含量的关系

假定样品中晶粒的粒度足够细小，得以保证在受照体积中晶粒的数目非常大。如果样品中晶粒的取向是完全随机的，在受照体积中将有各种可能取向的晶粒。此外如果样品对 X 射线是完全透明的，在这些条件下，式(1-50）的正确性是显然的，即在同一实验条件下，一种晶体的任一衍射线的强度与实际参加衍射的晶粒总体积 V 成正比，因此可以把式(1-50) 进一步简写成：

$$I = I_0 K' V \tag{1-51}$$

此处 K'为包含 $|F|^2$ 在内的一个系数，取决于实验条件以及晶体结构，并与若干基本物理常数有关，对于指定的某一衍射线在同一实验条件下，它是一个常数。对于一个含有多种物相的样品，若它的某一组成物相 i 的体积分数为 f_i，则 i 相的某一衍射线（h）的衍射强度 $I_i(\underline{h})$ 自式(1-51）可变为：

$$I_i(\underline{h}) = I_0 K' V f_i \tag{1-52}$$

设纯物相 i 的（h）线的强度为 $I_{i,p}(h)$，由式(1-52）可得出（因为 $f_i = l$）：

$$I_{i,p}(\underline{h}) = I_0 K' V$$

所以有：

$$I_i(h) = I_{i,p}(h) f_i \tag{1-53}$$

式(1-52）或式(1-53）实际上指出了衍射线强度与被分析物相在样品中含量的关系，但如果要据此建立一种物相分析的实用方法，还需要对它的前提条件进行分析。此关系对样品的粒度和晶粒取向的机遇性的要求，可以通过适当的样品制备方法来满足。而完全透明的前提却是无法满足的，因为实际上晶粒对 X 射线是有吸收的，样品表层晶粒受照的 X 射线强度与内部是不同的。必须根据实验条件考虑吸收的影响，才能导出实用的公式。

在衍射仪条件下（试样为平板型，入射线和衍射线与试样平面的夹角始终保持相等），可以证明吸收的影响与 θ 无关，而仅与试样本身的总吸收性质和被测定物相的吸收性质有关，可以推导出式(1-54)（证明从略），式(1-54)是X射线衍射物相定量分析的基础公式。

$$I_i(\underline{h})=I_{i,p}(\underline{h})\frac{u_i^*}{\overline{u}^*}x_i \tag{1-54}$$

式中，分式分子为物相 i 的质量吸收系数；分母为样品的平均质量吸收系数，其定义为：

$$\overline{u}^*=\sum_{j=1}^{n}(x_j u_j^*) \tag{1-55}$$

引入平均质量吸收系数意味着假定样品中每一颗微晶粒都有着吸收性质完全相同的环境；n 为样品组成物相的数目；x_j 为样品中第 j 物相的质量分数。式(1-54)中与吸收有关的项是分式，其值与 θ 无关。对于其它的多晶衍射实验方法，也可推导出相应的强度公式，但是吸收项通常是 θ 和实验几何条件的复杂函数。X射线粉末衍射仪的各种不同的实用的物相定量分析方法均由式(1-54)出发得到。

从式(1-54)可以看到，多相样品中某组分 i 的某衍射线（h）的强度 $I_i(\text{h})$，一般并不是简单正比于该相物质所占的质量分数 x_i，因为样品的平均质量吸收系数是样品组成的函数，称为基体效应。如何处理式(1-54)中出现的基体效应是建立一种实用定量方法的关键。

（2）比强度法

下面介绍一类最常用的X射线衍射物相定量方法，一般统称为比强度法。该法有两个基本的常用方程——内标方程和外标方程。

当分析一个 n 相样品中某一物相 i 的含量时，若样品中先掺入已知量的参考物s作为第 $(n+1)$ 个相，仍以 x_i 表示掺入s后的样品中物相 i 的质量分数，由式(1-54)可得出：

$$I_s(\underline{k})=I_{i,p}(\underline{k})\frac{u_i^*}{\overline{u}^*}x_s \tag{1-56}$$

$I_s(\text{k})$ 表示掺入s后的样品中参考物s的衍射线（k）的强度，由此便可推出：

$$\frac{I_i(\underline{h})}{I_s(\underline{k})}=k_i\frac{x_i}{x_s} \tag{1-57}$$

其中，

$$k_i=\frac{I_{i,p}(\underline{h})}{I_{s,p}(\underline{k})}\times\frac{u_i^*}{u_s^*} \tag{1-58}$$

式(1-57)称为比强度法的内标方程，系数 k_i 是一个常数，其值由式(1-58)确定。k_j 取决于物质 i 和参考物s本身的组成和结构，而与样品的总吸收性质无关，称为物质 i 对s的比强度，因为当 $x_i=x_s$ 时，由式(1-57)可得：

$$k_i=\left.\frac{I_i(\underline{h})}{I_s(\underline{k})}\right|_{x_i=x_s} \tag{1-59}$$

比强度 k 的定义形式类似于比热容、密度等物理量，物相 i 的比强度 k_i 是以参考物s的一条衍射线的强度为参照来表示的物相 i 的某一条衍射线的强度。

内标方程可以直接用于定量测定，依据此方程所建立的方法称为内标法。由于实验时需要加入参考物来解决基体效应带来的困难，故此法又称为基体冲洗法。

由式(1-58)或式(1-59)可知，比强度 k 可以由理论计算或通过实验测定得到。当有了物质 i 的比强度 k 值以后，实验时只需要测定样品的 $I_i(\text{h})$ 和 $I_s(\text{h})$，便能够根据式(1-57)

确定物相 i 在样品中的含量了。但是，由式(1-57) 计算得到的 x_i 是掺入参考物之后 i 相在样品中的质量分数，原样品中 i 相的质量分数应为：

$$w_i = x_i/(1-x_s)$$

当分析一个已知含有 n 个物相的多相样品时，如果各组成物相均有一衍射线其比强度能够被测定，且在该样品中这些衍射线的强度分别为 I_1，I_2，I_3，…，I_n，共 n 个强度数据，我们可以得到其中任一相 i 的质量分数 x_i 的表达式，应用式(1-54)，将得到 n 个方程式：

$$x_i = \frac{I_1}{k'_1} \times \frac{k'_1}{I_i} x_i, x_2 = \frac{I_2}{k'_2} \times \frac{k'_1}{I_i} x_i, \cdots, x_n = \frac{I_n}{k'_n} \times \frac{k'_1}{I_i} x_i$$

在这组方程式中：

$$k'_i = I_{i,p} u_i^*$$

将这组方程左、右分别全部相加，又因为：

$$\sum_{j=1}^{n} x_j = 1$$

故可推出：

$$x_i = \frac{I_i}{k'_i} \sum_{j=1}^{n} \frac{I_i}{k'_j} \tag{1-60}$$

将式(1-60) 中各相的 k' 值以对某参考物的比强度 k 值代换，该式仍然成立，可推出：

$$x_i = \frac{I_i}{k_i} \sum_{j=1}^{n} \frac{I_i}{k'_j} \tag{1-61}$$

式(1-60) 称为比强度法的外标方程。应用此式进行定量测定时，无须先将参考物掺入样品中，只需事先测定样品各组分物相对某一共同参考物的比强度即可。

(3) 参考比强度 I/I_{col}

从内标方程或外标方程的应用可以了解到有可能也有必要建立一种标准化的比强度数据库以便随时都能够利用 X 射线衍射仪的强度数据进行物相的定量测定。JCPDS 协会已经规定以刚玉（α-Al_2O_3）为参考物质，以各物相的最强线对于刚玉的最强线的比强度 I/I_{col} 为参考比强度（RIR），并将 RIR 列为物质的多晶 X 射线衍射的基本数据收入 PDF 卡片中。虽然目前收集的 RIR 还不够丰富，但是 RIR 数据库的建立对于广泛地应用多晶 X 射线衍射进行物相定量分析是有很大意义的。根据 RIR 的定义可知，其数据值可以由理论计算或通过实验直接测定得到。目前除刚玉外，美国 NBS 还推荐了若干种其它物质［如红锌矿 (ZnO)、金红石（TiO_2）、Cr_2O_3 以及 CeO_2 等］作为参考物质以供选择，对于不同参考物质的 RIR，均可换算成相对于刚玉的 RIR，因为这些参考物对刚玉的 RIR 都是已知的。

以内标方程或外标方程为基础的实用的 X 射线衍射物相定量方法，都属于比强度法，这类方法都必须以比强度数据为前提，也就是必须要有被测定物相的纯样品（标准样品）。而这个要求有时是很难实现的，因为一些物相根本无法得到可供比强度测定用的纯样品。因此，在式(1-54) 的基础上还发展了其它几种方法，这些方法不要求事先准备标准样品，例如无标样法、吸收/衍射直接定量法、微量直接定量法和康普顿散射校正法等，但是这些方法都不如比强度法应用普遍。

X 射线衍射物相定量方法能对样品中各组成物相进行直接测定，适用范围很广，但其缺点是由于衍射强度一般较弱，所以对于样品中量少的物相不易检出，即方法的灵敏度不高，对吸收系数大的样品则更不灵敏，在目前普通衍射用 X 射线发生器的功率条件下，一般说来最低检出限不会优于 1%。

思考题

1. 物相定性分析原理是什么？分析中可能遇到什么问题？

2. 试计算当管电压为 50kV 时，射线管中电子击靶时的速度与动能，以及所发射的连续谱的短波限和光子的最大能量。

3. 为什么对于同一材料其 $\lambda_K < \lambda_{K_\beta} < \lambda_{K_\alpha}$？

4. 如果用 Cu 靶 X 光管照相，错用了 Fe 滤片，会产生什么现象？

5. 特征 X 射线与荧光 X 射线的产生机理有何不同？某物质的 K 系荧光 X 射线波长是否等于它的 K 系特征 X 射线波长？

6. 实验中选择 X 射线管以及滤波片的原则是什么？已知一个以 Fe 为主要成分的样品，试选择合适的 X 射线管和合适的滤波片。

7. 为什么衍射线束的方向与晶胞的形状和大小有关？

8. 为什么说衍射线束的强度与晶胞中的原子位置和种类有关？获得衍射线的充分条件是什么？

9. 试述原子散射因数 f 和结构因数 $|F_{HKL}|^2$ 的物理意义。结构因数与哪些因素有关？

10. X 射线与物质相互作用有哪些现象和规律？利用这些现象和规律可以进行哪些科学研究工作，有哪些实际应用？

参考文献

[1] 姜传海，杨传铮. X 射线衍射技术及其应用 [M]. 上海：华东理工大学出版社，2010.

[2] 南京大学地质学系矿物岩石学教研室. 粉晶 X 射线物相分析 [M]. 北京：地质出版社，1980.

[3] 俞旭，江超华. 现代海洋沉积矿物及其 X 射线衍射研究 [M]. 北京：科学出版社，1984.

[4] 王英华. X 光衍射技术基础 [M]. 北京：原子能出版社，1987.

[5] Moore D M, Reynolds R C, Jr. X-ray Diffraction and the Identification and Analysis of Clay Minerals [M]. New York: Oxford University Press, 1997.

[6] 潘峰，王英华，陈超. X 射线衍射技术. [M]. 北京：化学工业出版社，2016.

[7] 杨传铮，谢达材，陈癸尊，等. 物相衍射分析 [M]. 北京：冶金工业出版社，1989.

[8] 徐勇，范小红. X 射线衍射测试分析基础教程 [M]. 北京：化学工业出版社，2014.

[9] 叶大年，金成伟. X 射线粉末法及其在岩石学中的应用 [M]. 北京：科学出版社，1984.

[10] 黄继武，李周. 多晶材料 X 射线衍射：实验原理、方法与应用 [M]. 北京：冶金工业出版社，2012.

[11] 高新华，宋武元，邓赛文，等. 实用 X 射线光谱分析 [M]. 北京：冶金工业出版社，2017.

[12] Suryanarayana C. X-Ray Diffraction: A Practical Approach [M]. New York: Plenum Press, 1998.

[13] 吉昂，卓尚军，李国会. 能量色散 X 射线荧光光谱 [M]. 北京：科学出版社，2017.

[14] 晋勇，孙小松，薛屺. X 射线衍射分析技术 [M]. 北京：国防工业出版社，2008.

[15] 祁景玉. X射线结构分析 [M]. 上海：同济大学出版社，2003.
[16] 贺保平. 二维X射线衍射 [M]. 北京：化学工业出版社，2021.
[17] 江超华. 多晶X射线衍射技术与应用 [M]. 北京：化学工业出版社，2014.
[18] 杨知霖. X射线荧光光谱仪原理与应用 [J]. 科技传播，2016，8(06)：181-182.
[19] 宋浩然，尚培华. 基于能量散射X射线荧光光谱法的新型便携式硫含量仪器设计 [J] 石化技术，2020，27(07).
[20] 赵璇，张文凯. X射线自由电子激光：原理、现状及应用 [J]. 现代物理知识，2019，31(02)：47-52.
[21] Fultz B，Howe J M. X-Ray Diffraction：Modern Experimental Techniques [M]. Hamburg：Wiley-VCH，2009.

第 2 章

扫描电子显微镜与电子探针

2.1 电子束与固体样品作用时产生的信号

入射电子束与物质试样碰撞时，电子和组成物质的原子核与核外电子发生相互作用，使入射电子的方向和能量发生改变，有时还发生电子消失、重新发射或产生别的粒子、改变物质形态等现象，统称为电子的散射。

如果散射过程中入射电子只改变方向，其总动能基本上无变化，则这种散射称为弹性散射，这是电子衍射和电子衍衬成像的基础；如果在散射过程中入射电子的方向和动能都发生改变，则这种散射称为非弹性散射，这是扫描电镜成像、能谱分析、电子能量损失谱的基础。非弹性散射过程是一种随机过程，每次散射后都改变其前进方向，损失一部分能量，并激发出反映样品表面形貌、结构和组成的各种信息，如二次电子、背散射电子、特征 X 射线、俄歇电子、吸收电子、阴极荧光、透射电子等，图 2-1 所示为电子束与固体样品作用所产生的各种信息。

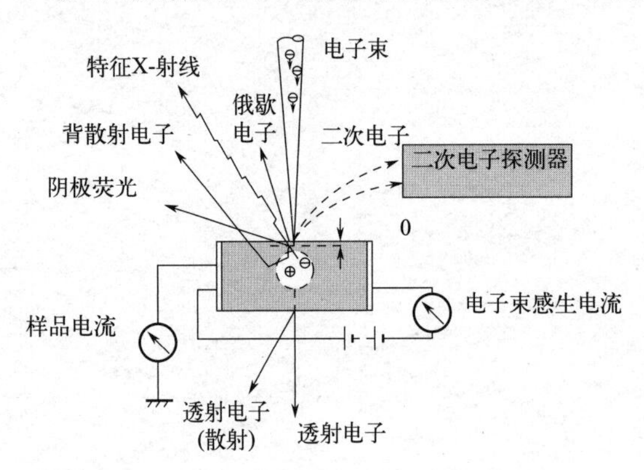

图 2-1　电子束与固体样品作用所产生的信号

(1) 背散射电子

背散射电子是被固体样品中的原子核反弹回来的一部分入射电子，也称为一次电子，包括弹性背散射电子和非弹性背散射电子。弹性背散射电子是指被样品中原子核反弹回来的，散射角大于 90°，被样品中原子核反弹回来的那些入射电子，其能量没有损失（或基本上没有损失）。由于入射电子的能量很高，所以弹性背散射电子的能量能达到数千到数万电子伏特。非弹性背散射电子是入射电子和样品核外电子撞击后产生的非弹性散射，不仅方向改变，能量也有不同程度的损失。其中有些电子经多次散射后仍能反弹出样品的表面，就形成了非弹性背散射电子。非弹性背散射电子的能量分布范围较宽，从几十到数千电子伏特。背射电子来自样品表层几百纳米的深度范围，其产额随样品的原子序数增大而增加，且弹性背散射电子所占的份额远多于非弹性背散射电子，所以背散射电子信号的强度与样品的化学组成有关，即与组成样品的各元素平均原子序数有关。因此背散射电子不仅可用做形貌分析，而且可以用来显示原子序数衬度，用作成分的定性分析。

(2) 二次电子

在入射电子束作用下被轰击出来并离开样品表面的样品的原子的核外电子称为二次电子，这是一种真空中的自由电子，是扫描电镜中最重要的成像信息。二次电子一般都是在表层 5～10nm 深度范围内发射出来的，它对样品的表面形貌十分敏感，因此，能非常有效地显示样品的表面形貌。二次电子的能量较低，一般不超过 50eV。大多数二次电子只带有几个电子伏的能量。由于原子核和外层价电子间的结合能很小，外层的电子比较容易脱离原子，使原子电离。一般来说，原子的电离有两种途径，即价电子激发和芯电子激发。当入射电子和原子中价电子发生非弹性散射作用时会损失部分能量，这部分能量将激发价电子脱离原子而变成自由电子，即为二次电子，这种过程称为价电子激发，它是二次电子产生的主要物理过程。当入射电子和原子中内层电子发生非弹性散射作用时也会损失部分能量（约几百电子伏），这部分能量将激发内层电子使其发生电离，从而使一个原子失掉一个内层电子而变成离子，这种过程称为芯电子激发。在芯电子激发过程中，除了能产生二次电子外，同时还伴随着产生特征 X 射线和俄歇电子等重要物理过程。当一个能量很高的入射电子射入样品时，可以产生许多自由电子，这些自由电子的 90%来自样品原子的外层价电子。

二次电子的能量较低，一般都不超过 8×10^{-19}J（50eV），大多数二次电子的能量只有几个电子伏特。扫描电镜在用二次电子探测器收集二次电子时，往往也把少量低能量的非弹性背散射电子一起收集，这时很难把两者区分开来。二次电子一般来自样品表层 5～10nm 的深度范围，它对样品的表面形貌特征十分敏感，因此能有效反应测试样品的表面微观形貌。由于二次电子来自样品表层，入射电子没有较多次的散射，产生二次电子的面积与入射电子的照射面积没多大区别。所以二次电子的分辨率较高，一般可达 50～100Å，扫描电镜的分辨率通常就是二次电子分辨率。由于二次电子主要取决于表面形貌，其产额和原子序数之间没有明显的依赖关系，所以不能用于成分分析。

(3) 吸收电子

入射电子进入样品后，经多次非弹性散射后能量损失殆尽（假定样品有足够的厚度没有透射电子产生），不再产生其它效应，而被样品吸收，这部分电子称为吸收电子。由于吸收电子是经多次非弹性散射后能量损失殆尽的电子，其信号强度反比于背散射电子或二次电子信号强度，即当入射电子束与样品作用时，若逸出样品表面的背散射电子或二次电子数量越多，吸收电子信号强度则越小，反之则越大。因此，利用吸收电子信号调制成图像时，其衬度恰好和背散射电子或二次电子信号调制的图像衬度相反。

当入射电子束射入一个多元素样品表面时，由于不同原子序数部位的二次电子产额基本相同，则产生背散射电子较多的部位（原子序数较大）其吸收电子的数量就较少，反之亦然。利用吸收电子产生的原子序数衬度，即可用来进行定性的微区成分分析。可见，吸收电子信号既可调制成像，又可获得不同元素的定性分布情况，已被广泛用于扫描电镜和电子探针中。

(4) 特征 X 射线

入射电子束与样品作用后，若在原子核附近区域则受到核库仑场的作用而改变运动方向，同时产生连续 X 射线，即软 X 射线。当样品原子的内层电子被入射电子激发或电离时，原子就会处于能量较高的激发状态，此时外层电子将向内层跃迁以填补内层电子的空缺，从而使具有特征能量的 X 射线释放出来。根据莫塞莱定律，利用 X 射线探测器检测样品微区中存在的某一特种 X 射线波长或能量，就可以分析样品的组成元素和成分。

(5) 俄歇电子

原子内层电子被激发电离形成空位，较高能级电子跃迁至该空位，多余能量使原子外层电子激发发射，形成无辐射跃迁，被激发的电子即为俄歇电子。它一般源于样品表面以下几个纳米，多用于表面化学成分分析，原子要含三个以上电子才能产生俄歇电子。由于每种原子都有自己的特征壳层能量，其俄歇电子也具有特征能量，一般能量范围为 8×10^{-19}～240×10^{-19}J（50～1500eV）。

俄歇电子的平均自由程很小，约 1nm，在较深区域中产生的俄歇电子向表面运动的过程中必然会因碰撞而损失能量，使之失去具有的特征能量，只有在距离表面层 1nm 范围内（几个原子层厚度）逸出的俄歇电子才具备典型特征能量，所以俄歇电子特别适合用于表层的成分分析。

(6) 透射电子

如分析样品很薄，就会有部分电子穿过薄样品成为透射电子，这里所指的透射电子是采用扫描透射方式对薄样品成像和微区成分分析时形成的透射电子。这种透射电子是由直径很小（<10nm）的高能电子束照射薄样品产生，电子信号由微区厚度、成分和晶体结构所决定。透射电子包含了弹性散射电子和非弹性散射电子，其中有些遭受特征能量损失的非弹性散射电子（即特征能量损失电子）和分析区的成分有关，因此，可以利用特征能量损失电子配合电子能量分析器进行微区成分分析。

(7) 阴极发光

有些固体物质受到电子束照射后，价电子被激发到高能级或能带中，被激发的材料同时产生了弛豫发光，这种光成为阴极发光，其波长可能是可见光红外或紫外光，可以用来作为调制信号。如半导体和一些氧化物、矿物等，在电子束照射下均能发出不同颜色的光，用电子探针的同轴光学显微镜可以直接进行可见光观察，还可以用分光光度计进行分光和检测其强度来进行元素成分分析，因此，利用阴极发光可以研究矿物中的发光微粒、发光半导体材料中的晶格缺陷和荧光物质的均匀性等。阴极发光效应对样品中少量元素分布非常敏感，可以作为电子探针微区分析的一个补充。例如耐火材料中的氧化铝通常为粉红色，ZrO_2 为蓝色。锗酸铋(BGO）晶体中的氧化铝为蓝色，BGO 晶体也为蓝色。钨(W）中掺入少量小颗粒氧化钍时，用电子探针检测不出钍的特征 X 射线，但利用电子探针的同轴光学显微镜观察发出的蓝荧光，可以确定氧化钍的存在。

综上所述，利用不同探测器检测出不同的信号电子，可以反映样品的不同特性，一般扫描电镜主要是利用二次电子或背散射电子成像，研究样品的表面形貌特征，其它的电子信号信息可用于分析元素成分、结晶、化学态和电磁性质等，见表 2-1 所示电子束与固体样品作用时产生的各种信号特征及应用。

表 2-1　电子束与固体样品作用时产生的各种信号特征及应用

信号电子		分辨率/nm	能量范围/eV	来源	成分分析	应用
背散射电子	弹性	50～200	数千至数万	表层几百纳米	是	形貌观察、成分分析 结晶分析、电磁性质
	非弹性		数十至数千			

续表

信号电子	分辨率/nm	能量范围/eV	来源	成分分析	应用
二次电子	5～10	<50	表层<10nm	否	形貌观察、结晶分析、电磁性质
吸收电子	100～1000			是	形貌观察、成分分析
透射电子				是	形貌观察、成分分析
特征X射线	100～1000			是	成分分析、化学态
俄歇电子	5～10	50～1500	表层1nm	是	表面层成分分析、化学态

2.2 扫描电镜的构造和工作原理

图2-2所示为德国Merlin Compact型扫描电镜，图2-3给出了扫描电镜的工作原理示意图。电子枪发射出来的电子束（直径约50μm），在加速电压的作用下（范围为2～30kV），经过电磁透镜系统，汇聚成直径约为0.8nm的电子束，聚焦在样品表面。在第二聚光镜和末级透镜（物镜）之间的扫描线圈作用下，电子束在样品表面做光栅状扫描，光栅线条数目取决于行扫描和帧扫描速度。

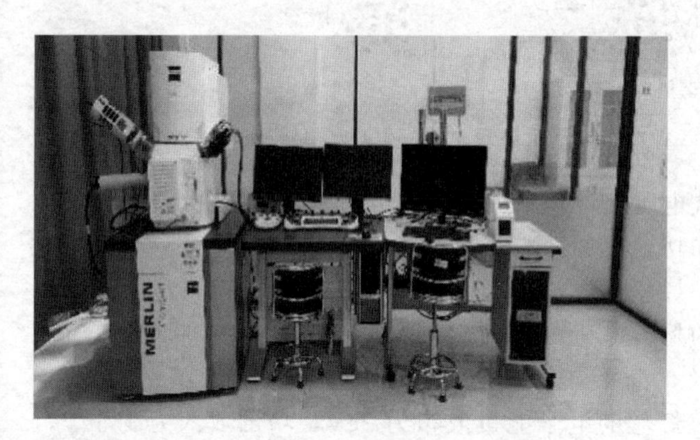

图2-2 德国Merlin Compact型扫描电镜

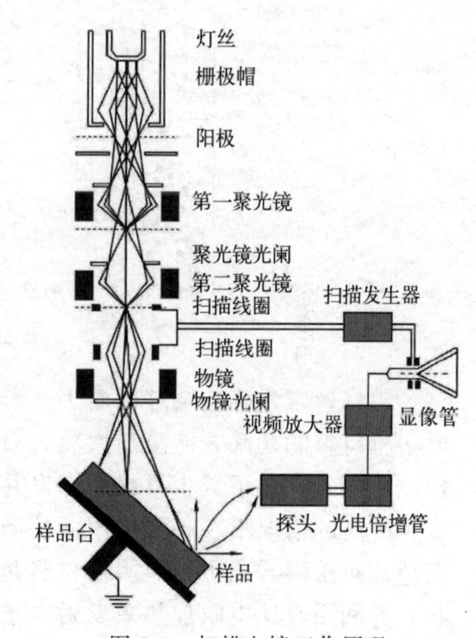

图2-3 扫描电镜工作原理

在5～30kV加速电压作用下，电子枪发出几十微米直径的电子束，经第一、第二光镜及末透镜缩小成直径几十埃的电子探针，会聚在样品上。在位于第二聚光镜和物镜之间的扫描线圈作用下，电子探针在样品表面作光栅状扫描并激发多种电子信号。这些电子信号被相应地收集检测系统收集，经放大并转换成电信号，被送到显像管栅极用以调制显像管的亮度。显像管中的电子束在荧光屏上也做光栅状扫描，这种扫描运动与样品表面电子束扫描运动严格同步。所以，由探测器逐点检测的电子信号，将一一对应调制显像管相应点的亮度。即电子束在样品表面与显像管的严格同步扫描，使得电子像衬度与所接收信号强度一一对应，由此获得反应样品表面形貌或成分特征的扫描电子显微图像。

扫描电镜是由电子光学系统、信号接收处理显示系统、真空系统三个基本部分组成的高精密科学仪器，主要用于获取样品表面的图像信息。

2.2.1 电子光学系统

电子光学系统主要包括电子枪、电磁透镜和样品室等。

（1）电子枪

电子枪的组成：阴极、阳极、栅极。由直径约为 0.1mm 的钨丝制成，加热后发射的电子在栅极和阳极的作用下，在阳极孔附近形成交叉点光斑，其直径为几十微米。扫描电镜的电子枪与透射电镜相似，其作用是产生电子照明源。一般电子枪的性能决定了扫描电镜的质量，商业生产扫描电镜的分辨率可以说是受电子枪亮度所限制。因此，电子枪的必要特性是亮度要高、电子能量散布要小。目前常用的电子枪种类主要有三种，即钨(W）灯丝、六硼化镧(LaB_6）灯丝和场发射（field emission）电子枪，如图 2-4 所示，不同的灯丝在电子源大小、电流量、电流稳定度及电子源寿命等均有差异。

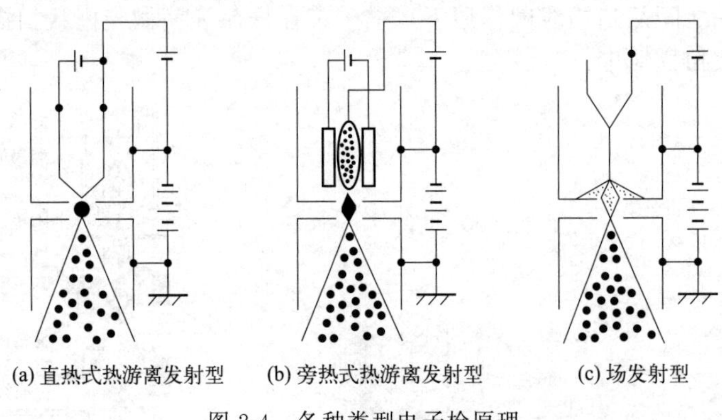

图 2-4　各种类型电子枪原理

钨灯丝及六硼化镧灯丝属于热游离式电子枪，它利用高温使电子具有足够的能量以克服电子枪材料的功函数能障而逃离，温度和功函数是影响电子枪发射电流密度的主要变量。操作电子枪时，为了减少材料的挥发并保护灯丝，均希望能以低的温度来操作，所以在操作温度不提高的情况下，一般采用低功函数的材料提高发射电流密度。最普遍使用的钨灯丝，属直热式热游离式电子枪。阴极材料是钨丝，直径为 0.1～0.15mm，制成发夹式或针尖式形状，并利用直接电阻加热来发射电子。钨灯丝的电子能量散布为 2eV，功函数约为 4.5eV，操作温度约 2700K，电流密度为 1.75A/cm^2，使用中灯丝的直径随钨丝的蒸发而变小，使用寿命为 40～80h。

六硼化镧(LaB_6）灯丝属于旁热式热游离式电子枪，即使用旁热式加热阴极来发射电子。除此之外，YB_6、TiC 或 ZrC 等材料也可以用于制作灯丝，但 LaB_6 应用最多。六硼化镧灯丝的电子能量散布为 1eV，功函数约为 2.4eV，低于钨灯丝，所以获得同样的电流密度，使用 LaB_6 灯丝在 1500K 即可达到，而且亮度更高，其使用寿命比钨灯丝高。但 LaB_6 灯丝加热时活性很强，必须在较高的真空环境下操作，因此仪器的购置费用较高。

场发射式电子枪比六硼化镧灯丝的亮度高近 10 倍，电子能量散布仅为 0.2～0.3eV，所以目前市售的高分辨率扫描电镜均采用场发射式电子枪，分辨率可达 1nm 以下，图 2-5 给出了场发射与普通钨灯丝的分辨率对比图片。场发射利用强电场在固体表面上形成隧道效应而将固体内部的电子激发到真空中，是一种实现大功率高密度电子流的方法。强电场使电子的电位障碍产生 Schottky 效应，即使能障宽度变窄，高度变低，电子可直接穿过此狭窄能障并离开阴极。场发射电子是从尖锐的阴极尖端发射出来，因此，可获得极细而又具有高电流密度的电子束，亮度可达热游离电子枪的数百倍甚至千倍。场发射电子枪所选用的阴极材料需具有高的强度，才能承受施加高电场在阴极尖端产生的高机械应力，钨为较佳的阴极材料。从极细的钨针尖场发射电子，要求针尖表面必需干净，无任何外来材料的原子或分子，即使只有一个外来原子落在表面亦会降低电子的场发射，所以场发射电子枪必须保持超高真空度，以防止钨阴极表面累积原子。由于超高真空设备价格高昂，一般除非需要高分辨率的扫描电镜，否则较少采用场发射电子枪。

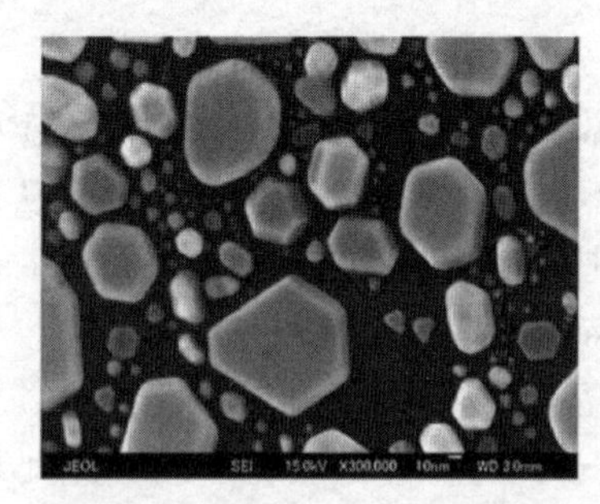

(a) 场发射扫描电镜的分辨率(15kV，JEOL)

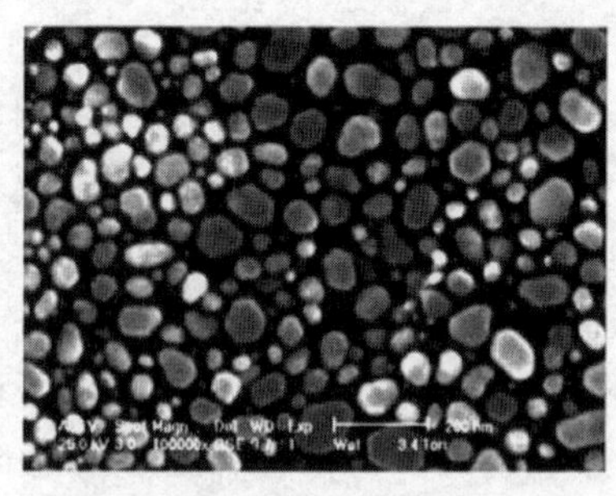

(b) 钨灯丝扫描电镜的分辨率(25 kV，JEOL)

图 2-5　场发射与普通钨灯丝的分辨率对比

目前常见的场发射电子枪有冷场发射和热场发射两种，共性是分辨率高。热场的束流大些，适合进行分析，但维护成本相对较高，维护要求高。冷场做表面形貌观测是适合的，相对而言维护成本低些，维护要求不算高。冷场发射电子枪优点：单色性好、分辨率高。缺点：电子枪束流不稳定、束流小，不适合作能谱分析。热场发射电子枪优点：电子束稳定、束流大。缺点：与冷场相比单色性和分辨率略差，维护成本高。热场发射电子枪在 1800K 温度下操作，避免了气体分子在针尖表面的吸附，可维持较好的发射电流稳定度，并能在较低的真空度下操作。虽然亮度与冷场发射相类似，但电子能量散布比冷场发射大 3～5 倍，图像分辨率降低，不常使用。上述不同电子发射源的性能参数对比情况列于表 2-2 中。

表 2-2　不同电子发射源的参数比较

发射源	钨灯丝	LaB_6	热场发射	冷场发射
直径/nm	1000～2000	1000～2000	10～25	3～5
温度/℃	2300	1500	1500	室温
灯丝亮度	1	10	500	1000
电流密度/(A/cm^2)	1.3	25	500	50000
能量扩展/eV	约 2.0	约 1.5	<1.0	约 0.2
灯丝寿命/h	40～50	约 500	1000～2000	>2000
真空度/Torr	10^{-5}	10^{-7}	10^{-9}	10^{-10}

注：1Torr＝133.3Pa。

（2）电磁透镜

扫描电子显微镜中各电磁透镜都不做成像透镜用，而是做聚光镜用，它们的功能只是把电子枪的束斑逐级聚焦缩小，使原来直径约为 50μm 的束斑缩小成一个只有数个纳米的细小斑点，要达到这样的缩小倍数，必须用几个透镜来完成。扫描电子显微镜一般都有三个聚光镜，前两个聚光镜是强磁透镜，可把电子束光斑缩小，第三个聚光镜是弱磁透镜，具有较长的焦距。布置这个末级透镜（习惯上称之物镜）的目的在于使样品室和透镜之间留有一定空间，以便装入各种信号探测器。扫描电子显微镜中照射到样品上的电子束直径越小，就相当于成像单元的尺寸越小，相应的分辨率就越高。采用普通热阴极电子枪时，扫描电子束的束径可达到 6nm 左右。若采用六硼化镧阴极和场发射电子枪，电子束束径还可进一步缩小。

（3）样品室

样品室内除放置样品外，还安置信号探测器。各种不同信号的收集和相应检测器的安放位置有很大关系，如果安置不当，则有可能收不到信号或收到的信号很弱，从而影响分析精度。样品台本身是一个复杂而精密的组件，它应能夹持一定尺寸的样品，并能使样品做平移、倾斜和转动等运动，以利于对样品上每一特定位置进行各种分析。

近代扫描电镜均备有（或选配）各种高低温、拉伸、弯曲等样品台附件，试样最大直径可达 100mm，沿 X 轴和 Y 轴可各自平移 100mm，沿 Z 轴可升降 50mm。此外，在样品室的各窗口还能同时连接 X 射线波谱仪、X 射线能谱仪、二次离子质谱仪和图像分析仪等。

2.2.2 扫描系统

扫描线圈通常由两个偏转线圈组成，在扫描发生器的控制下实现电子束在样品表面做光栅扫描。电子束在样品表面的扫描和显像管的扫描由同一扫描发生器控制，保持严格同步。进行表面形貌分析时一般都采用光栅扫描方式，当电子束进入上偏转线圈时，方向发生转折，随后下偏转线圈使它的方向发生二次转折，并通过末级透镜的光心作用于样品表面。在电子束发生偏转的同时还带有一个逐行扫描动作，电子束在上下偏转线圈的作用下，在样品表面扫描出方形区域，相应的在样品表面也勾勒出一帧比例图像。样品上各点受到电子束作用而发出的信号电子可由信号探测器接受，并通过显示系统在荧光屏上按强度描绘出来。

2.2.3 信号收集和图像显示系统

二次电子、背散射电子和透射电子的信号都可采用闪烁计数器来检测。信号电子进入闪烁体后即引起电离，当离子和自由电子复合后就产生可见光。可见光信号通过光导管送入光电倍增器，光信号放大，即又转化成电流信号输出，电流信号经视频放大器放大后就成为调制信号。如前所述，由于镜筒中的电子束和显像管中的电子束是同步扫描的，而荧光屏上每一点的亮度是根据样品上被激发出来的信号强度来调制的，因此样品上各点的状态各不相同，所以接收到的信号也不相同，于是就可以在显像管上看到一幅反映试样各点状态的扫描电子显微图像。

信号检测放大系统的作用是检测样品在入射电子作用下产生的各类电子信号，经视频放大后作为显像系统的调制信号。信号电子不同，所需的检测器类型也不同，大致可分为三类检测器——电子检测器、荧光检测器和 X 射线检测器。在扫描电镜中最普遍使用的是电子检测器，由闪烁体、光导管和光电倍增器组成。这种检测在很宽的信号范围内正比于原始信号的输出，具有很宽的频带和较高的增益，且噪声很小。

2.3 扫描电镜的主要性能

2.3.1 分辨率

分辨率是扫描电镜的主要性能指标，对成分分析而言，它是指能分析的最小区域。对成像而言，它是指能分辨两点之间的最小距离。因此，是扫描电镜电子光学成像系统的关键性能指标。首先扫描电镜的分辨率取决于仪器的整体设计，涉及电子光学系统的设计、高压和透镜电源的稳定度指标、电子透镜极靴材料的磁性能、材料的均匀性及极靴的机械加工精度与加工过程中的无磁化处理等。其次，扫描电镜的分辨率与检测信号的种类有关，表 2-1 列出了扫描电镜主要信号电子的成像分辨率。可以看出，由于用于成像的物理信号不同，分辨率存在明显差异，二次电子和俄歇电子具有较高的分辨率，特征 X 射线的分辨率最低。

不同信号电子的成像分辨率差异可根据电子束与样品作用的滴状作用体积加以解释。电子束进入轻元素样品表面后，会形成一个如图 2-6 所示的滴状作用体积，入射电子束在被样品吸收或散射出样品表面前，将在这个体积内活动。二次电子和俄歇电子能量较低，只能逸出于样品的浅表层，此时入射电子束尚未横向扩散开来，二次电子和俄歇电子只能在一个与入射电子束斑直径相当的圆柱体内被激发出来。由于束斑直径就是一个成像检测单元的尺寸，这两种信号电子的分辨率就相当于电子束斑直径。入射电子束进入样品较深的部位时，横向扩展范围变大，从这个范围激发出来的背散射电子能量较高，可以从样品的较深部位逸出样品表面，其横向扩展的作用体积大小即为被散射电子的成像单元，分辨率明显降低。特征 X 射线信号的作用体积显著扩大，若用其调制成像，分辨率比背散射电子低。

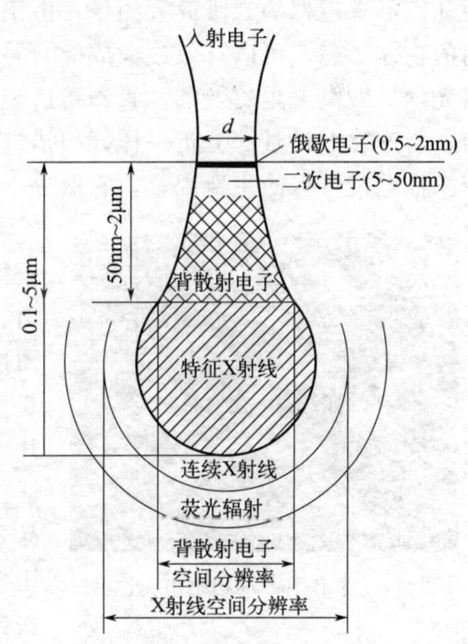

图 2-6 电子束与样品表面作用的滴状作用体积

当电子束与高原子序数样品相互作用时，其作用体积为半球形，电子束进入表面后立即横向扩展。因此，在分析高原子序数元素时，即使电子束斑很细，也很难达到较高分辨率，因为二次电子和背散射电子的分辨率之间的差异明显变小。目前，采用钨灯丝电子枪扫描电镜的分辨率最高可以达到 3.5nm，采用场发射电子枪扫描电镜的分辨率可达 1nm。

2.3.2 放大倍数

扫描电镜的放大倍数定义为：显像管中电子束在荧光屏上的最大扫描距离。

当入射电子束进行光栅扫描时，若电子束在样品表面扫描的幅度为 A_s，在荧光屏阴极射线同步扫描的幅度为 A_c，则扫描电镜的放大倍数为：$M=A_c/A_s$。

由于扫描电镜的荧光屏尺寸（显示器图像显示区域）是固定不变的，电子束在样品上的扫描幅度就成为决定放大倍数的关键，因此，通过改变电子束在试样表面的扫描幅度可实现放大倍数的调整。如果样品表面扫描的幅度 $A_s=100\text{mm}$，当 $A_s=5\text{mm}$ 时，放大倍数为 20 倍，如果减小扫描线圈的激磁电流，电子束在样品表面的扫描幅度减小为 $A_c=0.05\text{mm}$，放大倍数则达到 2000 倍。可见通过运算放大器，控制扫描线圈激励电流，很容易实现放大倍数的连续准确调节。由于制造过程中存在系统误差，扫描电镜放大倍数允许误差±5%。现代扫描电镜一般配有控制台，集成有放大旋钮，一定范围内可以连续放大或缩小图像，当然也可以通过软件的放大或缩小按钮来调节放大倍数。

2.3.3 景深

在扫描电镜中，位于焦平面上下的一小层区域内的样品点都可以得到良好的会焦而成像，这上下的厚度称为景深。由扫描电镜原理可知，扫描电镜成像采用聚焦电子束作为光源，逐点逐行激发物质产生成像信号，同时逐点逐行进行信号收集处理，形成一幅与样品表面几何形态近似的二维放大图像。由于电子束具有长焦深，相对图像扫描宽度有相当大距离内的物体形态，可以有效放大成像，并被清晰观察到，这种大景深、立体感成像的特点是其它光学显微镜望尘莫及的。景深指透镜对高低不平的试样各部位能同时聚焦成清晰图像的能力，与透射电镜景深分析一样，扫描电镜的景深与电子束孔径角成反比，电子束孔径角是决定扫描电镜景深的主要因素，它取决于末级透镜的光栅直径和工作距离。

图 2-7　多孔 SiC 的扫描电镜图片

扫描电镜的末级透镜采用小孔径角和长焦距，可以获得很大的景深，比一般光学显微镜的景深大 100～500 倍，比透射电镜的景深大 10 倍。由于景深大，扫描电镜图像的立体感强、形态逼真。对于表面粗糙的断口样品观察需要大景深，图 2-7 给出了多孔 SiC 的扫描电镜图片，其立体感异常强烈，可充分展现多孔结构的形貌特征。但光学显微镜因景深小而无法观察，透射电镜对样品要求苛刻，即使复型样品也难免保证不出现假象，而用扫描电镜观察分析断口样品则显示出其它分析仪器无法比拟的优点。

扫描电镜除上述显著特点外尚存在一些不足。由于工作原理及结构上的限制，常规使用性能和适用范围受到很大影响，归纳起来主要是对样品的要求必须干净、干燥，肮脏、潮湿的样品会使仪器真空度下降，并可能在镜筒内各狭缝、样品室壁上留下沉积物，降低成像性能并给探头或电子枪造成损害，此限制使得含水样品不能在自然状态下观察，同样也不能观察挥发性样品。样品必须有导电性，因为电子束在与样品相互作用时会在样品表面沉积相当数量的电荷。若样品不导电，电荷累积所形成的电场会使作为成像信号的二次电子发射状况发生变化，极端情况下甚至会使电子束改变方向而导致图像失真。因此观察绝缘样品时，必须采取各种措施消除样品表面所沉积的电荷，如在样品表面做导电性涂层或进行低压电荷平衡。这些措施的采用对仪器本身提出更高要求，并使样品预处理变得烦琐、复杂。另外，导电涂层也带来新的问题，如涂层是否会影响样品的表面形貌，使得观察样品形貌失真等。

2.4 扫描电镜的电子图像及衬度

2.4.1 表面形貌衬度原理及应用

二次电子形貌衬度是由于样品表面形貌差别而形成的衬度，是利用二次电子信号作为调制信号而得到的一种衬度。由于二次电子信号主要来自样品表层 5～10nm 深度范围，当深度范围大于 10nm 时，虽然入射电子能使核外电子脱离原子成为自由电子，但能量较低，平均自由程短，不能逸出样品表面，从而只能被样品所吸收。电子束从样品表层不同部位激发的二次电子强度（或产额）与原子序数没有明确的关系，但对微区表面的几何形状十分敏感，因此能有效地显示样品表面的微观形貌。

二次电子形貌对比实际上是样品表面微区倾角相对于入射光束的差值，表现为二次电子信号强度的差值，从而形成图像中的形貌对比。若入射电子束强度 i_p 一定时，二次电子信号强度 i_s 随样品表面的法线与入射束的夹角（倾斜角）θ 增大而增大，二次电子强度 δ 与样品表面法线夹角 θ 的余弦成反比，即：

$$\delta = \frac{i_s}{i_p} \propto \frac{1}{\cos\theta}$$

可以看出，入射电子束与样品表面法线夹角越大，二次电子产率越大。因为随着夹角的增加，入射电子束在样品表面范围内运动的总轨迹增加，使价电子电离的机会增加，二次电子的数量也相应增加。另外，随夹角的增大，入射电子束作用体积更接近表面层，作用体积内产生的大量自由电子离开表面逸出的机会增多，也提高了二次电子的产额。任何观察样品表面都存在不同程度的起伏或凹凸不平，不同区域对入射电子束呈现不同程度的倾斜角，因而由各相应部位（微区）发射的二次电子量也不尽相同。在显示器上的图像将呈现与样品表面起伏程度相对应的亮度差异，即样品的形貌衬度。由于二次电子的能量只有几十电子伏，在探测器的正电场作用下，探测器可以收集样品表面四面八方发射的所有二次电子。对于显示器上显示的二次电子图像，对应样品表面凹凸较大的零件具有明显的三维感，凹凸较小的部位也易于区分。图 2-8 为根据上述原理画出的二次电子形貌衬度示意图。图中样品表面 B 区的倾斜度最小，二次电子产额最少，亮度最低。反之，C 区的倾斜度最大，二次电子产额最多，亮度也最大。

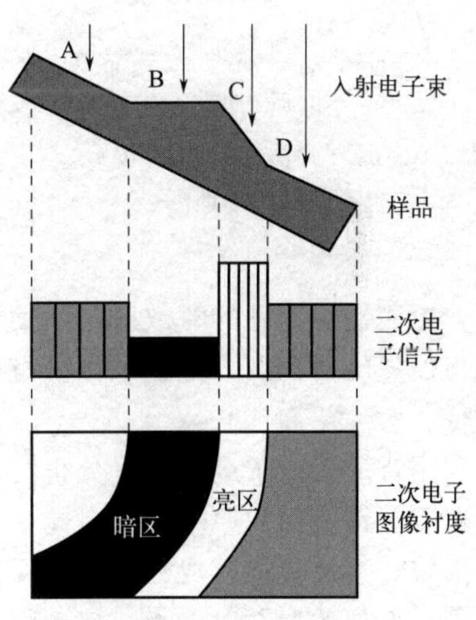

图 2-8　二次电子形貌衬度示意

实际样品表面形貌比上述情况复杂，但形成二次电子形貌对比的原理是相同的。图 2-9 为实际样品表面二次电子被激发的几个典型例子，可以

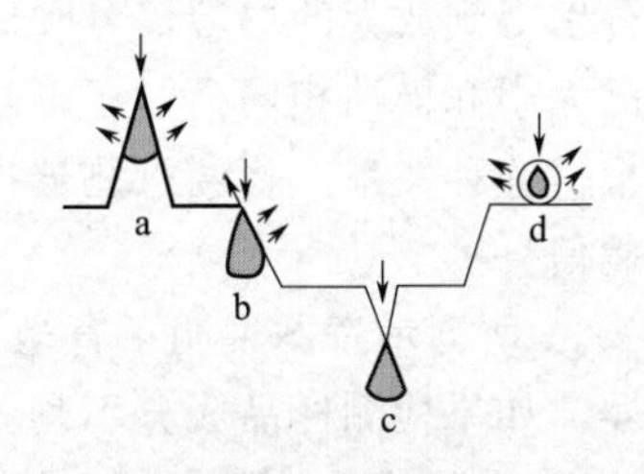

图 2-9　样品表面二次电子激发过程

a—凸出尖端；b—边缘；c—凹槽；d—小颗粒

看出，入射电子束照射到样品边角、小颗粒、尖端或边缘时，二次电子可从样品侧面发射，二次电子产率明显增加，图像与之相应的部分亮度较大，而在凹槽底部虽然也能产生较多二次电子，但由于凹槽边缘的阻挡与吸收，不容易被探测器收集到，图像显示侧较暗，这种现象称为边缘效应，实际上是上述倾斜现象的特例。扫描电镜的实际操作中，二次电子形貌衬度像被广泛应用于断口形貌特征观察和检测，揭示断裂机理，判断裂纹性质及原因、裂纹源走向、有无外来杂质和夹杂物等。由于形貌与化学成分、显微组织、制造工艺、工况条件有密切关系，形貌特征的确定对分析断裂原因有决定性作用。

2.4.2 原子序数衬度原理及应用

原子序数衬度是由于试样表面物质原子序数（化学成分）差别而形成的衬度。利用对试样表面原子序数变化敏感的物理信号作为显像管的调制信号，可以得到原子序数衬度图像。背散射电子像、吸收电子像的衬度都含有原子序数衬度，而特征 X 射线像（电子探针）的衬度就是原子序数衬度。

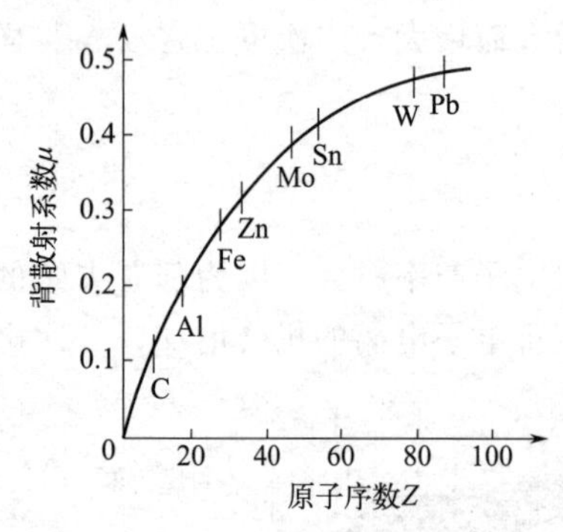

图 2-10　原子序数和背散射电子产额之间的关系曲线

背散射电子的产额一般由背散射系数 μ 表示，它随元素原子序数 Z 的增加而增加，如图 2-10 所示，特别是在原子序数小于 40 的范围内，背散射系数对原子序数非常敏感。在进行样品分析时，样品表面平均原子序数较高的区域产生的背散射电子信号较强，在背散射电子像上显示的衬度越亮；反之较暗。因此，可根据背散射像明暗衬度来判断相应区域内原子序数的相对高低，进而定性分析各种金属和合金的成分，一般样品中重元素区域为亮区，轻元素区域为暗区。

利用背散射电子进行形貌分析时，由于背散射电子是被样品原子核反射的入射电子，能量较高，并沿直线轨迹离开样品表面，从样品表面逃逸。对于远离探测器的样品表面，探测器检测到的背散射电子信号强度远低于二次电子，存在阴影效应。因此，图像将显示出强烈的对比度，掩盖了许多有用的细节。由于背散射电子产生的区域较大，因此分辨率较低。

利用背散射电子进行成分分析时，为了减少形貌对比对原子序数对比的干扰，避免形貌对比覆盖粗糙表面的原子序数对比，对分析样品只进行抛光处理，不进行腐蚀处理。对既要进行形貌观察又要进行成分分析的样品，可采用一对装于样品上方并对称于入射束的检测器收集同一部位的背散射电子，然后将左右两个检测器各自得到的电信号进行电路上的加减处理，可分别得到放大的形貌信号和成分信号。对于原子序数信息来说，进入左右两个检测器的信号的大小和极性相同；对于形貌信息，两个检测器得到的信号绝对值相同，其极性恰恰相反。根据这种关系，将两检测器得到的信号相加，便得到反映样品原子序数信息，相减则得到形貌信息。

图 2-11 所列示意图说明了背散射电子检测器的工作原理，图中 A 和 B 代表一对硅半导体检测器。如果检测样品成分不均，但表面抛光平整，A 和 B 检测器收集到的信号相位相同。把 A 和 B 的信号相加，得到信号放大一倍的成分像；把 A 和 B 的信号相减，则成一水平线，代表样品表面的形貌像。如果样品成分均匀，但表面存在起伏，例如图中的 P 点，

P 点位于检测器 A 的正面，收集到的信号较强，但 P 点背向 B 检测器，收集到的信号较弱，把 A 和 B 的信号相加，两者正好抵消，这就是成分像；把 A 和 B 的信号相减，信号放大则为形貌像。如果分析样品的成分不均且表面粗糙，A 和 B 的信号相加为成分像，相减则为形貌像，如图 2-12 所示的矿物相背散射电子形貌像和成分像的对比图。

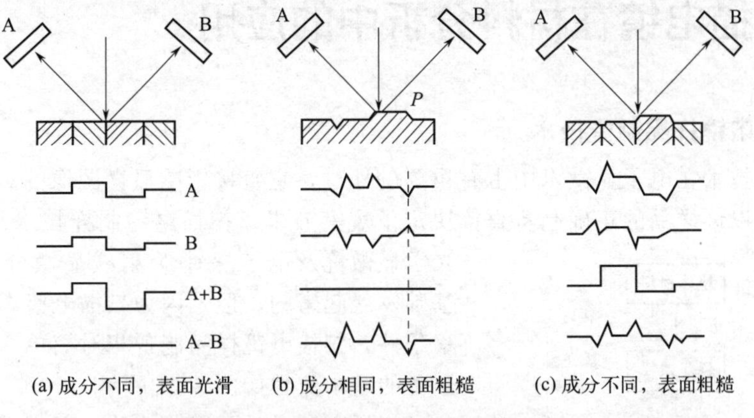

(a) 成分不同，表面光滑　(b) 成分相同，表面粗糙　(c) 成分不同，表面粗糙

图 2-11　背散射电子检测器工作原理

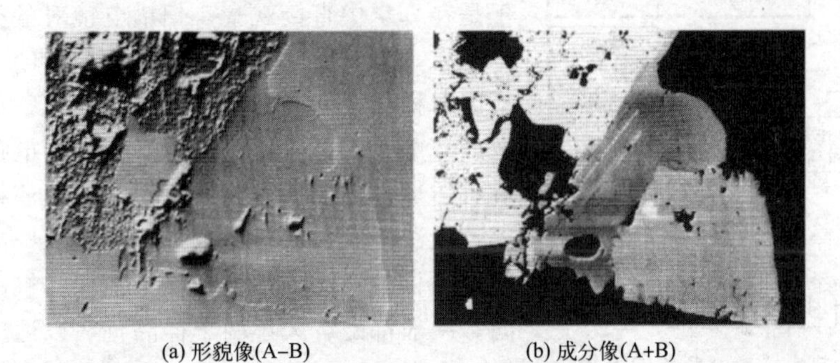

(a) 形貌像(A–B)　(b) 成分像(A+B)

图 2-12　背散射电子的形貌像和成分像的对比

利用原子序数衬度分析晶界或晶粒内不同种类的析出相十分有效，因为析出相的成分不同，激发的背散射电子数量不同，扫描电子显微镜图像显示出明显的亮度差异。图 2-13 为 $MgO-SrTiO_3$ 复合材料的二次电子形貌像和背散射电子像的比较。图 2-13(a) 的二次电子图片中，MgO 和 $SrTiO_3$ 颗粒的亮度几乎一致，只能从颗粒大小进行区分，这在一般二次电子形貌像下观察时是很难判断的。图 2-13(b) 所示背散射电子图片中，由于 $SrTiO_3$ 相的平

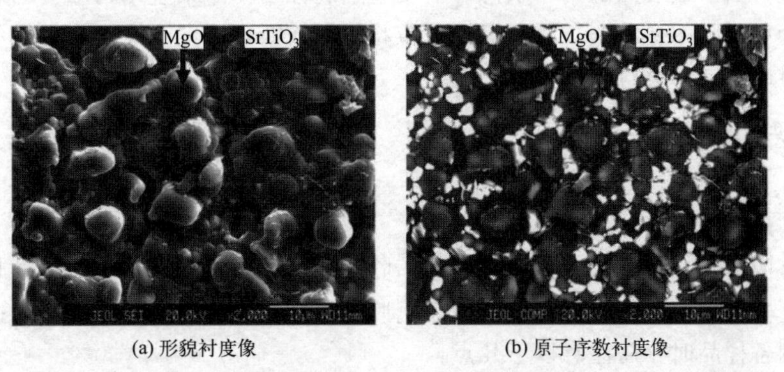

(a) 形貌衬度像　(b) 原子序数衬度像

图 2-13　$MgO-SrTiO_3$ 复合材料的二次电子形貌像和背散射电子成分像

均原子序数远高于 MgO 相，所激发的背散射电子多，为图中亮区，即图中的白色颗粒为 $SrTiO_3$ 相。MgO 的平均原子序数低，为图中较暗的区域。可见，背散射电子像很容易区分出原子序数不同的物相区域，可以清晰地观察和分析不同物相的分布状态。

2.5 扫描电镜在材料分析中的应用

2.5.1 扫描电镜样品制备技术

样品制备技术在电子显微术中占有重要的地位，它直接影响显微图像的观察和对图像的正确解释，可以说样品的正确制备直接决定了观察效果。扫描电镜制样技术是以透射电镜、光学显微镜及电子探针 X 射线显微分析制样技术为基础发展起来的，但是因为扫描电镜本身的特点和观察条件，扫描电镜样品制备相对简单，扫描电镜样品制备的基本流程如图 2-14 所示。

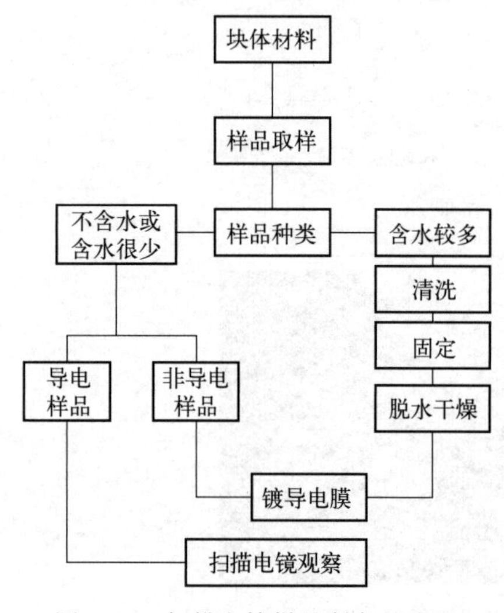

图 2-14　扫描电镜样品制备的流程

扫描电镜样品可以是块状、薄膜或粉末颗粒，由于是在真空中直接观察，扫描电镜对各类样品均有一定要求。首先要求样品保持其结构和形貌的稳定性，不因取样而改变。其次要求表面导电，如果表面不导电或导电性不好，将在样品表面产生电荷的累积和放电，造成入射电子束偏离正常路径，使得图像不清晰以致无法观察和抓拍图片。再次要求样品大小要适合于样品桩的尺寸，各类扫描电镜样品桩的尺寸均不相同，一般都配有大小两个样品桩，以适应不同尺寸的样品。另外，样品的高度一定要控制在扫描电镜要求的范围内，这对于断口分析样品十分重要，扫描电镜一般配有标高器，可根据不同样品合理控制样品高度。

如果样品中含有水分，应将其干燥以去除水分。因为干燥会改变组织，造成样品收缩变形，如生物样品，可以使用临界点干燥设备进行干燥。当样品表面被污染时，可以适当地清洗和干燥，但要保证样品表面结构不被损坏。对于新鲜的断口或断面试样，一般不需要进行处理，以免破坏断口或表面的结构状态。需要适当腐蚀以暴露某些结构细节的表面或断口样品，可按照金相样品的要求制备，但腐蚀后应将表面或断口清洗干燥。为了避免磁场对电子束的影响，对磁性样品进行去磁处理。

2.5.1.1 样品的制备

(1) 块状导电样品

扫描电镜的块状导电样品制备比较简便，除了要适合仪器样品座尺寸外，基本上不需进行其它处理，只要把制备好的样品用双面导电胶带黏结在样品座上，即可放入扫描电镜进行观察。但在制备样品时，需注意以下几点：

① 为减轻仪器污染和保持良好的真空，试样尺寸要尽可能小些。

② 切取试样时，要避免因受热引起试样的塑性变形，或在观察面生成氧化层。要防止机械损伤或引进水、油污及尘埃等污染物。

③ 观察表面，特别是各种断口间隙处存在污染物时，要用无水乙醇、丙酮或超声波清洗法清理干净。这些污染物都是掩盖图像细节、引起试样荷电及图像质量变差的原因。

④ 故障构件断口或电器触点处存在的油污、氧化层及腐蚀产物，不要轻易清除。观察这些物质，往往对分析故障产生的原因是有益的。如确信这些异物是发生故障后才引入的，一般可用塑料胶带或醋酸纤维素薄膜粘贴几次，再用有机溶剂冲洗即可除去。

⑤ 试样表面的氧化层一般难以去除，必要时可通过化学方法或阴极电解方法使试样表面基本恢复原始状态。

(2) 块状非导电样品

对于块状的非导电或导电性较差的材料，基本按照导电性块状样品的制备方法进行。观察前需要进行表面镀膜处理，然后才能使用电镜观察。镀膜的目的是在样品表面形成一层导电膜，可避免电荷累积，影响图像质量，并防止样品的热损伤。注意在镀膜时一定要保证导电膜从样品座到块状样品表面的连续性，因为电子束是直接照射在样品上表面的。

(3) 粉末样品

首先在载物盘上粘上双面胶带，取少量粉末试样放在胶带上靠近载物盘圆心的部位，然后用吹气橡胶球朝载物盘径向朝外的方向轻吹（注意不可用嘴吹气，以免唾液粘在试样上，也不可用工具拨粉末，以免破坏试样表面形貌），以使粉末可以均匀分布在胶带上，也可以把黏结不牢的粉末吹走（以免污染镜体）。然后在胶带边缘涂上导电银浆以连接样品与载物盘，等银浆干了之后就可以进行最后的蒸金处理。（注意：无论是导电还是不导电的粉末试样都必须进行蒸金处理，因为试样即使导电，但是在粉末状态下颗粒间紧密接触的概率是很小的，除非采用价格较昂贵的碳导电双面胶带。）

(4) 涂层样品

对于涂层样品在分析端面涂层结构及结合情况时，其制备方法类似于块状样品。为了能较为准确地测定涂层厚度等参数，应注意切割、砂磨样品时保证上下面的平行。有时在进行微观形貌观察时需要腐蚀端面，腐蚀方法同金相样品的腐蚀方法。测定时一般需要选取多个视场进行观察并抓图，最后取测量结果的平均值。

(5) 断口样品

断口样品最为重要的是保持断口样品的干净，无论是事故样品还是典型样品断口，不可用手或棉花擦拭断口，更不能使两匹配断口相撞或摩擦。所取分析样品一般应放入干燥皿中保存，如是长期保存，可在断口表面涂一层醋酸纤维素，观察时把样品放于丙酮溶液中，使之溶解后再进行观察。对于低温冲击断口，为防止断口上凝结水珠而生锈，冲断后应立即放入无水酒精中，浸泡一段时间再取出保存。

当断口表面有污物、铁锈和腐蚀产物时，通常用尼龙粘纸或复制法除去表面的污物，也可以用超声波机械振动清洗。如果以上方法不能清除断口表面的腐蚀，可用化学清洗或电解去除。通常采用的化学药品有 H_3PO_4、Na_2CO_3、Na_2SiO_3、Na_3PO_4、NaOH、H_2SO_4 等，然而，必须注意的是，化学清洗不要损坏裂缝的细节。事故断口不应急于拨除，必须对表面覆盖物进行分析，确认对分析无价值后才可清除。有时，断口上污物为裂缝的成因和发展提供了可靠的依据。

2.5.1.2 样品镀膜方法

利用扫描电镜观察高分子材料（塑料、纤维和橡胶）、陶瓷、玻璃及木材、羊毛等不导电或导电性很差的非金属材料时，一般都用真空镀膜机或离子溅射仪在样品表面上沉积一层重金属导电膜，镀层金属有金、铂、银等重金属，常用的沉积导电膜为金膜。样品镀膜后不仅可以防止充电、放电效应，还可以减少电子束对样品表面造成的损伤，增加二次电子产额，获得良好的图像。但在进行电子探针成分分析时，应注意镀膜元素对样品成分元素的影响，如果镀膜材料特征 X 射线峰与样品中某些元素的峰重叠，将会给成分元素分析带来很大困难。如金的特征主峰与磷元素的峰能量相近，金镀膜层可能会掩盖磷的特征能量峰，因此，如需分析磷的成分，建议选择其它元素镀膜层，如碳膜。

样品镀膜分真空镀膜和离子溅射镀膜两种。真空镀膜使用的仪器为真空镀膜仪，其原理是在高真空状态下把镀层金属加热到熔点以上，蒸发的金属原子喷射到样品表面，形成一层金属膜。镀层金属材料应具有熔点低、化学性能稳定、高温下和钨不起反应、二次电子产生率高、膜本身没有结构的特点，一般选用金或碳，膜厚一般为 10～20nm。真空镀膜法制备的镀膜中金属颗粒较粗，不够均匀，操作复杂且费时，目前已经较少使用。

与真空镀膜法相比，利用离子溅射仪制备导电膜能收到更好的效果，其基本原理是在低气压系统中，气体分子在相隔一定距离的阳极和阴极之间的强电场作用下电离成正离子和电子，正离子飞向阴极，电子飞向阳极，二电极间形成辉光放电。在辉光放电过程中，具有一定动量的正离子撞击阴极，使阴极表面的原子被击打出来，称为溅射。如果阴极表面为镀膜材料（靶材），需要镀膜的样品放在作为阳极的样品台上，则被正离子轰击而溅射出来的靶材原子就沉积在样品表面，形成一定厚度的镀膜层。离子溅射真空度为 0.2～0.02mmHg（1mmHg＝133Pa），阳极（样品）与阴极（金靶）之间加 500～1000V 直流电压。离子溅射装置简单、操作方便、喷涂导电膜溅射时间短、镀膜具有较好的均匀性和连续性，是扫描电镜样品制备时广泛采用的方法。

2.5.2 扫描电镜优质图像的获得

扫描电子显微镜（SEM）作为研究微观结构的有力工具之一已被广泛应用。然而，由于仪器精度高、结构复杂，在实际操作和观测中影响其成像的因素很多。要获得充分反映物质形貌、层次清晰、立体感强和分辨率高的高质量图像，必须在保证仪器正常工作状态下对影响其图像质量的相关因素加以控制，如加速电压、透镜电流、工作距离和像散的修正等。

2.5.2.1 加速电压

加速电压大，电子束容易聚焦得更细，有利于提高图像的分辨率和信噪比，但加速电压的选用应视样品的性质和倍率等来选定。当样品导电性好且不易受电子束损伤时，可选用较高的加速电压，这时电子束能量大，对样品穿透深，可使材料衬度减小，图像分辨率提高。但过高的加速电压也会产生不利因素，如电子束穿透能力增大的同时，样品中的扩散区也加大，导致散射电子增加，甚至二次电子被散射，过多的散射电子存在，信号里会出现叠加的虚影从而降低分辨率。当样品导电性差时，样品容易产生充放电效应，样品充电区的微小电位差会造成电子束散开，使束斑扩大而降低分辨率。同时表面负电场对入射电子产生排斥作用，改变电子的入射角，使图像不稳定而产生移动错位，根本无法呈现样品的表面细节。加速电压越高这种现象越严重，因此选用低的加速电压以减少充、放电现象，可提高图像的分辨率。

2.5.2.2 透镜电流

电子束的束斑尺寸随透镜电流的增加而减小，高的透镜电流可获得较小的束斑尺寸，有利于提高图像的分辨率，但不利于信噪比的改善，而提高信噪比则可增加图像的清晰度。如果使用低的透镜电流则刚好得到相反的结果。为了兼顾这种矛盾，实际操作时一般是先选取中等水平的透镜电流。如果样品的观察倍数不高且图像质量主要是由于信噪比不够，可采用较小的透镜电流值；如果样品的观察倍数较高且图像质量主要取决于分辨率，则应逐步增大透镜电流。

2.5.2.3 像散修正

像散是由于电子透镜场偏离轴对称而引起的像差，像散修正的是电子透镜的轴对称性。如果扫描电镜图像有像散，如物镜光阑被轻度污染，或样品性质不同造成微小像散等，不仅使图像产生失真，而且图像的清晰度会明显下降，这时可以借助扫描电镜的消像散器进行像散的修正。消像散器是一个八面的电磁体，可产生一个相反的磁场来抵消像散的偏离度，其原理为洛伦兹力的作用。消像散器产生的磁场使沿光轴方向运动的电子受到附加力的作用，在垂直于光轴的平面中具有椭圆对称性的校正作用。通过改变电流的大小和方向（x 和 y 方向），使校正场的作用补偿电子透镜场的椭圆性，获得截面为圆形的电子束。

图 2-15 为像散修正前后的示意图，图中间黑色部分为电子束斑，修正前电子束斑为椭圆形，经过 xy 方向进行校正后，电子透镜磁场被修正为中心对称，此时束斑有效直径最小，成像最清晰。因此，借助消像散器的调整，可得到清晰、多细节且不失真的样品结构形貌。在观察图像尤其是高倍率图像时，要经常对像散加以微调，否则会由于像散的存在使图像质量大大降低。图 2-16 给出了像散修正前后的扫描电镜图片，存在像散时，即使是正聚焦，图像依然模糊不清，像散修正后的正聚焦则可以获得清晰的扫描电镜图像。

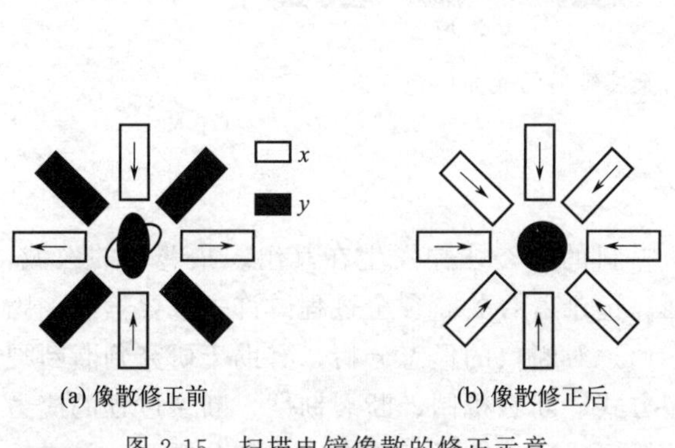

(a) 像散修正前　(b) 像散修正后

图 2-15　扫描电镜像散的修正示意

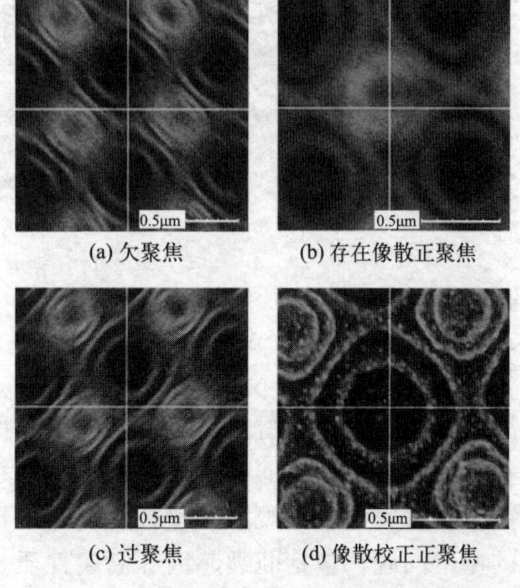

(a) 欠聚焦　(b) 存在像散正聚焦　(c) 过聚焦　(d) 像散校正正聚焦

图 2-16　像散修正前后的扫描电镜图像

2.5.2.4 束斑直径和工作距离

在扫描电子显微镜中，束斑直径决定了图像分辨率，束斑直径越小，图像分辨率越高。束斑的直径由电子光学系统控制，并与末级透镜的质量有关。对于一定质量的透镜，球差系数与工作距离有关。工作距离越小，对应透镜的球差系数越小。为了获得高分辨率的图像，需要较小的光斑直径和较小的工作距离。如果电流过高而电子束光斑缩小过度，图像就容易产生噪声。当观测样本的表面高度不正常时，需要较大的工作距离来获得较大的焦深，但会降低图像的分辨率。在实际操作中，应根据样品的分析要求和表面条件合理选择工作距离。

2.5.3 扫描电镜的分析方法及应用

2.5.3.1 表面形貌分析

表面分析是指用以对表面的特性和表面现象进行分析、测量的方法和技术，是扫描电镜最基本、最普遍的用途，通常用二次电子形貌像来观察样品表面的微观结构特征。图 2-17 给出了钴基高温合金腐蚀后的扫描电镜图片。图 2-17(a) 为低倍晶粒大小图片，可以根据图片中给出的放大倍数和标尺，测量出晶粒尺寸的大小。如果需要精确测量，可借助相关图像处理软件。图 2-17(b) 为晶界的放大扫描电镜图片，可以观察到不连续分布的颗粒状第二相颗粒。如要确定该物相的成分，可对第二相颗粒进行电子探针能谱分析。图 2-18 给出的是石墨的扫描电镜图片，石墨颗粒呈典型片状结构，图中的球形小颗粒为夹杂物。图 2-19 给出了超高分子量聚乙烯粉体的形貌特征，此图为分频操作获得的扫描电镜图片，现在许多新型扫描电镜都配备此功能，中间分频线左面为低倍颗粒形貌，右面为白色方框内颗粒的放大图片，单个超高分子量聚乙烯颗粒的表面形貌特征一目了然。分频操作的最大特点是可以任意选取左面视场中的区域进行放大操作，以获得感兴趣区域的细观结构特征。

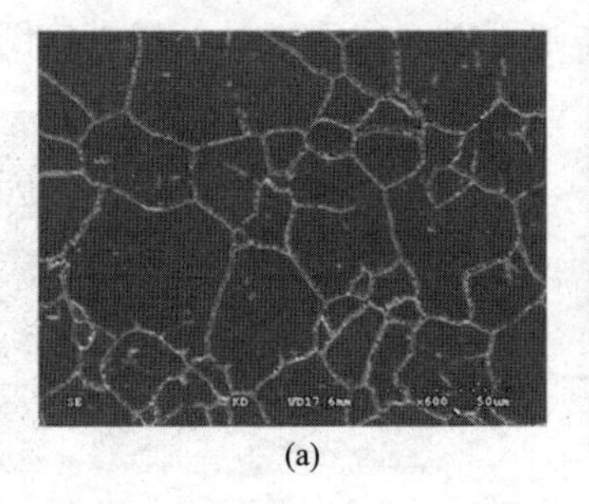
(a)

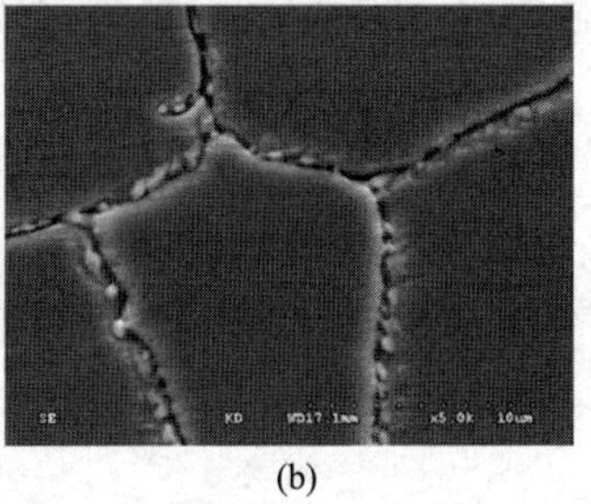
(b)

图 2-17 钴基高温合金腐蚀后的表面形貌

2.5.3.2 断口分析

材料断裂面分析是断裂学科的组成部分，材料的断裂往往发生在其组织最薄弱的区域，材料断裂后所形成的一对相互匹配的断裂表面，记录着有关断裂全过程的许多重要信息。因此，对材料断口的观察和分析一直受到重视。通过对断口的形态分析，有助于研究判断断裂的基本问题，包括断裂起因、断裂性质、断裂方式、断裂机制、断裂韧性、断裂过程的应力状态以及裂纹的扩展等。如果结合断口表面的微区成分、结晶学和应力应变分析等，可进一

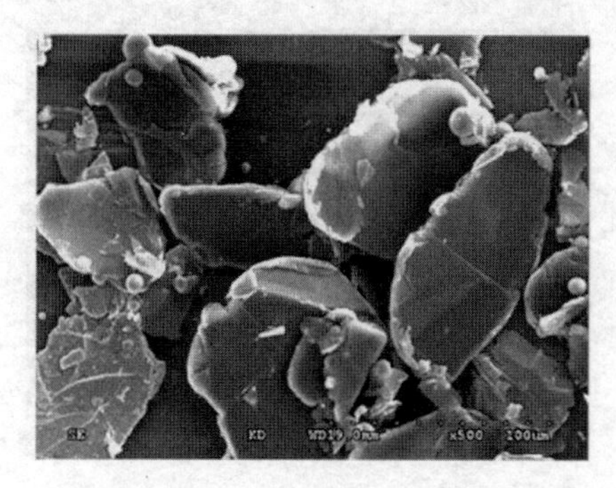

图 2-18　石墨颗粒的形貌

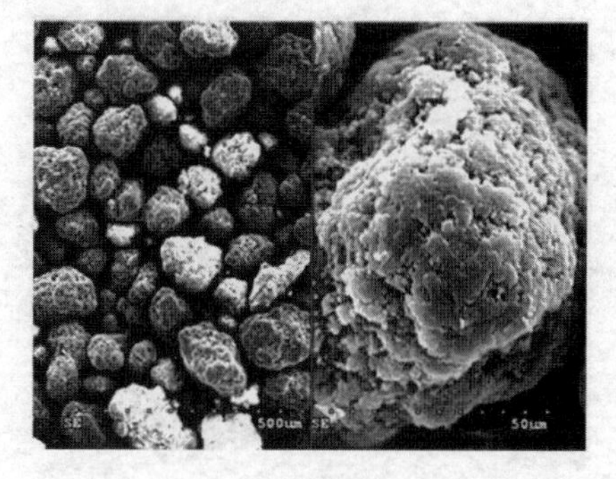

图 2-19　超高分子量聚乙烯粉体的形貌

步研究材料的冶金因素和环境因素对断裂过程的影响规律。目前，利用扫描电镜景深大、图像立体感强且具有三维形态的特点，可深层次、高景深地呈现材料的断口特征，已在分析材料断裂原因、事故成因以及工艺合理性的判定等方面获得广泛的应用。

图 2-20 为陶瓷断口的沿晶断裂扫描电镜图片，断口呈棱角明显的冰糖块状结构，突出的晶粒、棱边亮，而裂缝处暗。图 2-21 为金属断口的韧窝状形貌，韧窝的边缘类似尖棱，亮度较大，韧窝底部较平坦或存在孔洞，图像亮度较低。有些韧窝的中心部位有第二相小颗粒，能激发出较多的二次电子，所以这种颗粒较亮。韧窝的尺寸和深度同材料的延性有关，而韧窝的形状同破坏时的应力状态有关。由于应力状态不同，相应地在相互匹配的断口耦合面上，其韧窝形状和相互匹配关系是不同的。

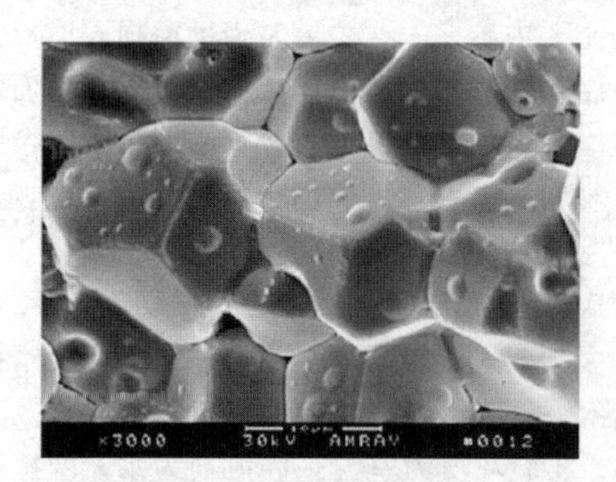

图 2-20　陶瓷断口的沿晶断裂

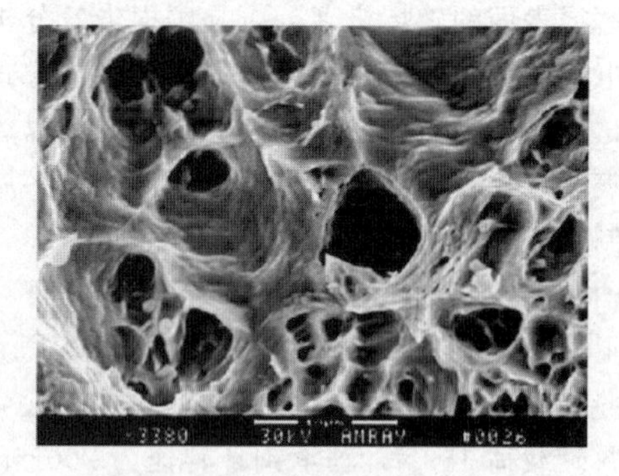

图 2-21　金属材料的韧窝状断口

图 2-22 为金属材料的解理断口，图 2-23 为大理岩样品中的解理断裂形貌。解理断裂属于一种穿晶脆性断裂，对于一定晶系的金属，均有一组原子键合力最弱、在正应力下容易开裂的晶面，这种晶面通常称为解理面。解理断裂的特点是：断裂具有明显的结晶学性质，即断裂面是结晶学的解理面，裂纹扩展方向沿着一定的结晶方向。解理断口的特征是宏观断口十分平坦，微观形貌由一系列小裂面构成。在每个解理面上可以看到一些十分接近于裂纹扩展方向的阶梯，通常称为解理阶。解理阶的形态多样，与材料的组织和应力状态的变化有关。河流花样是解理断口的基本微观特征，其特点是支流解理阶的汇合方向代表断裂的扩展方向，汇合角的大小同材料的塑性有关，而解理阶的分布面积和解理阶的高度同材料中位错密度和位错组态有关。通过对河流花样解理阶进行分析，可以寻找主断裂源的位置。

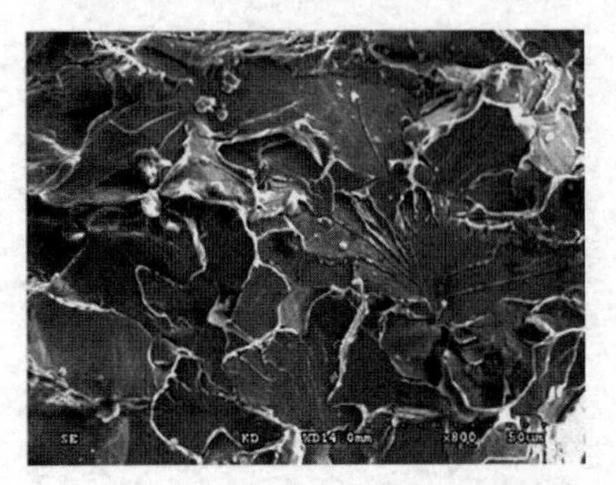

图 2-22　金属材料的解理断口

图 2-23　大理岩的解理断口

2.5.3.3　磨损失效分析

摩擦所导致的磨损失效是包括航空材料在内的机电材料失效的主要原因，有 70%～80%的设备损坏是由各种形式的磨损引起的。磨损失效不仅会造成大量的材料和部件的浪费，而且还可能直接导致灾难性的后果，如飞机的破坏和人员伤亡。英国、美国等摩擦学的调查结果表明，材料磨损失效造成的损失估计每年数千亿美元。改善润滑和减少磨损可能带来的经济效益占每个国家国民生产总值的 2%以上。在我国，冶金、金属加工、石油矿产资源开采、汽车和铁路运输、航空航天和核技术等国民经济支柱产业都存在着严重的磨损失效问题，不仅每年造成经济损失约 1000 亿元，也是机械事故频发的重要原因之一。

磨损表面的破坏机理分析是磨损失效分析的主要内容之一。主要是借助磨损表面形貌的扫描电镜观察，分析机械构件的磨损破坏方式，结合材料表面成分、结构变化以及表面性能的测试等，确定主要磨损机制。同时也可以通过磨损表面的剖面分析，深入分析摩擦接触面的亚表层变化、组织相变、裂纹的形成和扩展、材料的转移等摩擦磨损特征，为减磨技术的正确制定提供可靠的理论分析基础。

图 2-24 为尼龙（PA）1010 及其复合材料的表面磨损形貌的扫描电镜照片，图 2-24(a) 为纯尼龙 1010，图 2-24(b) 为尼龙 1010/La_2O_3 复合材料。实验仪器为 M-2000 环块摩擦磨损试验机，环试样为轴承钢，硬度 60HRC，直径为 50mm，块试样分别为尼龙 1010 及其复合材料。载荷 150N，轴承钢环转速为 200r/min，实验环境为室温，润滑剂为水，摩擦时间 2h。可以看出，PA1010 磨损表面可以观察到较为粗的犁沟，局部区域出现明显的熔融形成的褶皱。图 2-24(b) 为尼龙 1010/ La_2O_3 复合材料的磨损表面，未发现熔融褶皱区，但明显存在粗大的犁沟，同时表面可以看到清晰的白色颗粒，为磨损脱落的 La_2O_3 颗粒。

(a) PA1010

(b) PA1010/La_2O_3复合材料

图 2-24　PA1010 及其复合材料的磨损表面扫描电镜照片

图 2-25 为 HA/TZP 陶瓷及超高分子量聚乙烯（UHMWPE）材料的磨损表面扫描电镜图片，图中白色箭头指向为摩擦运动方向。摩擦接触副为销盘运动方式，HA/TZP 陶瓷圆销试样直径为 4mm，UHMWPE 圆盘试样直径为 60mm。实验条件为室温，相对湿度为 30％～60％，润滑方式为血浆润滑。实验载荷 3.5kg，接触比压 3.6MPa，滑动速度 $v=0.21m/s$（相当于转动速度 90r/min），磨损时间 2h。图 2-25(a) 显示 HA/TZP 陶瓷摩擦接触面没有明显摩擦损伤，仅存在细微的划痕，局部磨损表面存在覆盖层，图中灰黑色的黏附层为 UHMWPE 的黏着转移膜，沿滑动方向呈不连续分布。UHMWPE 磨损表面出现明显犁沟，可观察到大面积的舌状或鳞片状微凸，垂直于滑动方向平行分布，为疲劳磨损的典型特征。

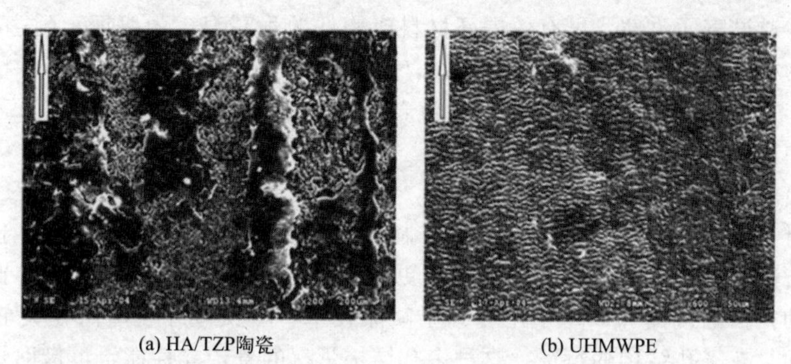

(a) HA/TZP陶瓷　　(b) UHMWPE

图 2-25　HA/TZP 陶瓷和 UHMWPE 摩擦副的磨损表面扫描电镜图片

2.5.3.4　磨损颗粒分析

磨损颗粒作为磨损过程的产物，直接反映了发生磨损的微观机制。研究表明，磨损颗粒携带大量磨损信息，并以其大小、数量、成分以及形态分布等特征表现出来。通过对这些信息的分析处理，可以得到表征磨损特征的各种参数，把握其变化规律，达到检测控制和预报磨损的目的。图 2-26 为 HA/TZP 陶瓷和 UHMWPE 组成摩擦副的磨损颗粒扫描电镜图片。

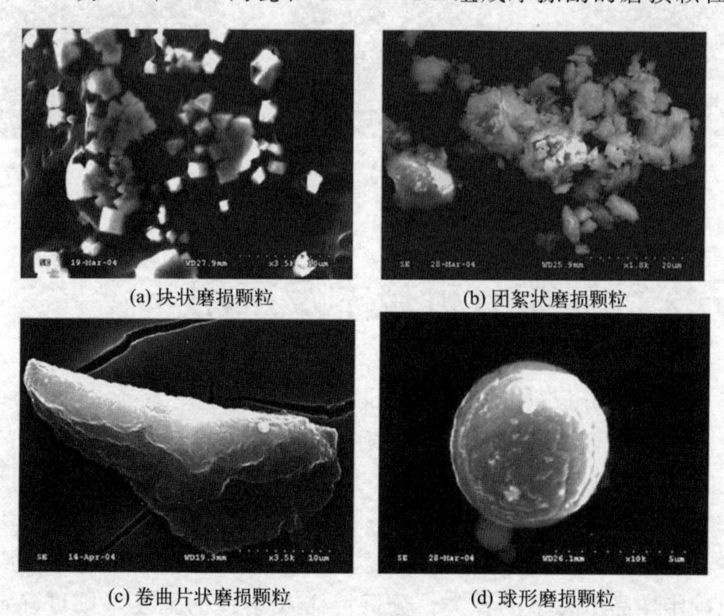

(a) 块状磨损颗粒　　(b) 团絮状磨损颗粒

(c) 卷曲片状磨损颗粒　　(d) 球形磨损颗粒

图 2-26　HA/TZP 陶瓷和 UHMWPE 组成摩擦副的磨损颗粒的扫描电镜图片

可以看到，同一条件下的 UHMWPE 磨损颗粒形貌有很大差别，图 2-26(a) 为块状颗粒的集合体，颗粒尺寸较小，但棱角分明，亮度较高。图 2-26(b) 为不规则的团絮状颗粒集合体，颗粒尺寸大小不均，由于表面无突出棱角，亮度较暗。图 2-26(c) 为单个卷曲片状 UHMWPE 磨损颗粒，颗粒尺寸较大，表面可看到磨损撕裂纹理。图 2-26(d) 则为较为特殊的球形颗粒，靠近探测器区域亮度高，表面可看到台阶状纹理。

2.5.3.5 涂层分析

材料表面改性一般是用化学或物理方法改变材料或工件表面的化学成分或组织结构，以提高其性能。通过表面改性，可有效提高材料或构件的耐高温、耐腐蚀、耐磨损、耐疲劳、耐辐射、生物相容性等性能，提高其可靠性，延长使用寿命，已广泛应用于各种材料及零部件的设计中。扫描电子显微镜（SEM）作为表面涂层分析的主要方法，已广泛应用于材料表面改性层的微观结构、形貌和厚度分析。

等离子喷涂作为热喷涂的一个重要分支，具有火焰流温度高、几乎可熔化所有材料的特点，在喷涂材料中得到了广泛的应用。由于制备涂层的孔隙率和结合强度优于常规火焰喷涂，因此制备高熔点的金属涂层和陶瓷涂层更为有利。图 2-27 给出了人工关节的关节柄表面多孔钛层的扫描电镜图片，是采用等离子喷涂技术，将钛微球粉喷涂在关节柄的部分表面，使其表面具有多孔结构的特征。这种多孔结构具有的骨传导性能，可借助骨组织长入孔隙内部与假体周围骨组织牢固结合，实现生物学固定的目的。图 2-28 为 CoCrMo 合金表面离子氮化层厚度的观察结果，可以看出，离子氮化层分两层，内层厚度约 3μm，外层厚约 7μm，总厚度约 10μm。

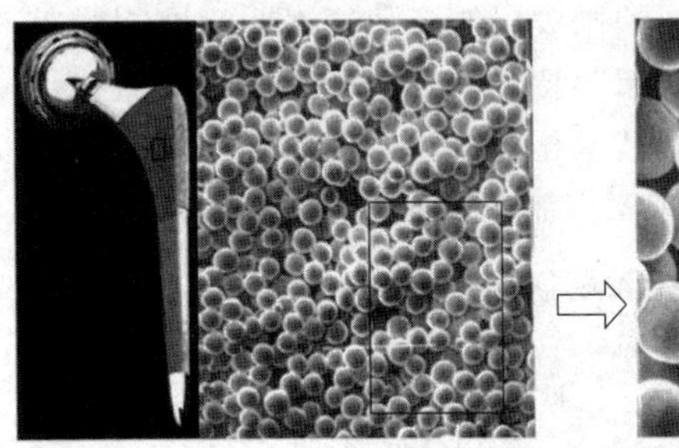

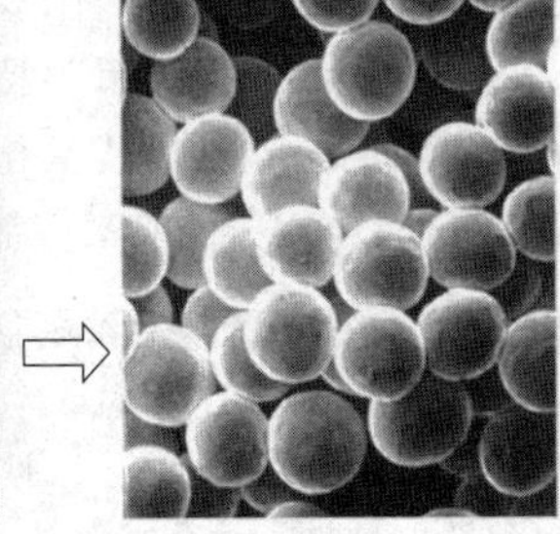

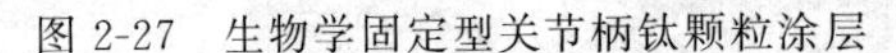

图 2-27 生物学固定型关节柄钛颗粒涂层

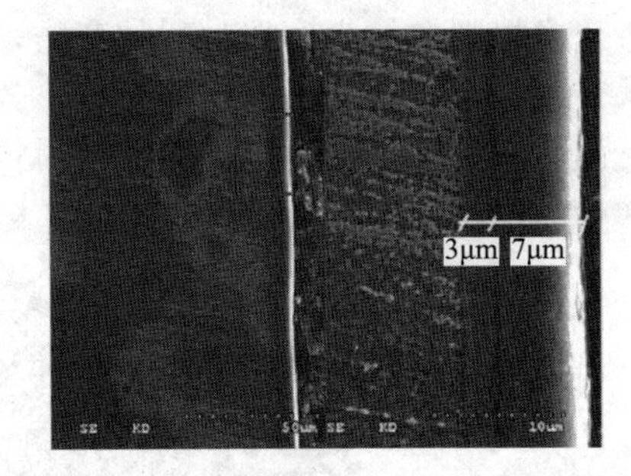

图 2-28 CoCrMo 合金表面离子氮化层厚度

2.6 电子探针显微分析技术及应用

电子探针 X 射线显微分析（electron probe microanalysis，简称 EPMA），简称电子探针分析，是利用聚焦电子束与试样在微米至亚微米尺度的区域相互作用，用 X 射线谱仪对电子激发体积内的元素进行分析的技术，特别适用于分析样品中微小区域的化学成分，是研究材料组织结构和元素分布状态的极为有效的分析方法。电子探针分析的基本原理是利用细聚焦电子束入射样品表面，激发出样品中所含元素的特征 X 射线，通过分析特征 X 射线的能量（或波长）以确定样品中元素的种类，分析特征 X 射线的强度，则可确定对应元素的相对含量。目前，电子探针分析已广泛应用于所有固体物质的研究，特别是在材料研究中，如金属材料的组成和夹杂物相的识别，聚合物、陶瓷、混凝土、生物、矿物等固相材料的结构组成分析。金银首饰、宝石首饰、文物鉴定和刑事侦查鉴定。

常用的电子探针 X 射线谱仪有两种，一种是利用特征 X 射线的波长，实现对不同波长 X 射线分别检测的波长色散谱仪，称为波谱仪（wavelength dispersive spectrometer，简称 WDS)，另一种是利用特征 X 射线能量的色散谱仪，称为能谱仪（energy dispersive spectrometer，简称 EDS)。无论波谱仪还是能谱仪，都经常与扫描电镜结合在一起使用。鉴于能谱仪使用的便捷性和广泛性，本节主要介绍能谱仪的原理及其应用。

2.6.1 电子探针的工作原理与结构

每种元素都有自己特定波长的 X 射线，其特征波长的大小取决于能级跃迁过程中释放出的特征能量 ΔE。能谱仪就是利用不同元素 X 射线光子的特征能量不同这一特点来进行成分分析的。当入射电子激发样品原子的内层电子时，原子处于能量较高的电离或激发态，此时外层电子将向内层跃迁以填补内层电子的空缺，从而释放出具有特征能量的 X 射线。若电子束与样品表层的作用体积内含有多种元素，则可激发出各相应元素的特征 X 射线。根据莫塞莱定律，用 X 射线探测器检测特征 X 射线能量，就可判定该微区中所存在的相应元素。

2.6.1.1 能谱仪的结构

能谱仪的结构原理如图 2-29 所示，主要由 X 射线探测器、脉冲信号处理器、多道分析器、计算机及显示记录系统等构成。电子束激发的样品表层所含元素的特征 X 射线光子经过铍窗口，进入 Si(Li) X 射线探测器，将 X 射线转换成电信号，产生电脉冲。这个很小的电压脉冲通过高信噪比的场效应管前置放大器和主放大器的两次放大，产生足够强度的电压脉冲信号，被送入多道脉冲高度分析器。多道脉冲高度分析器中的数模转换器首先把脉冲信号转换成数字信号，建立起电压脉冲幅值与存储单元（称为道址）的对应关系，即幅值与 X 射线光子能量成正比的脉冲按大小分别进入不同道址，低能量 X 光子对应小号道址，高能量的对应大号道址。每进入一个时钟脉冲，道址记下一个光子数。因此，道址和 X 射线光子能量成正比，道址的计数为 X 射线光子数，即特征 X 射线强度。常用的 X 光子能量范围为 0.2～20.48keV，如果总道址数为 1024，则每个道址对应的能量范围为 20eV。最后即可得到以道址（能量）为横坐标、道址计数（强度）为纵坐标的 X 射线能量色散谱，并显示于荧光屏或记录仪上，这就是能谱曲线。如图 2-30 为大理岩二次电子图像和对应的能谱曲线，可以看到，图片显示区域含有 Ca、Mg、Si 和 Al 元素，Au 的谱线为表面溅射的金导电层。

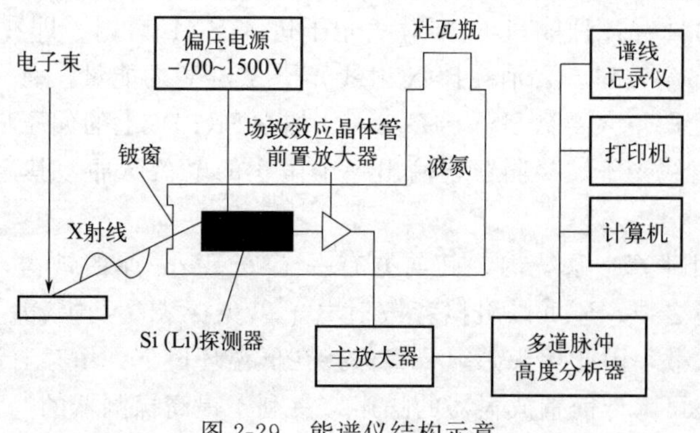

图 2-29　能谱仪结构示意

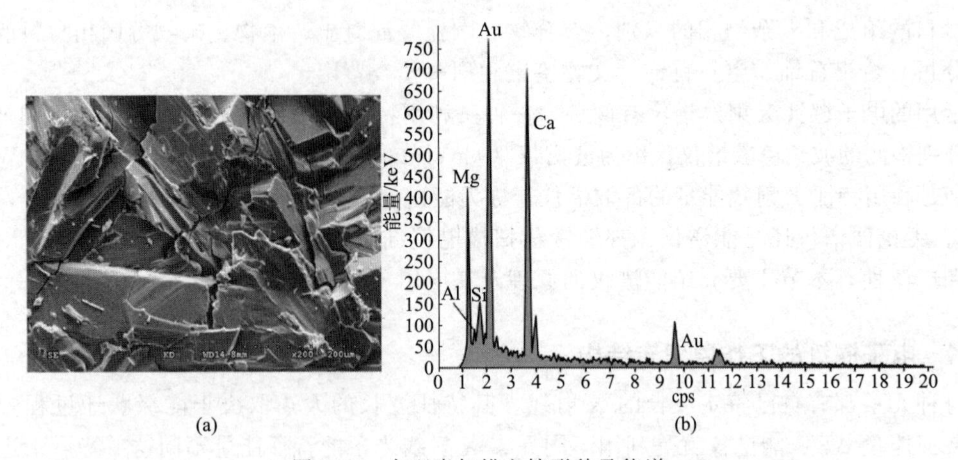

图 2-30　大理岩扫描电镜形貌及能谱

在能谱仪的各结构单元中，X 射线探测器是关键部件，目前最常用锂漂移硅 Si(Li) 固态 X 射线能量探测器，其结构如图 2-31 所示。Si(Li) 是厚度为 3～5mm、直径为 3～10mm 的薄片，由 p 型 Si 在严格的工艺条件下漂移进 Li 制成。Si(Li) 可分为三层，中间是活性区（Ⅰ区），由于 Li 对 p 型半导体起了补偿作用，属本征型半导体。Ⅰ区的前面是一层约 0.1μm 厚的 p 型半导体层，其外面镀有 20nm 的金膜。Ⅰ区后面是一层 n 型 Si 半导体层。Si(Li) 探测器实际上是一个 p-I-n 型二极管，镀金的 p 型 Si 接高压负端，n 型 Si 接高压正端并与前置放大器的场效应管相连接。

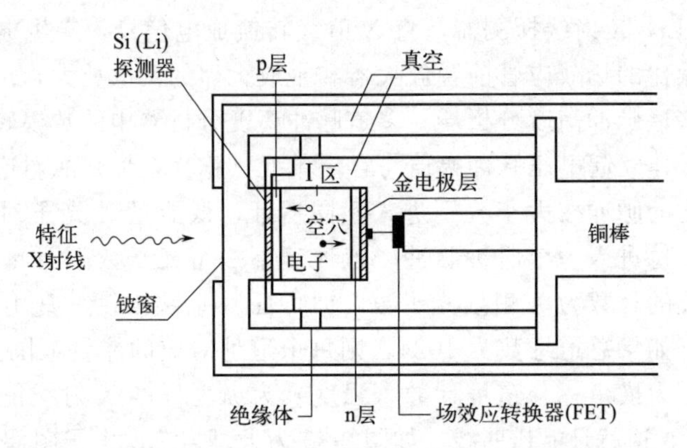

图 2-31　锂漂移硅 Si（Li）固态 X 射线能量探测器结构示意

样品表层射出的具有各种能量的 X 射线光子进入 Si(Li) 内，即在Ⅰ区产生电子-空穴对。每产生一对电子-空穴对，要消耗掉 X 射线光子 3.8eV 的能量，每一个能量为 E 的入射 X 射线光子产生的电子-空穴对数目 $N=E/3.8$。加在 Si(Li) 上的偏压将电子-空穴对收集起来，每入射一个 X 射线光子，探测器就输出一个微小的电荷脉冲，其高度正比于入射 X 射线光子能量 E。

Si(Li) 探测器处于真空系统内，其前方有一个 7～8μm 厚的铍窗，铍窗既可以使探头密封在低温真空环境之中，还可以阻挡背散射电子以免探头受到损伤。由于漂移进去的 Li 原子在室温很容易扩散，因此探头必须一直保持在低温环境下，由存有液氮的杜瓦瓶提供液氮温度。低温环境还可降低前置放大器的噪声，有利于提高探测器的峰背比。

2.6.1.2 能谱仪的分析特点

能谱仪所分析的元素范围一般从硼(B)到铀(U)。氢和氦原子只有K层电子，不能产生特征X射线。锂(Li)虽然能产生X射线，但产生的特征X射线波长太长，无法进行检测。新型窗口材料可使能谱仪能够分析Be元素，但因为Be的X射线产额非常低，谱仪窗口对Be的X射线吸收严重，透过率只有6%左右，所以Be含量低时很难检测到。目前，能谱仪等电子探针是微区元素定量分析最准确的仪器，特定分析条件下，能检测到元素或化合物的最小量一般为0.01%～0.05%。不同测量条件和不同元素有不同的检测极限，但由于所分析的元素体积小，检测的绝对量极限值为10～14g，主元素定量分析的相对误差为1%～3%，对原子序数大于11的元素，含量在10%以上时，其相对误差通常小于2%。

概括起来，能谱仪分析的特点包括以下几个方面。

① 分析速度快，能谱仪能同时接收和检测所有不同能量的X射线光子信号，并能在几分钟内分析和测定样品中所含的元素。

② 分析灵敏度高，X射线收集立体角大。由于能谱仪中的Si(Li)探头可以放在离发射源很近的地方（10cm左右)，无需经过晶体衍射，信号强度几乎没有损失，所以灵敏度高。

③ 谱线重复性好，由于能谱仪没有运动部件，稳定性好且没有聚焦要求，谱线峰值位置的重复性好且不存在失焦问题，适合于比较粗糙表面的分析工作。

④ 在分析的过程中，样品一般不会被损坏，可以很好地保存或继续在其它方面进行分析和测试，这对于文物、宝石、古陶瓷、古钱币、刑事证据等稀有样品的分析尤为重要。

能谱仪的缺点如下。

① 能量分辨率低，峰背比低，能谱仪的探头直接对着样品，由背散射电子或X射线所激发产生的荧光X射线信号也被同时检测到，使得Si(Li)检测器检测到的特征谱线在强度提高的同时，背底也相应提高，谱线的重叠现象严重。

② 能谱仪的工作条件要求严格，Si(Li)探头必须始终保持在液氮冷却的低温状态，即使是在不工作时也不能中断，否则晶体内Li的浓度分布状态就会因扩散而变化，导致探头功能下降甚至完全被破坏。

2.6.2 电子探针仪的分析方法及应用

2.6.2.1 定点分析

定点分析包括定性分析和定量分析，是对样品某一选定点（区域）进行定性和定量成分分析，以确定该区域内存在的元素种类和含量。对于材料晶界、析出相、夹杂、沉淀物及奇异相等可获得较好的分析结果。定点分析原理是用光学显微镜（附件）或在荧光屏显示的图像上选定需要分析的点（区域)，使聚焦电子束照射在分析部位，并使其位于荧光屏中心，激发所含元素的特征X射线，用谱仪探测并显示X射线谱。根据谱线峰值位置与能量确定分析定点区域存在的元素及含量。

定性分析比较简单、直观，但也必须遵循一定的分析方法，才能使分析结果正确可靠。定性分析的加速电压一般为25kV，计数时间100s。谱线元素的鉴别可以用两种方法：一是根据经验及谱线所在的能量位置，估计某一峰或几个峰是某元素的特征X射线峰，让能谱仪在荧光屏上显示该元素的特征X射线标志线来核对；二是当无法鉴别是什么元素时，根据谱峰所在位置的能量查找元素各系谱线的能量卡片或能量图来确定元素种类。图 2-32 为多孔微弧氧化钛合金经水热合成处理后，微弧氧化层圆孔周围区域析出的针状物相的二次电子像和相应的能谱定性分析结果，Ti、V 和 Al 为基体合金成分，Ca 和 P 为针状物相主要元素，为羟基磷灰石［$Ca_{10}(PO_4)_6(OH)_2$］针状相。

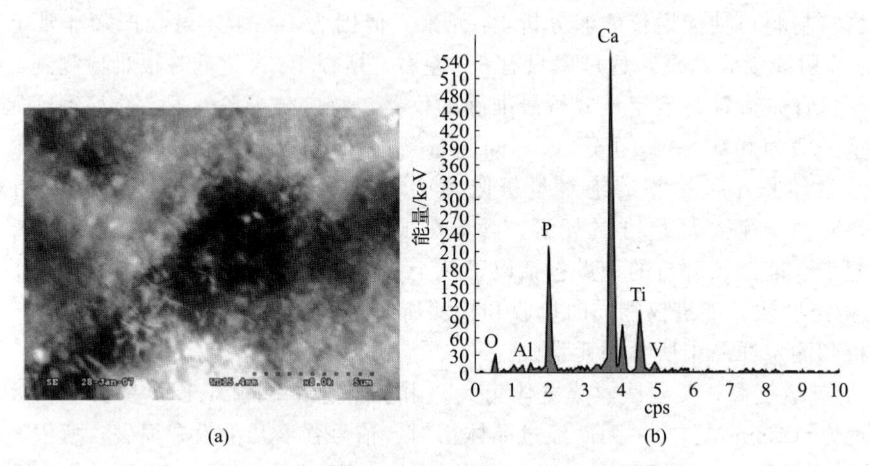

(a) (b)

图 2-32　二次电子像及能谱仪定性成分分析

定量分析可参阅《微束分析　能谱法定量分析》(GB/T 17359—2012)，分析时应注意测试条件的选取。加速电压应选择样品中主要元素特征 X 射线临界激发电压的 2～3 倍以上：金属和合金的常用加速电压值为 25kV；硅酸盐和氧化物为 15kV；超轻元素（$Z<10$）一般为 10kV。特征 X 射线系的选择原则为：原子序数 $Z<32$ 时，采用 K 线系；$Z<32$ 的较轻元素，只出现一个 K_α 双峰和一个较高能量的 K_β 峰，用 K 线系计算；$32\leqslant Z\leqslant 72$ 的较重元素，增加了几个 L 线系峰，采用 L 线系计算；$Z>72$ 的重元素，没有 K 峰，除 L 线系峰外还出现 M 线系峰，通常采用 M 线系计算。计数时间的设定应满足分析精度的要求，一般为 100s，或使全谱总计数量大于 2×10^6。

定量分析是一种物理方法，分析时一般需与标样进行对比，然后进行定量修正计算。无标样定量分析一般也应以标样为基础，事先建立所有标样的数据库，分析时不用每次测量标样数据，但要定期用标准试样校准。标样的制备与块状分析样品的制备方法基本相同，可按照《微束分析　电子探针显微分析　标准样品技术条件导则》(GB/T 4930—2021) 的要求制备。一般来说，能谱定量分析结果的精度与样品中元素的含量有关，样品中主要元素（含量大于 10%）的鉴别容易做到正确可靠，但对于样品中次要元素（含量为 0.5%～10%）或微量元素（含量小于 0.5%）的鉴别，必须注意谱的干扰、失真和谱线多重性等问题，否则会产生错误。

2.6.2.2　线分析

使聚焦电子束在试样观察区内沿一选定直线（穿越粒子或界面）进行慢扫描，X 射线谱仪处于探测某一元素特征 X 射线状态。运动方式可以是样品做直线运动，也可以利用偏转线圈使电子束做直线扫描。能谱仪探测到的是 X 射线信号强度（计数率），可根据 X 射线强度的变化，分析元素在该直线上的浓度变化，但分析时各元素分别进行测量，常用于膜层、镀层及复合镀层、晶界等不同元素的分布研究。实际分析时，通常将特征 X 射线强度分布曲线重叠于二次电子图像之上，可以更加直观地表明元素含量分布与形貌、结构之间的关系。图 2-33 所示为钛合金微弧氧化表面在摩擦磨损试验后，沿磨损表面某一直线 Ti、Ca 和 P 元素的分布状态。

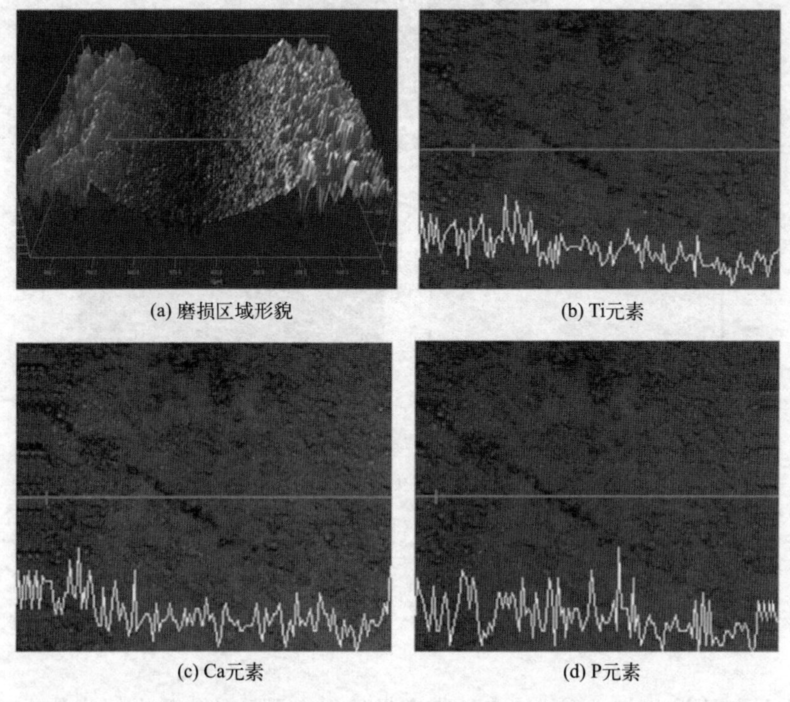

(a) 磨损区域形貌　　(b) Ti元素

(c) Ca元素　　(d) P元素

图 2-33　钛合金微弧氧化层磨损表面的元素线分析

在线分析中，需要注意的是，曲线的高度代表元素的含量，相同元素的含量变化只能在相同条件下进行定性比较。由于不同元素的 X 射线产额不同，元素之间的峰高不能用来比较元素含量。即使元素含量没有变化，由于 X 射线计数的统计波动，元素沿扫描线的分布通常不是一条直线。低含量元素的行扫描可靠性差。腐蚀试样表面的不均匀、孔隙率和晶界均产生元素线分布的错觉。

2.6.2.3　面分析

聚焦电子束在试样上做二维光栅扫描，X 射线谱仪处于能探测某一元素特征 X 射线状态，用谱仪输出的脉冲信号调制同步扫描的显像管亮度，在荧光屏上得到由许多亮点组成的图像，称为 X 射线扫描像或元素面分布图像。图 2-34 为钛合金微弧氧化内表层 Ca 和 P 元素的面分布测试结果。图中斑点代表元素的分布区域。

面分析常用于研究元素在某一区域的分布，如偏聚和偏析。在分析表面元素分布时，元素含量高的区域显示元素存在的亮度高。但需要注意的是，有时背部和底部的噪声也会产生少量的白点，这与低含量元素无法区分。对于低含量元素，无法显示元素的分布状态。与能量线分布相似，元素的表面分布一般与同一位置的形态进行比较。由于表面分布灵敏度低，表面扫描常采用大探头电流分析，尤其是对轻元素。如果探头电流较小，特征 X 射线信号较弱，则无法显示元素分布。

(a) 钛合金微弧氧化内表层相貌

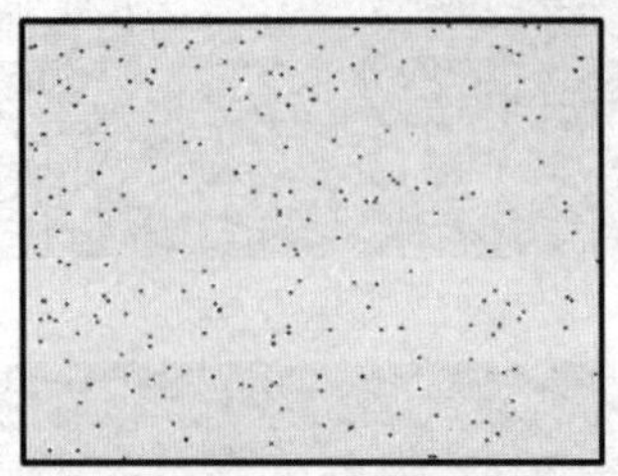
Ca(Ka):(3561—3825)(256×256)
(b) Ca元素面分布图

P(Ka):(1881—2145)(256×256)
(c) P元素面分布

图 2-34　钛合金微弧氧化内表层 Ca 和 P 元素的面分布

思考题

1. 比较说明三种类型电子枪的特点。带有场发射电子枪的扫描电镜为什么可获得高的分辨率？

2. 二次电子像景深很大，样品凹坑底部都能清楚地显示出来，从而使图像的立体感很强，其原因何在？

3. 根据图 2-35 中二张扫描电镜图片，请回答：

(1) 扫描电镜除利用二次电子成像外，还可以利用哪些信号成像？不同信号成像的特点与分辨率高低如何？各有何用途？

(2) 简述扫描电镜的一般制样方法及注意事项；非导电样品为什么要镀导电膜？

(3) 你能从下面的扫描电镜照片（二次电子像）中获得什么信息？

(a) 钛石膏二次电子像

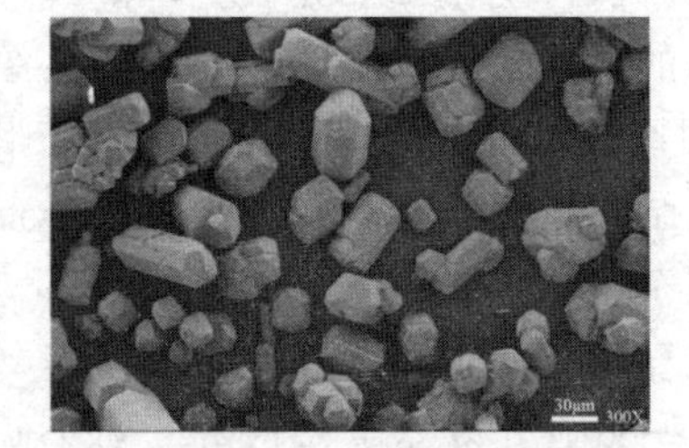
(b) 120°C水热合成$CaSO_4 \cdot 0.5H_2O$二次电子像

图 2-35　题 3 图

4. 电子探针仪与扫描电镜有何异同？电子探针仪如何与扫描电镜和透射电镜配合进行组织结构与微区化学成分的同位分析？

5. 要在观察断口形貌的同时，分析断口上粒状夹杂物的化学成分，应选用什么仪器？怎样操作？

6. 要分析钢中碳化物成分和基体中碳含量，应选用什么仪器？为什么？

7. 查阅扫描电镜（SEM）与电子探针（EPMA）的应用文献，要求：

（1）近5年中外文论文各一篇；

（2）了解论文中SEM和EPMA分析使用的实验仪器、实验条件、样品制备、测试与分析等方面的表述方法。

8. 铝合金中常常用弥散析出的第二相作为强化相，采用什么设备可以看到这些弥散相？如何准备样品？写出步骤。采用什么方法可以知道析出相的晶体结构？如果要研究析出相与基体相的共格关系，如何实现？

参考文献

[1] 施明哲．扫描电镜和能谱仪的原理与实用分析技术［M］．北京：电子工业出版社，2015.

[2] 张静武．材料电子显微分析［M］．北京：冶金工业出版社，2012.

[3] 杜学礼，潘子昂．扫描电镜分析技术［M］．北京：化学工业出版社，1986.

[4] 余凌竹，鲁建．扫描电镜的基本原理及应用［J］．实验科学与技术，2019，17(05)：85-93.

[5] 柴晓燕，米宏伟，何传新．扫描电子显微镜及X射线能谱仪的原理与维护［J］．自动化与仪器仪表，2018(03)：192-194.

[6] Joseph G，Dale E N，et al. Scanning Electron Microscopy and X-ray Microanalysis[M]. Berlin：Springer，2003.

[7] 秦玉娇．扫描电镜原理及样品制备［J］．科技与创新，2020（24）：34-35+41.

[8] 廖乾初，蓝芬兰．扫描电镜原理及应用技术［M］．北京：冶金工业出版社，1990.

[9] 付倬，张海存，罗隽，等．扫描电子显微镜的使用、参数设置与维护［J］．实验室科学，2021，24(05)：215-217+223.

[10] 余健业，谢信能，刘廷壁，等．高温环境扫描电镜（KYKY1500）Ⅰ．成像原理及仪器特点［J］．电子显微学报，1997(01)：8.

[11] 李明辉，郜鲜辉，吴金金，等．电子探针波谱仪和能谱仪在材料分析中的应用及对比［J］．电子显微学报，2020，39(02)：218-223.

[12] 武开业．扫描电子显微镜原理及特点［J］．科技信息，2010(29)：107.

[13] 王成焘．人体生物摩擦学［M］．北京：科学出版社，2008.

[14] 王庆良．羟基磷灰石仿生陶瓷及其生物摩擦学研究［M］．徐州：中国矿业大学出版社，2010.

[15] Ludwig R. Scanning Electron Microscopy：Physics of Image Formation and Microanalysis［M］. Berlin：Springer，1998.

[16] 周广荣．扫描电镜图像最优条件的选择研究［J］．电子显微学报，2011，30(2)：171-174.

[17] 周广荣．影响扫描电镜图像质量的因素分析［J］．现代仪器，2010(6)：57-59.

[18] 周玉．材料分析方法［M］．2版．北京：机械工业出版社，2000.

[19] 李贺南，宋微，杨思思，等．我国扫描电镜产业的发展与预测研究［J］．创新科技，2016(09)：38-40.

[20] Chen C J. Introduction to Scanning Tunneling Microscopy［M］. Oxford：Oxford University Press，2007.

第 3 章

透射电子显微镜

透射电子显微镜（transmission electron microscope，简称 TEM）是利用高能电子束充当照明光源而进行放大成像的大型显微分析设备，是分析材料化学成分、晶体结构、显微组织的重要手段。在众多分析检测方法中，X 射线衍射能够进行物相分析并测定材料的晶体结构，却不能观测试样的表面形貌与显微组织。光学显微镜可以获得材料的金相组织，但只能放大 1000 倍，分辨能力有限。扫描电镜及能谱可以同时获得材料的显微组织与成分的平面分布，但对于部分微观缺陷，比如位错的观察却无能为力。希望获取材料化学成分、晶体结构、显微组织的全部信息及其相互间的空间对应关系，透射电子显微镜是一个方便且简易的方法。与扫描电镜相比，透射电镜操作难度高，样品制备更是复杂得多，几乎所有试样均须专业人员处理，识图除了质厚衬度外，其它衬度原理都比较复杂，透射电镜的总价以及维护费用均比扫描电镜高。因此，扫描电镜能解决问题的试样，不要盲目追求高分辨率、高放大倍率的透射电镜观察，这样才能做到省时、省力、省钱，提高工作效率。当然，透射电镜的高分辨率、高放大倍数，以及选区电子衍射，晶体的明、暗场成像在确定晶体位错和层错，原子和分子的晶格像以及纳米材料的基础研究等方面都是扫描电镜无法达到的。因此，透射电镜和扫描电镜都在各自领域里得到充分的发展。对于特定的试样，仪器无所谓好坏，只要最合适的就好。

目前的透射电镜已是具有高达百万倍放大倍率、0.1～0.2nm 分辨率，而且还能对几个纳米的微小区域进行化学成分和晶体结构分析的电子光学仪器。它已成为全面揭示物质微观特征（晶体结构、形貌、化学成分等）的综合性仪器，是现代固体科学（包括固体物理、固体化学、固体电子学、材料科学、地质矿物、晶体学等学科）研究工作中必不可少的手段。

3.1 电子光学基础

3.1.1 电子波与电磁波

3.1.1.1 光学显微镜的分辨率极限

分辨率是指成像物体（试样）上能分辨出来的两个物点间的最小距离。光学显微镜的分辨率为

$$\Delta r_0 \approx \frac{1}{2}\lambda \tag{3-1}$$

式中 λ ——照明光源的波长。

式(3-1) 表明，光学显微镜的分辨率取决于照明光源的波长。在可见光波长范围内，光学显微镜分辨率的极限为 200nm。因此，要提高显微镜的分辨率，关键是要有波长短，又

能聚焦成像的照明光源。

1924年，德布罗意（De Broglie）发现可见光的波长是电子波长的十万倍。又过了两年，布施（Busch）指出轴对称非均匀磁场能使电子波聚焦。在此基础上，1933年鲁斯卡（Ruska）等设计并制造了世界上第一台透射电子显微镜。

3.1.1.2 电子波的波长特性

电子显微镜的照明光源是电子波。电子波的波长取决于电子运动的速度和质量，即

$$\lambda=\frac{h}{mv} \tag{3-2}$$

式中 h——普朗克常数；

m——电子的质量；

v——电子的速度，它和加速电压 U 之间存在下面的关系。

$$\frac{1}{2}mv^2=eU \tag{3-3}$$

即

$$v=\sqrt{\frac{2eU}{m}} \tag{3-4}$$

式中 e——电子所带的电荷。

由式(3-2)和式(3-4)可得

$$\lambda=\frac{h}{\sqrt{2emU}} \tag{3-5}$$

如果电子速度较低，则它的质量和静止质量相近，即 $m \approx m_0$。如果加速电压很高，使电子具有极高的速度，则必须经过相对论校正，此时

$$m=\frac{m_0}{\sqrt{1-\left(\frac{v}{c}\right)^2}} \tag{3-6}$$

式中 c——光速。

表3-1是根据式(3-5)计算出的不同加速电压下电子波的波长。

表3-1 不同加速电压下电子波的波长（经相对论校正）

加速电压/kV	电子波波长/nm	加速电压/kV	电子波波长/nm	加速电压/kV	电子波波长/nm
1	0.0338	20	0.00859	100	0.00370
2	0.0274	30	0.00698	120	0.00334
3	0.0224	40	0.00601	200	0.00251
4	0.0194	50	0.00536	300	0.00197
5	0.0713	60	0.00487	500	0.00142
10	0.0122	80	0.00418	1000	0.00087

可见光的波长在390～760nm之间。从计算出的电子波波长来看，在常用的100～200kV加速电压下，电子波的波长要比可见光小5个数量级。

3.1.1.3 电磁透镜

透射电子显微镜中用磁场来使电子波聚焦成像的装置是电磁透镜。

图 3-1 为电磁透镜的聚焦原理示意图。通电的短线圈就是一个简单的电磁透镜，它能造成一种轴对称不均匀分布的磁场。磁力线围绕导线呈环状，磁力线上任意一点的磁感应强度 B 都可以分解成平行于透镜主轴的分量 B_z 和垂直于透镜主轴的分量 B_r［图 3-1(a)］。速度为 v 的平行电子束进入透镜的磁场时，位于 A 点的电子将受到 B_r 分量的作用。根据右手法则，电子所受的切向力 F_t 的方向如图 3-1(b) 所示。F_t 使电子获得一个切向速度 v_t。v_t 随即和 B_z 分量叉乘，形成了另一个向透镜主轴靠近的径向力 F_r 使电子向主轴偏转（聚焦）。当电子穿过线圈运动到 B 点位置时，B_r 的方向改变 180°随之反向，但是 F_t 的反向只能使 v_t 变小，而不能改变 v_t 的方向，因此穿过线圈的电子仍然趋向于向主轴靠近，结果使电子做如图 3-1(c) 所示的圆锥螺旋近轴运动。一束平行于主轴的入射电子束通过电磁透镜时将被聚焦在轴线上一点，即焦点，这与光学玻璃凸透镜对平行于轴线入射的平行光的聚焦作用十分相似。

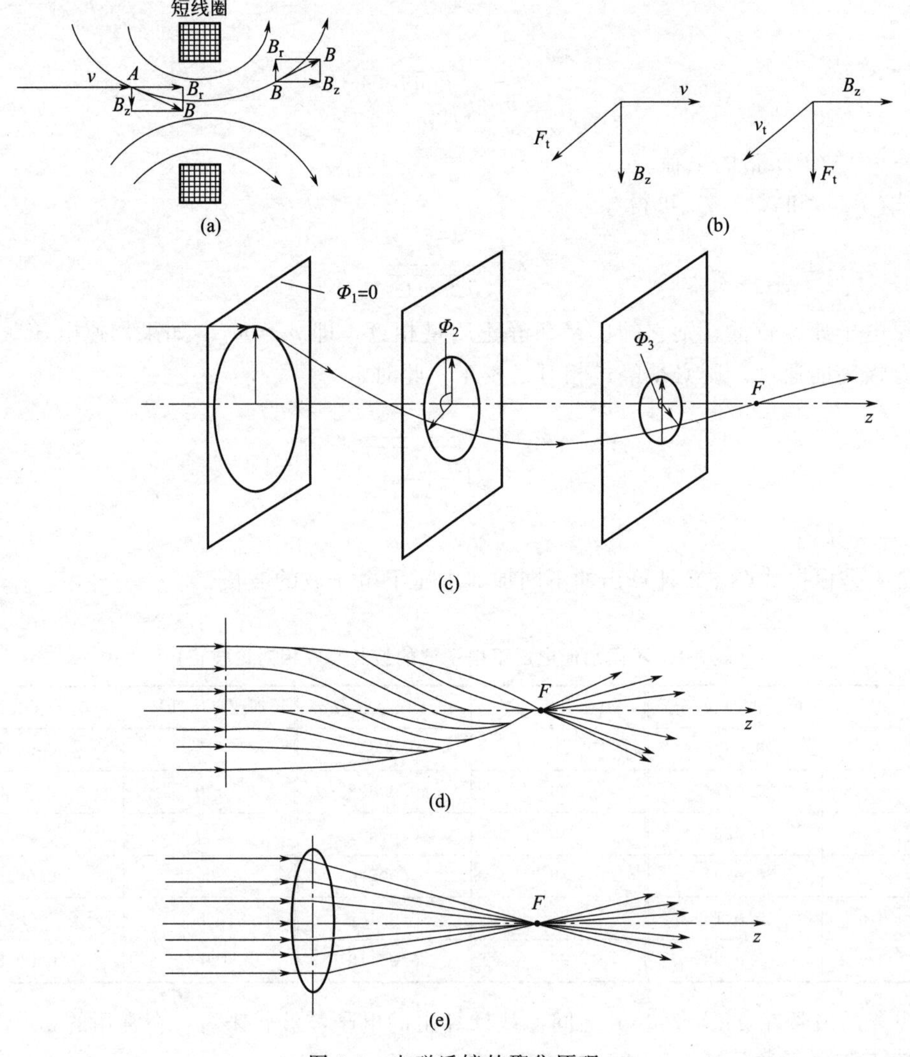

图 3-1 电磁透镜的聚焦原理

图 3-2 所示为一种带有软磁铁壳的电磁透镜示意图。导线外围的磁力线都在铁壳中通过，由于在软磁铁壳的内侧开了一道环状的狭缝，从而可以减小磁场的广延度，使大量磁力线集中在缝隙附近的狭小区域之内，增强了磁场的强度。为了进一步缩小磁场轴向宽度，还可以在环状间隙两边接出一对顶端呈圆锥状的极靴，如图 3-3 所示。带有极靴的电磁透镜可使有效磁场集中到沿透镜轴向几毫米的范围之内。图 3-3(c) 给出了短线圈以及有、无极靴三种情况下的电磁透镜轴向磁感应强度分布。

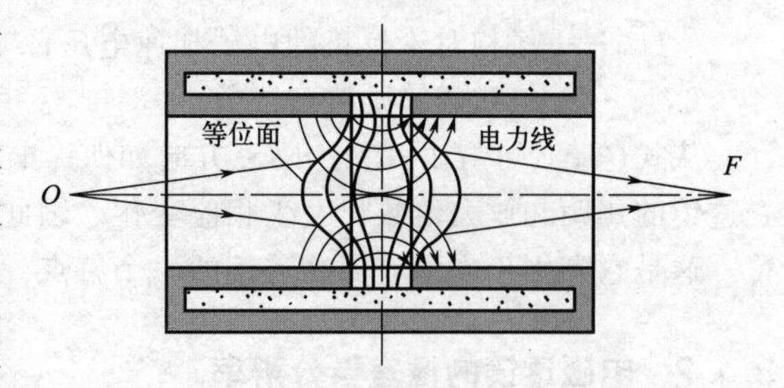

图 3-2　带有软磁铁壳的电磁透镜

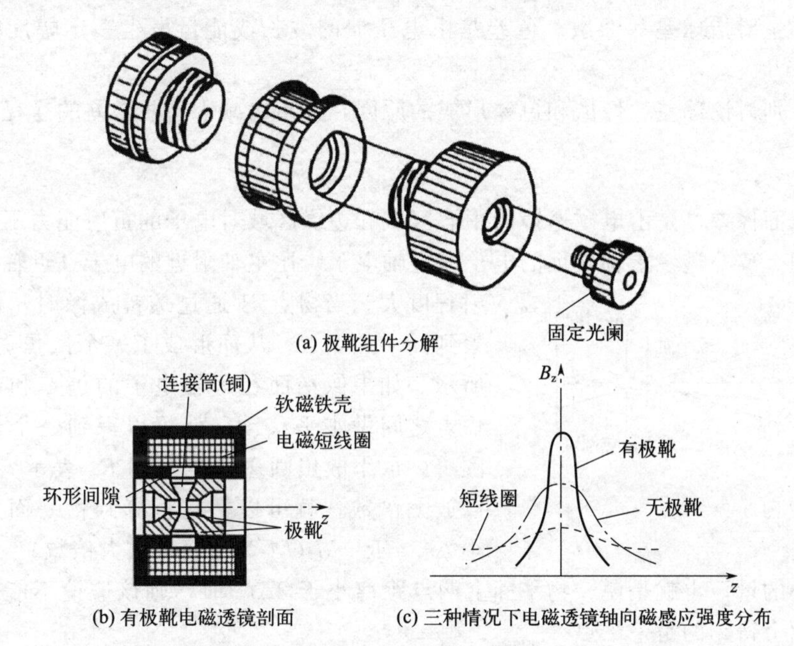

图 3-3　有极靴电磁透镜

与光学玻璃透镜相似，电磁透镜物距、像距和焦距三者之间的关系式及放大倍数为

$$\frac{1}{f}=\frac{1}{L_1}+\frac{1}{L_2} \tag{3-7}$$

$$M=\frac{f}{L_1-f} \tag{3-8}$$

式中　f ——焦距；

L_1 ——物距；

L_2 ——像距；

M ——放大倍数。

电磁透镜的焦距可由下式近似计算

$$f \approx K\frac{U_r}{(IN)^2} \tag{3-9}$$

式中　K ——常数；

U_r ——经相对论校正的电子加速电压；

IN ——电磁透镜励磁安匝数。

从式(3-9) 可看出，无论励磁方向如何，电磁透镜的焦距总是正的。改变励磁电流，电磁透镜的焦距和放大倍数将发生相应变化。因此，电磁透镜是一种变焦距或变倍率的会聚透镜，这是它有别于光学玻璃凸透镜的一个特点。

3.1.2 电磁透镜的像差与分辨率

3.1.2.1 像差

像差分成两类，即几何像差和色差。几何像差是由透镜磁场几何形状上的缺陷而造成的。几何像差主要指球差和像散。色差是由电子波的波长或能量发生一定幅度的改变而造成的。

下面将分别讨论球差、像散和色差形成的原因，并指出减小这些像差的途径。

(1) 球差

球差即球面像差，是由电磁透镜的中心区域和边缘区域对电子的折射能力不符合预定的规律而造成的。离开透镜主轴较远的电子（远轴电子）比主轴附近的电子（近轴电子）被折射程度大。当物点 P 通过透镜成像时，电子就不会聚到同一焦点上，从而形成了一个散焦斑，如图 3-4 所示。如果像平面在远轴电子的焦点和近轴电子的焦点之间做水平移动，就可以得到一个最小的散焦圆斑。最小散焦圆斑的半径用 R_s 表示。若用 R_s 除以放大倍数，就可以把它折算到物平面上去，其大小 $\Delta r_s = R_s/M$ (M 为透镜的放大倍数)。Δr_s 是用来表示球差大小的量，也就是说，物平面上两点距离小于 $2\Delta r_s$ 时，则该透镜不能分辨，即在透镜的像平面上得到的是一个点。

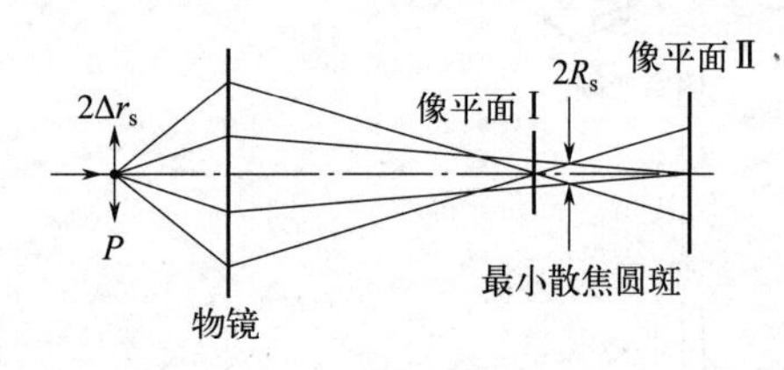

图 3-4 球差

Δr_s 可通过下式计算

$$\Delta r_s = \frac{1}{4} C_s \alpha^3 \tag{3-10}$$

式中 C_s ——球差系数，通常情况下，物镜的 C_s 值为 1～3mm；

α——孔径半角。

从式(3-10) 可以看出，减小球差可以通过减小 C_s 值和缩小孔径角来实现，因为球差和孔径半角成三次方的关系，所以用小孔径角成像时，可使球差明显减小。

(2) 像散

像散是由透镜磁场的非旋转对称而引起的。极靴内孔不圆、上下极靴的轴线错位、极靴的材料材质不均匀以及极靴孔周围局部污染等原因，都会使电磁透镜的磁场产生椭圆度。透镜磁场的这种非旋转性对称使它在不同方向上的聚焦能力出现差别，结果使成像物点 P 通过透镜后不能在像平面上聚焦成一点，如图 3-5 所示。在聚焦最好的情况下，能得到一个最小的散焦圆斑，把最小散焦圆斑的半径 R_A 折算到物点 P 的位置上去，就形成了一个半径为 Δr_A 的圆斑，即 $\Delta r_A = R_A/M$ (M 为透镜放大倍数)，用 Δr_A 来表示像散的大小。

Δr_A 可通过下式计算

$$\Delta r_A = \Delta f_A \alpha \tag{3-11}$$

式中　Δf_A ——磁透镜出现椭圆度时造成的焦距差。

如果电磁透镜在制造过程中已存在固有的像散，则可以通过引入一个强度和方位都可以调节的矫正磁场来进行补偿，这个产生矫正磁场的装置就是消像散器。

(3) 色差

色差是由入射电子波长（或能量）的非单一性造成的。

图 3-6 所示为形成色差原因的示意图。若入射电子能量出现一定的差别，能量较高的电子在距透镜光心比较远的地点聚焦，而能量较低的电子在距光心较近的地点聚焦，由此造成了一个焦距差。使像平面在长焦点和短焦点之间移动时，也可得到一个最小的散焦斑，其半径为 R_c。

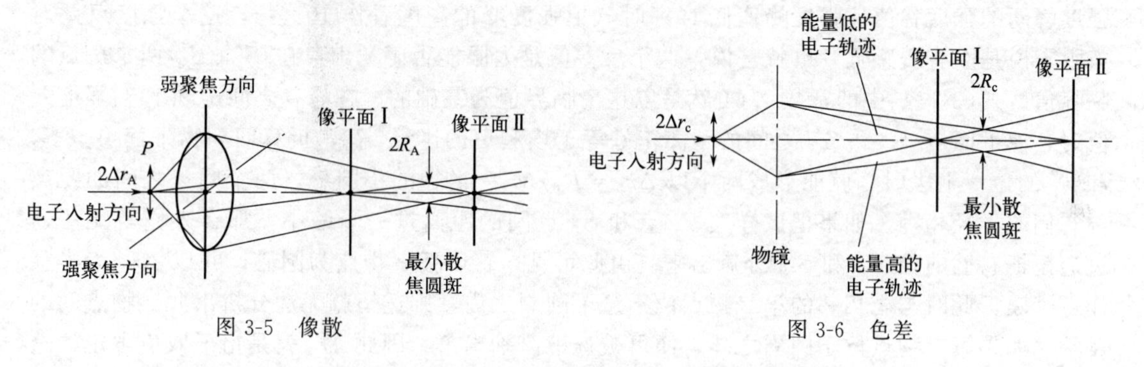

图 3-5　像散　　　　图 3-6　色差

用 R_c 除以透镜的放大倍数 M，即可把散焦斑的半径折算到物点 P 的位置上去，这个半径大小等于 Δr_c，即 $\Delta r_c = R_c/M$，其值可以通过下式计算

$$\Delta r_c = C_c \alpha \left| \frac{\Delta E}{E} \right| \tag{3-12}$$

式中　C_c ——色差系数；

$\left| \frac{\Delta E}{E} \right|$ ——电子束能量变化率。

当 C_c 和孔径半角 α 一定时，$\left| \frac{\Delta E}{E} \right|$ 的数值取决于加速电压的稳定性和电子穿过样品时发生非弹性散射的程度。如果样品很薄，则可把后者的影响略去，因此采取稳定加速电压的方法可以有效地减小色差。色差系数 C_c 与球差系数 C_s 均随透镜励磁电流的增大而减小（图 3-7）。

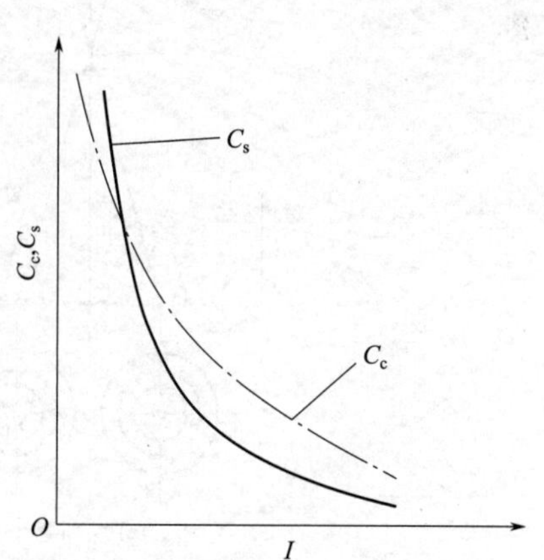

图 3-7　透镜球差系数 C_s 色差系数 C_c 与励磁电流 I 的关系

3.1.2.2　分辨率

电磁透镜的分辨率由衍射效应和球面像差来决定。

(1) 衍射效应对分辨率的影响

由衍射效应所限定的分辨率在理论上可由瑞利（Rayleigh）公式计算，即

$$\Delta r_0=\frac{0.61\lambda}{N\sin\alpha} \tag{3-13}$$

式中　Δr_0——成像物体（试样）上能分辨出来的两个物点间的最小距离，用它来表示分辨率的大小，Δr_0 越小，透镜的分辨率越高；

λ——波长；

N——介质的相对折射系数；

α——透镜的孔径半角。

现在主要来分析一下 Δr_0 的物理含义。图 3-8 中物体上的物点通过透镜成像时，由于衍射效应，在像平面上得到的并不是一个点，而是一个中心最亮、周围带有明暗相间同心圆环的圆斑，即所谓埃利（Airy）斑。若样品上有两个物点 S_1、S_2 通过透镜成像，在像平面上会产生两个埃利斑 S'_1、S'_2，如图 3-8(a) 所示，如果这两个埃利斑相互靠近，当两个光斑强度峰间的强度谷值比强度峰值低 19%时（把强度峰的高度看作 100%），这个强度反差对人眼来说是刚有所感觉。也就是说，这个反差值是人眼能否感觉出存在 S'_1、S'_2 两个斑点的临界值。式(3-13) 中的常数 0.61 就是以这个临界值为基础的。在峰谷之间出现 19%强度差值时，像平面上 S'_1 和 S'_2 之间的距离正好等于埃利斑的半径 R_0，折算回到物平面上点 S_1 和 S_2 的位置上去时，就能形成两个以 $\Delta r_0=R_0/M$ 为半径的小圆斑。两个圆斑之间的距离与它们的半径相等。如果把试样上 S_1 点和 S_2 点间的距离进一步缩小，那么人们就无法通过透镜把它们的像 S'_1 和 S'_2 分辨出来。由此可见，若以任一物点为圆心，并以 Δr_0 为半径作一个圆，此时与之相邻的第二物点位于这个圆周之内，则透镜就无法分辨出此二物点间的反差。如果第二物点位于圆周之外，便可被透镜鉴别出来，因此 Δr_0 就是衍射效应限定的透镜的分辨率。

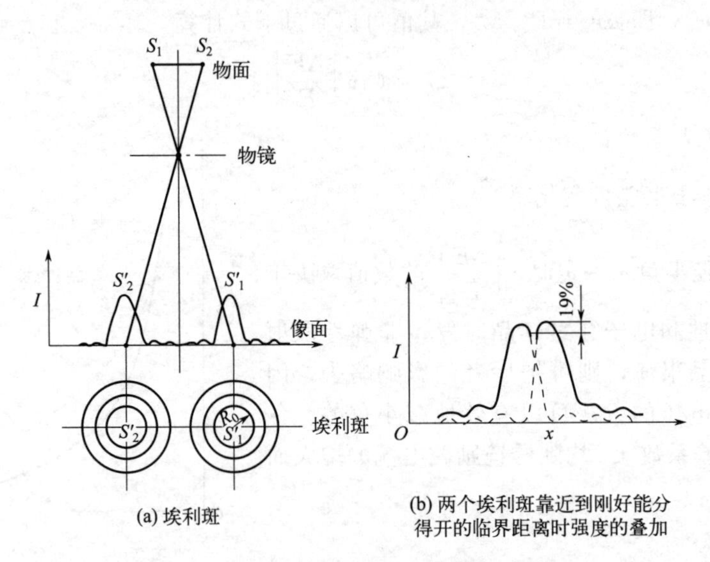

(a) 埃利斑

(b) 两个埃利斑靠近到刚好能分得开的临界距离时强度的叠加

图 3-8　两个点光源成像时形成的埃利斑

综上分析可知，若只考虑衍射效应，在照明光源和介质一定的条件下，孔径半角 α 越大，透镜的分辨率越高。

（2）像差对分辨率的影响

如前所述，由于球差、像散和色差的影响，物体（试样）上的光点在像平面上均会扩展成散焦斑。各散焦斑半径折算回物体后得到的 Δr_s、Δr_A、Δr_c 值自然就成了由球差、像散和色差所限定的分辨率。

因为电磁透镜是会聚透镜，所以球差便成为限制电磁透镜分辨率的主要因素。若同时考虑衍射和球差对分辨率的影响，则会发现改善其中一个因素时，会使另一个因素变坏。为了使球差变小，可通过减小 α 来实现（$\Delta r_s=\frac{1}{4}C_s\alpha^3$），但从衍射效应来看，$\alpha$ 减小将使 Δr_0 变大，分辨率下降。因此，两者必须兼顾。关键是确定电磁透镜的最佳孔径半角 α_0，使得衍射效应埃利斑和球差散焦斑尺寸大小相等，表明两者对透镜分辨率影响效果一样。式(3-10)中的 Δr_s 和式(3-13)中的 Δr_0 相等，求出 $\alpha_0=12.5\left(\frac{\lambda}{C_s}\right)^{\frac{1}{4}}$，这样，电磁透镜的分辨率为 $\Delta r_0=A\lambda^{\frac{3}{4}}C_s^{\frac{1}{4}}$，$A$ 为常数，$A=0.4\sim0.55$。由此可见，提高电磁透镜分辨率的主要途径是提高加速电压（减小电子束波长 λ）和减小球差系数 C_s。目前，透射电镜的最佳分辨率已达 10^{-1}nm 数量级，如日本日立公司的 H-9000 型透射电镜的点分辨率为 0.18nm。

3.1.3 电磁透镜的景深和焦长

3.1.3.1 景深

电磁透镜的另一特点是景深（或场深）大，焦长很长，这是小孔径角成像的结果。任何样品都有一定的厚度。从原理上讲，当透镜焦距、像距一定时，只有一层样品平面与透镜的理想物平面相重合，能在透镜像平面获得该层平面的理想图像。而偏离理想物平面的物点都存在一定程度的失焦，它们在透镜像平面上将产生一个具有一定尺寸的失焦圆斑。如果失焦圆斑尺寸不超过由衍射效应和像差引起的散焦圆斑尺寸，那么对透镜像分辨率并不会产生什么影响。因此，把透镜物平面允许的轴向偏差定义为透镜的景深，用 D_f 来表示，如图 3-9 所示。它与电磁透镜分辨率 Δr_0、孔径半角 α 之间的关系为

$$D_f=\frac{2\Delta r_0}{\tan\alpha}\approx\frac{2\Delta r_0}{\alpha} \tag{3-14}$$

这表明，电磁透镜孔径半角越小，景深越大。一般电磁透镜 $\alpha=10^{-3}\sim10^{-2}$rad，$D_f=(200\sim2000)\Delta r_0$。如果透镜分辨率 $\Delta r_0=1$nm，则 $D_f=200\sim2000$nm。对于加速电压为 100kV 的电子显微镜来说，样品厚度一般控制在 200nm 左右，在透镜景深范围之内，样品各部位的细节都能得到清晰的像。如果允许较低的像分辨率（取决于样品），那么透镜的景深就更大了。电磁透镜景深大，对于图像的聚焦操作（尤其是在高放大倍数情况下）是非常有利的。

3.1.3.2 焦长

当透镜焦距和物距一定时，像平面在一定的轴向距离内移动，也会引起失焦。如果失焦引起的失焦圆斑尺寸不超过透镜因衍射和像差引起的散焦圆斑大小，那么像平面在一定的轴向距离内移动，对透镜像的分辨率没有影响。把透镜像平面允许的轴向偏差定义为透镜的焦长，用 D_L 表示，如图 3-10 所示。

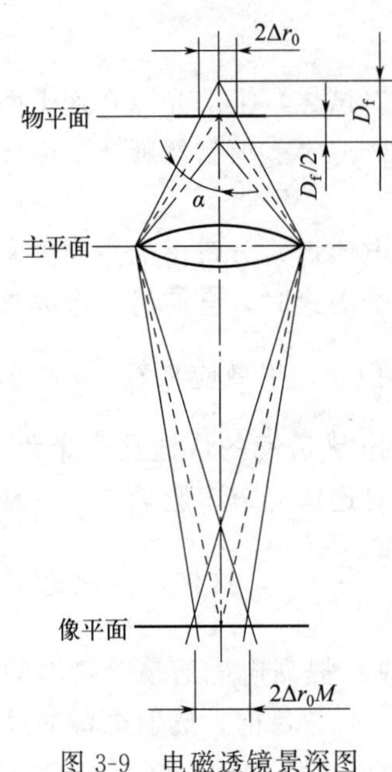

图 3-9　电磁透镜景深图

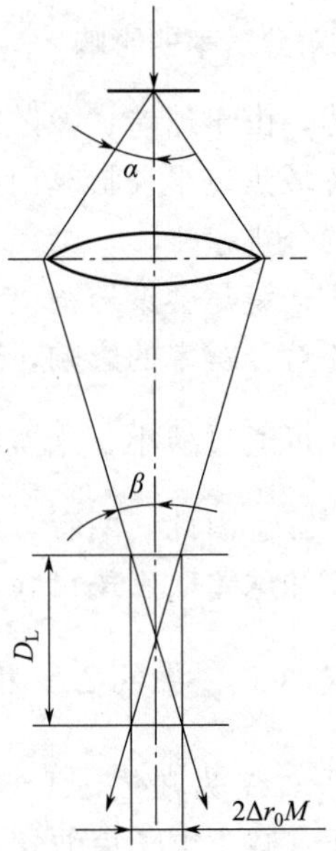

图 3-10　电磁透镜焦长

从图 3-10 上可以看到透镜焦长 D_L 与分辨率 Δr_0、像点所张的孔径半角 β 之间的关系为

$$D_L = \frac{2\Delta r_0 M}{\tan\beta} \approx \frac{2\Delta r_0 M}{\beta} \tag{3-15}$$

因为

$$\beta = \frac{\alpha}{M} \tag{3-16}$$

所以

$$D_L = \frac{2\Delta r_0}{\alpha} M^2 \tag{3-17}$$

式中　M——透镜放大倍数。

当电磁透镜放大倍数和分辨率一定时，透镜焦长随孔径半角的减小而增大。如一电磁透镜分辨率 $\Delta r_0 = 1\text{nm}$，孔径半角 $\alpha = 10^{-2}\text{rad}$，放大倍数 $M = 200$ 倍，计算焦长 $D_L = 8\text{mm}$。这表明该透镜实际像平面在理想像平面上或下各 4mm 范围内移动时不需改变透镜聚焦状态，图像仍保持清晰。

对于由多级电磁透镜组成的电子显微镜来说，其终像放大倍数等于各级透镜放大倍数之积，因此终像的焦长就更长了，一般说来超过 10～20cm 是不成问题的。电磁透镜的这一特点给电子显微镜图像的照相记录带来了极大的方便，只要在荧光屏上图像聚焦清晰，那么在荧光屏上或下十几厘米放置照相底片，所拍摄的图像也将是清晰的。

3.2 透射电子显微镜的构造和工作原理

3.2.1 透射电子显微镜的成像原理

透射电子显微镜是以波长极短的电子束作为照明源，用电磁透镜聚焦成像的一种高分辨率、高放大倍数的电子光学仪器。它由电子光学系统、电源与控制系统及真空系统三部分组成。透射电子显微镜（以下简称透射电镜）的发明，最初是为了寻找一个具有更高放大倍率的观察设备。

根据瑞利公式：

$$\Delta r_0 = \frac{0.61\lambda}{N\sin\alpha} \tag{3-18}$$

式中 Δr_0——成像物体上能分辨的两个点的最小距离，即分辨率；

λ——光源的波长；

N——介质的相对折射系数；

α——透镜孔径角的二分之一。

在光学显微镜中，玻璃透镜的 $N\sin\alpha$ 已经接近理论极限，不易改变，可见光的波长在 400～800nm 之间，分辨率和放大倍数很难提高。提高显微镜的分辨率和放大倍数的关键在于找到新的波长短且能够成像的光源。X 射线波长较短，但是无法汇聚成像。根据狭义相对论，高能电子束是一种短波长的波，利用电磁透镜可以汇聚成像，透射电子显微镜就是利用该原理制成的。

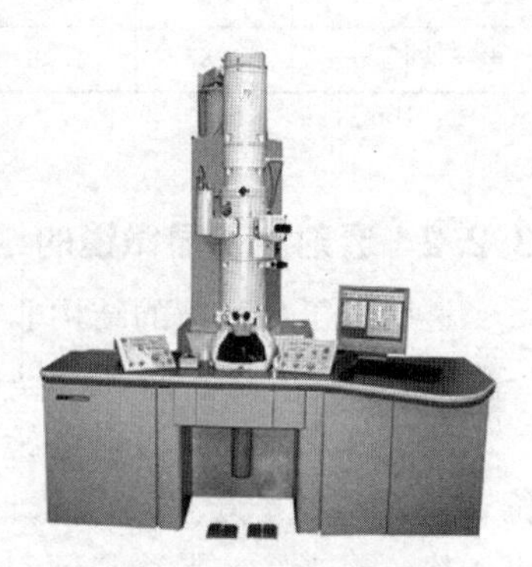

图 3-11　JEM2100 透射电子显微镜的外观

图 3-11 是目前使用较多的日本电子 JEM2100 型透射电子显微镜的外观。在透射电镜中，电子光学系统是透射电子显微镜的核心部分，它的光路原理与透射光学显微镜十分相似，分为三部分，即照明系统、成像系统和观察记录系统。透射电子显微镜的光路设置和光学透射显微镜基本一致，如图 3-12 所示。

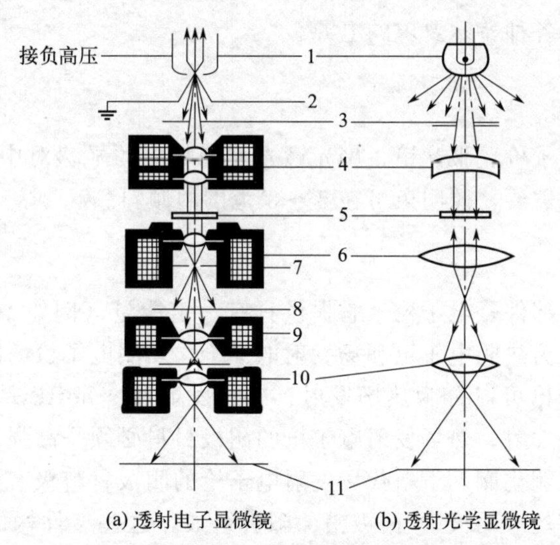

图 3-12　透射电子显微镜的光路设置

1—照明光源；2—阳极；3—光阑；4—聚光镜；5—样品；6—物镜；7—物镜光阑；8—选区光阑；9—中间镜；10—投影镜；11—照相底板或者 CCD

从电子枪发射出来的电子必须经过加速管进行加速。对于高压为 200kV 的透射电镜，常用 6 级加速。加速电压越高，电子波长越短，电子束的穿透深度越大，分辨本领就越高。

当电压超出 200kV，加速电压对分辨本领的影响较低，球差、色差、慧差等其它因素起主要作用。

根据式(3-19) 计算的不同加速电压下的电子波长，见表 3-2。

$$\lambda=\frac{h}{\sqrt{2m_0E\left(1+\frac{E}{2m_0c^2}\right)}} \tag{3-19}$$

式中　E——电子的能量，等于 eU，J。

表 3-2　不同加速电压下电子波长（经相对论校正）

加速电压/kV	60	80	100	120	160	200	300	500	1000
电子波长/pm	4.87	4.18	3.70	3.34	2.84	2.51	1.97	1.42	0.873

注：$1pm=10^{-3}nm$。

3.2.2　透射电子显微镜的结构

透射电子显微镜的结构非常复杂，一般是由电子光学系统、电源与控制系统及真空系统三大部分组成，另外还有一些相应的功能性附件，比如能谱仪、电子能量损失谱仪等。

电子光学系统是透射电镜的核心，俗称镜筒，一般是直立的积木式结构，顶部是电子枪，接着是聚光镜、样品室、物镜、中间镜和投影镜，最下面是荧光屏和照相装置。通常把电子枪、聚光镜、平移和倾斜装置称为照明系统，其作用是提供一束亮度高、照明孔径角小、平行度好、束流稳定的照明源。样品室、物镜、中间镜和投影镜称为成像系统，其作用是提供符合成像要求的放大条件。最下面的荧光屏和照相装置称为图像观察和记录系统，其作用是记录观察结果。真空系统的作用是提供透射电镜工作的真空环境。电源与控制系统是提供透射电镜需要的有各种特殊要求的电源。

3.2.3　电子光学系统

电子光学系统由电子枪、聚光镜、聚光镜光阑和相应的平移对中、倾斜调节装置组成。为满足明场和暗场成像需要，照明束可在 2°～3°范围内倾斜。

(1) 电子枪

电镜的第一个基本部件是电子枪，它提供具有一定能量（例如 100keV）的、部分平行的电子流。电子枪可分为热阴电子枪和场发射电子枪。热阴电子枪的阴极材料主要是钨丝和六硼化镧。场发射电子枪可以分为热场发射、冷场发射和 schottky 场发射。schottky 场发射属于一种特殊的热场发射。热场发射电子枪的阴极材料必须是高强度材料，过去一般采用单晶钨，现在常选用六硼化镧，下一代场发射电子枪的阴极材料极有可能是碳纳米管。

热阴极电子枪由灯丝（阴极）、栅极帽、阳极组成，这些组件构成一个自偏压回路，起限制和稳定束流的作用。灯丝的作用是通电后将电能转变为热能并加热阴极，使阴极表面处于一个高温状态以发射电子。栅极类似一个金属圆筒，套在阴极的外面，顶端开有小孔，让电子束通过，如图 3-13(a) 所示。图 3-13(b) 是阴极、栅极和阳极之间的等电位面分布情况。因为栅极比阴极电位值更负，所以可以用栅极来控制阴极的发射电子有效区域。当阴极流向阳极的电子数量加大时，在偏压电阻两端的电位值增加，使栅极电位比阴极进一步变负，由此可以减小灯丝有效发射区域的面积，束流随之减小。若束流因某种原因而减小，偏压电阻两端的电压随之下降，致使栅极和阴极之间的电位接近。此时，栅极排斥阴极发射电子的能力减小，束流又可望上升。因此，自偏压回路可以起到限制和稳定束流的作用。由于栅极的电位比阴极负，所以自阴极端点引出的等电位面在空间呈弯曲状。在阴极和阳极之间的某一点，电子束会汇集成一个交叉点，这就是通常所说的电子源，电子源一般直径为几十微米。

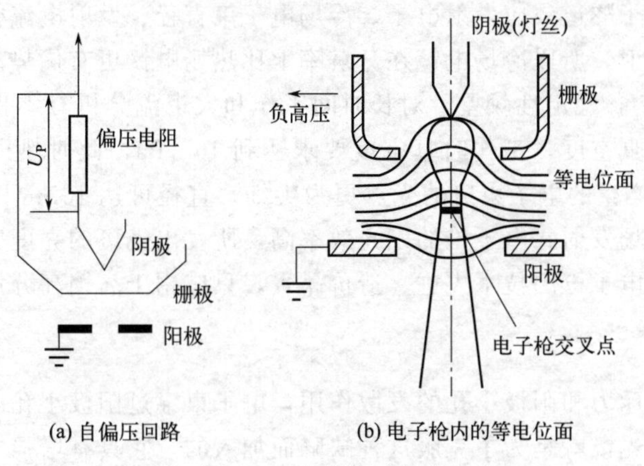

图 3-13　热阴极电子枪

阴极是产生自由电子的源头，一般有直热式和旁热式两种。旁热式阴极是指和加热体分离且各自保持独立的阴极。在电镜中，加热灯丝兼作阴极的称为直热式阴极。加热灯丝多用钨丝制成，其优点是成本低，缺点是亮度低、寿命短。钨灯丝的直径 0.10～0.12mm，形状最常采用发夹式，其加热电流值是连续可调的。当加热电流为几安时，即可开始发射自由电子，不过灯丝周围必须保持高度真空。阴极灯丝被安装在高绝缘的陶瓷灯座上，这样既能绝缘、耐受几千摄氏度的高温，又可以方便更换。

在一定的界限内，灯丝发射出来的自由电子量与加热电流强度成正比，但在超越这个界限后，电流继续加大，只能降低灯丝的使用寿命，却不能增大自由电子的发射量，即自由电子的发射量已达“满额”，这个临界点称作灯丝饱和点。正常使用时，常把灯丝的加热电流调整设定在接近饱和而不到的位置上，称作欠饱和点。这样在保证能获得较大的自由电子发射量的情况下，可以最大限度地延长灯丝的使用寿命。钨制灯丝的正常使用寿命短，因此现代电镜中有时使用新型材料六硼化镧（LaB）来制作灯丝，其价格较贵，但发光效率高、亮度大（能提高一个数量级），并且使用寿命较钨制灯丝长得多，是一种很好的新型灯丝材料。

另一种新型的电子枪，称为场发射式电子枪，如图 3-14 所示。场发射是指在强电场作用下电子从阴极表面释放出来的现象。金属内的自由电子从金属逸出需要做一定量的功，称为金属的逸出功，因此在金属导体中的自由电子在一定的电子势阱内活动。金属作为阴极，并在阳极间加一定的电压时，阴极表面会形成一定的势垒；当所加的电压很大时，势垒宽度减小，自由电子可通过势垒穿透的量子效应，从金属中释放出来。场发射式电子枪没有栅极，由一个阴极和两个阳极构成，第一阳极上施加一个稍低（相对于第二阳极）的

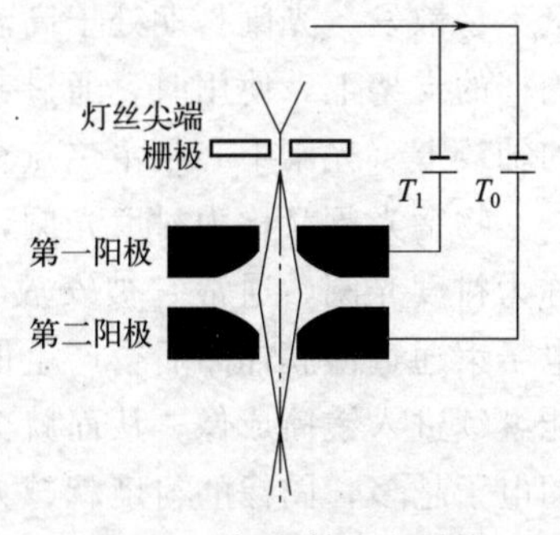

图 3-14　场发射式电子枪

吸附电压，第一阳极也称取出电极，电压为几千伏，用于将阴极上面的自由电子吸引出来，而第二阳极上面的极高电压可达到100kV及以上，用于将自由电子加速到很高的速度并发射出电子束。场发射电子枪产生的电子束具有更小的直径和更好的单色性。

场发射式电子枪又分为冷场发射和热场发射。热场发射的钨阴极需要加热到1800K左右，尖端发射面为（100）或（111）晶面，单晶表面有一层氧化锆，以降低电子发射的功函数（约为2.7eV）。冷场发射不需要加热，室温下就能进行工作，其钨单晶为（310）晶面，逸出功最小，利用量子隧道效应发射电子。冷场电子束直径、发射电流密度、能量扩展（单色性）都优于热场发射，所以冷场电镜在分辨率上比热场电镜更有优势。不过冷场电镜的束流较小（一般为2nA），稳定性较差，对长时间工作和大束流分析有不良影响。场发射要求具有超高电压和超高真空度，工作时真空度要求达到10^{-7}Pa，此时热损耗极小，使用寿命可达2000h。场发射产生的电子束斑的光点更为尖细，直径可达10nm以下，远小于钨丝阴极产生的电子束斑。场发射式电子枪的发光效率高，所发出光斑的亮度比钨丝阴极提高了三个数量级。场发射式电子枪因技术先进、造价昂贵，只应用于高档高分辨电镜中。

（2）聚光镜

由于电子之间的斥力和阳极小孔的发散作用，电子束穿过阳极小孔后又逐渐变粗，射到试样上仍然过大。聚光镜就是为了克服这种缺陷而加入的，它具有增强电子束密度和再一次将发散的电子束会聚的作用。具体过程是将“电子枪交叉点”作为初光源，会聚在样品平面上，并通过调节聚光镜的电流来控制照射强度、照明孔径角和束斑大小。

现在高性能的透射电镜都采用双聚光系统，如图3-15所示。为了获得良好的透射电镜性能，第一聚光镜使用强磁透镜，使束斑缩小率达到10～50倍，这样就使得电子枪有效光源强烈地缩小成1～5μm，有效地利用了电子枪发出的光源。而第二聚光镜是弱激磁透镜，适焦时放大倍率约为2倍，束斑尺寸变为2～10μm，这样就提高了照明电子束的相干性，使得图像质量大为提高，并为物镜上方赢得各种宝贵的空间，以便安装各种附件。第一聚光镜的束斑尺寸主要由观察样品的放大倍数而定，第二聚光镜主要用于改善样品的照明亮度。在双聚光镜的联合工作下，样品的受热、漂移和污染将控制在很小的范围内。

（3）聚光镜光阑

聚光镜光阑是透射电镜中三个主要必备光阑之一，另外两个是物镜光阑和选区光阑。常见的光阑是一些开有小孔的无磁性金属（比如铂、钼）片，如图3-16所示。常用光阑孔一般很小，容易污染。因此光阑周围有起自洁作用的缝隙，其原理是当电子束照射光阑时，热量不易散发，光阑长期处于高温状态，防止污染物污染。四个一组的光阑孔被安装在一个光阑杆的支架上，使用时，通过光阑杆的分挡机构按需要依次插入，使光阑孔中心位于电子束的轴线上（光阑中心和主焦点重合）。

物镜光阑又称为衬度光阑，其作用是挡住电子，提高照明电子束的相干性。物镜光阑又称为衬度光阑，通常它被安放在物镜的后焦面上。常用物镜光阑孔的直径为20～120μm。电子束通过薄膜样品后会产生散射和衍射。散射角（或衍射角）较大的电子被光阑挡住，不能继续进入镜筒成像，从而就会在像平面上形成具有一定衬度的图像。光阑孔越小，被挡住的电子越多，图像的衬度就越大，这就是物镜光阑又称衬度光阑的原因。加入物镜光阑使物镜孔径角减小，能减小像差，得到质量较高的显微图像。物镜光阑的另一个主要作用是在后焦面上套取衍射束的斑点（即副焦点）成像，这就是所谓的暗场像。利用明暗场显微图像的对照分析，可以方便地进行物相鉴定和缺陷分析。

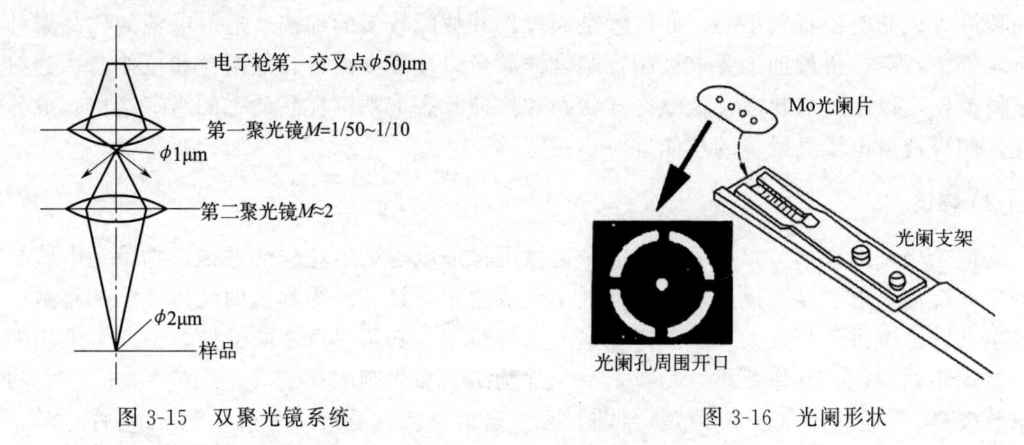

图 3-15　双聚光镜系统　　　　图 3-16　光阑形状

（4）平移和倾斜装置

新式的电子显微镜都带有电磁偏转器，利用电磁偏转器可以使入射电子束平移和倾斜。如图 3-17(a) 所示，图中上、下两个偏转线圈是联动的，平移时上偏转线圈使平行入射的电子束偏转 θ 角，而下偏转线圈又反方向偏转 θ 角，这样电子束就实现了平移。如图 3-17(b) 所示，当倾斜时，上偏转线圈使平行入射的电子束偏转 θ 角，下偏转线圈又反方向偏转 $(\theta+\beta)$ 角，此时电子束在样品上的照明中心不变，则对于成像系统来说，照明电子束倾斜 β 角。电子束的平移和倾斜主要用于镜筒的对中和改变透射电镜的照明方式。我们常说的中心暗场成像操作就是利用电子束原位倾斜。

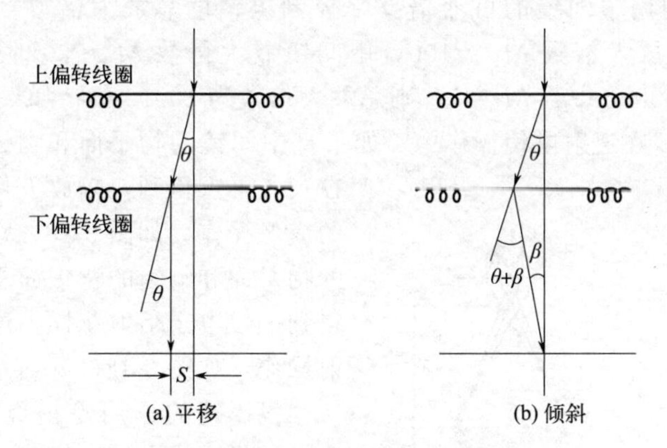

图 3-17　电子束的平移和倾斜原理

成像系统主要起观察和成像的作用，由样品室、物镜、中间镜、投影镜、物镜光阑、选区光阑等组成。

（1）样品室

样品室在聚光镜下面，其主要作用是通过样品台承载、移动和倾转试样。样品台必须能做水平面上 X、Y 方向的移动，以选择、移动观察视野，配备有由计算机控制的马达驱动的样品台，可以精确地移动样品；并能由计算机对样品做出标签式定位标记，以便使用者在需要做回顾性对照时可以定位查找。透射电镜样品非常薄（100～200nm 厚），必须先用铜网支撑着，放在样品架上，然后才能送进样品室观察。因透射电镜样品极小，在安装样品、送样品架进入镜筒时要特别小心，此位置是误操作和故障较多的部位。透射电镜的样品架种类繁多，价格不菲，机械加工要求极高。结合样品台设计成高温台、低温台和拉伸台，透射电子显微镜还可以在加热状态、低温冷却状态和拉伸状态下观察样品动态的组织结构、成分的变化，使得透射电子显微镜的功能进一步拓宽。

（2）物镜

物镜是用来形成第一幅高分辨率电子显微图像或电子衍射花样的透镜，物镜是电镜最关键的部分，透射电子显微镜分辨率的高低主要取决于物镜。因为物镜的任何缺陷都将被成像系统中其它透镜进一步放大。欲获得物镜的高分辨率，必须尽可能降低像差。通常采用强励磁、短焦距的物镜，其像差小。物镜是一个强励磁、短焦距的透镜（$f=1\sim3$mm），它的放大倍数较高，一般为 100～300 倍。目前，高质量的物镜其分辨率可达 0.1nm 左右。

对于物镜来说，其分辨率主要取决于极靴的形状和加工精度。一般来说，极靴的内孔和上下极靴之间的距离越小，物镜的分辨率就越高。为了减小物镜的球差，往往在物镜的后焦面上安放一个物镜光阑。物镜光阑不仅具有减小球差、像散和色差的作用，而且可以提高图像的衬度。透射电镜有两种常见模式：若电子束会聚于后焦面上，则形成含有试样结构信息的衍射花样；若电子束会聚于像平面上，则构成与试样组织相对应的显微像。

（3）中间镜和投影镜

中间镜和投影镜与物镜相似，但焦距较长。它的作用是将来自物镜的电子像再次放大，最后显示在观察屏或电荷耦合器件（CCD）上，得到高放大倍率的电子像。在电子显微镜操作过程中，主要是利用中间镜的可变倍率来控制电镜的总放大倍数。当物镜的放大倍数 $M_o=100$，投影镜的放大倍数 $M_P=100$，中间镜放大倍数 $M_i=20$ 时，总放大倍数 $M=100\times20\times100=200000$ 倍；若 $M_i=1$，则总放大倍数为 10000 倍；如果 $M_i=1/10$，则总放大倍数仅为 1000 倍。在透射电镜操作中，如果将中间镜的物平面和物镜的像平面重合，则在荧光屏上得到一幅放大像，这就是透射电镜的成像操作，如图 3-18(a) 所示；若将中间镜的物平面和物镜的背焦面重合，则在荧光屏上得到一幅电子衍射花样，这就是透射电镜的衍射操作，如图 3-18(b) 所示。

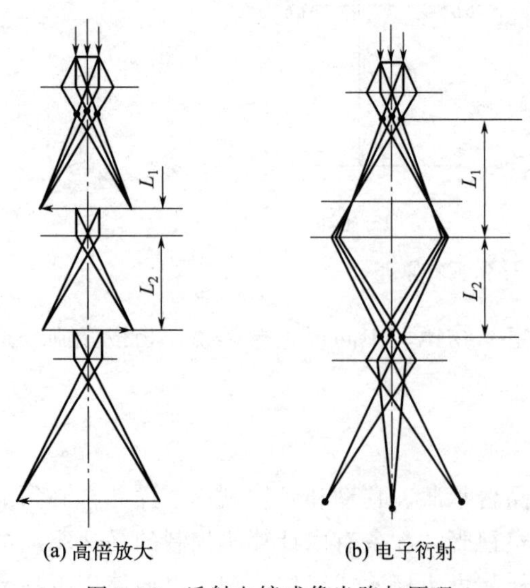

(a) 高倍放大　(b) 电子衍射

图 3-18　透射电镜成像光路与原理

投影镜的作用是把经中间镜放大（或缩小）的像（或电子衍射花样）进一步放大，并投影到荧光屏上，它和物镜一样，是一个短焦距的强磁透镜。投影镜的励磁电流是固定的，因为成像电子束进入投影镜时孔径角很小（约 10^{-3}rad），因此它的景深和焦长都非常大。即使改变中间镜的放大倍数，使显微镜的总放大倍数有很大的变化，也不会影响图像的清晰度。有时，中间镜的像平面还会出现一定的位移，由于这个位移距离仍处于投影镜的景深范围之内，因此，在荧光屏上的图像依旧是清晰的。

① 成像的相对位置。试样、物镜、中间镜、投影镜四者之间的相对位置：试样放在物镜的物平面上（物镜的物平面接近物镜的焦面），物镜的像平面是中间镜的物平面，中间镜的像平面是投影镜的物平面。物镜、中间镜、投影镜三者结合起来，给出透射电镜的总放大倍率。

② 中间镜的衍射作用。中间镜除了起放大作用外，还起衍射作用。这是因为通过减弱中间镜的电流，增大其物距，使其物平面与物镜的后焦面相重合，这样就可以把物镜后焦面上形成的电子衍射花样投射到中间镜的像平面上。

当选区电子衍射谱被投影到观察荧光屏上时，就会看到衍射谱中心包含一个透射斑点和几个衍射斑点。如果将物镜光阑套在透射斑点，将得到明场像；如果将物镜光阑套在衍射斑点上，将得到暗场像，称为一般暗场像，其图像衬度正好与明场相反。为提高暗场像的质量，常采用中心暗场像的方法，具体操作是物镜光阑在中心位置，将用于成像的衍射斑点移到中心斑点的位置（物镜光轴位置）。为特殊需要，还有其它暗场像，比如弱束暗场成像，具体原理及操作方法可参考相关专著。明场像、一般暗场像、中心暗场像的成像原理与光轴倾斜示意图如图 3-19 所示。

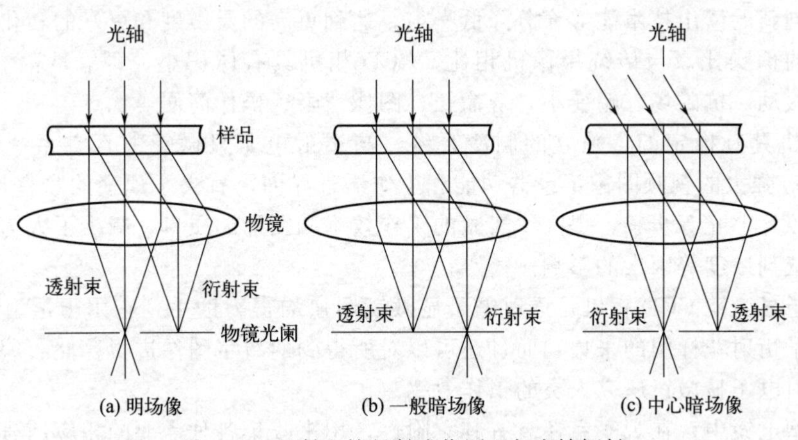

图 3-19　透射电镜衍射成像原理与光轴倾斜

一般来说，观察形貌我们都比较喜欢用明场像，因为成像衬度好（尤其是加了合适的光阑），形变小。其主要表现为质厚衬度，对厚度敏感。而观察缺陷如位错、孪晶的时候喜欢用暗场像，因为暗场像是来自于选定的某个衍射束，对应于晶体特定的晶面。在缺陷地方，电子衍射的方向和完整的地方不一样，从而使得缺陷地方能够在暗场像上清楚地显示出来。而明场像因为是多个衍射束的成像，对缺陷不敏感，虽然有时候也能反映出缺陷，但是极其模糊。其主要表现为衍射衬度。也就是对衍射面敏感。比如说一个孪晶材料，对于明场，孪晶界面很淡，但是选择合适的衍射点做暗场像可以很清楚地看见孪晶界面。对于暗场来说，一个重要的用途是观察层错，比如说立方晶系里面的［111］方向的层错用明场像无法看出来。因为有缺陷和无缺陷的地方厚度一样。但是暗场像在特定的方向观察时，可以观察到三角形或者蝴蝶状的衬度明暗条纹。

（4）显像部分

显像部分由观察屏和成像设备组成，常见成像设备有照相底板和 CCD 相机。CCD 成像由于是以数码格式储存，能够实现许多重要的数学分析计算，而成为现在的主流，照相底板的成像方式由于不具有这些功能，同时成像过程也比较繁琐而应用较少。

观察屏所在的空间为观察室。由于观察屏是用荧光粉制成的，所以常称观察屏为荧光屏。通常采用在暗室操作情况下人眼较敏感的、发绿光的荧光物质来涂制荧光屏，这样有利于高放大倍数、低亮度图像的聚焦和观察。观察屏和照相底板（或者 CCD 相机）放在投影镜的像平面上。现代的透射电子显微镜常使用慢扫描 CCD 相机，这种 CCD 数字成像技术可将电子显微图像（或电子衍射花样）转接到计算机的显示器上，图像观察和存储非常方便。CCD 由美国贝尔实验室 Boyle 和 Smith 发明，是一种采用大规模集成电路工艺制作的半导体光电元件，它在半导体硅片上制有成千上万个光敏元，产生与照在它上面的光强成正比的电荷。CCD 的基本构成单元是 MOS 电容器，它以电荷为信号，通过对金属电极施加时钟脉冲信号，在半导体内部形成储存载流子的势阱。当光或电注入时，将代表信号的载流子引入势阱，再利用时钟脉冲的规律变化，使电极下的势阱做相应变化，就可以使代表输入信号的载流子在半导体表面做定向运动，再通过对电荷的收集、放大，把信号取出。新型的 CCD 产品主要有底插式和侧装式两种，其工作原理基本相同。

CCD 相机具有强大的自扫描功能，图像清晰度高，可以随时捕捉图像，支持多重合并像素模式，创新的读出技术能够充分降低噪声，达到更高的灵敏度和更好的转化效果，使图像具有极高的信噪比。与传统摄像机相比，CCD 相机具有体积小、可靠性高、灵敏度高、抗强光、抗振动、抗磁场、畸变小、寿命长、图像清晰、操作简便等优点。

CCD 相机具有稳定的、独立的制冷系统，与透射电子显微镜的真空系统隔离。此外 CCD 相机具有强大的视频图像记录器功能和工作语言界面，省去了烦琐的暗室显影、定影、冲洗底片和照片上光等步骤，提高了实验的工作效率和图片的质量，减少了人为操作时安全灯、水温、试剂浓度等因素的影响。

透射电子显微镜 CCD 相机是透射电子显微镜用户的得力助手，它用于透射电子显微镜图像以及电子衍射花样图的采集，而且还可以对所得到的数字图像进行存储、编辑，从而大大提高了透射电子显微镜研究人员的工作效率。

在分析型电镜中，在观察室还装有其它附件，用来收集各种需要的相应信号。目前，透射电子显微镜增加附件后，其功能可以从原来的样品内部组织形貌观察（TEM）、原位的电子衍射分析（Diff），发展到还可以进行原位的成分分析［能谱仪（EDS）、特征能量损失谱（EELS）］、表面形貌观察［二次电子像（SED）、背散射电子像（BED）和透射扫描像（STEM）］。

3.2.4 真空系统

电镜镜筒内的电子束通道对真空度要求很高，电镜工作必须保持在 $10^{-3}\sim10^{-4}$Pa 以上的真空度（高性能的电镜对真空度的要求达 10^{-7}Pa 以上），因为镜筒中的残留气体分子如果与高速电子碰撞，就会产生电离放电和散射电子，从而引起电子束不稳定、增加像差、污染样品，并且残留气体将加速高热灯丝的氧化，缩短灯丝寿命。获得高真空是由各种真空泵来共同配合抽取的。

如果真空度不够，就会出现下列问题：①高压加不上去；②成像衬度变差；③极间放电；④灯丝迅速氧化，寿命缩短。

电镜真空系统一般是由机械泵、油扩散泵、离子泵、阀门、真空测量仪和管道等部分组成。机械泵因在其它场合使用非常广泛而比较常见，如图 3-20 所示，它工作时是靠泵体内的旋转叶轮刮片将空气吸入、压缩、排放到外界的。机械泵的抽气速度每分钟仅为 160L 左右，工作能力也只能达到 0.01～0.1Pa，远不能满足电镜镜筒对真空度的要求，所以机械泵只作为真空系统的前级泵来使用。扩散泵工作原理是用电炉将特种扩散泵油加热至蒸气状态，高温油蒸气膨胀向上升起，靠油蒸气吸附电镜镜体内的气体，从喷嘴朝着扩散泵内壁射出，在环绕扩散泵外壁的冷却水的强制降温下，油蒸气冷却成液体时析出气体排至泵外，由机械泵抽走气体，油蒸气冷却成液体后靠重力回落到加热电炉上的油槽里循环使用。扩散泵的抽气速度很快，约为每秒钟 570L，工作能力也较强，可达 10^{-3}～10^{-4}Pa。但它只能在气体分子较稀薄时使用，这是由于氧气成分较多时，易使高温油蒸气燃烧，所以扩散泵通常与机械泵串联使用，当机械泵将镜筒真空度抽到一定程度时，才启动扩散泵。近年来为实现超高压、超高分辨率，电镜厂商在制作中必须满足超高真空度的要求。为此，在电镜的真空系统中又推出了离子泵和涡轮分子泵，把它们与前述的机械泵和油扩散泵联用可以达到 10^{-7}Pa 的超高真空度水平。

图 3-20　机械泵与扩散泵

3.2.5　供电系统

镜体和辅助系统中的各种电路都需要工作电源，且因性质和用途不同，对电源的电压、电流和稳压度也有不同的要求。如电子枪的阳极需要数十至数百千伏的高电压，这专门由高压发生器和高压稳定电路（埋于油箱内）来提供。其它透镜电源、操纵控制等电路则要求工作电压从几伏到几百伏，电流从几毫安到几安不等，全部由相应的电源电路变换配给，其中包括变换电路、稳压电路、恒流电路等。电压的稳定性是电镜性能好坏的一个极为重要的标志。

加速电压和透镜电流的不稳定将使电子光学系统产生严重像差，从而使分辨降低。所以对供电系统的主要要求是产生高稳定的加速电压和满足各种透镜要求的激磁电流。在所有的透镜中，物镜激磁电流的稳定度要求最高。

综上所述，透射电镜的镜筒要比扫描电镜的镜筒构造复杂，且透射电镜镜体高大、孔径光阑小、透镜多、样品室小；另外，电子枪电压高、透镜放大倍数大、分辨率高。因此，无论是换灯丝、换光阑、镜体对中，还是高倍图像消像散和高分辨率像的获得，透射电镜的操作难度均比扫描电镜高。因此，在操作透射电镜时，动作要更精确。

3.3　透射电镜的操作

由电子枪发出的高能电子，经双聚光镜会聚，获得一束直径小、相干性好的电子束投射在样品上，高能电子与样品相互作用产生各种物理信号，其中透射电子是透射电镜用来成像的物理信号（透射电子是指入射电子透过样品的那一部分电子）。由于样品各个微区的厚度、元素种类、晶体结构或者位向等的差异，透过样品各个微区的电子数量不同，电子波的强度和位相有一定差异，这样就在物镜的像平面上形成了一幅与样品显微组织一一对应的透射电子分布。然后，由物镜放大成像，再经过中间镜、投影镜的进一步放大，最后成像于荧光屏或CCD相机。主要基于微区的厚度和元素种类引起的电子强度分布的不同，而形成的图像反差称为质厚衬度；主要基于晶体结构和位向差异引起的电子强度分布的不同，而形成的图像反差称为衍射衬度；主要基于透过试样后多束电子波位相差异，而形成图像反差的称为高分辨衬度像。

3.3.1 透射电镜的操作步骤

透射电镜的简单操作步骤：开冷却水—送电—抽真空（30min以上，达到工作真空度以后）—加高压（从低电压逐级加到所用电压）—加阴极电流（缓慢增加）—镜筒合轴—放入试样—观察记录。

为了得到高质量的图像，镜筒合轴是非常重要的。首先，在进行合轴操作之前，必须将物镜的励磁电流调到规定的电流值，将试样放置在 z 方向规定的位置上。然后，从电镜的上部单元开始，一级一级向下部单元调整。当透镜偏离光轴较大时，一次将某个透镜调好很困难，要按顺序反复多次调整，直到把所有的透镜调到全部合轴为止。从上至下为：①电子枪的对中；②聚光镜的合轴调整；③聚光镜消像散；④物镜电压中心调整；⑤物镜消像散；⑥中间镜消像散；⑦投影镜合轴调整；⑧试样高度调整；⑨物镜聚焦的调整。

（1）电子枪的合轴调整

试样不放入电子光路，将入射电子束汇聚，观察灯丝像，反复调整电子枪倾斜（x，y）旋钮，使灯丝像呈中心对称状态（图3-21）。调整枪平移（x，y），使灯丝像位于荧光屏中心。调好后再增加灯丝电流或调偏压，使灯丝阴影消失，即达到饱和状态。此时，若再增加灯丝电流，束流不会增大，亮度不会增加，这时称为过饱和状态，在此状态下工作，灯丝寿命会降低。若减小灯丝电流，灯丝像阴影就会出现，这时称为欠饱和状态，亮度较低。束流增加而亮度开始不再增加（过饱和和欠饱和之间）的这一点称为灯丝饱和点。调好后，将灯丝电流旋钮锁死，这样，通常使用的位置就固定了。当无论怎样调整都得不到对称的灯丝像时，说明灯丝已经寿命耗尽，该更换新的灯丝了。对于 LaB_6 灯丝，通常所用的发射电流为 $100\mu A$ 左右。实际调整时，也可以将灯丝的加热电流设定在标准值，用荧光屏上显现出的灯丝花样来判断灯丝是否处于饱和状态。然后，对灯丝的温度稍做一些调整，使之饱和。然后，再调整偏压，使发射电流达到理想高度。对热阴极场发射型电子枪的情况，合上阳极颤动器的开关，用电子枪灯丝倾斜调整旋钮（x，y）调整到电子束中心不动为止。

（2）聚光镜的合轴调整

首先，把控制束斑直径旋钮置于大束斑位置（使第一聚光镜处于弱励磁状态），用电子枪的平移（x，y）旋钮将电子束中心调到荧光屏中心，然后把控制束斑旋钮置于小束斑位置（使第一聚光镜处于强励磁状态），用聚光镜中的平移旋钮（x，y）将电子束中心调到荧光屏中心。反复操作几次，直到变换束斑、电子束中心始终都在荧光屏中心位置。

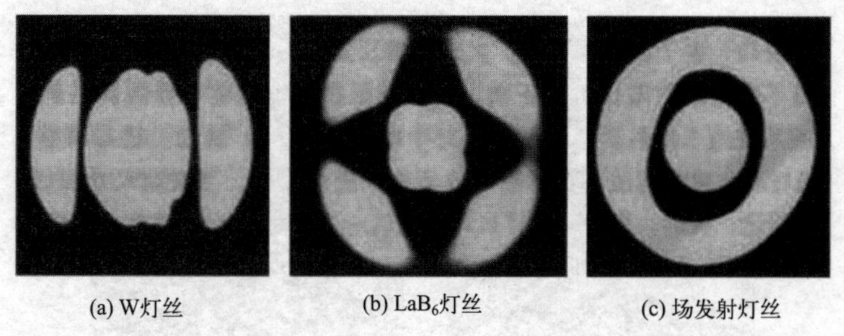

(a) W灯丝　(b) LaB_6灯丝　(c) 场发射灯丝

图 3-21　电子枪合轴完好的 W、LaB_6 灯丝和场发射欠饱和状态的灯丝像

（3）聚光镜消像散

用亮度调整旋钮将电子束聚焦在荧光屏中心。用聚光镜消像散旋钮（x，y）来消像散，使汇聚的束斑变圆。再用亮度调整旋钮将束斑调到稍过焦或稍欠焦，看是否还有些椭圆，有椭圆则说明还有像散，要再调整。如果改变聚焦量，束斑始终是圆的，那么就没有像散了。图 3-22 是聚光镜存在像散和无像散时的束斑形状。当变换光阑孔和束斑直径时，束斑会出现些椭圆度，这时必须再调整一下。

(a) 有像散时电子束斑的形状　(b) 无像散时电子束斑的形状

图 3-22　聚光镜消像散调整

（4）物镜电压中心的调整

使用高压摇摆器进行物镜电压中心的调整。将试样置于电子光路中，把电子显微镜像放大到 2 万倍（不加物镜光阑），聚焦清楚。在像上找一个特征物，置于荧光屏的中心。打开高压摇摆器，由于高压变动，电子显微像就会扩大或收缩反复交替变换。如果无论是扩大或是收缩，特征物位置始终不变，说明电压中心正确。如果特征物位置随电子显微像的扩大或收缩而改变，必须用照明系统的束倾斜旋钮进行调整，直到不改变为止。2 万倍调好后，通常再放大到高倍（10 万倍）进行调整。当束斑尺寸和倍率改变时，电压中心可能会有变化，所以改变条件时再确认一下电压中心。应当注意，调整时可以把束斑扩大，亮度变低，这样不刺眼，最好用观察窗外的放大镜。图 3-23 所示为电压中心的合轴调整情况。

（5）物镜消像散

插入物镜光阑，进行物镜消像散调整。在低倍下（低于 10 万倍）消像散时，利用试样中圆形或方形的孔。首先，在正焦点调整物镜消像散器（x，y）旋钮，使孔边缘的衬度在 x 方向和 y 方向都一致。然后，再调到欠焦，确认孔边缘的干涉衬度（欠焦条纹为白色）无论在 x 方向或 y 方向都是一样的。最后调到正焦点确认和调整（正焦无条纹）。并且还要在

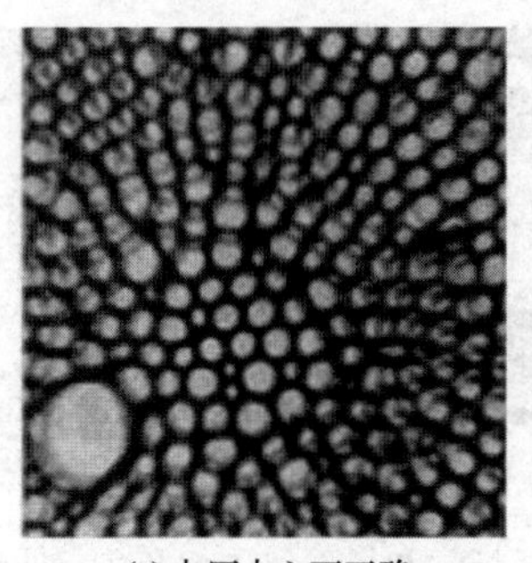

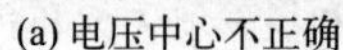

(a) 电压中心不正确

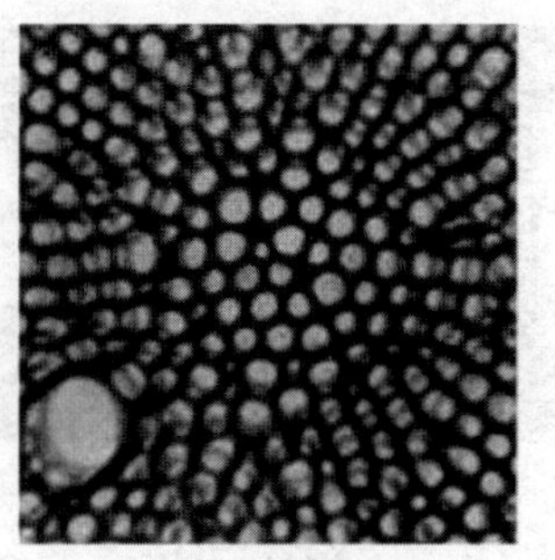

(b) 电压中心正确

图 3-23　电压中心的合轴调整

过焦点确认和调整（过焦条纹为黑色），直到条纹的衬度在 x 方向和 y 方向都一致。在高倍率下（高于 20 万倍）消像散时，可以利用试样边缘由污染造成的非晶薄层。首先，从欠焦到过焦看非晶颗粒是否呈十字拉长（即欠焦时沿某个方向拉长，过焦时沿垂直于此方向拉长），若拉长就是有像散需要调整。调整方法：在正焦条件下，调整物镜的消像器（x，y），使非晶颗粒在 x 和 y 方向上都没有方向性，然后在欠焦或者过焦条件下再调整物镜消像器，调整并确认颗粒没有方向性，要反复多次操作并确认。注意，若改变物镜光阑孔或放大倍率增大时，像散会有变化，因此需要再次调整。

（6）中间镜的像散调整

观察电子衍射图时，要插入选区光阑，再从光路中拉出物镜光阑，并转到衍射模式，在荧光屏上就会出现电子衍射花样。用中间镜聚焦旋钮进行电子衍射花样聚焦，调整中间镜消像散器（x，y），使中心斑点变圆。此时再将电子衍射花样调到稍过焦或稍欠焦，中心斑点仍保持圆形就可以了。

（7）投影镜合轴调整

观察电子衍射花样，看中心斑点是否在荧光屏中心，若不在，调整投影镜对中旋钮（x，y），把中心斑点移动到荧光屏中心。投影镜的轴偏离中心，对图像质量影响不大，对中的目的是使投影像在荧光屏中心。

（8）试样高度调整

在透射电镜观察和拍摄时，试样应处于正焦位置（即图像最清楚），需要调整试样高度，即试样在 z 方向的位置。调整方法：将试样插入电子光路，在图像观察模式上将物镜的励磁电流调到正焦电流值（厂家设计的仪器固有的聚焦电流值），打开图像摇摆聚焦器，若图像摇摆，说明试样高度不合适。这时，使用试样高度键，调整到图像不摇摆为止（到达正聚焦状态）。

（9）物镜聚焦的调整

① 中、低倍率聚焦。在 10 万倍左右观察电子显微像时，利用聚焦键（或旋钮）把图像聚焦清楚即可。

② 高倍率聚焦。在高于 20 万倍观察电子显微像时，要注意观察试样边缘的菲涅尔条纹。在过焦时，试样边缘为暗菲涅尔条纹，而在欠焦时，为亮菲涅尔条纹。正焦时，在试样

边缘看不到条纹，此时图像的衬度最低。在高分辨像观察和记录时，通常在稍欠焦的情况下最适合，这种聚焦方法称为谢尔策聚焦。

3.3.2 图像观察与记录

（1）显微组织像（衍射衬度像）的观察和记录

观察显微组织像时，首先要转到衍射模式，在荧光屏上得到衍射花样。衍射花样中的中心斑点叫透射斑点，其它都叫衍射斑点。可用光阑孔选取透射斑点或者所需要的某个衍射斑点来成像。衍射衬度通常是单束成像衬度。用透射束成的像是明场相，用衍射束的任何一束成的像都叫暗场相。将想要成像的衍射束调到光轴上所成的像叫作中心暗场相。图 3-24 为成像时物镜光阑在衍射花样上的位置。衍射衬度对试样取向十分敏感。在某一取向下未能显示的结构细节，当改变试样的倾斜度，即改变取向时就有可能清晰呈现。在做晶体缺陷分析时要充分利用这个特点。拍摄显微组织像时，光线要充分散开，亮度要均匀。

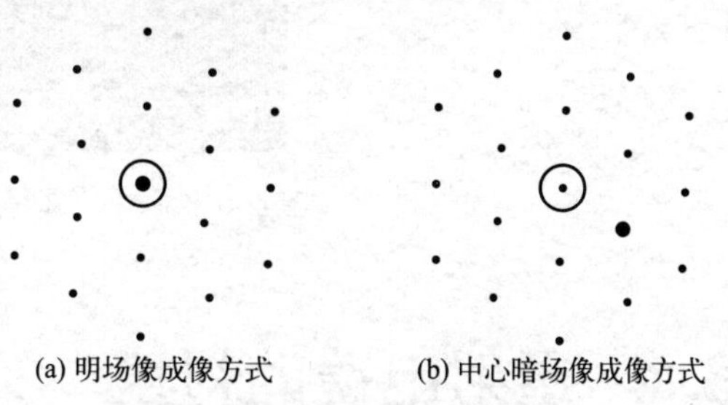

图 3-24 物镜光阑在衍射花样上的位置（○为物镜光阑孔）

（2）电子衍射花样的观察和记录

一般来说，拍摄衍射花样时，最好用双倾台。通过转动试样，尽量使衍射花样以透射束为中心，周围衍射束斑点强度对称，即衍射花样所代表的零层倒易面垂直于入射电子束。注意，确定相结构时，要拍摄不同晶带轴的几张衍射花样，避免一张衍射花样信息不充分。当试样为非单一相，例如存在形态不同的第二相、析出相等，要观察这些相的衍射花样时，首先在图像模式用选区光阑套住所要的微区，再转到衍射模式，倾动试样寻找合适的晶带轴，当找到满意的衍射花样时，一定要再返回到试样上确认是不是所选的微区。也可以在图像模式，倾动试样把所需要的像尽可能倾转呈暗衬度，再用选区光阑套住该区，转到衍射模式做衍射花样。拍摄电子衍射花样时，用聚焦键把衍射斑点聚得最细，光线尽量散得暗一些，以免弱斑点被强斑点所掩盖。

（3）高分辨像（相位衬度像）的观察和记录

让透射束和多束衍射束同时参与成像，就会由于各束的相位相干作用而得到晶格（条纹）像或晶体结构（原子）像，即高分辨像。前者是晶体中原子面的投影，后者是晶体中原子或原子团电势场的二维投影。用来成像的衍射束（透射束可以视为零级衍射束）越多，得到的晶体结构细节越丰富。做高分辨像时，首先在试样上选择薄区（小于 10nm），寻找合适的衍射花样（低指数衍射），并且稍稍倾转试样，使电子束严格平行于晶带轴，即衍射斑点以透射斑点为中心强度对称。用物镜光阑选取多个衍射束，或者不加物镜光阑，在 40 万倍以上观察试样。此时若无像散，调整聚焦，在最佳离焦量（稍微欠焦状态）就可以得到高分辨像。拍摄高分辨像前要检查试样是否漂移，亮度要尽可能调强，拍摄时间尽量短。图 3-25 为高分辨像。面心立方结构 Si 单质完整晶体［001］方向的高分辨像如图 3-25 所示，其中白色亮点为 Si 原子的投影位置，图中还标出了（200）平面的间距为 0.27nm。

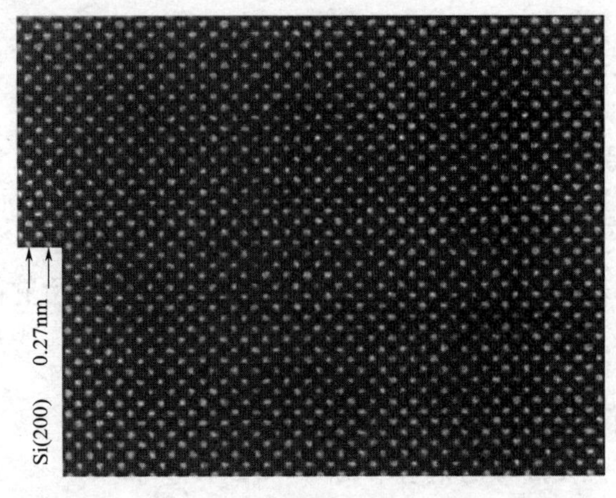

图 3-25 Si 单质完整晶体［001］方向高分辨像

3.4 透射电镜的衬度

3.4.1 质厚衬度

透射电镜在光学原理上和透射光镜相似，但衬度原理却不尽相同。根据成像原理不同，透射电镜的成像类型可分为质厚衬度成像、衍射衬度成像（可分为明场像和暗场像）和相位衬度成像（高分辨像）。对于无定形和非晶试样，透射电镜图像是由于试样各部分的质量（或原子序数）和厚度不同形成的，入射电子发生散射后通过物镜光阑参与成像的电子数量不同，从而在图像上体现出强度的差别，这种衬度称为质量厚度衬度，简称质厚衬度。透射电镜的质厚衬度成像原理是建立在样品原子对入射电子的散射和磁透镜的小孔径角成像基础之上。

当电子照射非晶体薄试样时，将与样品发生相互作用，或与原子核相互作用，或与核外电子相互作用。当与原子核相互作用时，由于电子质量远小于原子核，相互作用的结果近似认为是电子只改变运动方向，能量几乎不变。入射电子与原子核的几何关系如图 3-26(a) 所示，并遵守式(3-20) 的关系：

$$\alpha=\frac{Z_{\mathrm{e}}}{Ur_{\mathrm{n}}} \tag{3-20}$$

式中 α——散射角，散射电子运动方向与入射方向之间的夹角；

Z_{e}——原子核的电荷；

U——电子加速电压；

r_{n}——入射电子对原子核的瞄准距离。

当入射电子与孤立核外电子相互作用时，由于两者质量相等，相互作用的结果是不仅改变电子的运动方向，也改变电子的动能。入射电子与孤立核外电子的几何关系如图 3-26(b) 所示，并遵守式(3-21) 所示的关系：

$$\alpha=\frac{e}{Ur_{\mathrm{e}}} \tag{3-21}$$

式中 α——散射角，散射电子运动方向与入射方向之间的夹角；

e——电子电荷；

U——电子加速电压；

r_e——入射电子对孤立核外电子的瞄准距离。

原子核对入射电子的散射是成像的基础，核外电子对入射电子的散射形成背底。透射电镜中采用小孔径角成像的方式提高分辨能力，如图 3-27 所示。在物镜背焦面的位置（不同型号的电镜，物镜光阑的位置稍有不同）插入一个小孔径的物镜光阑，将散射角大于α的电子阻拦，使之无法参与成像，仅散射角小于α的电子能够通过物镜光阑，参与成像。故样品厚度差越大，质量差越大，成像质量越好。同一样品厚度差固定不变时，通过更换不同大小型号的物镜光阑，能够改变参与成像电子的散射角，改变衬度。

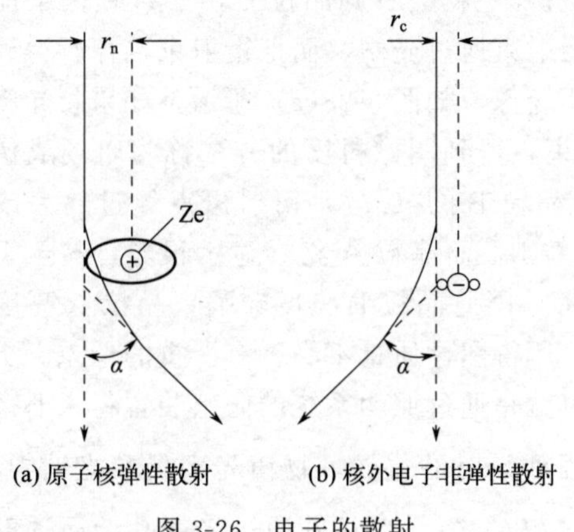

图 3-26　电子的散射

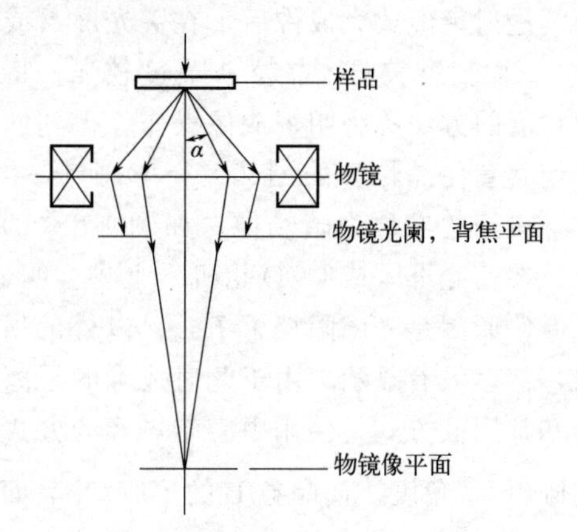

图 3-27　透射电镜小孔径角成像原理

3.4.2　衍射衬度

非晶态样品一般依据质厚衬度的原理成像，而晶体样品很多情况下厚度差距不大，原子种类差别也不大，这样不同部位对电子的散射或吸收大致相同，仅利用质厚衬度成像反差不大，难以形成让人满意的图像。为此，需要寻找新的成像方法，衍射衬度成像就这样产生了。衍射衬度形成机理可以认为是由于试样各部分晶体满足布拉格反射条件程度不同及结构振幅不同，形成的衍射强度的差异导致的衬度。

衍衬成像常用处理方式有两种：一种是利用透射束成像，称为明场像；另一种是利用衍射束成像，称为暗场像。衍衬成像可以用衍衬运动学和衍衬动力学进行解释，本书只利用衍衬运动学的部分简单结论来定性解释一些常见问题，相关知识的深入理解请参阅相关资料，本书不再讲述。

衍射衬度是来源于晶体试样各部分满足布拉格反射条件程度不同和结构振幅的差异。如图 3-28 所示，假设图中试样是单相多晶薄膜，薄膜由两个位向不同的两个相同晶粒 A 和 B 组成。在特定入射方向（可以通过双倾杆实现）晶粒 B 的某晶面（hkl）满足布拉格条件，而晶粒 B 的其它晶面偏离布拉格条件较远，晶粒 A 的所有晶面都偏离布拉格条件较远，这样就认为晶粒 B 满足双光束条件❶。

---

❶　双光束条件是指通过转动样品使晶体中只有某一组晶面接近布拉格衍射位置，从而在晶体中除透射束外，只激发一个强衍射束。在实际的电镜操作中，完美的双光束条件很难得到，只要成像衍射束的强度远大于其它晶面的衍射束，忽略强度较弱的其它晶面的衍射束后就可以视为满足双光束条件。

在晶粒 B 满足双光束条件时，即晶粒 B 的 (hkl) 晶面满足布拉格条件，晶粒 B 的其它晶面偏离布拉格条件较大，晶粒 A 所有晶面都偏离布拉格条件较大，强度为 I_0 的入射电子束经过薄膜样品的散射后，形成了强度为 $I_{(hkl)}$ 的衍射束和强度为 $I_0-I_{(hkl)}$ 的透射束。透射电子显微镜中第一幅衍射花样在背焦面上聚焦。若在背焦面上插入一个很小的光阑（一般是物镜光阑）阻挡晶粒 B 的衍射束，只让透射束通过光阑成像。此时，两颗晶粒透射束的强度将会有所不同。

晶粒 A：
$$I_A=I_0 \tag{3-22}$$
晶粒 B：
$$I_B=I_0-I_{(hkl)} \tag{3-23}$$

透射束经放大成像后，在荧光屏（或 CCD 相机）上将会看到晶粒 B 由于多损失了能量 $I_{(hkl)}$ 而亮度较弱，晶粒 A 亮度较强。将这种让透射束通过光阑，而把衍射束挡掉，得到图像衬度的方法称为明场成像操作，得到的像称为明场像，如图 3-28(a) 所示。如果将光阑移动使其套住晶粒 B 的 (hkl) 衍射斑点，挡住透射束，得到图像衬度的方法称为暗场成像操作，得到的像称为暗场像，如图 3-28(b) 所示。晶粒 B 的 (hkl) 衍射斑点经过放大成像后，在荧光屏（或 CCD 相机）上将会明显看到晶粒 B，而晶粒 A 将会显示很弱，甚至无法成像。原因是光阑阻挡了 $I_{(hkl)}$ 以外的所有电子束，因此晶粒 B 亮度较强，晶粒 A 亮度较弱，甚至没有显示。由于此时成像的是离轴光线，所得图像质量不高，有严重的像差。更优的和常用的方式是使用中心暗场像的方式成像，也就是通过照明系统的倾斜装置将入射束方向倾斜 2θ 角度，使晶粒 B 的 ($\bar{h}\bar{k}\bar{l}$) 晶面组处于强烈衍射的位向，物镜光阑仍在光轴中心，通过选择大小合适的光阑孔，使得只有晶粒 B 的 ($\bar{h}\bar{k}\bar{l}$) 衍射束正好通过光阑孔，而透射束被阻挡，如图 3-28(c) 所示。由明场像和暗场像的成像原理可知，明场像和暗场像在衬度上是互补的，当晶体内部有各种缺陷或第二相颗粒时，衍射衬度形成的是暗场像有其独到的优势。

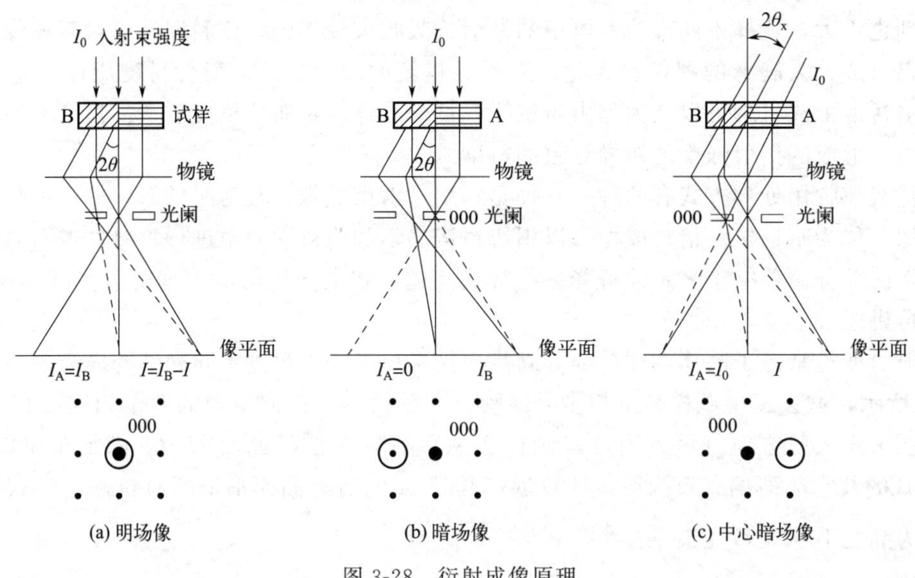

图 3-28　衍射成像原理

图 3-29 为钨合金的晶粒形貌衍衬像，在金属薄膜的透射电子显微分析中，暗场成像是一种十分有用的技术。

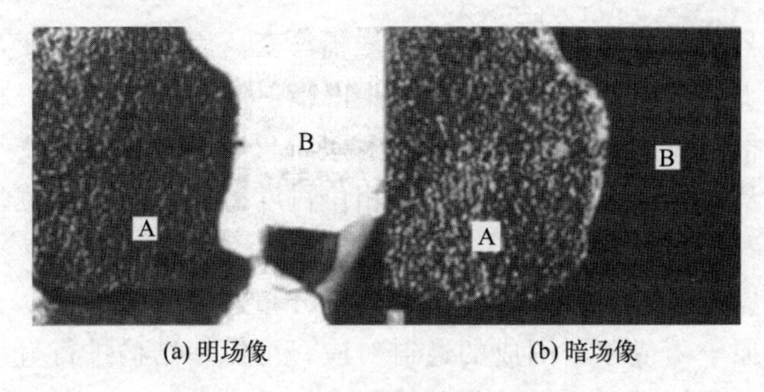

(a) 明场像　　(b) 暗场像

图 3-29　钨合金晶粒形貌衬像

如果薄晶体样品中有些晶体符合或基本符合布拉格衍射条件，在结构因素不等于零的条件下，这些晶面就会产生衍射。若衍射束的总强度（所有衍射晶面产生的衍射束强度之和）为 I_D，则透射束成像时（在物镜后焦面上用物镜光阑套住透射束，挡住所有的衍射束），荧光屏上的强度要减弱，因为此时透射束的强度应等于 $I_T = I_0 - I_D$，而 $I_T < I_0$。如果样品内部存在许多晶粒（或各种组成相），在电子束照射下，有些晶粒不发生衍射（或衍射束总强度很低），另一些晶粒则相反。这种由样品中不同晶体（或同一种晶体不同位向）衍射条件不同而造成的衬度差别就是衍射衬度形成的原因，如图 3-30 所示。

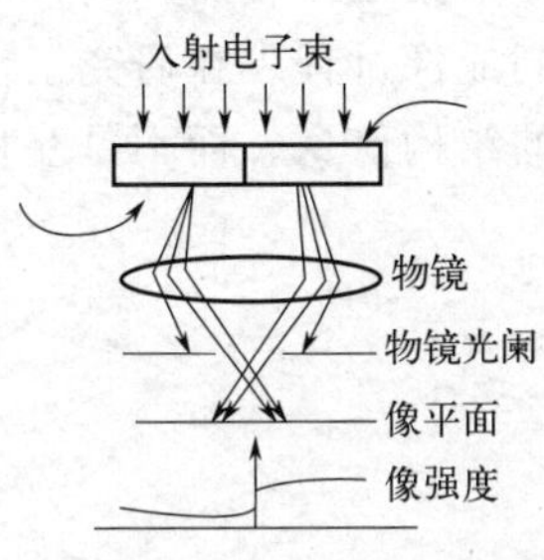

图 3-30　薄晶成像原理

衍射衬度与布拉格衍射有关。衍射衬度的反差实际上就是衍射强度的反映。特别是在暗场条件下，像点的亮度直接等于样品上相应物点在光阑孔所选定的那个方向上的衍射强度，而明场像的衬度特征是跟它互补的（至少在不考虑吸收的时候是这样）。正是因为衍衬图像完全是由衍射强度的差别所产生的，所以这种图像必将是样品内不同部位晶体学特征的直接反映。因此，计算衍射衬度实质就是计算衍射强度。薄晶体电子显微图像的衍射衬度可用运动学理论或动力学理论来解释。

3.4.3 相位衬度

相位衬度成像是基于透过试样后多束衍射电子波与透射电子波位相干涉而形成的图像衬度。如图 3-31 所示。如果所用试样的厚度小于 100nm，甚至 30nm，它可以让多束衍射光束穿过物镜光阑彼此相干成像。像的可分辨细节取决于入射波被试样散射引起的相位变化和物镜球差、散焦引起的附加相位差的选择。它追求的是试样的原子及其排列状态的直接显示。一束单色平行的电子波射入试样内与试样内原子相互作用，发生振幅和相位变化。当其逸出试样下表面时，成为不同于原入射波的透射波和各级衍射波。由于试样很薄，衍射波振幅很小，透射波振幅基本上与入射波振幅相同，非弹性散射可忽略不计。衍射波与透射波间的相位差为 $\pi/2$。如果物镜没有像差且处于正焦状态，而光阑也足够大，就可以使透射波与衍射波同时穿过光阑相干。相干结果产生的合成波

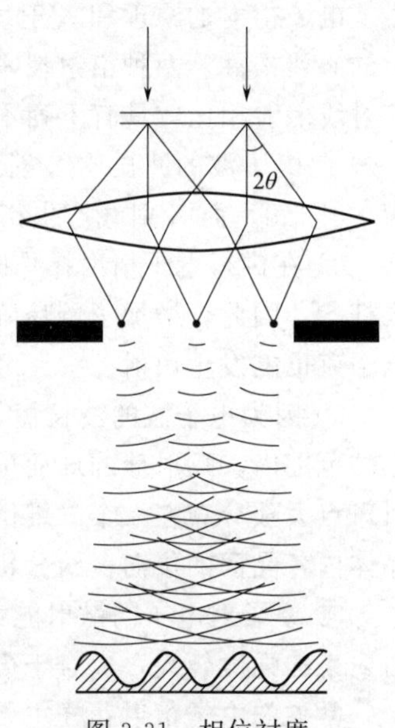

图 3-31　相位衬度

振幅与入射波相同，只是相位稍有不同。由于振幅没变，因而强度不变，所以没有衬度。要想产生衬度，必须引入一个附加相位，使所产生的衍射波与透射波处于相等的或相反的相位位置。也就是说，让衍射波沿 x 轴向右或向左移动 $\pi/2$，这样，透射波与衍射波相干就会导致振幅增加或减少，从而使像强度发生变化，相位衬度得到显示。相位衬度像的种类有如下几种：

原子像：像点与原子的投影对应，可以用原子分布进行解释。

结构像：像点与原子团或原子围成的通道对应，可以用结构进行直接解释。

点阵像：像点与晶面间距对应，与原子排列无关。

高分辨像：分辨率很高的像，不能用原子分布及晶体结构进行解释。

综上所述，三种衬度的不同形成机制反映了电子束与试样物质原子交互作用后，离开下表面的电子波通过物镜以后经人为地选择不同操作方式所经历的不同成像过程。在研究工作中，它们相辅相成，互为补充，在不同层次上为人们提供不同尺寸的结构信息，而不是互相排斥。

3.5 电子衍射原理与衍射花样的标定

透射电子显微镜的主要特点是可以进行组织形貌与晶体结构同位分析。在介绍透射电子显微镜成像系统中已讲到，使中间镜物平面与物镜像平面重合（成像操作），在观察屏上得到的是反映样品组织形态的形貌图像；而使中间镜的物平面与物镜背焦面重合（衍射操作），在观察屏上得到的则是反映样品晶体结构的衍射斑点。依据透射电镜的成像原理，当电子束会聚在物镜的背焦面时，能够得到第一幅反映晶体结构信息的电子衍射花样，经一系列的放大，能够在显示屏或 CCD 相机上成像。本节将对电子衍射花样的常见种类、电子衍射原理、标定方法进行简要介绍。

电子衍射的原理和 X 射线衍射相似，可以满足（或基本满足）布拉格方程作为产生衍射的必要条件。两种衍射技术所得到的衍射花样在几何特征上也大致相似，但是电子衍射和 X 射线衍射相比较具有下列不同之处。

① 电子波的波长比 X 射线短得多，在同样满足布拉格条件时，它的衍射角 θ 很小，约为 10^{-2} rad。而 X 射线产生衍射时，其衍射角最大可接近 $\pi/2$。

② 在进行电子衍射操作时采用薄晶样品，薄样品的倒易阵点会沿着样品厚度方向延伸成杆状，因此，增加了倒易阵点和埃瓦尔德球相交错的机会，结果使略微偏离布拉格条件的电子束也能发生衍射。

③ 因为电子波的波长短，采用埃瓦尔德球图解时，反射球的半径很大，在衍射角 θ 较小的范围内，反射球的球面可以近似地看成是一个平面，从而也可以认为电子衍射产生的衍射斑点大致分布在一个二维倒易截面内。这个结果使晶体产生的衍射花样能比较直观地反映晶体内各晶面的位向，给分析带来极大的方便。

④ 原子对电子的散射能力远高于它对 X 射线的散射能力（约高出四个数量级），故电子衍射束的强度较大，适合于微区分析，且摄取衍射花样时曝光时间仅需数秒钟。

常见的电子衍射花样主要有以下几类：多晶电子衍射花样、单晶电子衍射花样、劳厄衍射花样、会聚束衍射花样、二次衍射花样、菊池衍射花样等。

图 3-32 是两张多晶电子衍射花样，其中图 3-32(a) 是理想的多晶体电子衍射花样，由明锐的衍射环构成，图 3-32(b) 是不理想的多晶体电子衍射花样，没有明锐的衍射环，只有散乱的衍射斑点，衍射斑点隐约构成了环状的轮廓。

图 3-32 多晶材料的电子衍射花样

图 3-33 是单晶材料的电子衍射花样，由整齐的斑点构成，这些斑点具有二维平移对称性，是一个二维点群。

图 3-34 是典型的劳厄衍射花样，图 3-35 是典型的会聚束衍射花样，图 3-36 是典型的菊池衍射花样。

图 3-33 单晶材料的电子衍射花样

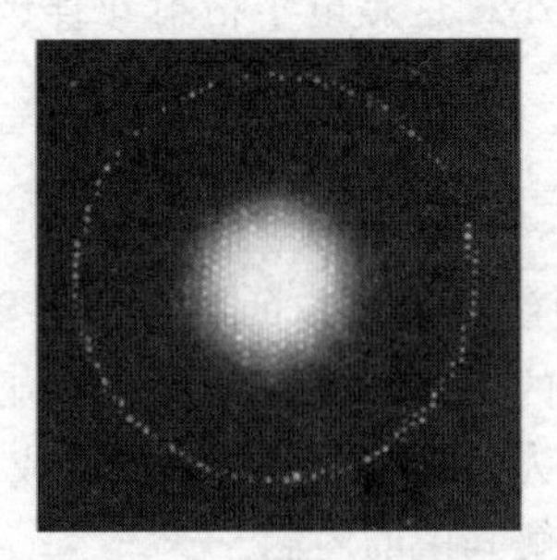

图 3-34 劳厄衍射花样

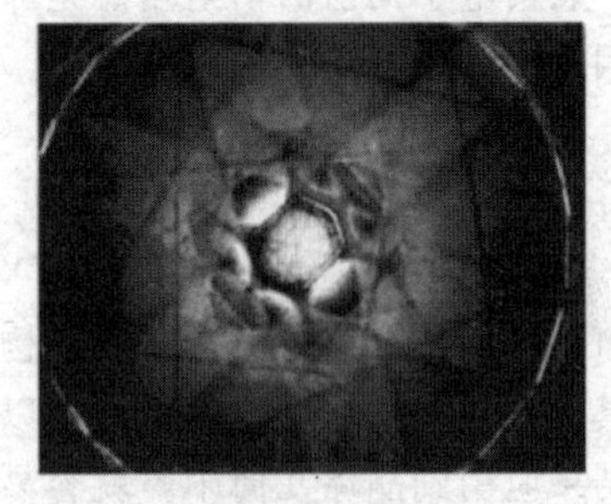

图 3-35 304 不锈钢的会聚束电子衍射花样

图 3-37 是纳米材料的典型电子衍射花样，由宽化弥散的衍射环构成，与多晶材料的电子衍射花样相似，只是衍射环宽化了一些。

图 3-38 是典型非晶材料的电子衍射花样，由一个巨大的弥散的衍射斑点构成。

图 3-36 菊池衍射花样

图 3-37 纳米材料的电子衍射花样

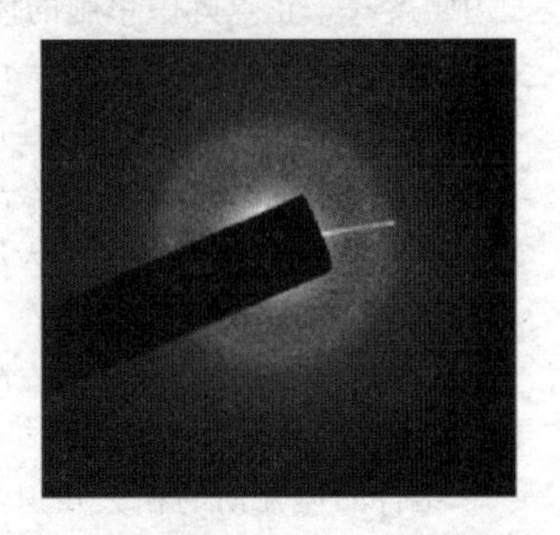

图 3-38 非晶材料的电子衍射花样

3.5.1 电子衍射的原理

3.5.1.1 布拉格定律

无论是电子衍射还是 X 射线衍射，衍射几何原理都是相同的，都可以用布拉格公式描述。布拉格公式及其相关知识已经在本书的第 1 章进行讲解，这里只做一下简单的回顾。根据几何原理和光的衍射理论可以推导布拉格公式：

$$2d\sin\theta = n\lambda \tag{3-24}$$

式中 d——晶面间距，nm；

θ——衍射角，rad；

λ——电子波长，nm；

n——衍射级数，在电子衍射中可以只考虑1级衍射，即 $n=1$。

对于透射电镜，照明光源为100～200kV的电子束，电子波的波长为 10^{-3}～10^{-2}nm数量级，远远能够满足 $\lambda \leqslant 2d$ 的条件。

电子波的波长为 10^{-3}～10^{-2}nm数量级，常见晶面间距为 10^{-1}～10^{0} nm数量级，故：

$$\theta \approx \sin\theta = \frac{\lambda}{2d} < 10^{-2}\,\text{rad} < 1^{\circ}$$

表明电子衍射的衍射角总是非常小，这是电子衍射花样区别于X射线衍射花样的主要原因之一。

3.5.1.2 倒易点阵

为了便于处理晶体结构同其X射线衍射效应的关系，倒易点阵最初是由埃瓦尔德引进的概念。倒易点阵是由倒易点所构成的点阵，是描述晶体结构的一种几何方法，它与空间点阵具有倒易关系。首先数学上可以认为倒易点阵是一种映射或者算法，再将倒易点阵中的相关结果应用到晶体几何中，就容易理解其中的内涵。

设正点阵的原点为 O，基矢为 $\boldsymbol{a}$、$\boldsymbol{b}$、$\boldsymbol{c}$，倒易点阵的原点为 O^{*}，基矢为 $\boldsymbol{a}^{*}$、$\boldsymbol{b}^{*}$、$\boldsymbol{c}^{*}$，则倒易点阵中单位矢量定义如式(3-25)：

$$\boldsymbol{a}^{*} = \frac{\boldsymbol{b}\times\boldsymbol{c}}{V}, \boldsymbol{b}^{*} = \frac{\boldsymbol{c}\times\boldsymbol{a}}{V}, \boldsymbol{c}^{*} = \frac{\boldsymbol{a}\times\boldsymbol{b}}{V} \tag{3-25}$$

式中 V——正点阵中单胞的体积。

$$V = \boldsymbol{a}\cdot(\boldsymbol{b}\times\boldsymbol{c}) = \boldsymbol{b}\cdot(\boldsymbol{c}\times\boldsymbol{a}) = \boldsymbol{c}\cdot(\boldsymbol{a}\times\boldsymbol{b}) \tag{3-26}$$

倒易点阵具有如下一些性质。

性质1：倒易点阵的定义表明，正点阵和倒易点阵异名基矢点积为零，倒易基矢垂直于正点阵中和自己异名的二基矢所成平面。

$$\boldsymbol{a}^{*}\cdot\boldsymbol{b} = \boldsymbol{a}^{*}\cdot\boldsymbol{c} = \boldsymbol{b}^{*}\cdot\boldsymbol{a} = \boldsymbol{b}^{*}\cdot\boldsymbol{c} = \boldsymbol{c}^{*}\cdot\boldsymbol{a} = \boldsymbol{c}^{*}\cdot\boldsymbol{b} = 0 \tag{3-27}$$

性质2：倒易点阵的定义表明，正点阵和倒易点阵同名基矢点积为1，即：

$$\boldsymbol{a}^{*}\cdot\boldsymbol{a} = \boldsymbol{b}^{*}\cdot\boldsymbol{b} = \boldsymbol{c}^{*}\cdot\boldsymbol{c} = 1 \tag{3-28}$$

结合晶体几何的相关知识，定义从倒易点阵原点到倒易点的矢量为倒易矢量，则倒易矢量可以用倒易基矢表示，即：

$$\boldsymbol{g}_{(hkl)} = h\boldsymbol{a}^{*} + k\boldsymbol{b}^{*} + l\boldsymbol{c}^{*} \tag{3-29}$$

式中 $\boldsymbol{g}_{(hkl)}$——倒易矢量；

h、k、l——整数。

性质3：倒易矢量 $\boldsymbol{g}_{(hkl)}$ 的长度等于正点阵中干涉指数为（hkl）的晶面间距的倒数，倒易矢量 $\boldsymbol{g}_{(hkl)}$ 的方向平行于干涉指数为（hkl）晶面的法线方向，即：

$$|\boldsymbol{g}_{(hkl)}| = \frac{1}{d_{(hkl)}} \tag{3-30}$$

式中　$d_{(hkl)}$——干涉指数为（hkl）的晶面间距，nm。

由于 $\boldsymbol{g}_{(hkl)}$ 在方向上是正点阵（hkl）晶面法线的方向，在长度上是 $\dfrac{1}{d_{(hkl)}}$，所以在倒易矩阵中 $\boldsymbol{g}_{(hkl)}$ 唯一地代表正点阵（hkl）晶面。这样正点阵中的二维平面在倒易点阵中就是一个倒易矢量，或者说倒易点阵中的倒易矢量就表示正点阵中对应指数的晶面，也可以说倒易点阵中的一个结点对应正点阵中的一个晶面。

性质 4：倒易点阵是将衍射矢量和倒易矢量联系起来的桥梁和纽带，从而在衍射花样和晶体结构之间建立起了对应关系，是以后学习和解释衍射花样的基础。

3.5.1.3　晶带定律

在空间点阵中，同时平行于某一晶向的一组晶面构成一个晶带，而这个晶向称为晶带轴，如图 3-39 所示。

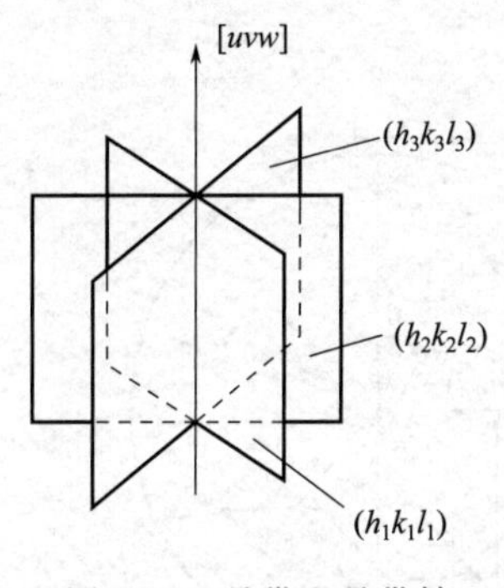

图 3-39　晶带和晶带轴

根据晶体学基础知识可以推导：

性质 1：晶带轴平行晶带中所有晶面，垂直晶带中所有晶面的法向矢量。

性质 2：若一晶面同时属于两个不同晶带，可求晶面的干涉指数。

性质 3：若一晶向同时属于两个不同晶带，可求其晶向指数。

这三个性质非常重要，性质 1 是推导二维倒易点阵和衍射花样的基础，性质 2 在求两相的晶体学位向关系时必不可少，性质 3 是确定电子束入射方向（衍射方向）的基础。

从数学的角度可以认为电子衍射花样是倒易点阵截面在入射束方向上的放大，用这种方法理解电子衍射花样对初学者有一定的难度，需要较高的空间思维和空间想象能力。同时电子衍射花样也是晶带的二维倒易点阵的放大，从这个角度就比较容易理解，也容易估计电子衍射花样的形状，这就是要深入学习晶带定律及其相关知识的原因。

图 3-40 为空间点阵晶体的［uvw］晶带，在晶带中按指数的平方和从小到大的顺序找出几个晶带面，如（$h_1k_1l_1$）、（$h_2k_2l_2$）、（$h_3k_3l_3$），分别在晶带面的法线方向找到其倒易矢量的大小，平移至与晶带轴垂直且经过倒易原点的平面，倒易矢量平移后构成的图形就是晶带的倒易点阵，这个二维倒易点阵就对应着以晶带轴为衍射方向的电子衍射花样雏形。埃瓦尔德作图法的结果与该方法吻合，同时两者都是从数学（或者说几何）的角度看待问题，而忽略了衍射强度和结构消光。

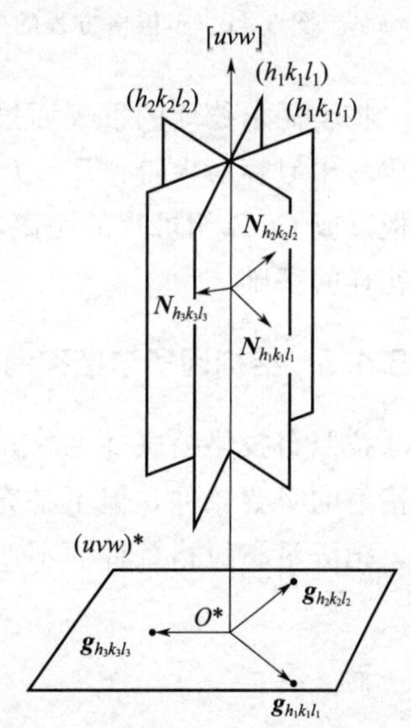

图 3-40　晶带与其二维倒易点阵

3.5.1.4　埃瓦尔德作图法

在理解倒易点阵和晶带定理等知识的前提下，可以用埃瓦尔德作图法来直观表达布拉格方程，增加对衍射几何条件和电子衍射花样的形象理解。

如图 3-41 所示，当一束电子波被晶面（hkl）反射时，假设 $\boldsymbol{N}$ 是晶面（hkl）的法向矢量，是入射波的波矢。波矢的方向是波的传播方向，波矢模量的大小是波长的倒数，布拉格方程可以变形为衍射矢量方程：

$$|\boldsymbol{s}_0-\boldsymbol{s}|=\frac{1}{d_{(hkl)}}=|\boldsymbol{g}_{(hkl)}| \tag{3-31}$$

根据式(3-31)，入射矢量 $\boldsymbol{s}_0$、衍射矢量 $\boldsymbol{s}$ 和倒易失量 $\boldsymbol{g}_{(hkl)}$ 构成了矢量的三角形关系。

根据这个原理，埃瓦尔德建立了倒易点阵中衍射条件的图解法，称为埃瓦尔德作图法。假设入射方向为垂直向下，入射矢量的原点为正点阵原点 O，即晶体中心。规定入射矢量的终点是倒易点阵的中心 O^*，$\boldsymbol{OO}^*$ 就可以表示入射矢量，依据波矢的定义可知入射矢量的模长等于入射波波长的倒数 $1/\lambda$。如图 3-42 所示，在此基础上规定以正点阵原点 O 为球心，以入射波波长的倒数 $1/\lambda$ 为半径作球，即埃瓦尔德球，容易理解终点落在球面上的倒易矢量都符合衍射几何条件。

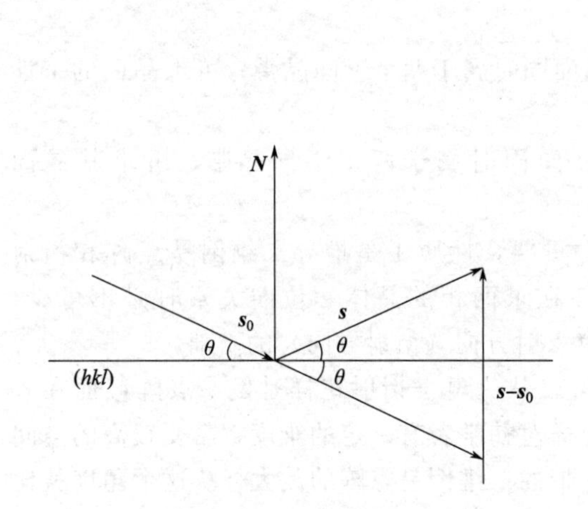

图 3-41　布拉格方程的矢量表示

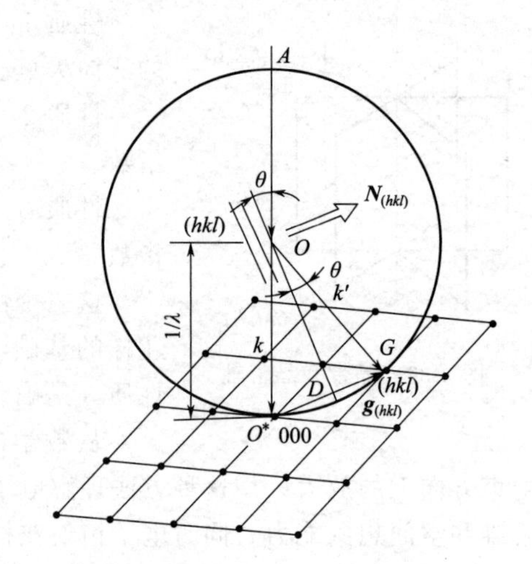

图 3-42　埃瓦尔德作图法

将埃瓦尔德球的下表面投影至照相底板（或 CCD 相机），就得到了电子衍射花样。利用三角形相似容易求得：$R=L\lambda/d$，其中 R 是透射斑点到衍射斑点的距离，L 是样品到照相底板（或 CCD 相机）的距离，称为相机长度。这就是电子衍射的基本公式，是标定电子衍射花样的基础。

3.5.1.5　结构因子与结构消光

按照布拉格公式［$2d\sin\theta=\lambda(n=1$ 时$)$］或埃瓦尔德作图法给出的晶面组（hkl）是产生衍射的必要条件，但不是充分条件。满足上述条件要求的晶面未必一定能够产生衍射。这样，把满足布拉格条件而不产生衍射的现象称为结构消光。这是因为衍射束强度：

$$I_{(hkl)}\propto F_{(hkl)}^{\ 2} \tag{3-32}$$

而又有：

$$F_{(hkl)}=\sum_{j=1}^{n}f_j\exp[2\pi j(\boldsymbol{g}\cdot\boldsymbol{r}_j)]=\sum_{j=1}^{n}f_j\exp[2\pi j(hx_j+ky_j+lz_j)] \tag{3-33}$$

式中 $F_{(hkl)}$ ——(hkl) 晶面组的结构因子（结构振幅），表征晶胞内原子种类、原子个数以及原子位置对衍射强度的影响；

f_j——晶胞中位于（x_j，y_j，z_j）的第 j 个原子的散射因子；

n——晶胞原子数。

$$\boldsymbol{g}=h\cdot\boldsymbol{a}_1^*+k\cdot\boldsymbol{a}_2^*+l\cdot\boldsymbol{a}_3^*$$
$$\boldsymbol{r}_j=x_j\cdot\boldsymbol{a}_1+y_j\cdot\boldsymbol{a}_2+z_j\cdot\boldsymbol{a}_3 \text{（第 } j \text{ 个原子的坐标矢量）} \tag{3-34}$$

$F^2_{(hkl)}$ 的物理意义可以认为是单胞对波的衍射强度，即 $F^2_{(hkl)}$ 越大，$I_{(hkl)}$越大。当 $F_{(hkl)}=0$ 时，$I_{(hkl)}=0$，此时称为结构消光。常见晶体的结构消光规律见表 3-3。

表 3-3 常见晶体的结构消光规律

晶格类型	消光规律
简单立方	对指数没有限制（不会产生结构消光）
面心立方（FCC）	h、k、l 奇偶混合
体心立方（BCC）	$h+k+l$ 为奇数
密排六方（HCP）	$h+2k=3n$，同时 l 为奇数
体心四方（BCT）	$h+k+l$ 为奇数
金刚石立方	h、k、l 全偶且 $h+k+l=4n$，或 h、k、l 奇偶混合
复杂立方	h、k、l 奇偶混合
NaCl 型	h、k、l 奇偶混合

综上所述可知：产生衍射的必要条件是 $2d\sin\theta=\lambda$，充分条件是 $F_{(hkl)}\neq0$。

3.5.1.6 晶体尺寸效应

在埃瓦尔德图解中，如果倒易点是理想的几何点，那么与入射束垂直且过倒易原点的倒易面上，所有的倒易点都不可能与反射球相交而产生衍射。实际电子衍射中，该倒易面上是有衍射花样产生的。

这是因为晶体的尺寸效应导致了该倒易点（衍射斑点）的形状发生改变。由于透射电镜样品常见的是薄片晶体，因此倒易点的形状沿斑点中心向两侧扩展成倒易杆，如图 3-43 所示。倒易杆的长度取决于样品晶体厚度，$l=2/t$。由图 3-43 可知，当衍射方向偏离布拉格角 θ 时，最大的偏移矢量是 $\boldsymbol{s}$。如果偏移量再大，倒易杆就接触不了反射球，就不能产生衍射。

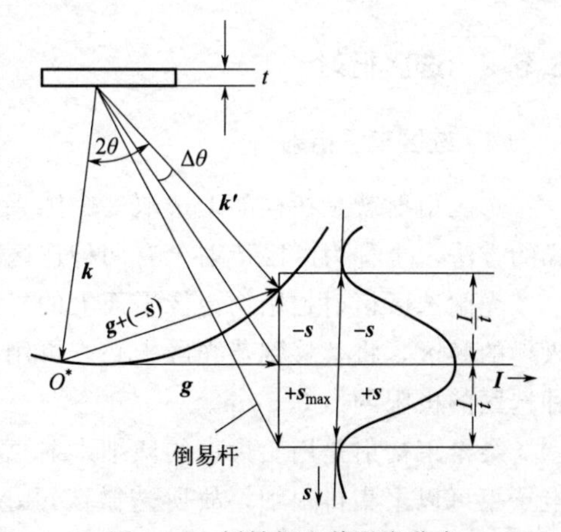

图 3-43 倒易杆和其强度分布

3.5.1.7 零层倒易面

零层倒易面是通过倒易原点且垂直于某一晶带轴的二维倒易平面，用 $(uvw)_0^*$ 表示。倒易原点是入射电子束通过埃瓦尔德球心和球面相交的那一点。(uvw) 表示平面，* 表示倒易，0 表示零层倒易面，通常 0 也可以省略。零层倒易面也可以用正空间的晶带轴 [uvw] 来表示。在零层倒易面上，一个倒易点代表正空间的一组平行晶面。

显然，若倒易面的法线为 $\boldsymbol{r}$，则该倒易面上所有倒易矢量 $\boldsymbol{g}$ 与 $\boldsymbol{r}$ 垂直，有 $\boldsymbol{g}\cdot\boldsymbol{r}=0$。这就是晶带定律在倒易点阵中的数学表达式，其中 $\boldsymbol{r}$ 的方向是晶带轴方向。如果晶带轴与电子束的入射方向重合，那么 $\boldsymbol{r}$ 的方向就是电子束入射方向。此时的电镜操作称为对称入射，如图 3-44(a) 所示。如果晶带轴与电子束的入射方向有一定的夹角，称为非对称入射，如图 3-44(b) 所示，非对称入射中夹角很小，一般可以忽略。在倒易平面上任选两个倒易矢量 $\boldsymbol{g}_1$、$\boldsymbol{g}_2$，按右手法则叉乘即可求得晶带轴方向 $\boldsymbol{r}=\boldsymbol{g}_1\times\boldsymbol{g}_2$。

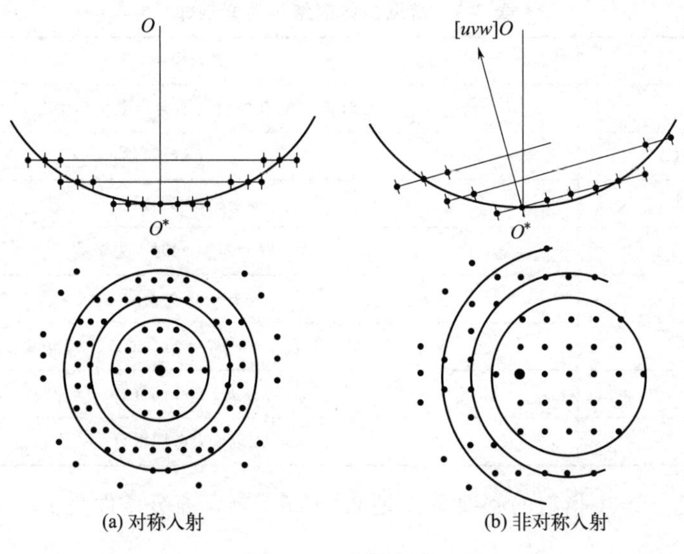

图 3-44　入射方式

那些在零层倒易面上方和下方且与零层倒易面平行的倒易面称为高阶倒易面。有 $\boldsymbol{g}\cdot\boldsymbol{r}=N$ ($N=\pm1$、±2、$\pm3\cdots$，为整数，表示距离零层倒易面的层数)，这称为广义晶带定律。

3.5.2　选区衍射

(1) 选区电子衍射

选区衍射就是在样品上选取一个感兴趣的区域，并限制其大小，得到该微区电子衍射花样的方法，也称为微区衍射。有两种选区衍射方法——光阑选区衍射和会聚束衍射。

光阑选区衍射是用物镜像平面上的光阑限制微区大小。具体操作是先在明场像上找到感兴趣的微区，将其移到荧光屏中心，再用选区光阑套住微区而将其余部分挡掉。理论上，这种选区的极限约为 0.5μm。

会聚束衍射是用会聚束的微细入射直接在样品上选择感兴趣部位并获得该微区衍射像。电子束可以聚集得很细，故所选微区可小于 0.5μm。所选区域就是实际衍射区，可用于研究微小析出相和单个晶体缺陷。目前已经发展成为会聚束衍射技术。

实际上，选区光阑并不能完全挡掉光阑以外物相的衍射线。这样，选区和衍射像不能完

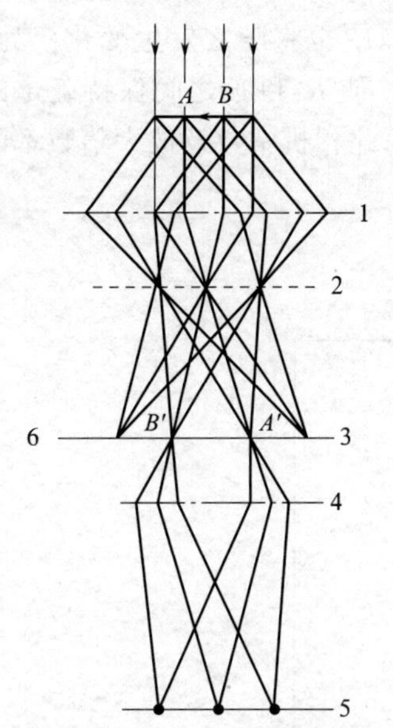

图 3-45　选区电子衍射原理

1—物镜　2—后焦面　3—背焦面
4—选区光阑　5—相平面　6—物镜光阑

全对应，有一定的误差。它起因于物镜有球差和像的聚焦误差。误差严重时，实际衍射区甚至不是光阑所选微区，以致衍射像和微区像来自两个不同部位，造成分析错误。

图 3-45 所示为选区电子衍射的原理图。入射电子束通过样品后，透射束和衍射束将会集到物镜的背焦面上形成衍射花样，然后各斑点经干涉后重新在像平面上成像。图中上方水平方向的箭头表示样品，物镜像平面处的箭头是样品的一次像。如果在物镜的像平面处加入一个选区光阑，那么只有 $A'B'$ 范围的成像电子能够通过选区光阑，并最终在荧光屏上形成衍射花样。这一部分的衍射花样实际上是由样品的 AB 范围提供的。选区光阑的直径在 20～300μm 之间，若物镜放大倍数为 50 倍，则选用直径为 50μm 的选区光阑就可以套取样品上任何直径 $d=1\mu$m 的结构细节。

选区光阑的水平位置在电镜中是固定不变的，因此在进行正确的选区操作时，物镜的像平面和中间镜的物平面都必须和选区光阑的水平位置平齐。即图像和光阑孔边缘都聚焦清晰，说明它们在同一个平面上。如果物镜的像平面和中间镜的物平面重合于光阑的上方或下方，在荧光屏上仍能得到清晰的图像，但因所选的区域发生偏差而使衍射斑点不能和图像一一对应。

(2) 有效相机常数

图 3-46 所示为衍射束通过物镜折射在背焦面上会集成衍射花样，以及用底片直接记录衍射花样的示意图。根据三角形相似原理，$\triangle OAB \backsim \triangle O'A'B'$，因此，一般衍射操作时的相机长度 L 和 R 在电子显微镜中与物镜的焦距 f_0 和 r（副焦点 A' 到主焦点 B' 的距离）相当。电子显微镜中进行电子衍射操作时，焦距 f_0 起到了相机长度的作用。由于 f_0 将进一步被中间镜和投影镜放大，故最终的相机长度应是 $f_0M_1M_p$（M_1 和 M_p 分别为中间镜和投影镜的放大倍数），于是有

$$L'=f_0M_1M_p, R'=rM_1M_p \tag{3-35}$$

根据

$$R=\lambda L\frac{1}{d_{(hkl)}}=\lambda Lg_{(hkl)} \tag{3-36}$$

有

$$\frac{R'}{M_1M_D}=\lambda f_0 g$$

定义 L' 为有效相机长度，则有

$$R'=\lambda L'g=K'g \tag{3-37}$$

其中，$K'=\lambda L'$，称为有效相机常数。

由此可见，透射电子显微镜中得到的电子衍射花样仍然满足

$$R=\lambda Lg_{(hkl)}=Kg_{(hkl)} \tag{3-38}$$

但式中 L' 并不直接对应于样品至照相底片的实际距离。只要记住这一点，在习惯上便可以不加区别地使用 L 和 L' 这两个符号，并用 K 代替 K'。因为 f_0、M_1 和 M_p 分别取决于

物镜、中间镜和投影镜的励磁电流，因而有效相机常数 $K'=\lambda L'$ 也将随之发生变化。为此，必须在三个透镜的电流都固定的条件下，标定它的相机常数，使 R 和 g 之间保持确定的比例关系。目前的电子显微镜，由于控制系统引入了计算机，因此相机常数及放大倍数都随透镜励磁电流的变化而自动显示出来，并直接曝光在底片边缘。

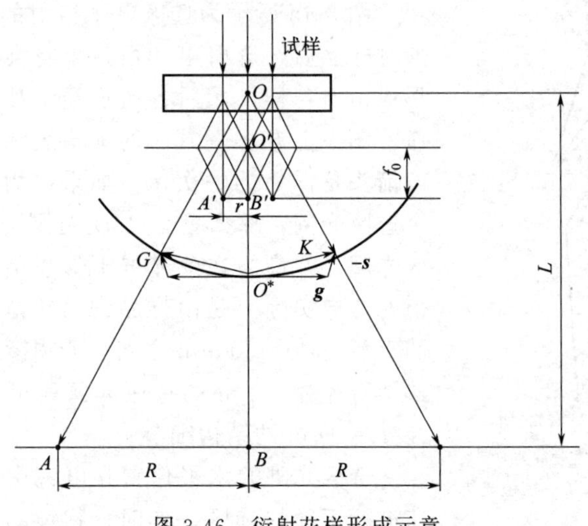

图 3-46　衍射花样形成示意

（3）磁转角

电子束在镜筒中是按螺旋线轨迹前进的，衍射斑点到物镜的一次像之间有一段距离，电子通过这段距离时会转过一定的角度，这就是磁转角 φ。若图像相对于样品的磁转角为 φ_i，而衍射斑点相对于样品的磁转角为 φ_d，则衍射斑点相对于图像的磁转角 $\varphi=\varphi_i-\varphi_d$。图 3-47 所示为衍射花样中（200）衍射斑点到中心斑点的连线（g_{200}）与图像中（200）面的法线间的夹角 φ 就是磁转角，它表示图像相对于衍射花样转过的角度。目前的透射电子显微镜安装有磁转角自动补正装置，进行形貌观察和衍射花样对照分析时可不必考虑磁转角的影响，从而使操作和结果分析大为简化。

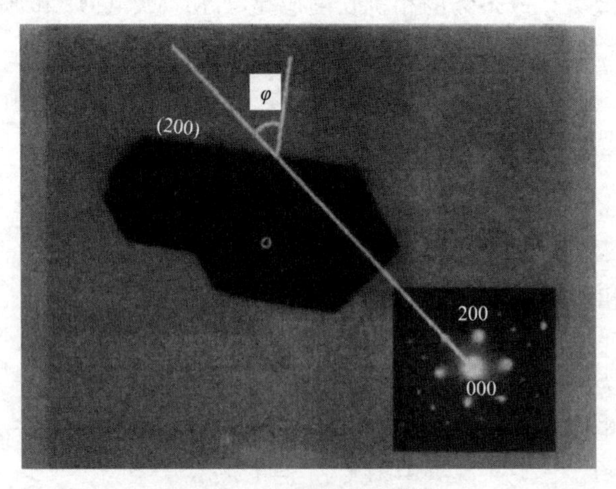

图 3-47　TiB 晶体磁转角

3.5.2.1 球差引起的选区误差

在图 3-48 中，选区光阑套住大小为 A_0B_0 的像，对应样品上 AB 微区的物。由于球差、衍射束与透射束不能在平面上同一点成像（如虚线所示）。从虚线所示可以看出，A_0B_0 像来自物平面上 $A'B'$ 微区。误差大小可以用球差公式计算：

$$A'A=B'B=C_s\alpha^3 \tag{3-39}$$

式中 C_s——球差系数；

α ——$\alpha=2\theta$；

θ——衍射角。

3.5.2.2 失焦引起的选区误差

在图 3-49 中，AB、A_0B_0 分别为正焦和失焦（偏离正焦位置）时相应于样品上选区光阑套住的微区。失焦面在样品与物镜之间时称为过焦，在样品之上时称为欠焦。从图 3-49 可见，A_0 的（hkl）衍射束与 A'的（hkl）衍射束（虚线）重合，B_0 的衍射束与 B'的衍射束重合，即失焦时正焦面上光阑以外 $A'A$ 区的衍射束可通过失焦面上光阑而到达物镜，正焦面上光阑以内的 $B'B$ 区的衍射束被失焦面上的光阑挡掉，从而引起误差。失焦引起的误差为：

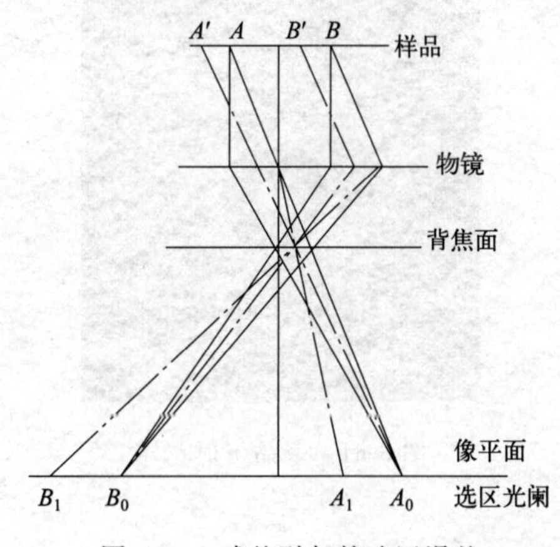

图 3-48 球差引起的选区误差

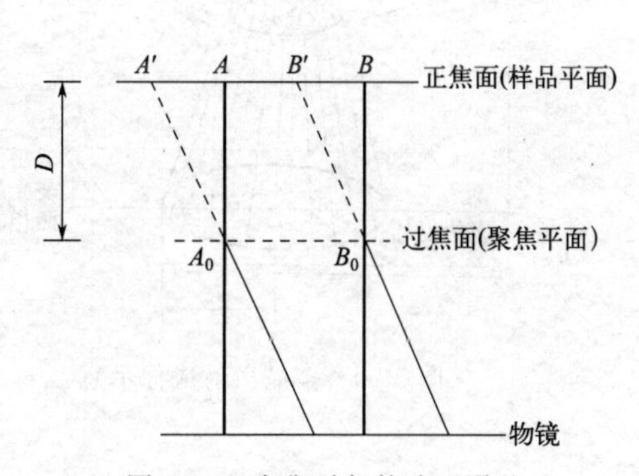

图 3-49 失焦引起的选区误差

$$A'A=B'B=\pm D\alpha$$

式中 D——正焦面到失焦面的距离；

“+”号——用于过焦；

“−”号——用于欠焦。

总的选区误差 Y 为：

$$Y=C_s\alpha^3\pm D\alpha \tag{3-40}$$

代入典型数值，$C_s=3\text{mm}$，$\alpha=0.02\text{rad}$，$D=5\mu\text{m}$，得 $Y=0.076\sim0.124\mu\text{m}$。由此可见：①不要采用过小的选区光阑（通常不宜小于 $1\mu\text{m}^2$）。光阑孔径应该大于 2 MY(M 为物镜放大倍数)，以保证斑点有足够的强度。较小的微区可在更高电压的电镜上观察，或采用会聚束衍射。②尽量利用低指数衍射信息。

3.5.3 多晶电子衍射的标定

3.5.3.1 多晶电子衍射花样与拍摄

对于多晶薄膜、纳米晶体，当电子束照射时，被照射区域包含很多晶粒，此时其衍射花样为同心圆环。

当电子束照射多晶、纳米晶体时，衍射成像原理与多晶 X 射线衍射相似，如图 3-50 所示，不产生消光的晶面均有机会产生衍射。

每一族衍射晶面对应的倒易点分别集合而成一半径为 $1/d$ 的倒易球面，与埃瓦尔德球的交线为圆环。因此，样品各晶粒 $\{hkl\}$ 晶面族晶面的衍射线轨迹形成以入射电子束为轴，θ 为半锥角的衍射圆锥，不同晶面族衍射圆锥 θ 不同，但各衍射圆锥共顶、共轴。

对应晶面的衍射花样为各衍射圆锥与垂直入射束方向的荧光屏或照相底板的相交线，是一系列同心圆环，多晶电子衍射花样也可视为倒易球面与反射球交线圆环（即参与衍射晶面倒易点的集合）的放大像，如图 3-51 所示。

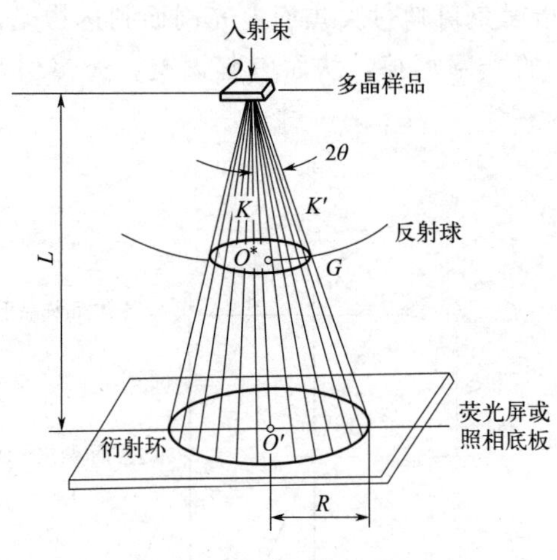

图 3-50 多晶衍射成像示意

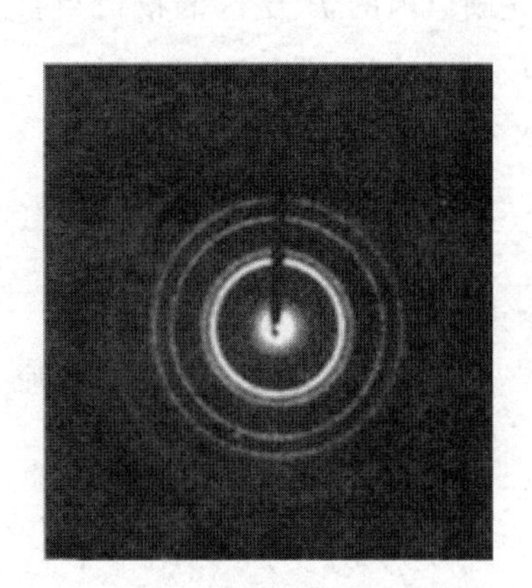

图 3-51 多晶衍射花样

3.5.3.2 多晶花样的标定方法

衍射花样的标定就是指衍射花样的指数化，即确定各衍射环对应衍射晶面的指数，并进行标定。常用的具体的标定方法是 R^2 比值法。确定多晶电子衍射花样指数标定的大致过程为：首先测量衍射环的半径 R，计算 R 比值；然后对照各晶系特有的消光规律，利用尝试法可求出各衍射环的衍射指数和晶面间距，如果仪器常数 λL 已知，则可计算出 d 值，再将其与粉末衍射卡对照，即可确定衍射指数。

3.5.4 单晶电子衍射的标定

对于电子显微镜中的电子衍射，我们经常遇到的是单晶体的衍射花样，它主要是由于电子显微镜的放大倍率高，多用于观察和分析样品内微米和亚微米尺寸的超显微结构。单晶电子衍射花样的标定主要是指将花样指数化，其目的和内容包括：确定各衍射斑点的相应晶面指数；确定衍射花样所属晶带轴指数；确定样品的点阵类型、物相及位向。单晶电子衍射花样的标定是透射电镜应用中的一个基本且重要的内容，具有重要和广泛的意义。

3.5.4.1 单晶电子衍射花样的特征

根据前面讲述的知识，单晶衍射具有如下的特点。

① 电子束方向 B 近似平行于晶带轴 $[uvw]$，因为衍射角 θ 很小，即入射束近似平行于衍射晶面；

② 反射球半径很大，衍射角 θ 很小，在倒易点阵原点 O^* 附近反射球近似为平面；

③ 由于样品为晶体薄膜，即样品厚度很小，倒易点阵扩展为有一定长度的倒易杆。

因此，不难看出，单晶电子衍射花样就是 $(uvw)_0^*$ 零层倒易截面的放大像。成像原理图和单晶电子衍射花样如图 3-52 和图 3-53 所示。

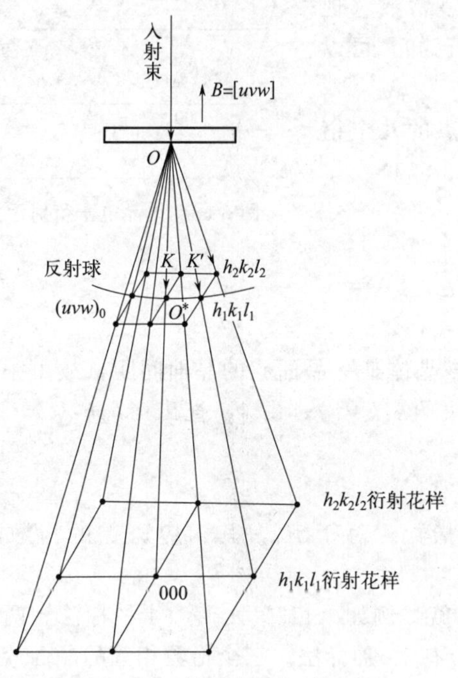

图 3-52 单晶电子衍射原理

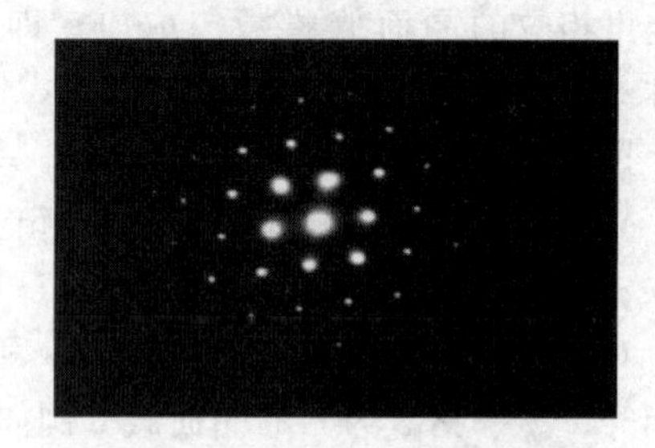

图 3-53 单晶 Si 的电子衍射花样

已知单晶花样是一个零层二维倒易截面，其倒易点规则排列，具有明显对称性且处于二维网络的格点上。因此表达花样对称性的基本单元为平行四边形（图 3-54）。

平行四边形可用两边夹一角来表征。

平行四边形按照下述原则进行选择。

① 最短边原则：以透射斑为起点，按照从小到大的顺序确定平行四边形的两边 R_1 和 R_2，且 $R_1 < R_2$。

② 锐角原则：选取合造平行四边形的两边，使 R_1 和 R_2 之间的夹角 θ 为锐角或者直角，一般 $60° \leqslant \theta \leqslant 90°$。

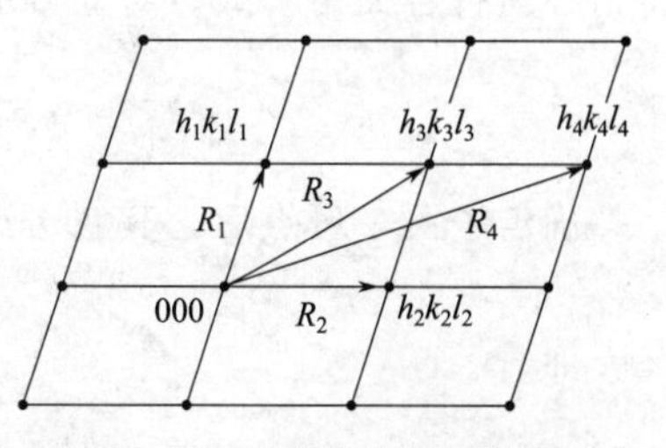

图 3-54 单晶衍射的周期性

如图 3-54 所示，选择平行四边形。则平行四边形的对角线：

$$\boldsymbol{R}_3=\boldsymbol{R}_1+\boldsymbol{R}_2 \tag{3-41}$$

已知 $h_1k_1l_1$ 和 $h_2k_2l_2$，可求得：$h_3=h_1+h_2$，$k_3=k_1+k_2$，$l_3=l_1+l_2$。

这种选择方法有时会导致所选的平行四边形对角线 R_3 是长对角线，而非短对角线。但选择方法便于查对晶系的晶面夹角表。

3.5.4.2 单晶衍射花样的标定

标定衍射花样时，根据对待标定相信息的了解程度，相应有不同的方法。常见的是待标定相的晶体结构已知或者可以在有限的范围内进行假设和选择，用电子衍射验证前面假设。本书主要讲解该种情况下的标定，对于待标定相完全未知的情况，只做简单介绍。深入学习请参看相关参考资料。下面来讨论几种标定方法。

① 已知晶体结构的衍射花样标定。

a. 尝试-校核（核算）法。当晶体结构和电镜常数（现在的主流电镜在衍射花样电子照片上均有标尺）已知，可以使用尝试-校核法进行标定，具体标定步骤如下。

Ⅰ. 按照从小到大的顺序，测量靠近中心斑点的几个衍射斑点至中心斑点距离 R_1、R_2、R_3、R_4…（图 3-55）。

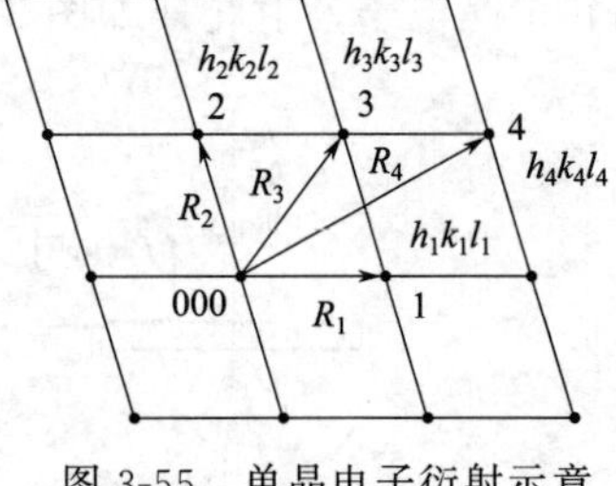

图 3-55 单晶电子衍射示意

Ⅱ. 根据衍射基本公式：

$$R=L\lambda\frac{1}{d} \tag{3-42}$$

求出相应的晶面间距 d_1、d_2、d_3、d_4…

Ⅲ. 因为晶体结构是已知的，某一 d 值即为该晶体某一晶面族的晶面间距，故可根据 d 值定出相应的晶面族指数 $\{hkl\}$，即由 d_1 查出 $\{h_1k_1l_1\}$，由 d_2 查出 $\{h_2k_2l_2\}$，依次类推。

Ⅳ. 测定各衍射斑点之间的夹角。

Ⅴ. 指定离开中心斑点最近的衍射斑点的指数。对于 R_1，其相应斑点的指数应为 $\{h_1k_1l_1\}$ 晶面族中的一个。

对于 h、k、l 三个指数中有两个相等的晶面族（例如 {112} ），有 24 种标法。两个指数相等、另一指数为 0 的晶面族（例如 {110} ）有 12 种标法。三个指数相等的晶面族（如 {111} ）有 8 种标法。两个指数为 0 的晶面族有 6 种标法。第一个衍射斑点的指数可以是等价晶面中的任意一个，按照个人习惯指定一个即可。

Ⅵ. 确定第二个斑点的指数。第二个斑点的指数不能任选，因为它和第一个斑点之间的夹角必须符合夹角公式。对立方晶系而言，夹角公式为：

$$\cos\varphi=\frac{h_1h_2+k_1k_2+l_1l_2}{\sqrt{h_1^2+k_1^2+l_1^2}\times\sqrt{h_2^2+k_2^2+l_2^2}} \tag{3-43}$$

确定了两个斑点后，其它斑点可以根据矢量运算求得：

$$\boldsymbol{R}_3=\boldsymbol{R}_1+\boldsymbol{R}_2 \tag{3-44}$$

即：

$$h_3=h_1+h_2, k_3=k_1+k_2, l_3=l_1+l_2 \tag{3-45}$$

根据晶带定律求零层倒易截面的法线方向，即晶带轴的指数

$$[uvw]=\boldsymbol{g}_{(h_1k_1l_1)}\times\boldsymbol{g}_{(h_2k_2l_2)}$$

即：

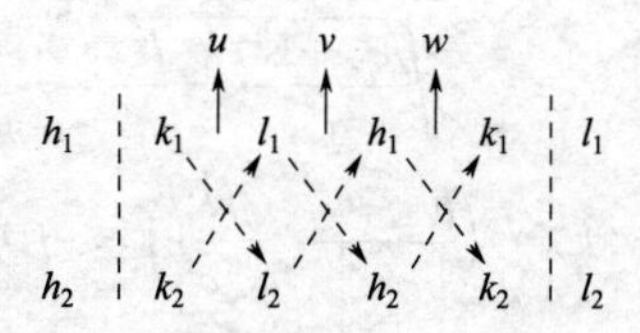

b. R^2 比值法。当晶体结构和电镜常数已知，可以使用 R^2 比值法进行标定，具体标定步骤如下。下面先以立方晶系为例来讨论电子衍射花样的标定。

由电子衍射基本公式得：

$$R=\frac{L\lambda}{d}=\frac{L\lambda\sqrt{h^2+k^2+l^2}}{a} \tag{3-46}$$

$$R^2=\frac{(L\lambda)^2(h^2+k^2+l^2)}{a^2}=\frac{L^2\lambda^2}{a^2}N \tag{3-47}$$

式中，$N=h^2+k^2+l^2$。

对同一物相、同一衍射花样而言，$\frac{(L\lambda)^2}{a^2}$ 为常数，则

$$R_1^2:R_2^2:\cdots:R_n^2=N_1:N_2:N_3:\cdots:N_n$$

与立方系各类结构根据消光条件产生衍射的指数相同，即：

Ⅰ. 简单立方——100，110，111，200，210，211，220，221，…

Ⅱ. 体心立方——110，200，112，220，310，222，321，…

Ⅲ. 面心立方——111，200，220，311，222，400，…

Ⅳ. 金刚石立方——111，220，311，400，331，422，…

产生衍射的 N 值序列比（或 R^2 序列比）为：

Ⅰ. 简单立方——1∶2∶3∶4∶5∶6∶8∶9∶10…

Ⅱ. 体心立方——2∶4∶6∶8∶10∶12∶14∶16∶18…

Ⅲ. 面心立方——3∶4∶8∶11∶12∶16∶19∶20∶24…

Ⅳ. 金刚石立方——3∶8∶11∶16∶19∶24∶27…

上述数列前后项差值的规律：

Ⅰ. 简单立方——1，1，1，1，1，2，1，1，1，…

Ⅱ. 体心立方——1，1，1，1，1，1，1，1，1，…

Ⅲ. 面心立方——1，4，3，1，4，3，1，…

Ⅳ. 金刚石立方——5，3，5，3，5，3，5，…

从差值数列可以看出各个结构不同，特别是简单立方与体心立方也可以区分。使用 R^2 比值法进行立方系晶体标定时应当注意，由于电子衍射花样是某一晶带的二维倒易点阵，有可能会在 R^2 比值中有些缺失，比如简单立方入射方向为 [111] 晶向时，{200}、{222} 等晶面族不在该晶带，因此不能产生衍射，就导致了 R^2 比值的缺失。

接着简单介绍一下材料科学中常用的其它结构的晶体如何使用 R^2 比值法进行标定。

Ⅰ. 四方晶系。

四方晶系：$a=b\neq c$，$\alpha=\beta=\gamma=90°$。

面间距公式：

$$d=\frac{1}{\sqrt{\frac{h^2+k^2}{a^2}+\frac{l^2}{c^2}}} \tag{3-48}$$

$$R^2=\frac{(L\lambda)^2}{d^2}=(L\lambda)^2\left(\frac{h^2+k^2}{a^2}+\frac{l^2}{c^2}\right)=(L\lambda)^2\left(\frac{M}{a^2}+\frac{l^2}{c^2}\right) \tag{3-49}$$

式中，$M=h^2+k^2$。

显然 R^2 比的数列是比较复杂的。但取 $\{hk0\}$ 类晶面族，就有 $R^2 \propto M$。

半径 R 平方比：1，2，4，5，8，9，10，13，16，…，即：

$R_1^2 : R_2^2 : R_3^2 : R_4^2 \cdots = M_1 : M_2 : M_3 : M_4 \cdots = 1:2:4:5:8:9:10:13:16:17:18\cdots$

Ⅱ.六方晶系。

六方晶体的晶面间距公式为：

$$d_{(hkl)}=\frac{1}{\sqrt{\frac{4}{3}\times\frac{h^2+hk+k^2}{a^2}+\frac{l^2}{c^2}}} \tag{3-50}$$

$$\frac{1}{d_{(hkl)}^2}=\frac{1}{\frac{4}{3}\times\frac{h^2+hk+k^2}{a^2}+\frac{l^2}{c^2}} \tag{3-51}$$

由电子衍射基本公式得：

$$R^2=\frac{(L\lambda)^2}{d^2}=(L\lambda)^2\times\left(\frac{4}{3}\times\frac{h^2+hk+k^2}{a^2}+\frac{l^2}{c^2}\right)=(L\lambda)^2\left(\frac{4}{3}\times\frac{M}{a^2}+\frac{l^2}{c^2}\right) \tag{3-52}$$

式中，$M=h^2+hk+k^2$。

显然，这也是一个复杂的数列，但若取六方晶系 $l=0$ 的那些晶面族，即 $\{hk0\}$ 晶面族，这些数组成一个新的 M_i 数列，则有：

$R_1^2 : R_2^2 : R_3^2 : R_4^2 \cdots = M_1 : M_2 : M_3 : M_4 \cdots = 1:3:4:7:9:12:13:16:19:21\cdots$

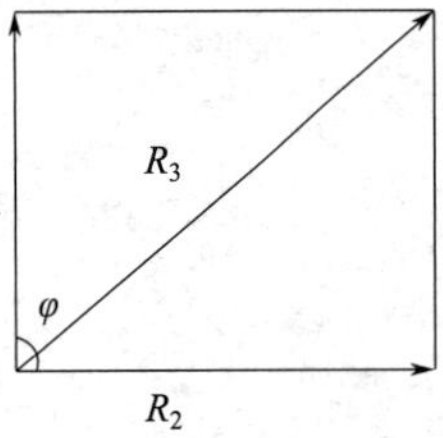

从这个数列可以看出，R^2 比值的递增序列中，前后差总有 1∶3 比值的呼应关系，为六方晶体花样的一个主要特征。

c. R_j/R_1 特征值法。在进行标定之前，首先要确定特征平行四边形。确定平行四边形的约定是短边为 R_1，长边为 R_2，夹角 φ 为直角，长对角线为 R_3，有 $R_1+R_2=R_3$。图 3-56 所示为约定的特征平行四边形。

图 3-56 特征平行四边形

对于立方晶系有：

$$d=\frac{a}{\sqrt{h^2+k^2+l^2}} \tag{3-53}$$

$$\cos\varphi=\frac{h_1h_2+k_1k_2+l_1l_2}{\sqrt{h_1^2+k_1^2+l_1^2}\times\sqrt{h_2^2+k_2^2+l_2^2}} \tag{3-54}$$

结合电子衍射基本公式有 $\frac{|\boldsymbol{R}_j|}{|\boldsymbol{R}_1|}=\frac{d_1}{d_j}=\frac{\sqrt{h_j^2+k_j^2+l_j^2}}{\sqrt{h_1^2+k_1^2+l_1^2}}$。这样人们可以事先建立好立方晶系的 $\frac{|\boldsymbol{R}_j|}{|\boldsymbol{R}_1|}$ 及 φ 的表格，进行电子衍射花样标定时，测得 $\boldsymbol{R}_1$、$\boldsymbol{R}_2$、$\boldsymbol{R}_3$ 及 φ，就可以根据已建立的表格查到对应的晶面指数 $(h_1k_1l_1)$ 和 $(h_2k_2l_2)$，再根据矢量关系可以立即给出 $\boldsymbol{R}_3$

及其它晶面的指数。

例：如图 3-57 所示为 α-Fe 的电子衍射花样，已知电镜的相机常数 $L\lambda=1.98\text{nm}$，测得 A、B、C、D、E 各衍射斑点到中心透射斑的距离 $R_1=OA=9.8\text{mm}$，$R_2=OB=13.8\text{mm}$，$R_3=OC=16.9\text{mm}$，$R_4=OD=27.6\text{mm}$，$R_5=OE=29.6\text{mm}$，$\varphi=90°$。

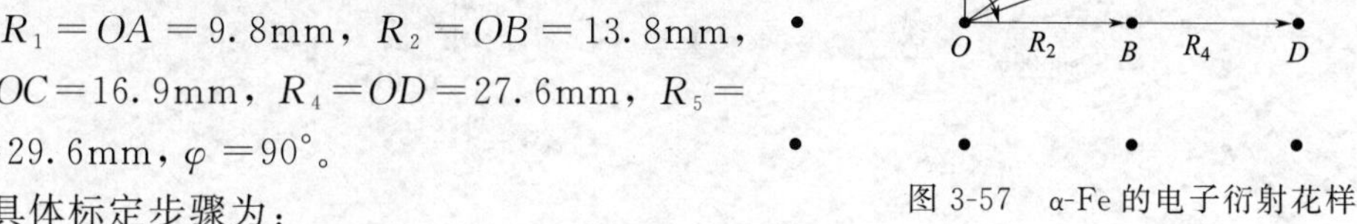

图 3-57 α-Fe 的电子衍射花样

具体标定步骤为：

a. 在图中确定一个特征平行四边形，如 $OACB$；测得 $R_1=OA=9.8\text{mm}$，$R_2=OB=13.8\text{mm}$，$R_3=OC=16.9\text{mm}$，$\varphi=90°$。

b. 计算 $R_2/R_1=1.408$，$R_3/R_1=1.724$，查体心立方特征数值表。查表结果为：$(h_1k_1l_1)$ 和 $(h_2k_2l_2)$ 分别为 $(01\bar{1})$ 和 $(\bar{2}00)$，晶带轴指数为 $[011]$。

c. 根据矢量关系可以求得 C、D、E 的指数为 $(\bar{2}1\bar{1})$、$(\bar{4}00)$、$(\bar{4}1\bar{1})$。

d. 根据电子衍射基本公式 $Rd=L\lambda$，计算 d 值；根据 d 值由式(3-46) 求得晶格常数 a。

对于密排六方晶系，在轴比（$\frac{c}{a}$）确定的情况下，也可以同样建立$\frac{|\boldsymbol{R}_j|}{|\boldsymbol{R}_1|}$特征值表与 φ 表供查表法进行电子衍射花样的标定。

d. 标准衍射花样对照法。标准花样就是各种晶体点阵中一些主要晶带的零层倒易截面。它是根据晶带定律和相应晶体点阵的消光规律绘出的。标准花样对照法是一种简单易行而又常用的方法。即实际观察记录到的衍射花样直接与标准花样对比，写出斑点指数并确定晶带轴方向。这是熟练的电镜工作者常用的方法。因此在观察样品时，一套衍射斑点出现（特别是当样品材料已知时），基本可以判断是哪个晶带的衍射斑点。应注意的是，在摄取衍射斑点图像时，应尽量将斑点确定（特别是在晶体结构未知时），从而便于和标准衍射花样比较。应特别指出，在通过电子衍射确定其晶体结构时往往需要同时摄取不同方向的多张衍射斑点。在操作上可通过系列倾转衍射（采用同一相机常数）来实现。

上例也可以用标准衍射花样对照法进行标定。查得体心立方标准花样图谱，如图 3-58 所示，可以发现上例的实际衍射花样转 90°后与图 3-58(b) 是相同的，所以上例的衍射花样就可以直接按图 3-58(b) 的指数标定，结果与$\frac{|\boldsymbol{R}_j|}{|\boldsymbol{R}_1|}$特征法是一致的。

② 未知晶体结构衍射花样的标定

当电镜常数（现在的主流电镜在衍射花样电子照片上均有标尺）已知，晶体结构未知，但是能够估计，并且参测的结果在 JCPDS（ASTM）卡片中可以找到，需要用电子衍射来验证猜测结果时，可以按照如下方法标定。

a. 测定低指数斑点的 R 值。最好在几个不同的方位摄取衍射花样，使得能够尽可能多地测出最前面的 8 个 R 值。

b. 根据 R，计算出各个对应的 d 值。

c. 查 JCPDS（ASTM）卡片，各 d 值和晶体结构都相符的物相即为待测的晶体。

对于结构未知，从其它的实验和参考文献中也不能得到确定信息，难以估计，或者尽管能够估计，但是没有 JCPDS（ASTM）卡片的在这里不做讲述。

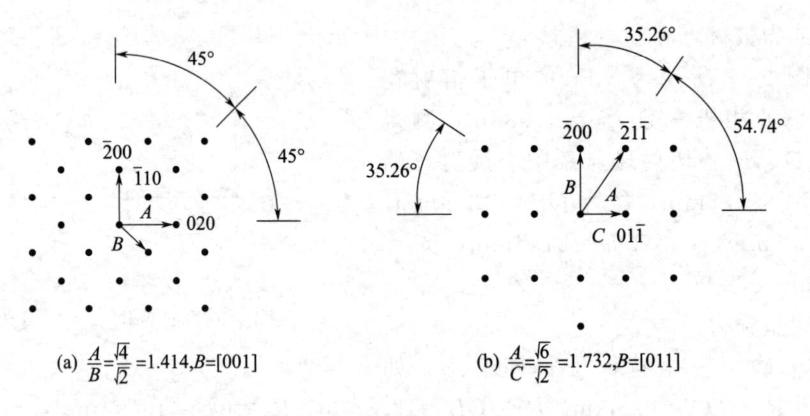

图 3-58 体心立方晶体的标准电子衍射花样

注意：电子衍射的精度有限，有可能出现几张卡片上 d 值均与测定的 d 值相近的情况，此时应根据待测晶体的其它信息，例如化学成分等来排除不可能出现的物相。

d. 单晶衍射花样标定中的不唯一性问题。

从图 3-59 的标定结果可见，同一衍射花样既可以标定为 $[1\bar{1}0]$ 晶带的衍射，也可以标定为 $[\bar{1}10]$ 晶带的衍射。这是由于晶体点阵具有对称性，倒易点阵平面又具有附加的二次旋转对称，这些倒易平面同属于<110>晶向族。因此，上例的电子衍射花样共有 12 种标定结果。如果不考虑晶体的取向，电子衍射花样的标定仅仅是为了确认其晶体结构，则对于一幅电子衍射花样，标定为其中任何一种都是正确的，它们之间是等价的。

由于电子衍射花样存在附加的二次旋转对称性，使得一个衍射斑点的指数既可以标定为 (hkl)，也可以标定为 $(\bar{h}\bar{k}\bar{l})$。因此，对于一幅电子衍射花样，即使在同一晶带 $[uvw]$ 下进行标定，仍然会得出两种不同的结果，这就是 180°不唯一性。如果 $[uvw]$ 本身就是二次旋转对称轴，则不必区别 (hkl) 和 $(\bar{h}\bar{k}\bar{l})$，任选其中一套指数并不改变晶体的取向。但是如果 $[uvw]$ 不是二次旋转对称轴，(hkl) 和 $(\bar{h}\bar{k}\bar{l})$ 两幅电子衍射花样是有区别的，因为两种标法代表两种不同的取向。也就是说电子衍射花样可以绕 $[uvw]$ 旋转 180°后相重合，而两种不同取向的晶体绕 $[uvw]$ 旋转 180°不能重合，如图 3-59 所示。

因此，在标定电子衍射花样时，如果涉及晶体取向分析，共存相间的取向关系以及界面、位错、层错等缺陷的晶体学性质测定时，必须考虑并设法消除 180°不唯一性。消除 180°不唯一性的方法较多，其中一个有效的方法是样品系列倾转技术，借助双晶带电子衍射花样和利用高阶劳厄斑点也是常用的方法。

利用系列倾转技术消除 180°不唯一性的具体操作方法是：以晶体的某一特定方向为轴倾转样品，根据样品倾转角度以及倾转前后的电子衍射花样判定晶体的实际取向，从而唯一确定衍射斑点的指数。

图 3-59(a) 和图 3-59(b) 为面心立方晶体同一张电子衍射花样的两种标定结果，晶带指数均为 $[\bar{1}\bar{2}3]$。考虑晶体的取向，其中只有一种标定结果是正确的。即只有一种结果能反映样品晶体目前的真实取向。根据晶体学分析，如果图 3-59(a) 所示的标定结果是正确的，则样品晶体以 [111] 为轴顺时针旋转 19.11°后将使晶体的 $[0\bar{1}1]$ 方向与入射束平行，得到图 3-60(a) 所示的 $[0\bar{1}1]$ 晶带的电子衍射花样；如果图 3-59(b) 所示的标定结果是正

确的，则上述同轴同方向的倾转样品，即意味着以 $[\bar{1}\bar{1}\bar{1}]$ 为轴顺时针方向倾转，则倾转21.79°后应该得到如图 3-60(b) 所示的 $[\bar{2}\bar{1}3]$ 晶带的电子衍射花样。由此可见，系列倾转法消除 180°不唯一性，在该例中就是绕 [111] 和 $[\bar{1}\bar{1}\bar{1}]$ 同轴同方向倾转样品。转到 19.11°出现如图 3-60(a) 所示的衍射花样，那么图 3-60(a) 所示的标定是正确的；若转到 19.11°不出现如图 3-60(a) 所示的衍射花样，而是转到 21.79°出现如图 3-60(b) 所示的衍射花样，则如图 3-60(b) 所示的标定是正确的。

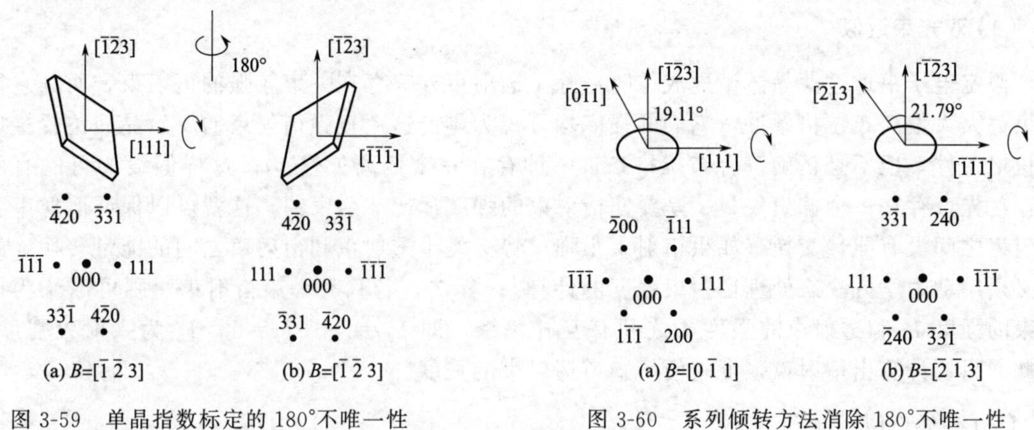

(a) $B=[\bar{1}\ \bar{2}\ 3]$　(b) $B=[\bar{1}\ \bar{2}\ 3]$

图 3-59　单晶指数标定的 180°不唯一性

(a) $B=[0\ \bar{1}\ 1]$　(b) $B=[\bar{2}\ \bar{1}\ 3]$

图 3-60　系列倾转方法消除 180°不唯一性

3.6 衍衬成像分析

3.6.1 运动学理论

若希望能够定量理解衍射强度，需要使用衍衬动力学理论，该理论非常复杂，对其进行符合常见实验结果的近似，发展出了较易接受的衍衬运动学理论，衍衬运动学理论采用双束近似和晶柱近似的处理方法。如前所述，双束近似认为只有透射束和一个衍射束参与成像，其它光束可以忽略，透射束与衍射束间不存在相互作用和能量交换。晶柱近似认为计算样品下表面衍射束强度时，可以将样品分割为贯穿上下表面的，与透射束平行的一个个小晶柱（尺寸为纳米级），相邻晶柱中的电子束互不干扰，计算结果与晶柱大小及晶柱所在的位置无关。

当晶体中存在缺陷或者第二相时，衍射衬度像中会出现和它们对应的衬度，即使是在完整晶体中，也会出现等厚条纹和等倾条纹；晶体中缺陷和衍射衬度之间在尺度和位置上具有怎样的对应性，完整晶体中的衬度又是怎样来的？要回答这些问题，必须从理论上来予以解释。要解释清楚透射电镜下观察到的电子显微像，最理想也是最直接的方法就是直接算出样品下表面处的电子波分布函数，得出每一点的强度，则无论是衍射衬度还是相衬度都不再成为问题。但是我们知道对于求电子束与样品相互作用后的电子波函数的表达式这样一个实际的问题，根本就不可能解出来。因此，必须对问题进行简化。衍射衬度的运动学和动力学理论就是基于这样的思想提出的用以解释衍射衬度的两种理论。

3.6.1.1 基本假设和近似处理方法

运动学理论有两个基本假设。首先，不考虑衍射束和入射束之间的相互作用，也就是说两者间没有能量的交换。当衍射束的强度比入射束小得多时，这个条件是可以满足的，特别是在试样很薄和偏离矢量较大的情况下。其次，不考虑电子束通过晶体样品时引起的多次反射和吸收。换言之，由于样品非常薄，因此多次反射和吸收可以忽略。

在满足了上述两个基本假设条件后，运动学理论采用以下两个近似处理方法。

(1) 双光束近似

假定电子束透过薄晶体试样成像时，除了透射束外只存在一束较强的衍射束，而其它衍射束都大大偏离布拉格条件，它们的强度均可视为零。这束较强衍射束的反射晶面位置接近布拉格条件，但不是精确符合布拉格条件（即存在一个偏离矢量 $\boldsymbol{s}$）。这样假设的目的有两个：首先，存在一个偏离矢量 $\boldsymbol{s}$ 是要使衍射束的强度远比透射束弱，这就可以保证衍射束和透射束之间没有能量交换（如果衍射束很强，势必发生透射束和衍射束之间的能量转换，此时必须用动力学方法来处理衍射束强度的计算）；其次，若只有一束衍射束，则可以认为衍射束的强度 I_g 和透射束的强度 I 之间有互补关系，即 $I_0=I_T+I_g=1$，I_0 为入射束强度。因此，只要计算出衍射束强度，便可知道透射束的强度。

(2) 柱体近似

所谓柱体近似，就是把成像单元缩小到和一个晶胞相当的尺度。可以假定透射束和衍射束都能在一个和晶胞尺寸相当的晶柱内通过，此晶柱的截面积等于或略大于一个晶胞的底面积，相邻晶柱内的衍射波不相干扰，晶柱底面上的衍射强度只代表一个晶柱内晶体结构的情况。因此，只要把各个晶柱底部的衍射强度记录下来，就可以推测出整个晶体下表面的衍射强度（衬度）。这种把薄晶体下表面上每点的衬度和晶柱结构对应起来的处理方法称为柱体近似，如图 3-61 所示。图中 I_{g_1}、I_{g_2}、I_{g_3} 三点分别代表晶柱Ⅰ、Ⅱ、Ⅲ底部的衍射强度。如果三个晶柱内晶体结构有差别，则 I_{g_1}、I_{g_2}、I_{g_3} 三点的衬度就不同。由于晶柱底部的截面积很小，它比所能观察到的最小晶体缺陷（如位错线）的尺度还要小一些，事实上每个晶柱底部的衍射强度都可看作一个像点，将这些像点连接而成的图像，就能反映出晶体试样内各种缺陷组织的结构特点。

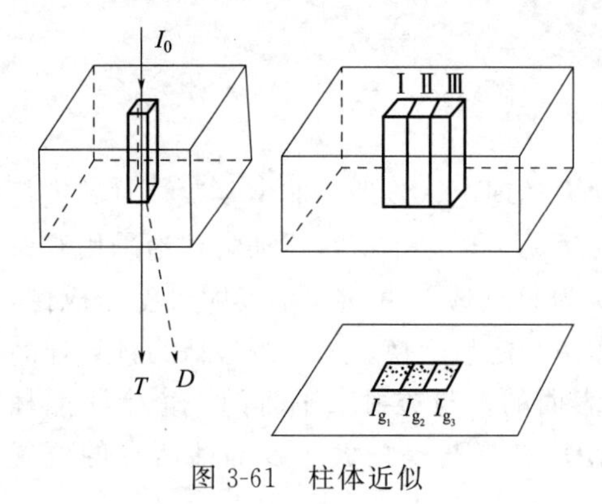

图 3-61 柱体近似

3.6.1.2 理想晶体的衍射强度

考虑图 3-62 所示的厚度为 t 的完整晶体内晶柱 OA 所产生的衍射强度。首先要计算出柱体下表面处的衍射波振幅 Φ_g [图 3-62(a)]，由此可求得衍射强度。设平行于表面的平面间距为 d，则 A 处厚度元 $\mathrm{d}z$ 内有 $\mathrm{d}z/d$ 层原子，则此厚度元引起的衍射波振幅变化为

$$\mathrm{d}\Phi_g=\frac{in\lambda F_g}{\cos\theta}\mathrm{e}^{-2\pi i\boldsymbol{K}'\cdot\boldsymbol{r}}\times\frac{\mathrm{d}z}{d}=\frac{\pi i}{\xi_g}\mathrm{e}^{-2\pi i\boldsymbol{K}'\cdot\boldsymbol{r}}\mathrm{d}z \tag{3-55}$$

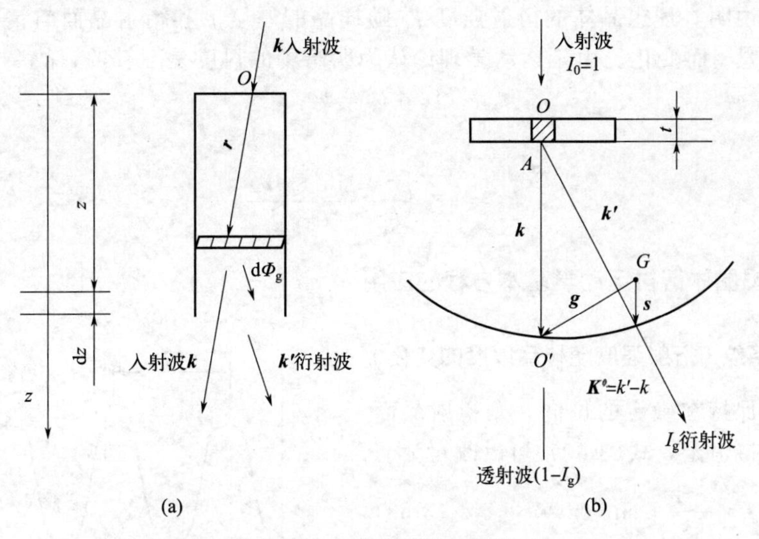

图 3-62　晶柱 OA 产生的衍射强度（$s>0$）

晶体下表面的衍射振幅等于上表面到下表面各层原子面在衍射方向 $\boldsymbol{k}'$ 上的衍射波振幅叠加的总和。考虑到各层原子面衍射波振幅的相位变化，则可得到中 Φ_{g} 的表达式为

$$\Phi_{\mathrm{g}}=\frac{\pi\mathrm{i}}{\xi_{\mathrm{g}}}\sum_{\text{柱体}}\mathrm{e}^{-2\pi\mathrm{i}\boldsymbol{K}'\cdot\boldsymbol{r}}\mathrm{d}z=\frac{\pi\mathrm{i}}{\xi_{\mathrm{g}}}\sum_{\text{柱体}}\mathrm{e}^{-\mathrm{i}\varphi}\mathrm{d}z \tag{3-56}$$

式中，$\varphi=2\mathrm{m}\boldsymbol{K}'\cdot\boldsymbol{r}$ 是 r 处原子面散射波相对于晶体上表面位置散射波的相位角，考虑到在偏离布拉格条件时［图 3-62(b)］，衍射矢量 $\boldsymbol{K}'$ 为

$$\boldsymbol{K}'=\boldsymbol{k}'-\boldsymbol{k}=\boldsymbol{g}+\boldsymbol{s} \tag{3-57}$$

其中 $\boldsymbol{g}\cdot\boldsymbol{r}=$整数（因为 $\boldsymbol{g}=h\boldsymbol{a}^*+k\boldsymbol{b}^*+l\boldsymbol{c}^*$，而 $\boldsymbol{r}$ 必为点阵平移矢量的整数倍，则可以写成 $\boldsymbol{r}=u\boldsymbol{a}+v\boldsymbol{b}+w\boldsymbol{c}$），$\boldsymbol{s}//\boldsymbol{r}/\boldsymbol{z}$，且 $\boldsymbol{r}=\boldsymbol{z}$，于是有

$$\begin{aligned}\Phi_{\mathrm{g}}&=\frac{\pi\mathrm{i}}{\xi_{\mathrm{g}}}\sum_{\text{柱体}}\mathrm{e}^{-2\pi\mathrm{i}x}\mathrm{d}z\\&=\frac{\pi\mathrm{i}}{\xi_{\mathrm{g}}}\int_0^t\mathrm{e}^{-2\pi\mathrm{i}sz}\mathrm{d}z\end{aligned} \tag{3-58}$$

其中的积分部分

$$\begin{aligned}\int_0^t\mathrm{e}^{-2\pi\mathrm{i}sz}\mathrm{d}z&=\frac{1}{2\pi\mathrm{i}s}(1-\mathrm{e}^{-2\pi\mathrm{i}st})\\&=\frac{1\mathrm{e}^{\pi\mathrm{i}st}-\mathrm{e}^{-\pi\mathrm{i}st}}{\pi s}\mathrm{e}^{-\pi\mathrm{i}st}\\&=\frac{1}{\pi s}\sin(\pi st)\,\mathrm{e}^{-\pi\mathrm{i}nt}\end{aligned} \tag{3-59}$$

代入式(3-58)，得到

$$\Phi_{\mathrm{g}}=\frac{\pi\mathrm{i}}{\xi_{\mathrm{g}}}\frac{\sin(\pi st)}{\pi s}\mathrm{e}^{-\pi\mathrm{i}st} \tag{3-60}$$

而衍射强度

$$I_{\mathrm{k}}=\Phi_{\mathrm{s}}\Phi_{\mathrm{g}}^*=\left(\frac{\pi^2}{\xi_{\mathrm{g}}^2}\right)\frac{\sin^2(\pi st)}{(\pi s)^2} \tag{3-61}$$

这个结果说明，理想晶体的衍射强度 I_g 随样品的厚度 t 和衍射晶面与精确的布拉格位向之间偏离参量 s 而变化。由于运动学理论认为明暗场的衬度是互补的，故令

$$I_T + I_g = 1$$

因此有

$$I_T = 1 - \left(\frac{\pi^2}{\xi_g^2}\right)\frac{\sin^2(\pi st)}{(\pi s)^2} \tag{3-62}$$

3.6.1.3 理想晶体衍衬运动学基本方程的应用

(1) 等厚条纹 (衍射强度随样品厚度的变化)

如果晶体保持在确定的位向，则衍射晶面偏离矢量 $\boldsymbol{s}$ 保持恒定，式(3-62) 可以改写为

$$I_g = \frac{1}{(s\xi_g)^2}\sin^2(\pi st) \tag{3-63}$$

把 I_g 随晶体厚度 t 的变化画成曲线，如图 3-63 所示。显然，当 s = 常数时，随样品厚度 t 的变化，衍射强度将发生周期性的振荡，振荡的周期为

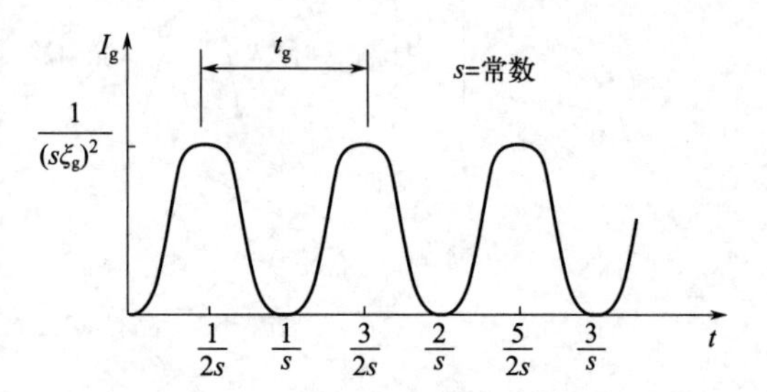

图 3-63 衍射强度 I_g 随晶体厚度 t 的变化

$$t_k = \frac{1}{s} \tag{3-64}$$

这就是说，当 $t = n/s$ 时，$I_g = 0$；当 $t = (n + 1/2)/s$ 时，衍射强度最大，有：

$$(I_g)_{max} = \frac{1}{(s\xi_g)^2} \tag{3-65}$$

利用类似于图 3-64 所示的振幅-相位图，可以更加形象地说明衍射振幅在晶体内深度方向上的振荡情况。首先把式(3-56) 改写成

$$\Phi_g = \sum_{柱体}\frac{\pi i}{\xi_g}e^{-i\varphi}dz = \sum_{柱体}d\Phi_k \tag{3-66}$$

式中，$\varphi = 2\pi sz$，表示在深度为 z 处的散射波相对于样品上表面原子层散射波的相位；$d\varphi_g$ 为该深度处 d 厚度单元散射波振幅。考虑 π 和 φ_g 都是常数，所以

$$d\Phi_k = \frac{\pi i}{\xi_g}e^{-i\varphi}dz \propto dz \tag{3-67}$$

如果取所有的 dz 都是相等的厚度元，则暂不考虑比例常数 $\frac{\pi i}{\xi_k}$，而把 dz 作为每一个厚度单元 dz 的散射振幅，而逐个厚度单元的散射波之间相对相位差为 $d\varphi = 2\pi s dz$。于是，在 $t = Ndz$ 处的合成振幅 $A(Ndz)$，用 A-φ 图来表示的话，就是图 3-64(a) 中的 $|\boldsymbol{OQ}_1|$，考虑到 dz 很小，A-φ 图就是一个半径 $R = \frac{1}{2\pi s}$ 的圆周，如图 3-64(b) 所示。此时，晶体内深度为 t 处的合成振幅就是

$$A(t) = \frac{\sin(\pi st)}{\pi s} \tag{3-68}$$

相当于从 O 点 (晶体上表面) 顺圆周方向长度为 t 的弧段所对应的弦 $|OQ|$。显然，

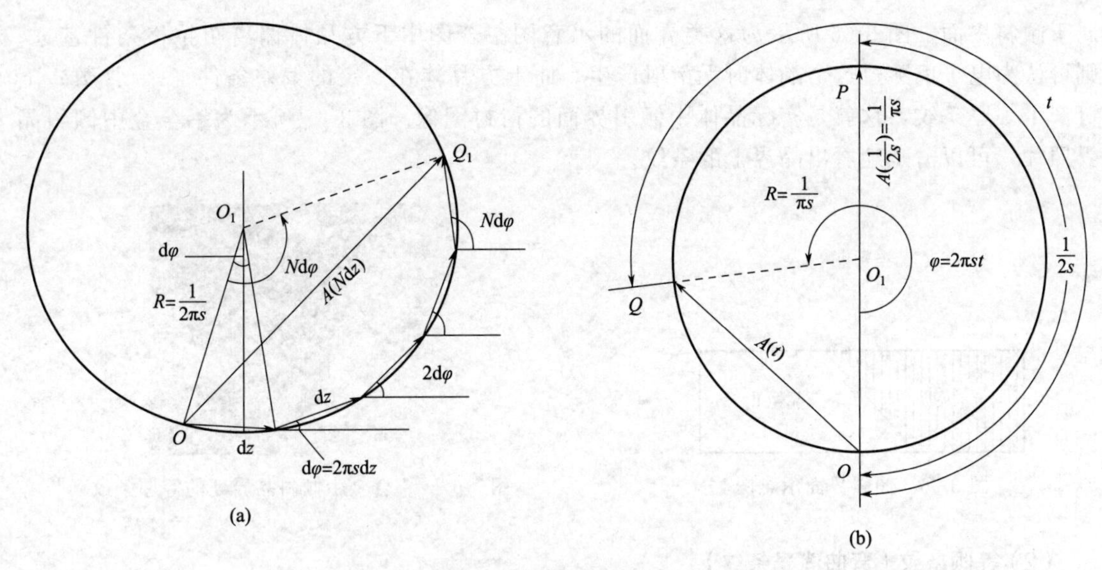

图 3-64　理想晶体内衍射波的振幅-相位图

该圆周的长度等于 $1/s$，就是衍射波振幅或强度振荡的深度周期 t；而圆的直径 OP 所对的弧长为 $\frac{1}{2s}=\frac{1}{2}t_g$，此时衍射振幅为最大。随着电子波在晶体内的传播，即随着 t 的增大，合成振幅 OQ 的端点 Q 在圆周上不断运动，每转一周相当于一个深度周期 t。同时，衍射波的合成振幅 $\Phi_g(\propto A)$ 从零变为最大又变为零，强度 $I_g(\propto \Phi_g^2 \propto A^2)$ 发生周期性的振荡。

如果 $t=n$，合成振幅 OQ 的端点 Q 在圆周上转了 n 圈以后恰与 O 点重合，$A=0$，衍射强度亦为零。

I_g 随 t 周期性振荡这一运动学结果，定性地解释了晶体样品楔形边缘处出现的厚度消光条纹，并和电子显微图像上显示出来的结果完全相符。图 3-65 所示为一个薄晶体，其一端是一个楔形的斜面，在斜面上的晶体的厚度是连续变化的，故可把斜面部分的晶体分割成一系列厚度各不相等的晶柱。当电子束通过各晶柱时，柱体底部的衍射强度因厚度 t 不同而发生连续变化。根据式(3-62) 的计算，在衍衬图像的楔形边缘上将得到几列亮暗相间的条纹，每一亮暗周期代表一个衍射强度的振荡周期大小，此时

$$t_g=\frac{1}{s} \tag{3-69}$$

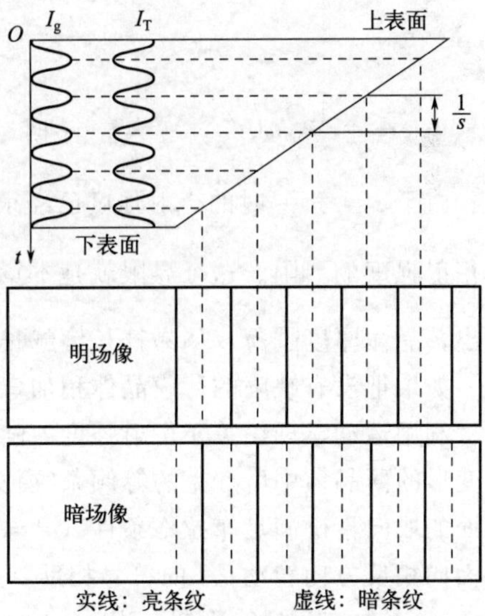

O　I_g　I_T　上表面
$\frac{1}{s}$
下表面
t
明场像
暗场像
实线：亮条纹　　虚线：暗条纹

图 3-65　等厚条纹形成原理

因为同一条纹上晶体的厚度是相同的，所以这种条纹称为等厚条纹。由式(3-69) 可知，消光条纹的数目实际上反映了薄晶体的厚度。因此，在进行晶体学分析时，可通过计算消光条纹的数目来估算薄晶体的厚度。

上述原理也适用于晶体中倾斜界面的分析。实际晶体内部的晶界、亚晶界、孪晶界等都

属于倾斜界面。图 3-66 所示为这类界面的示意图。若图中下方晶体偏离布拉格条件甚远，则可认为电子束穿过这个晶体时无衍射产生，而上方晶体在一定的偏差条件（s＝常数）下可产生等厚条纹，这就是实际晶体中倾斜界面的衍衬图像。图 3-67 所示为铝合金中倾斜晶界照片，可以清楚地看出晶界上的条纹。

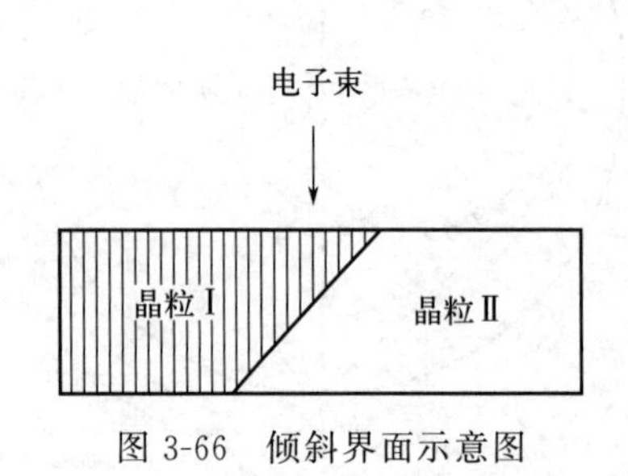

图 3-66　倾斜界面示意图

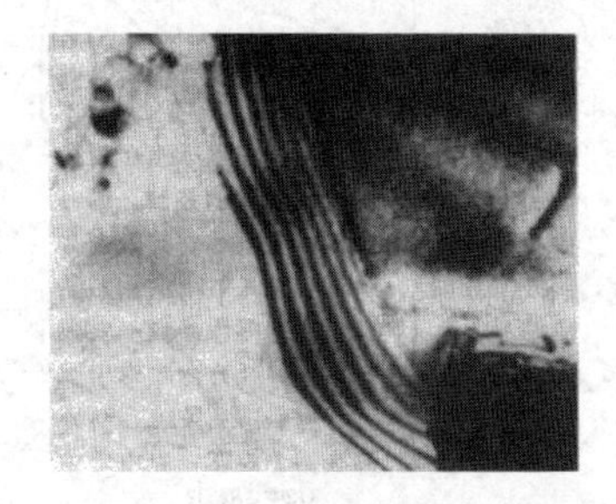

图 3-67　铝合金中倾斜晶界处的等厚条纹

（2）等倾条纹（弯曲消光条纹）

在计算弯曲消光条纹的强度时，可把式(3-71) 改写成

$$I_g = \frac{(\pi t)^2 \sin^2(\pi s t)}{\xi_g^2 (\pi s t)^2} \tag{3-70}$$

因为 t＝常数，故 I_g 随 s 的变化而变化，其变化规律如图 3-68 所示。由图 3-68 可知，当 $s=0$，$\pm\frac{3}{2t}$，$\pm\frac{5}{2t}$，…时，I_g 有极大值，其中 $s=0$ 时，衍射强度最大，即

$$I_g = \frac{(\pi t)^2}{\xi_g^2} \tag{3-71}$$

当 $s=\pm\frac{1}{t}$，$\pm\frac{2}{t}$，$\pm\frac{3}{t}$，…时，$I_g=0$。图 3-68 反映了倒易空间中衍射强度的变化规律。由于 $s=\pm\frac{3}{2t}$ 时的衍射强度已经很小，所以可以把 $\pm\frac{1}{t}$ 看作是偏离布拉格条件后能产生衍射强度的界限。这个界限就是本章中所述及的倒易杆的长度，即 $s=\frac{2}{t}$。据此，就可以得出，晶体厚度越薄，倒易杆长度越长的结论。

如果把没有缺陷的薄膜晶体稍加弯曲，则在衍衬图像上可出现弯曲消光条纹，即等倾条纹。利用运动学理论关于衍射强度 I 随偏离参量周期变化的这一结果，可以定性地解释在弹性变形的薄晶体中所产生的等倾条纹，如图 3-68 所示。在图 3-69 中，如果样品上 O 处衍射晶面的取向精确满足布拉格条件（$\theta=\theta_B$，$s=0$），由于样品发生弹性变形，在 O 点两侧该晶面向相反方向转动，s 的符号相反，且 $|s|$ 随与 O 点距离的增大而增大。由运动学理论关于 I_g 随 s 的变化规律可知，当 $s=0$ 时，I_g 取最大值，因此衍衬图像中对应于 $s=0$ 处，将出现亮条纹（暗场）或暗条纹（明场）。在其两侧相应于 $I_g=0\left(s=\pm\frac{1}{t}\right)$ 处将出现暗条纹（暗场），在两侧 I_g 取极大值及 $I_g=0$ 的位置，还会相继出现亮、暗相间的条纹。同一条纹相对应的样品位置的衍射晶面的取向是相同的（s 相同），即相对于入射束的倾角是相同的，所以这种条纹称为等倾条纹。实际上，等倾条纹是由样品弹性弯曲变形引起的，故习惯上也称其为弯曲消光条纹。

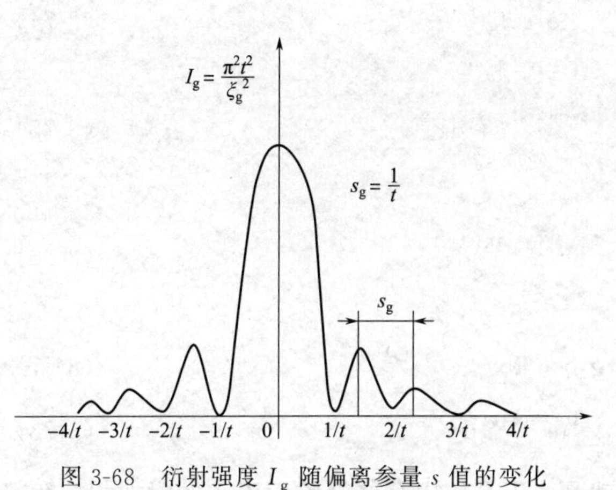

图 3-68 衍射强度 I_g 随偏离参量 s 值的变化

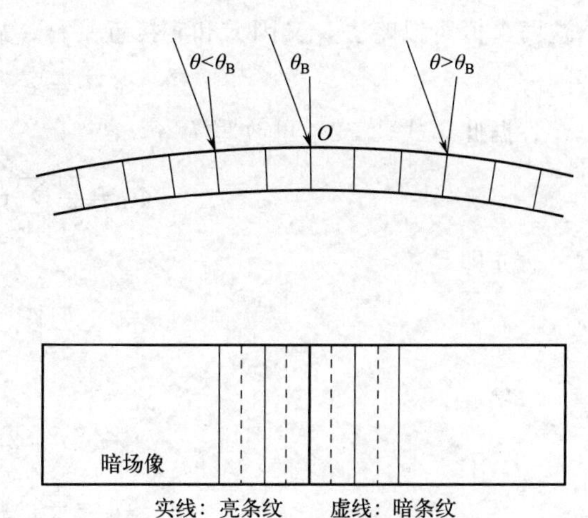

图 3-69 等倾条纹形成

由于薄晶体样品在一个观察视野中弯曲的程度是很小的，衍射晶面的偏离程度在 $s=-\frac{3}{2t}\sim\frac{3}{2t}$ 范围内，且随 $|s|$ 增大衍射强度峰值迅速衰减，因此条纹数目不会很多，所以，在一般情况下，只能观察到 $s=0$ 处的等倾条纹。如果样品变形状态比较复杂，那么等倾条纹不具有对称的特征，还可能出现相互交叉的等倾条纹。有时样品受电子束照射后，由于温度升高而变形，或者样品稍加倾转，可以观察到等倾条纹在荧光屏上发生大幅度扫动。这是因为样品温度变化或倾斜，将导致样品上 $s=0$ 的位置发生改变，等倾条纹出现的位置也随之改变。

3.6.1.4 非理想晶体的衍射强度

电子穿过非理想晶体的晶柱后，晶柱底部衍射波振幅的计算要比理想晶体复杂一些。这是因为晶体中存在缺陷时，晶柱会发生畸变，畸变的大小和方向可用缺陷矢量（或称位移矢量）$\boldsymbol{R}$ 来描述，如式(3-81) 所示。如前所述，理想晶体晶柱中位置矢量为 $\boldsymbol{r}$，而非理想晶体中的位置矢量应该是 $\boldsymbol{r}'$。显然，$\boldsymbol{r}'=\boldsymbol{r}+\boldsymbol{R}$，则相位角 φ' 为

$$\varphi'=2\pi\boldsymbol{K}'\cdot\boldsymbol{r}'=2\pi\left[(\boldsymbol{g}_{hkl}+\boldsymbol{s})\cdot(\boldsymbol{r}+\boldsymbol{R})\right] \tag{3-72}$$

从图 3-70 中可以看出，$\boldsymbol{r}'$ 和晶柱的轴线方向 z 并不是平行的，其中 $\boldsymbol{R}$ 的大小是轴线坐标 z 的函数。因此，在计算非理想晶体晶柱底部衍射波振幅时，首先要知道 $\boldsymbol{R}$ 随 z 的变化规律。如果一旦求出了 $\boldsymbol{R}$ 的表达式，那么相位角 φ' 就随之而定。非理想晶体晶柱底部衍射波振幅就可根据式(3-73) 求出

$$\Phi_g=\frac{\pi i}{\xi_g}\sum_{\text{柱体}}\mathrm{e}^{-\mathrm{i}\varphi'}\mathrm{d}z$$

$$\mathrm{e}^{-\mathrm{i}\varphi'}=\mathrm{e}^{-2\pi\mathrm{i}[(\boldsymbol{g}_{hkl}+\boldsymbol{s})\cdot(\boldsymbol{r}+\boldsymbol{R})]}=\mathrm{e}^{-2\pi\mathrm{i}(\boldsymbol{g}_{hkl}\cdot\boldsymbol{r}+\boldsymbol{s}\cdot\boldsymbol{r}+\boldsymbol{g}_{hkl}\cdot\boldsymbol{R}+\boldsymbol{s}\cdot\boldsymbol{R})} \tag{3-73}$$

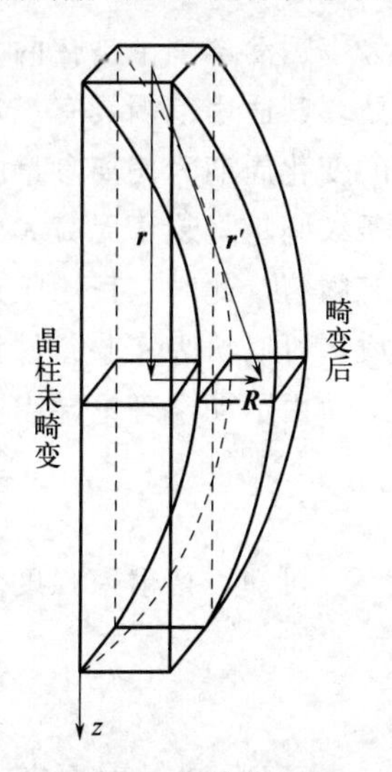

图 3-70 缺陷矢量 $\boldsymbol{R}$

因为$\boldsymbol{g}_{hkl}\cdot\boldsymbol{r}$ 等于整数，$\boldsymbol{s}\cdot\boldsymbol{R}$ 数值很小，有时 $\boldsymbol{s}$ 和 $\boldsymbol{R}$ 接近垂直，

这两个值可以略去，又因 $\boldsymbol{s}$ 和 $\boldsymbol{r}$ 接近平行，故 $\boldsymbol{s} \cdot \boldsymbol{r} = sr = sz$，所以

$$e^{-i\varphi'} = e^{-2\pi i sz} \times e^{-2\pi i \boldsymbol{g}_{hkl} \cdot \boldsymbol{R}} \tag{3-74}$$

据此，式(3-72) 可改写为

$$\Phi_g = \frac{\pi i}{\xi_g} \sum_{柱体} e^{-i(2\pi sz + 2\pi \boldsymbol{g}_{hkl} \cdot \boldsymbol{R})} dz \tag{3-75}$$

亦即

$$\Phi_g = \frac{\pi i}{\xi_g} \int_0^t e^{-(2\pi i sz + 2\pi i \boldsymbol{g}_{hkl} \cdot \boldsymbol{R})} dz \tag{3-76}$$

令

$$\alpha = 2\pi \boldsymbol{g}_{hkl} \cdot \boldsymbol{R} \tag{3-77}$$

$$\Phi_g = \frac{\pi i}{\xi} \sum_g \sum i e^{-i(\varphi + \alpha)} dz \tag{3-78}$$

比较式(3-81) 和式(3-87) 可以看出，α 就是由于晶体内存在缺陷而引入的附加相位角。由于 α 的存在，造成式(3-87) 和式(3-81) 各自代表的两个晶柱底部衍射波振幅的差别，由此就可以反映出晶体缺陷引起的衍射衬度。

3.6.2 衍衬动力学简介

运动学理论可以定性地解释许多衍衬现象，但由于该理论忽略了透射束与衍射束的交互作用以及多重散射引起的吸收效应，使运动学理论具有一定的局限性，对某些衍衬现象尚无法解释。衍衬动力学理论仍然采用双束近似和柱体近似两种处理方法，但它考虑了因非弹性散射引起的吸收效应。动力学与运动学理论的根本区别在于，动力学理论考虑了透射束与衍射束之间的交互作用。后面将会看到，在运动学理论适用的范围内，由动力学理论可以导出运动学的结果，因此运动学理论实质上是动力学理论在一定条件下的近似。

3.6.2.1 运动学理论的不足之处及适用范围

运动学理论是在两个基本假设的前提下建立起来的，理论不完善，还存在一些不足之处，其适用范围具有一定的局限性。按照运动学理论，衍射束强度在样品深度（t）方向上的变化周期为偏离参量的倒数（s^{-1}），而等厚消光条纹的间距正比于 s^{-1}。当 s 趋于 0 时，条纹间距将趋于无穷大。而实际情况并非如此。事实上，即使当 $s=0$ 时，条纹间距仍然为有限值，此时它正比于消光距离 ξ。由此可以说明，运动学理论在某些情况下是不适用的，或者可以认为实验条件没有满足运动学理论基本假设的要求。

由运动学理论导出的衍射强度公式

$$I_g = \left(\frac{\pi}{\xi_g}\right)^2 \frac{\sin^2(\pi st)}{(\pi s)^2} \tag{3-79}$$

可知，衍射束强度随偏离参量 s 呈周期性变化，当 $s=0$ 时，衍射束强度取最大值，即

$$(I_g)_{max} = \left(\frac{\pi t}{\xi_g}\right)^2 \tag{3-80}$$

可见，当样品厚度 $t > \frac{\xi_g}{\pi}$ 时，则有 $(I_g)_{max} > 1$，衍射束强度将超过入射束强度（$I_0 = 1$），这显然是不成立的。运动学理论要求衍射束强度相对于透射束强度很小（$(I_g)_{max} \ll 1$），可以

忽略透射束和衍射束的交互作用。要满足这一假设条件，样品厚度必须远小于消光距离，即 $t \ll \dfrac{\xi_g}{\pi}$ 这些理论适用于极薄的样品。

再根据衍射束强度随样品深度 t 的变化规律可知，衍射束强度的极大值为

$$(I_g)_{\max} = \frac{1}{(s\xi_g)^2} \tag{3-81}$$

当 $|s\xi_g| < 1$ 时，也会出现衍射束强度超过入射束强度的错误结果。若满足 $(I_g)_{\max} \ll 1$，则要求 $|s| \gg \xi_g^{-1}$，即要求有较大的偏离参量。运动学理论适用于衍射晶面相对于布拉格反射位置有较大的偏离参量的情况。

3.6.2.2 完整晶体的动力学方程

这里仅限于在双光束条件下采用柱体近似处理方法，简要介绍衍衬动力学的一些基本概念，并直接给出动力学方程。

如图 3-71 所示，$\boldsymbol{k}$ 是入射电子束波矢。设透射束的振幅为 Φ_0，衍射束的振幅为 Φ_g，透射波和衍射波通过小柱体内的单元 $\mathrm{d}z$，引起的振幅变化 $\mathrm{d}\Phi_0$ 和 $\mathrm{d}\Phi_g$ 可表示为：

$$\begin{cases} \dfrac{\mathrm{d}\Phi_0}{\mathrm{d}z} = \dfrac{\pi \mathrm{i}}{\xi_0}\Phi_0 + \dfrac{\pi \mathrm{i}}{\xi_g}\Phi_g \mathrm{e}^{2\pi \mathrm{i} sz} \\ \dfrac{\mathrm{d}\Phi_g}{\mathrm{d}z} = \dfrac{\pi \mathrm{i}}{\xi_0}\Phi_g + \dfrac{\pi \mathrm{i}}{\xi_g}\Phi_0 \mathrm{e}^{-2\pi \mathrm{i} sz} \end{cases} \tag{3-82}$$

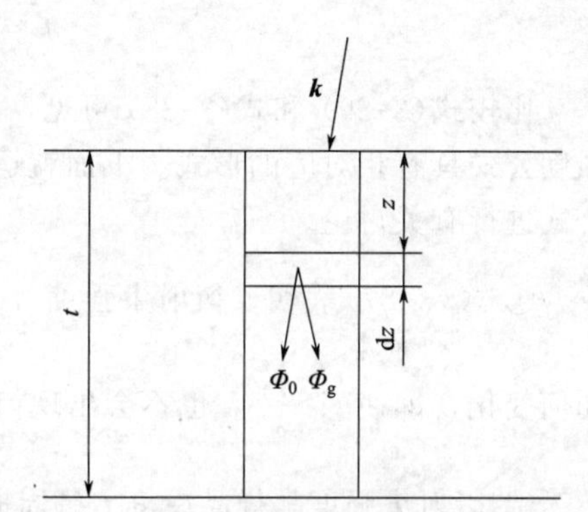

图 3-71 双光束条件下的动力学柱体近似

由式(3-82) 可以看出，透射波和衍射波振幅的变化是这两波交互作用的结果，透射波振幅 Φ_0 的变化 $\mathrm{d}\Phi_0$ 有衍射波 Φ_g 的贡献，衍射波振幅 Φ_g 的变化 $\mathrm{d}\Phi_g$ 也有透射波 Φ_0 的贡献。

为求解方便，可做如下代换：

$$\begin{cases} \Phi'_0 = \Phi_0 \exp\left(-\dfrac{\pi \mathrm{i} z}{\xi_0}\right) \\ \Phi'_g = \Phi_g \exp\left(2\pi \mathrm{i} sz - \dfrac{\pi \mathrm{i} z}{\xi_0}\right) \end{cases} \tag{3-83}$$

将式(3-83) 代入式(3-82)，并略去上角“′”(因为上述代换只修正了相位，对强度并无影响)，可得到完整晶体衍衬动力学方程的另一种形式，即

$$\begin{cases} \dfrac{\mathrm{d}\Phi_0}{\mathrm{d}z} = \dfrac{\pi \mathrm{i}}{\xi_g}\Phi_g \\ \dfrac{\mathrm{d}\Phi_g}{\mathrm{d}z} = \dfrac{\pi \mathrm{i}}{\xi_g}\Phi_0 + 2\pi \mathrm{i} s\Phi_g \end{cases} \tag{3-84}$$

从式(3-84) 中消去 Φ_g 和 $\dfrac{\mathrm{d}\Phi_g}{\mathrm{d}z}$，可导出 Φ_0 的二阶微分方程为

$$\frac{\mathrm{d}^2\Phi_0}{\mathrm{d}z^2} - 2\pi \mathrm{i} s \frac{\mathrm{d}\Phi_0}{\mathrm{d}z} + \frac{\pi^2}{\xi_g^2}\Phi_0 = 0 \tag{3-85}$$

利用边界条件，在样品上表面 $z=0$ 处，$\Phi_0=1$，$\Phi_g=0$，可求解微分方程

$$
\begin{cases}
\Phi_0 = \cos\left(\dfrac{\pi t\sqrt{1+\omega^2}}{\xi_g}\right) - \dfrac{i\omega}{\sqrt{1+\omega^2}}\sin\left(\dfrac{\pi t\sqrt{1+\omega^2}}{\xi_g}\right) \\
\Phi_g = \dfrac{i}{\sqrt{1+\omega^2}}\sin\left(\dfrac{\pi t\sqrt{1+\omega^2}}{\xi_g}\right)
\end{cases}
\tag{3-86}
$$

式中，$\omega = s\xi_g$，是一个量纲为 1 的参量，用以表示衍射晶面偏离反射位置的程度。

由此获得的动力学条件下的完整晶体衍射强度公式为

$$
I_g = |\Phi_g|^2 = \frac{1}{1+\omega^2}\sin^2\left(\frac{\pi t\sqrt{1+\omega^2}}{\xi_g}\right) \tag{3-87}
$$

在此引入一个新的参数，称为有效偏离参量 s_{eff}，即

$$
s_{eff} = \frac{\sqrt{1+\omega^2}}{\xi_g} = \sqrt{s^2 + \xi_g^{-2}} \tag{3-88}
$$

将式(3-88) 代入式(3-87)，可得

$$
I_g = \left(\frac{\pi}{\xi_g}\right)^2 \frac{(\sin^2 \pi t s_{eff})}{(\pi s_{eff})^2} \tag{3-89}
$$

比较式(3-89) 和式(3-88) 可见，动力学理论导出的衍射强度公式与运动学理论的衍射强度公式具有相对应的形式。下面就运动学理论所存在的局限性问题，对动力学的衍射强度公式进行有关讨论。

① 式(3-87)表明，衍射束强度 $I_g \leqslant \dfrac{1}{1+\omega^2} \leqslant 1$。当 $s=0$ 时，$(I_g)_{max}=1$。无论样品厚度如何变化，即使 $t > \dfrac{\xi_g}{\pi}$，也不会出现衍射束强度超过入射束强度的错误结果。

② 衍射束强度随样品厚度 t 呈周期性变化，变化周期为 $\dfrac{1}{s_{eff}}$。当 $s=0$ 时，$\dfrac{1}{s_{eff}} = \xi_g$，衍射束强度在样品深度方向上的变化周期等于消光距离。此时等厚消光条纹的间距为正比于 ξ_g 的有限值。

③ 当 $s \gg \dfrac{1}{\xi_g}$ 时，可忽略式(3-88) 中的 ξ_g^{-2} 项，s_{eff} 和 s 近似相等，于是式(3-89) 可变化为

$$
I_g = \left(\frac{\pi}{\xi_g}\right)^2 \frac{\sin^2(\pi t s)}{(\pi s)^2} \tag{3-90}
$$

这正是运动学理论给出的结果。由此可见，由动力学理论可以推导出运动学的结果，也就是说，运动学理论是动力学理论在特定条件下的近似。

3.6.2.3 不完整晶体的动力学方程

采用与运动学理论完全类似的方法，在有晶格畸变的柱体中引入位移矢量 $\boldsymbol{R}$，将其引起的附加相位角 $\alpha = 2\pi \boldsymbol{g} \cdot \boldsymbol{R}$，以附加相位因子的形式代入完整晶体的波振幅方可得到不完整晶体的波振幅动力学方程，即

$$
\begin{cases}
\dfrac{d\Phi_0}{dz} = \dfrac{\pi i}{\xi_0}\Phi_0 + \dfrac{\pi i}{\xi_g}\Phi_g \exp(2\pi i z + 2\pi i \boldsymbol{g} \cdot \boldsymbol{R}) \\
\dfrac{d\Phi_g}{dz} = \dfrac{\pi i}{\xi_0}\Phi_g + \dfrac{\pi i}{\xi_g}\Phi_0 \exp(-2\pi i s z - 2\pi i \boldsymbol{g} \cdot \boldsymbol{R})
\end{cases}
\tag{3-91}
$$

式(3-91) 的第一个方程中的附加相位因子 $\exp(2\pi i \boldsymbol{g}\cdot\boldsymbol{R})$ 表示衍射波相对于透射波的散射引起的相位变化，第二个方程中的 $\exp(-2\pi i \boldsymbol{g}\cdot\boldsymbol{R})$ 表示透射波相对于衍射波的散射引起的相位变化。

为了进一步讨论晶体缺陷对透射波和衍射波振幅的影响，可通过如下变换将波振幅方程变换为另一种形式，令

$$\begin{cases}\Phi''_0=\Phi_0\exp\left(-\dfrac{\pi i z}{\xi_0}\right)\\ \Phi''_g=\Phi_g\exp\left(2\pi i s z-\dfrac{\pi i z}{\xi_0}+2\pi i \boldsymbol{g}\cdot\boldsymbol{R}\right)\end{cases}\tag{3-92}$$

将式(3-92) 代入式(3-91)，并略去上角标“''”，可推出

$$\begin{cases}\dfrac{d\Phi_0}{dz}=\dfrac{\pi i}{\xi_g}\Phi_g\\ \dfrac{d\Phi_g}{dz}=\dfrac{\pi i}{\xi_g}\Phi_0+\left(2\pi i z+2\pi i \boldsymbol{g}\cdot\dfrac{d\boldsymbol{R}}{dz}\right)\Phi_g\end{cases}\tag{3-93}$$

与式(3-80) 比较可见，式(3-93) 的第二个方程中的 $\boldsymbol{g}\cdot\dfrac{d\boldsymbol{R}}{dz}$ 反映晶体缺陷对衍射波振幅的影响。缺陷引起的晶格畸变使衍射晶面发生局部的转动，使衍射晶面偏离布拉格位置的程度增大 $\boldsymbol{g}\cdot\dfrac{d\boldsymbol{R}}{dz}$，偏离参量由完整晶体处的 s 变化为晶体缺陷处的 $s+\boldsymbol{g}\cdot\dfrac{d\boldsymbol{R}}{dz}$，从而使有缺陷处的衍射束强度（或振幅）有别于无缺陷的完整晶体，使缺陷显示衬度。

3.6.3 消光距离的导出

引入消光距离这一物理参量实际上已经属于动力学衍衬理论范畴了。它是指由于透射束与衍射束之间不可避免地存在动力学交互作用，透射束振幅及透射束强度并不是不变的。衍射束和透射束的强度是互相影响的，当衍射束的强度达到最大时，透射束的强度最小。而且动力学理论认为，当电子束达到晶体的某个深度位置时，衍射束的强度会达到最大，此时透射束的强度为 0，衍射束的强度为 1。

消光距离是指衍射束的强度从 0 逐渐增加到最大，接着又变为 0 时在晶体中经过的距离。这个距离可以从理论上推导出来。

式(3-102) 中，Φ_0 是入射束的振幅，取单位 1，所以衍射束每穿过一个晶柱的小薄层 dz，对 P 点衍射贡献的振幅就可以写为 $\dfrac{\lambda F_g}{V_c\cos\theta}$，那么每穿过一个单胞的厚度振幅可以写成 $\dfrac{a\lambda F_g}{V_c\cos\theta}$，可以将上面的振幅值设为常数 q。

由上面的结果可以知道，每穿过一个单胞的厚度，衍射波函数对小晶柱下表面的贡献都可以用 $d\Phi_g$ 表达出来，每两个单胞厚度之间的振幅是相同的，但相位存在一个很小的差别，经过 n 个单胞厚度以后，电子波函数对下表面总的衍射波振幅的贡献可以用振幅相位图表示出来，如图 3-72 所示。

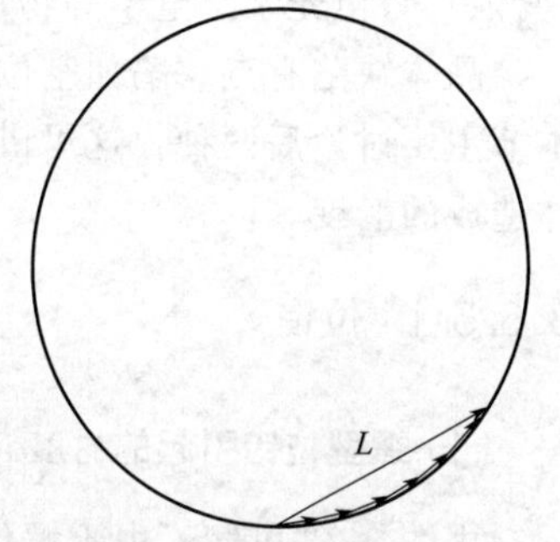

图 3-72　电子波函数对总衍射波振幅的贡献

在图 3-72 中，L 是经过 n 个单胞后总的振幅，由前面的动力学讨论可知，衍射束的强度最大只能等于入射束的强度 1，而图 3-72 中衍射束总的结构振幅最大时是圆的直径，假设衍射波函数经过 m 个单胞厚度后它对晶柱下表面的贡献值达到最大，也就是说其总的振幅达到最大，那么此时它应该等于上面圆的直径，由前面的讨论可知，直径的大小应该等于 1。由于 q 的值非常小，每个 q 值接近等于上图中对应的圆弧，因此有：$mq=\pi\times 1/2$（半径）。代入 q 的值马上可以得到 m 的值，所以消光距离就等于 $2m$ 个单胞的长度，消光距离可以表示成：

$$\xi_g=2ma=\frac{\pi a}{q}=\frac{V_c\cos\theta}{\lambda F_g} \tag{3-94}$$

3.6.4 衍射衬度运动学理论推导过程中存在的问题

式(3-55) 中，其相位因子 $(\boldsymbol{K}_g-\boldsymbol{K}_0)\cdot\boldsymbol{r}$ 一般表示两束波的程差，很容易让人误以为衍衬成像是一个干涉成像过程，但事实并非如此——衍衬成像是一个非相干的单束成像过程。在衍衬运动学的推导过程中，F_g 是表示单位体积的散射因子（结构因子），实际上暗示着薄层中每一处的散射因子都是相同的，这与事实是不相符的，实际上晶体中只有有原子的地方才有散射。在衍衬运动学的推导过程当中，实际上是假设小晶柱中的小薄层的面积是无穷大的，因为只有这样，这一薄层对 P 点总的散射振幅贡献才等于第一半波带的一半，这一假设显然是不合理的。在衍衬运动学理论的推导过程中，实际上是把小晶柱的下表面当成一个点来处理的，看起来很不合理，但考虑到衍衬成像的分辨率极限是 1.5nm，而小晶柱的尺度在 1nm 以内，因此这样处理还是可以的。

3.6.5 晶体缺陷分析

人类真正认识材料是从认识缺陷开始的。客观物质世界没有绝对纯的东西，也没有绝对完整的东西。没有缺陷就没有可供人类应用的千姿百态的工程材料，研究缺陷，正是为了获得性能上可以满足人类各种需要的材料。了解材料的微观结构，从了解缺陷开始。

位错（dislocation）是 1934 年泰勒等为解释材料的实际强度和理论强度之间的巨大差异而提出来的一个概念。认为实际材料中的原子并非都准确地处于规则的晶格格点上，一些原子受各种因素（主要是“力”和“热”的因素）的影响，可能偏离其理想位置，这就使得晶格的局部出现不完整性，它们不可避免地影响晶体的各种性能，包括力学（强度）、化学（腐蚀）乃至光学、电学等物理性能。

晶体缺陷有点缺陷如空位、间隙原子等，线缺陷如位错，面缺陷如层错、各种界面等。本节主要讨论后两种，这里讲述的晶体学缺陷主要有三种，即位错、层错及第二相粒子给基体造成的畸变。

3.6.5.1 位错

(1) 螺型位错引起的衬度

由图 3-73 可知，由于螺位错的存在而引入的衍射衬度可以表示成：

$$\left(\frac{\Delta I}{I}\right)_A=\frac{I_B-I_A}{I_B}=\frac{I_T-0}{I_T}=1 \tag{3-95}$$

图中 z 是小晶柱中薄层所在的位置，而 z_0 是位错距样品表面的距离，而 x 则是位错到小晶柱的距离。

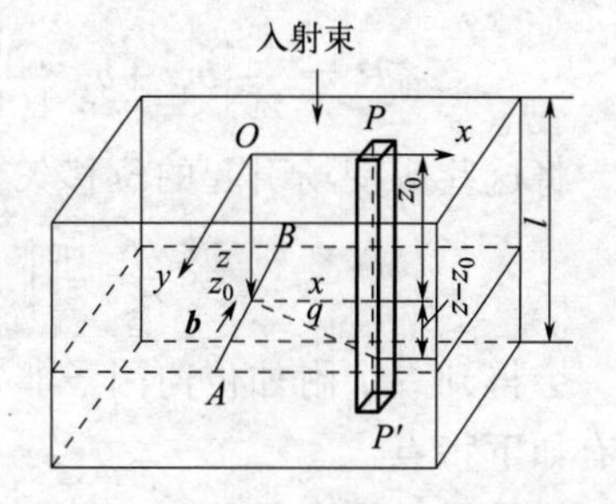

图 3-73　螺位错 AB 平行于试样表面

因此由于螺位错的存在而引起的相位角的变化可以表示成：

$$\alpha=2\pi \boldsymbol{g}\cdot\boldsymbol{R}=2\pi\frac{\boldsymbol{g}\cdot\boldsymbol{b}}{2\pi}\arctan\left(\frac{z-z_0}{x}\right)=n\varphi \qquad (3\text{-}96)$$

式中，α 为由于螺位错的位移矢量引起的相位角改变；$n=\boldsymbol{g}\cdot\boldsymbol{b}$。

在位错附近某一小晶柱对其下表面处的总的衍射贡献为：

$$\varphi_g=\frac{i\pi}{\xi_g}\int_0^t e^{i\alpha}e^{-2\pi is}z\,dz=\frac{i\pi}{\xi_g}\int_0^t e^{in\varphi}e^{-2\pi is}z\,dz \qquad (3\text{-}97)$$

由上面的表达式可以看出，要使由于螺位错的存在而引入的附加项的值为 1，则 n 必须等于 0，即 $\boldsymbol{g}\cdot\boldsymbol{b}=0$ 时才不会出现衬度，因此 $\boldsymbol{g}\cdot\boldsymbol{b}=0$ 是螺位错不可见的判据。

(2) 刃型位错和混合型位错引起的衬度

刃型位错的几何模型如图 3-74 所示。

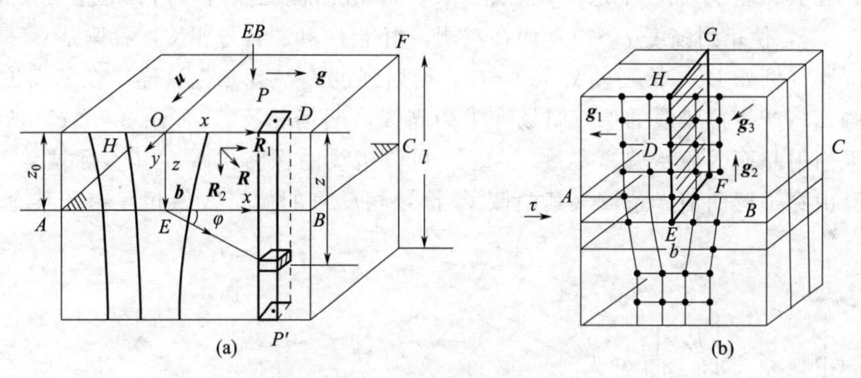

图 3-74　刃型位错的几何模型

刃位错的应变场可以写为 $\boldsymbol{R}=\boldsymbol{R}_1+\boldsymbol{R}_2$。应变场可以表示为：

$$\begin{cases}\boldsymbol{R}_1=\dfrac{\boldsymbol{b}}{2\pi}\left[\varphi+\dfrac{\sin 2\varphi}{4(1-\sigma)}\right]\\[2ex]\boldsymbol{R}_2=\dfrac{\boldsymbol{b}}{2\pi}\left[\dfrac{1-2\sigma}{2(1-\sigma)}\ln|r_0|+\dfrac{\sin 2\varphi}{4(1-\sigma)}\right]\end{cases} \qquad (3\text{-}98)$$

式中　$\boldsymbol{R}_1$——平行于柏氏矢量；

$\boldsymbol{R}_2$——垂直于位错所在的滑移面；

σ——泊松比；

φ——从柏氏矢量到散射元的极角；

r_0——柱体内散射元关于位错核心的径向坐标。

混合型位错的应变场矢量可以写成：

$$\boldsymbol{R}=\frac{1}{2\pi}\left\{\boldsymbol{b}\varphi+\boldsymbol{b}_e\frac{\sin 2\varphi}{4(1-\sigma)}+\boldsymbol{b}\times\boldsymbol{u}\left[\frac{1-2\sigma}{2(1-\sigma)}\ln|r|+\frac{\cos 2\varphi}{4(1-\sigma)}\right]\right\} \tag{3-99}$$

将这些应变场引起的位移矢量代入公式：

$$\Phi_g=\frac{i\pi}{\xi_g}\int_0^t\left[\exp(2\pi i\boldsymbol{g}\cdot\boldsymbol{R})\cdot\exp(-2\pi isz)\right]dz \tag{3-100}$$

会得到一个附加位向因子非常复杂的表达式，经过详细分析后可以得出刃位错和混合位错有如下特点：

刃位错和混合位错不可见判据是 $\boldsymbol{g}\cdot\boldsymbol{b}=0$ 且同时要求 $\boldsymbol{g}\cdot(\boldsymbol{b}\times\boldsymbol{u})=0$；但是由于 $\boldsymbol{g}\cdot\boldsymbol{b}=0$ 时，即使另外一项不为零，其衬度也会非常低，因此实际上对于所有的位错，都采用 $\boldsymbol{g}\cdot\boldsymbol{b}=0$ 作为不可见判据。

（3）位错衬度像偏离真实位置的解释

如图 3-75 所示，(hkl) 是由刃型位错线 D 引起的局部畸变的一组晶面，如图 3-75(a) 所示，并以它作为操作反射用于成像。若该晶面与布拉格条件的偏离参量为 s_0，并假定 $s_0>0$，且在远离位错 D 区域（例如 A 和 C 位置，相当于理想晶体）的衍射波强度为 I（暗场像中的背景强度），如图 3-75(b) 所示，位错引起其附近晶面的局部转动，意味着在此应变场范围内，(hkl) 晶面存在着额外的附加偏差 s'。离位错越远，s' 越小。在位错线的右侧，$s'>0$，在其左侧 $s'<0$。于是，参见图 3-75(a)，在右侧区域内（如 B 位置），晶面的总偏差 $s_0+s'>s_0$，使衍射强度 $I_B<I$；而在左侧，由于 s_0 和 s' 符号相反，总偏差 $s_0+s'<s_0$，且在某个位置（例如 D'）恰巧使 $s_0+s'=0$，衍射强度 $I_{D'}=I_{max}$。这样，在偏离位错线实际位置的左侧，将产生位错线的像（暗场像中为亮线，明场相反），如图 3-75(c) 所示。不难理解，如果衍射晶面的原始偏离参量 $s_0<0$，则位错线的像将出现在其实际位置的另一侧。这一结论已由穿过弯曲消光条纹（其两侧 s_0 符号相反）的位错线像相互错开某个距离得到证实。

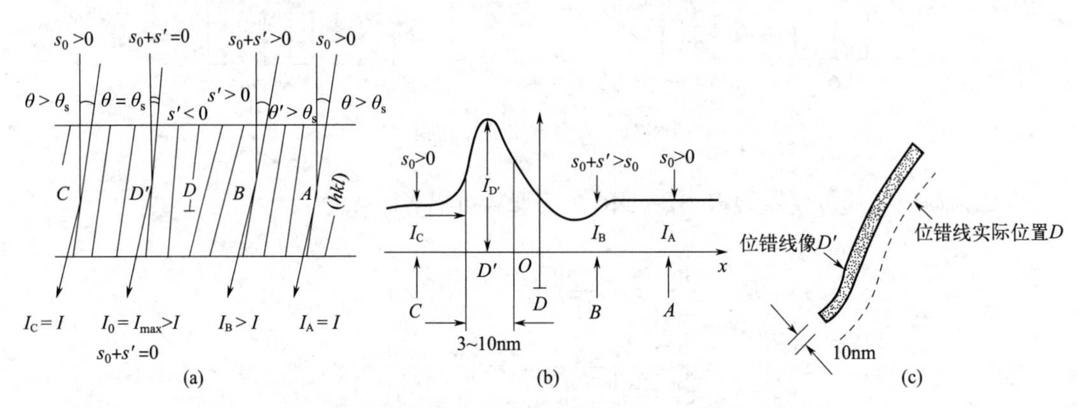

图 3-75 刃型位错衬度的产生及其特征

（4）位错线的特点

如图 3-75 所示，当衍射条件使基体偏离布拉格条件时（存在偏离矢量时），刃位错中多余半原子面的位向应该与基体相同，因而它并不满足布拉格条件。而在位错的应变场中，在一个相当宽的范围内晶面接近满足布拉格条件，接近产生衍射带。因此在明场像下，这一个宽的衍射带实际上就是我们看到的暗的位错线。因此这样的位错线往往看起来是很粗的，有80～120Å。另外，位错像距离位错的真实位置也会比较远，有80～100Å。

用弱束暗场的方法可以使位错的分辨率提高，而且可以使其像与真实位置更加接近。这是因为弱束暗场是在大的偏离矢量下成像，在大的偏离矢量下，只有畸变量大的晶面才能接近满足布拉格条件，人们知道只有在靠近位错的地方才存在大的畸变区，因此在弱束暗场下只有在靠近位错线的很近部分才能显示衬度，而且这个宽度也会比较小。在弱束暗场下位错线的分辨率可以达到15Å，位错像距位错真实位置的距离大约为20Å。

这是从衍射几何来解释位错像的形成原因。当从理论上来分析时，根据动力学原理，位错线的宽度为有效消光距离 ξ_g^{eff} 的1/5～1/2。而有效消光距离可以表示成：

$$\xi_g^{\mathrm{eff}}=\frac{\xi_g}{\sqrt{1+s^2\xi_g^2}} \tag{3-101}$$

由式(3-101)可以看出，在大偏离矢量下（弱束暗场）位错线像的宽度要窄得多。

部分典型位错组态如图3-76～图3-81所示。

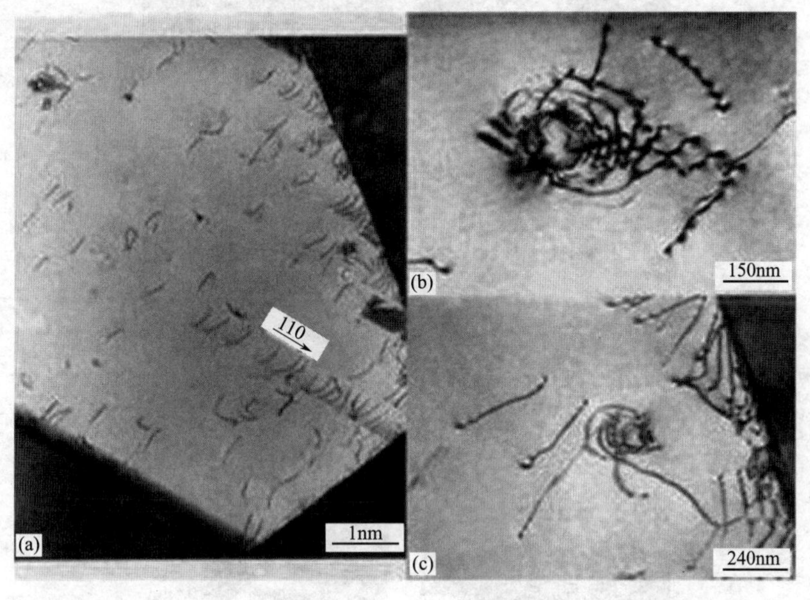

图3-76　不锈钢中析出相周围的位错纠结

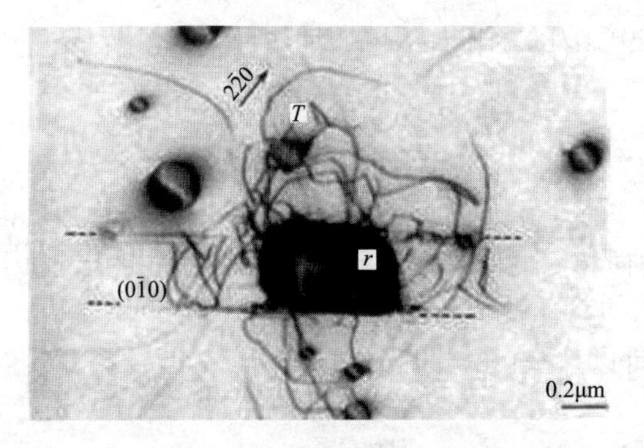

图3-77　NiAl合金中的位错

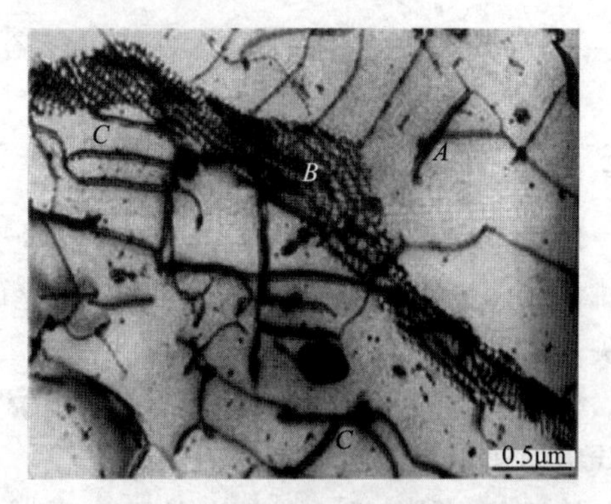

图3-78　位错纠结形成的晶界

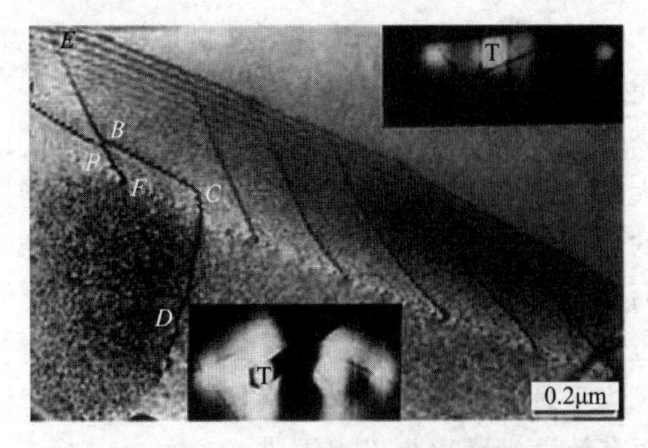

图 3-79 超塑性变形 Al-40%Zn（质量分数）合金中的小角晶界处的位错组态

图 3-80 Ni 基高温合金高温蠕变后的位错组态

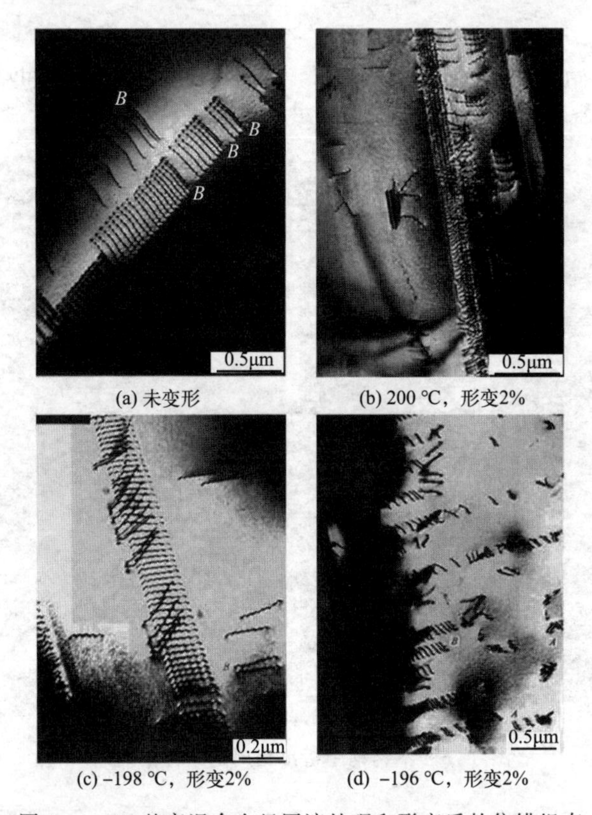

(a) 未变形　(b) 200 ℃，形变2%

(c) –198 ℃，形变2%　(d) –196 ℃，形变2%

图 3-81 Ni 基高温合金经固溶处理和形变后的位错组态

3.6.5.2 层错

层错是指晶体中具有某种堆垛次序的原子面，由于错排而引入的缺陷。层错总是发生在密排的晶体学平面上，层错面两侧分别是位向相同的两块理想晶体，它们之间相互错动了位移矢量 $\boldsymbol{R}$。

对于面心立方晶体的｛111｝层错，$\boldsymbol{R}$ 可以是±1/3<111>或者± 1/6<112>，它们分别代表层错生成的两种机制。

层错是晶体缺陷中最简单的平面缺陷，其位移矢量是一个恒定的值，因而由其产生的相位角 $2\pi\boldsymbol{g}\cdot\boldsymbol{R}$ 将为一恒定的值，当 $\boldsymbol{g}\cdot\boldsymbol{R}$ 为一整数时，层错将不可见。

对于层错而言，晶体一和晶体二具有完全相同的位向，它们之间仅仅是在层错面上相差一个滑移矢量，在有层错的区域任选一个小晶柱，设该小晶柱中，层错在深度 t_1 处，则整个小晶柱对下表面散射波振幅总的贡献为：

$$\mathrm{d}\Phi_{\mathrm{g}}=\frac{\mathrm{i}\lambda F_{\mathrm{g}}}{V_{\mathrm{c}}\cos\theta}\Phi_0\exp\left[2\pi\mathrm{i}(\boldsymbol{K}_{\mathrm{g}}-\boldsymbol{K}_0)\boldsymbol{r}\right]\mathrm{d}z \tag{3-102}$$

积分之后得：

$$\Phi_{\mathrm{g}}=\frac{\mathrm{i}}{s\xi_{\mathrm{g}}}\exp(-\pi\mathrm{i}\boldsymbol{g}\cdot\boldsymbol{R})\exp(-\pi\mathrm{i}st)\left\{\sin(\pi st+\pi\boldsymbol{g}\cdot\boldsymbol{R})-\sin(\pi\boldsymbol{g}\cdot\boldsymbol{R})\exp\left[2\pi\mathrm{i}s\left(\frac{t}{2}-t_1\right)\right]\right\} \tag{3-103}$$

与之对应的强度表达式为：

$$I_{\mathrm{g}}=\frac{1}{(s\xi_{\mathrm{g}})^2}\left\{\sin^2(\pi st+\pi\boldsymbol{g}\cdot\boldsymbol{R})+\sin^2(\pi\boldsymbol{g}\cdot\boldsymbol{R})-2\sin(\pi\boldsymbol{g}\cdot\boldsymbol{R})\sin(\pi st+\pi\boldsymbol{g}\cdot\boldsymbol{R})\cos\left[2\pi s\left(t_1-\frac{t}{2}\right)\right]\right\} \tag{3-104}$$

由上式可以看出，当偏离矢量为常数时，如果层错可见（$\boldsymbol{g}\cdot\boldsymbol{R}$ 不为整数），则小晶柱下表面的电子衍射波强度只取决于层错所在位置样品的厚度，也就是说层错的衬度是样品厚度的函数。有鉴于此，层错的衬度应该具有如下的特点：

① 对于确定的层错，当操作反射确定时，则 $\boldsymbol{g}\cdot\boldsymbol{R}$ 确定，在样品厚度 t 和偏离矢量 $\boldsymbol{s}$ 都确定的前提下，I_{g} 将随层错所在位置的深度 t_1 周期变化，周期为 $1/s$，与层错的类型无关，其周期函数与等厚条纹一样，都是余弦函数。

② 当层错在样品中的深度相同时，会具有相同的强度，故层错的衍衬像表现为一组平行于样品表面和层错交线的明暗相间的条纹。

③ 当衍射矢量偏离布拉格位置的程度增加时，s 增大，层错条纹间的间距变小（条纹变密），层错的衍衬强度锐减。

④ 由层错强度的周期函数 $\cos\left[2\pi s(t_1-t/2)\right]$ 特点，可知层错条纹的强度总是中心对称的（这一点是层错条纹区别于等厚条纹的最本质特点）。

由周期函数特点可知，当层错面平行样品表面时将不显示衬度。

典型层错的观察结果如图 3-82 和图 3-83 所示。

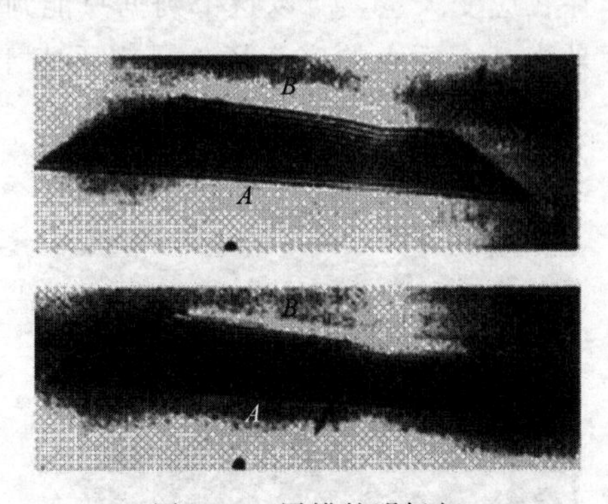

图 3-82　层错的明场相

图 3-83　层错的暗场相

3.6.5.3　第二相粒子

由于第二相粒子的存在而引入的衬度主要有以下几种：①基体周围应变场引起的衬度；

②第二相与基体由于位向差引起的衬度；③由结构因子差别而形成的衬度；④特定情况下形成的波纹图；⑤第二相和基体存在的相界面引起的衬度。

上述内容中，波纹图类似两束波的干涉，可不再介绍。由结构因子差别而形成的衬度可以当成等厚条纹的问题来处理，相界面引起的衬度与层错类似（层错就是其中的一种），但要复杂得多。

这里主要讨论球形第二相粒子导致的应变场衬度。

对于球形粒子引起的位移矢量，在球的外部可以表示为：

$$\boldsymbol{R}=\frac{\varepsilon \boldsymbol{r}_0^3}{\boldsymbol{r}^3}\boldsymbol{r} \tag{3-105}$$

在球的内部，可以表示为：

$$\boldsymbol{R}=-\varepsilon \boldsymbol{r} \tag{3-106}$$

由畸变后的晶柱对下表面的散射贡献表达式：

$$\mathrm{d}\Phi_g=\frac{\mathrm{i}\lambda F_g}{V_c\cos\theta}\Phi_0\exp\left[2\pi\mathrm{i}(\boldsymbol{K}_g-\boldsymbol{K}_0)\cdot\boldsymbol{r}\right]\mathrm{d}z \tag{3-107}$$

考虑到球形第二相粒子的应变场位移矢量的特点，它是中心对称的，如图 3-84(a) 所示，图中示出了一个最简单的球形共格粒子，粒子周围基体中晶格的结点原子产生位移，结果使原来的理想晶柱弯曲成弓形，利用运动学基本方程分别计算畸变晶柱底部的衍射波振幅（或强度）和理想晶柱（远离球形粒子的基体）的衍射波振幅，两者必然存在差别。但是，凡通过粒子中心的晶面都没有发生畸变（如图中通过圆心的水平和垂直两个晶面），如果用这些不产生畸变的晶面作衍射面，则这些晶面上不存在任何缺陷矢量（即 $\boldsymbol{R}=0$，$\alpha=0$），从而使带有穿过粒子中心晶面的基体部分也不出现缺陷衬度。因晶面畸变的位移量是随着离开粒子中心的距离变大而增加的，因此形成基体应变场衬度。球形共格沉淀相的明场像中，粒子分裂成两瓣，中间是个无衬度的线状亮区。操作矢量 $\boldsymbol{g}$ 正好和这条无衬度线垂直，这是因为衍射晶面正好通过粒子的中心，晶面的法线为 $\boldsymbol{g}$ 方向，电子束是沿着和中心无畸变晶面接近平行的方向入射的。根据这个道理，若选用不同的操作矢量，无衬度线的方位将随操作矢量而变。因此其衍射衬度具有自身的特点：第二相粒子衬度消失的判据严格地讲也是 $\boldsymbol{g}\cdot\boldsymbol{R}=$整数，但由于球形粒子中任意方向上都存在应变矢量，所以这个判据只能判断一些数学上的点消光，实际上人们能够看到的衬度是当某个面上的应变场矢量都垂直于 $\boldsymbol{g}$ 时，

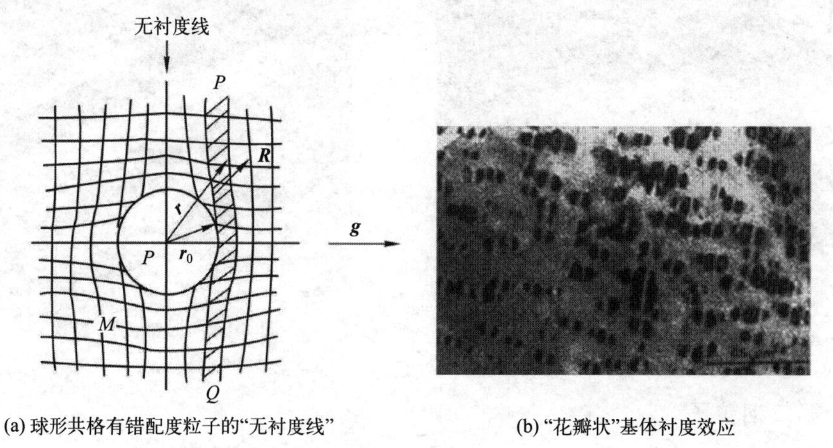

(a) 球形共格有错配度粒子的“无衬度线”　　(b) “花瓣状”基体衬度效应

图 3-84　共格应变程度像与原理示意图

这个面上的所有衬度都不可见，这时 $\boldsymbol{g} \cdot \boldsymbol{R}=0$，因此人们认为第二相粒子的衬度消失的判据为 $\boldsymbol{g} \cdot \boldsymbol{R}=0$。另外，由于应变场是球形对称分布的，所以对于任意操作反射，与之平行的平面上的任意位移矢量都能使 $\boldsymbol{g} \cdot \boldsymbol{R}=0$，因此当改变操作反射时，第二相质点衍衬像上的无衬度线也将随之改变，但该线将始终与操作反射矢量垂直。如图 3-85 所示，清晰显示了共格第二相的无衬度线与其“花瓣状”基体衬度。

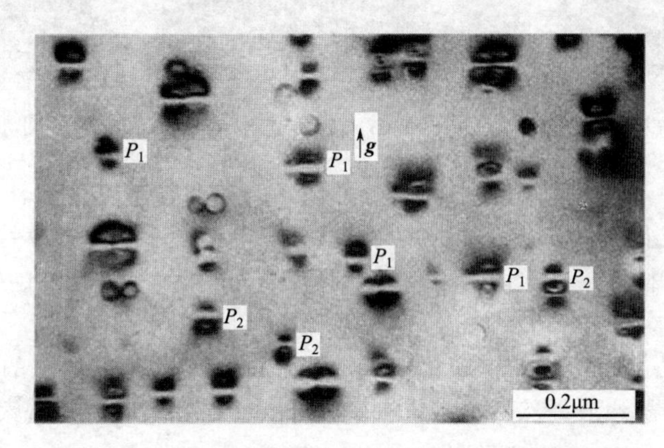

图 3-85 奥氏体不锈钢中的共格应变含铜沉淀相

3.7 样品制备技术

电子与物质能够相互作用，但是电子对物质的穿透能力很弱，约为 X 射线穿透能力的万分之一。而在透射电镜中真正需要的是具有穿透能力的透射电子束和弹性散射电子束。为了使它们能够达到清晰成像的程度，就必须要求样品有足够薄的厚度。从图像分析的角度来看，样品的厚度较大时，往往会使膜内不同深度层上的结构细节彼此重叠而互相干扰，得到的图像过于复杂，以至于难以分析。但从另一方面来看，如果样品太薄则表面效应将起十分重要的作用，以至于造成薄膜样品中相变和塑性变形的进行方式有别于大块样品。因此，为了适应不同研究目的的需要，应分别选用适当厚度的样品，对于一般金属材料而言，样品厚度都在 500nm，而观察原子结构像的样品时厚度要求更高一些。

为了制备合适厚度的样品，相关制样手段和减薄方法有许多，而这些方法都可能对材料的组织造成影响，导致得到错误的观察结果。如何制备样品使之能够真实反映原始材料的显微组织和结构等信息，不增加各种操作引入的假象，这是一项电镜使用者必须具备的基本工作，这项重要工作需要一定的技巧和经验。

常见透射电镜样品包括覆膜样品、粉末样品、薄膜样品和切片样品，各种样品有独立的制备方法。本节主要介绍材料科学中常见的粉末样品和薄膜样品的制备方法。

3.7.1 粉末样品的制备

粉末样品制备的关键是如何将超细的颗粒分散开来使之各自独立而不团聚。某种粉末样品在不同条件下的制备结果如图 3-86～图 3-88 所示。粉末样品常用的制备方法有胶粉混合法和支持膜分散法。

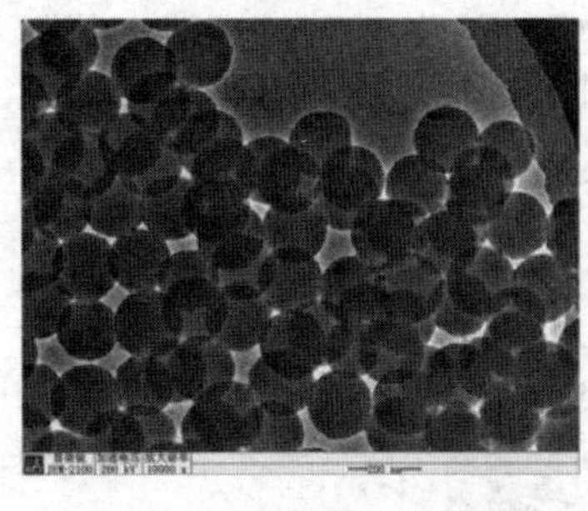
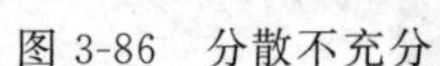

图 3-86　分散不充分

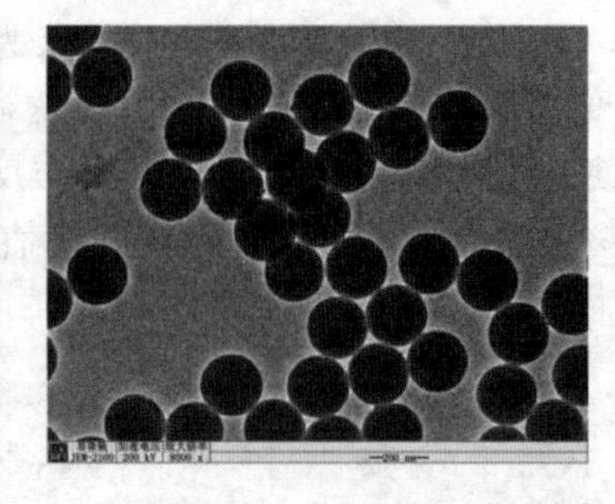

图 3-87　分散适当

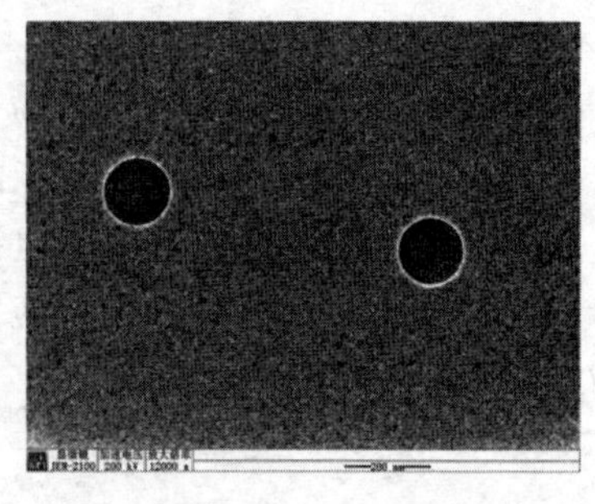

图 3-88　过于分散

① 胶粉混合法。在干净玻璃片上滴火胶棉溶液，然后在玻璃片胶液上放少许粉末并搅匀，将另一玻璃片压上，两玻璃片对研并突然抽开，等待膜干。用刀片将膜划成小方格，然后将玻璃片斜插入水杯中，在水面上下空插，膜片逐渐脱落，用铜网将方形膜捞出，晾干待观察。

② 支持膜分散法。将适量的待观察粉末放入乙醇（或者其它合适的分散剂）中，用微波震荡，形成均匀的悬浊液，然后滴到带有碳膜的支持网上，晾干待观察。

3.7.2　薄膜样品的制备

材料科学工作者最常接触的是块体材料，部分情况下是丝材等三维材料，其厚度一般不能满足透射电镜的要求，必须采用各种方法对其进行减薄。薄膜样品制备的要求：①制备过程中不引起任何材料组织的变化；②薄膜应具有一定的强度和较大面积的透明区域；③制备过程应易于控制，有一定的重复性和可靠性。

3.7.2.1　金属薄膜的制备

（1）取样切片

从样品上的典型部位用线切割机或类似设备切下 0.3～0.5mm 厚度的薄片。电火花线切割法是目前用在切割过程中最广泛的方法，它是用一根做往复运动的金属丝作为切割工具，以被切割的样品作阳极，金属丝作阴极，两极间保持一个微小的距离，利用其间的火花放电进行切割。电火花线切割可切下厚度小于 0.5mm 的薄片，切割时损伤层比较浅，可以通过后续的磨制或减薄过程去除。电火花线切割只能用于导电样品，对于陶瓷等不导电样品可用金刚石内圆切割机切片。在切割过程中一定要注意充分冷却，不要破坏材料原始组织。由于线切割过程中的热作用，一般会在试样的表面形成 20～50μm 深的破坏层，在后续的减薄过程中需要将破坏层除去。

（2）机械研磨预减薄

研磨方法与金相试样磨抛过程基本一样。将线切割得到的试样磨抛并预减薄到 50～100μm。由于试样较薄，在研磨过程中一般将样品薄片胶粘在平整的样品托上面，用水磨砂纸在水流下进行减薄。若用普通金相砂纸减薄，需要注意冷却。待减薄到 200μm 左右，用有机溶剂溶液（比如乙醇）浸泡样品薄片，使之自动脱落，然后将样品薄片的另外一面胶粘在样品托上，使用相同的方法减薄，直至样品薄片的厚度为 50～100μm。减薄过程中一定要用力均匀，动作要慢，冷却要充分，砂纸表面要干净，否则容易出现减偏、塑性变形、组织改变、划伤等缺陷。在每面减薄的最后阶段，用力一定要轻，否则塑性变形层的深度过大，会影响最后的组织观察，甚至引入伪像。

（3）冲片

利用专用冲片器将经过机械减薄的样品薄片冲制成直径 3mm 的试样。冲制后的试样要求边缘平滑，没有毛边。若有毛刺（在冲片器质量不佳或使用时间较长后经常出现此种情况），需用剪刀修整，再使用机械减薄进行少量研磨，除去边缘的弯曲与毛刺。

（4）双喷电解减薄

经过前几步的加工，试样已经是厚度为 50～100μm、直径 3mm 的金属薄膜。为满足透射电子显微镜的需要，仍需进一步减薄。双喷电解减薄是制备金属薄膜试样最为常用的有效方法。早期制备金属薄膜的方法（例如窗口法和 Ballmann 法）都由于过程复杂、可靠性差而逐渐被淘汰。进行双喷减薄时，针对样品两个表面的中心部位各有一个电解液喷嘴。从喷嘴中喷出的液柱和阴极相接，样品和阳极相接。电解液是通过一个耐酸泵来进行循环的。在两个喷嘴的轴线上还装有一对光导纤维，其中一个光导纤维和光源相接，另一个则和光敏元件相连。如果样品经抛光后中心出现小孔，光敏元件输出的电信号就可以将抛光线路的电源切断。用这样的方法制成的薄膜样品，中心孔附近有一个相当大的薄区，可以被电子束穿透，直径 3mm 圆片上的周边好似一个厚度较大的刚性支架，因为透射电子显微镜样品座的直径也是 3mm，因此，用双喷抛光装置制备好的样品可以直接装入电子显微镜进行分析观察。

双喷电解减薄根据不同的金属选择合适的电解液及相应的抛光制度均匀薄化金属试样，部分常用电解液和抛光制度见表 3-4。

表 3-4　部分常用电解液配方

材料	方法		条件
Al 和 Al 合金	电解抛光　62%磷酸+14%硫酸+160g/L 铬酸		9～12V
	化学抛光　40mL 氢氟酸+60mL 水+0.5g 氯化镍		70℃
	电解抛光	20%高氯酸+80%乙醇	15-20V，<30℃
		70%甲醇+30%硝酸	12～20V，-30℃左右
Cr 合金	电解抛光　5%高氯酸+95%甲醇		-40～-50℃
Co 合金	电解抛光	2%高氯酸+8%柠檬酸+10%丙酮+80%乙醇+50 g/L 硫氰化钠	25，-30℃
Cu	化学抛光　50%硝酸+25%醋酸+25%磷酸		20℃
铜合金	电解抛光	20%硝酸+80%甲醇	5～9V
		33%硝酸+67%甲醇	-30℃
Cu-Ni 合金	电解抛光　30mL 硝酸+50mL 醋酸+10mL 磷酸		2.9V，20℃
Fe，低合金钢不锈钢	化学抛光　50%盐酸+10%硝酸+5%磷酸+35%水 或 5%盐酸+30%硝酸+10%氢氟酸+45%水		热 热
	电解抛光　133mL 醋酸+7mL 水+25g 铬酸		25～30V，<30℃
不锈钢	化学抛光　45%水+30%硝酸+10%氢氟酸+15%盐酸		
	电解抛光　5%高氯酸+95%醋酸 60%磷酸+40%硫酸 10%高氯酸+90%乙醇		20V，<15℃ 25V 12V，0℃

续表

材料	方法	条件
GaAs	化学抛光　盐酸：过氯化氢：水＝40：4：1	
Ge	化学抛光　氢氟酸：硝酸：丙酮：溴＝15：25：15：0.3	2min
Mg-Al 合金	化学抛光　80％正磷酸＋20％乙醇	
	电解抛光　1％高氯酸＋99％乙醇	30～50V，－55℃，不锈钢阴极
Mo，Mo 合金	电解抛光　75％酒精＋25％硫酸	－30℃
Ni 合金	喷射 10％硝酸＋90％水	
	电解抛光　10％高氯酸＋90％丙酮	铂阳极
Ni 基高温合金	电解抛光　20％高氯酸＋80％酒精	22V，0℃
Nb，Nb 合金	化学喷射　60％硝酸＋40％氢氟酸	25℃
Si	化学薄化　氢氟酸：硝酸：醋酸＝1：3：2	
Ti	化学抛光　30％氢氟酸（浓度 48％）＋70％硝酸	0℃
Ti 合金	电解抛光　30mL 高氯酸（30％浓度）＋175mL 丁醇＋300mL 甲醇	11～20V ＜－25℃ 不锈钢阴极
Ti-Al 合金	电解抛光　甲醇：丁醇：高氯酸＝60：35：5	－20℃
Ti-Ni 合金	电解抛光　6％高氯酸＋94％甲醇	20V，－60℃
W 及 W 合金	电解抛光　10g 氢氧化钠＋100mL 水	5V
U	电解抛光　133mL 醋酸＋25g 铬酐（CrO_3）	35～40V，10℃
V 合金	电解抛光　100g/L 氢氧化钠水溶液	5V
Zn	电解抛光　50％正磷酸＋50％乙醇	
Zr	电解抛光　2％高氯酸＋98％甲醇	－70℃

图 3-89　Fischione 公司的 Model 110 电解双喷仪外观

图 3-89 是 Fischione 公司生产的 Model 110 电解双喷仪的外观形状，图 3-90 是双喷电解减薄的原理示意图。将 ϕ3mm 金属薄膜用试样夹固定，并与阳极相连。阴极和一对电解液喷管相连，喷管中心对准金属薄膜试样的中心，喷管分别处在金属薄膜试样的两侧。电源连通后，电解液通过耐酸泵加压循环，以从喷管喷出的液柱作为阴极，试样作为阳极，金属薄膜逐渐被电解腐蚀。一旦腐蚀减薄至中心穿孔，光敏元件输出的电信号将通过电子线路立即切断电源或者发出警报，一个金属薄膜试样就制备完毕。这种方法制备的样品边缘较厚，有一定的强度，中心薄化区域大，观察范围大。图 3-91 所示的是理想的电镜观察样品。

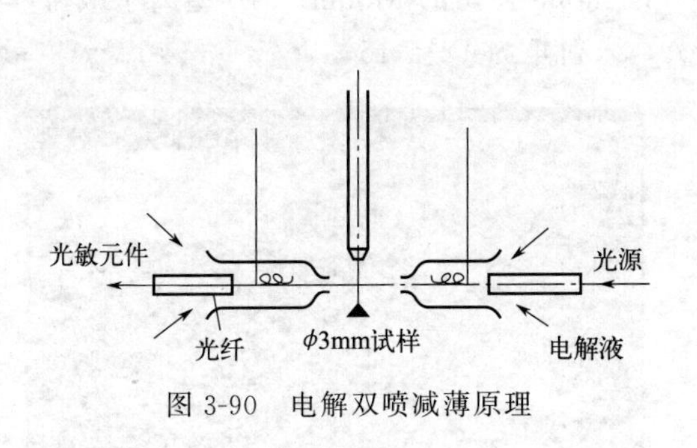

图 3-90　电解双喷减薄原理

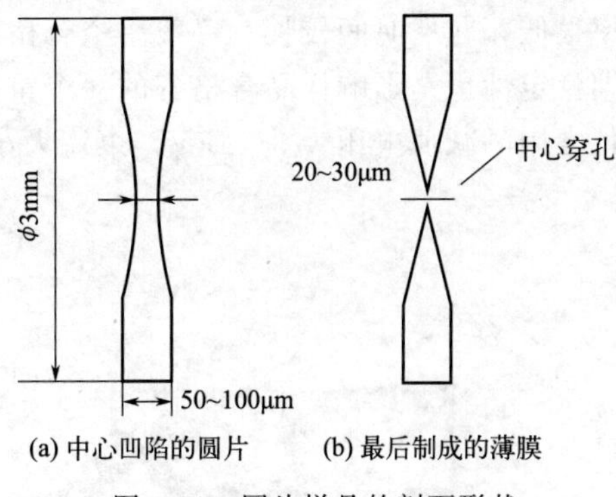

图 3-91　圆片样品的剖面形状

3.7.2.2　非金属薄膜的制备

本书中以陶瓷样品为例简单介绍非金属薄膜样品的制备工艺和操作过程。

（1）取样并切片

从样品上的典型部位用金刚石圆锯或者金刚石线锯切下 0.1～0.3mm 厚度的薄片（根据设备的精度尽力切割较薄的样品以减少以后的减薄工作量），切割过程一定要注意不要破坏材料原始组织。

（2）直径 3mm 样品的制备

切割后的薄片使用超声波切割机切割成直径 3mm 的样品。若没有超声波切割机，可以将样品加工成对角线小于 3mm 的方形样品，减薄后将样品粘在铜环上面即可。

（3）机械研磨预减薄

使用金刚砂纸研磨试样并预减薄到 50～100μm。加工方法与制备金属薄膜试样相同。减薄过程中一定要用力均匀、要慢，砂纸表面要干净，否则容易出现减偏、划伤甚至碎裂。

（4）离子减薄

经过机械研磨预减薄的非金属材料样品常用的有效最终减薄方法是离子减薄。这种方法是利用适当能量的 Ar 离子束轰击试样，均匀地打出试样中的原子从而实现样品的薄化。离子减薄仪结构复杂，Fischione 公司生产的 Model 1010 型离子减薄仪外观如图 3-92 所示，操作界面如图 3-93 所示，它由离子枪（双枪）、样品台、真空系统及照明监控系统等部分组成。两个离子枪从真空室两侧插入，试样从真空室上部垂直插入，试样夹在不锈钢支座上，在一定能量和角度的离子束轰击中转动。当出现微孔时，照明监控系统启动，切断电源，样品制备完毕。

使用离子减薄时，当离子束的加速电压在 10kV 以下时，加速电压升高，离子流的能量上升，传递给样品表面原子的能量增加，减薄速率升高；加速电压超过 10kV 后，高能离子入射深度增加，进入样品的较深位置，将能量传递给深层原子，这样不能使表面原子脱离，反而会降低减薄速率。常用的减薄电压为 3～6kV。离子入射角对减薄速率也有很大的影响，减薄初期离子入射角一般选择 15°～20°，减薄速率较大。即将穿孔时降低入射角，选择 10°～15°较优，较低的入射角增加薄区面积，扩大观察选择范围。离子减薄法减薄样品的效率很低，花费时间较长，一般一个合格样品的制备需要数小时甚至数天时间。同时仪器的长期稳定性也是影响样品合格率的一个重要的指标。Fischione 公司的 Model 1010 型离子减薄仪常用的减薄电压为 3～4kV，束流大小为 3～4mA，入射角为 12°～15°。

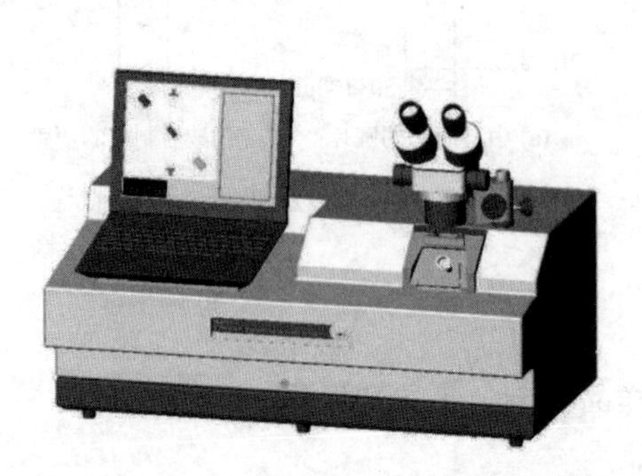

图 3-92　Fischione 公司的 Model 1010 型离子减薄仪外观

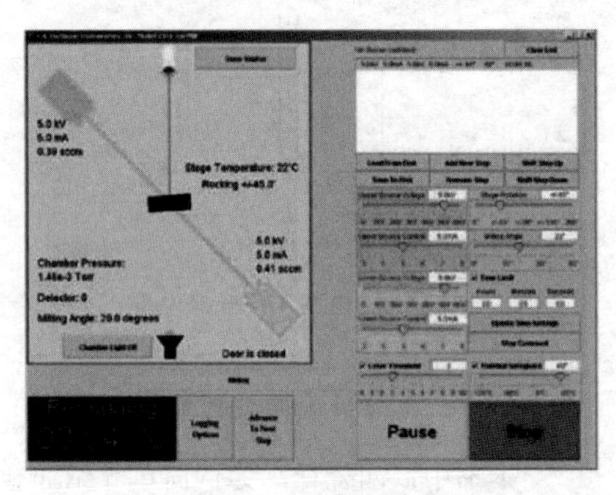

图 3-93　Model 1010 离子减薄仪操作界面

(5) 凹坑仪减薄

为了降低离子减薄的时间，提高减薄效率，在离子减薄之前可以用凹坑仪对样品进行减薄。凹坑仪的原理是使用专用蜡和熔蜡台，将样品固定到样品台基座上，通过在 y 轴上旋转样品，在 x 轴上旋转研磨轮，使用抛光剂研磨，实现研磨轮和样品间的磨损减薄。通过测量装置的精确控制，样品的中心位置能够获得几微米厚度的薄区。

图 3-94 是 Fischione 公司生产的 Model 200 型凹坑仪外观，图 3-95 是其原理示意图。凹坑仪能够在直径 3mm 的样品中央部位磨成一个一定厚度的凹坑，熟练操作人员能够保持凹坑后的厚度在 10μm 左右。

图 3-94　Fischione 公司的 Model 200 型凹坑仪外观

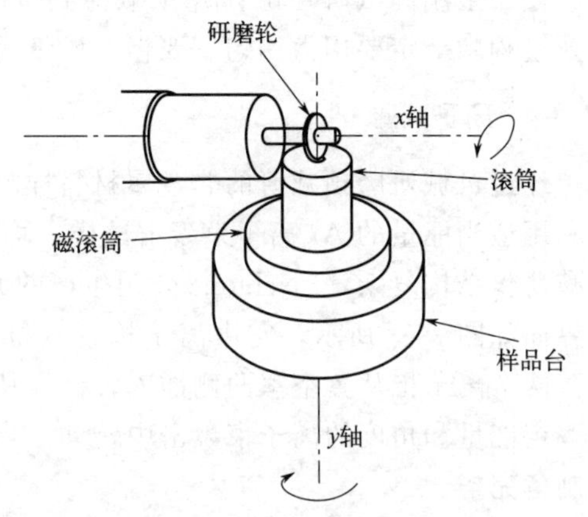

图 3-95　凹坑仪原理

薄膜样品的制备，需专门的仪器和有一定经验的操作人员来完成。之所以采用如此繁杂的制备过程，目的是尽量避免或减少减薄过程引起的组织结构变化，以得到真实的样品组织与形貌。

3.8 透射电子显微镜的发展

1931 年 6 月 4 日，Knoll 和 Ruska 首次研制成功了第一台透射电子显微镜，90 多年来，透射电镜得到了长足的进步。20 世纪 70 年代具有高分辨率的透射电镜和分析电镜出现后，它的分辨水平日臻细微，功能更趋多样化，已经成为现代实验室中一种不可或缺的研究晶体结构和化学组成的综合仪器。这些年的发展主要集中在三个方面：透射电镜功能的扩展；分辨率的不断提高；将现代计算机技术和微电子技术应用于电镜控制系统、观察与记录系统等。

3.8.1 透射电子显微镜功能的扩展

透射电镜最初的功能主要是观察样品的形貌，后来发展到可以通过选区电子衍射原位分析样品的晶体结构。同时具有形貌观察和晶体结构原位分析两个功能是其它分析仪器所不具备的。但是，这样的功能仍然不能满足微观分析的需求，人们还希望能对所观察区域的成分进行原位分析。为了实现这个目的，人们利用电子束与固体样品相互作用产生的多种物理信号开发了多种分析附件，扩展了透射电镜的功能。由此产生了透射电镜的一个分支——分析型透射电镜。常用的附件有能谱（EDS，可以确定材料里所含元素的种类和含量）、能量损失谱（EELS，可以得到样品厚度、成分、价态、电子密度、能带、近邻原子分布等丰富的信息）、透射扫描（STEM）。透射电镜目前已经成为一个集多功能于一体的综合型纳米技术实验平台。它不仅能够表征样品的宏观形貌和缺陷，还能够直接观察原子；不仅能够根据电子衍射花样推断晶体结构，还能够根据电子能量损失谱和特征 X 射线分析化学成分以及特征价态；不仅能够施加外场激励材料结构变化，还能够实时追踪记录结构演变的全过程。

3.8.1.1 透射电镜三维重构技术

目前美国 FEI-Talos F200X 生产的透射电子显微镜，可以利用三维重构技术对金属氧化物进行表征和分析。三维重构技术不仅可以获得样品形貌、结构在三维空间内的体积分布，还能够解析多元素物质中各元素在三维空间内的分布状态。对于某一个特定的颗粒，通过三维重构技术采集得到的数据量是普通二维投影图的几百倍，能够在保证分辨率的同时完成大量数据的采集和分析。图 3-96 为三维重构技术原理图。三维重构技术是表征和分析结构复杂、元素分布不均匀物质的一种强有力的成像手段，目前已在锂离子电池、燃料电池以及纳米材料制备等领域发挥了重要作用。

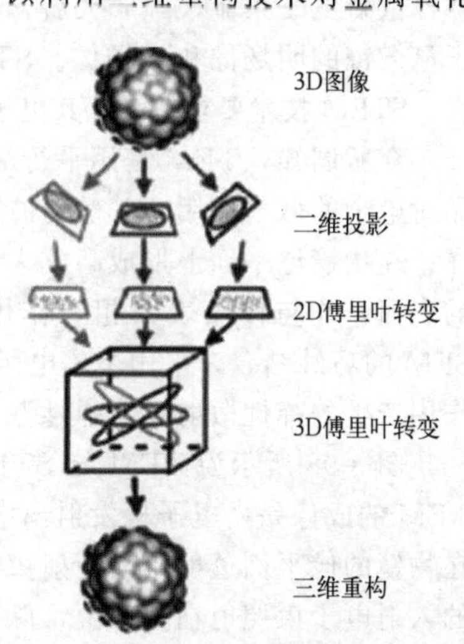

图 3-96 三维重构原理

3.8.1.2 冷冻电镜

在生命科学领域，冷冻电镜正发挥着巨大的作用，图 3-97 为冷冻电镜示意图。冷冻电镜可实现直接观察液体、半液体及对电子束敏感的样品，如生物、高分子材料等。样品经过超低温冷冻、断裂、镀膜制样（喷金/喷碳）等处理后，通过冷冻传输系统放入电镜内的冷台（温度可至－185℃）即可进行观察。冷冻电镜中的冷冻技术可以瞬间冷冻样品，并在冷冻状态下保持和转移，使样品最大限度保持原来的性状，得出的数据更准确。随着冷冻电镜的不断推广和使用，不久的将来，将在水泥材料、某些高分子材料、水凝胶、量子点等精细结构、中间态的表征中得到展现，也会在材料领域开辟出一片新的天地，帮助科学家完成更多“不可能”。

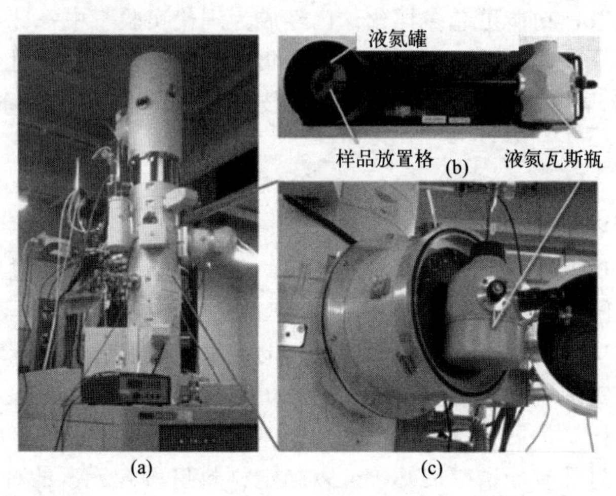

图 3-97　冷冻电镜

3.8.1.3　扫描透射电子显微镜

扫描透射电子显微镜（STEM）在材料微观结构分析领域逐渐受到重视。STEM 是一种综合了扫描和高分辨透射电子显微术的原理和特点而出现的新型分析方法，具有原子尺度分辨率。它基于 TEM 配备的扫描功能附件、扫描线圈迫使电子探针在薄膜试样上扫描，与扫描电子显微镜（SEM）的不同之处在于探测器置于试样下方，探测器接收透射电子束流或弹性散射电子束流，经放大后，在荧光屏上显示与常规透射电子显微镜相对应的扫描透射电子显微镜的明场像和暗场像。STEM 能够获得 TEM 所不能获得的一些关于样品的特殊信息。STEM 技术要求较高，其电子光学系统比 TEM 和 SEM 复杂，要求有非常高的真空度。

众所周知，TEM 是用平行的高能电子束辐照到一个能透过电子的薄膜样品上，由于样品对电子的散射作用，其散射波在物镜后将产生两种信息：在物镜焦平面上形成电子衍射花样；在物镜像平面上形成高放大倍率的形貌像。SEM 则是利用聚焦的低能电子束扫描样品的表面，并与样品表面相互作用产生二次电子、背散射电子信号等。STEM 是 TEM 和 SEM 的巧妙结合，采用聚焦电子束扫描能透过电子的薄膜样品，并利用高能电子束与样品作用产生的弹性散射及非弹性散射电子来成像或获取电子衍射，进行显微结构分析。

图 3-98 所示为 TEM 与 STEM 的电子光学系统的结构及成像示意图。常规的高分辨 TEM 的成像是由电子枪发射出电子波经过晶体后，携带着晶体的结构信息，经过电子透镜在物镜的像平面透射束与衍射束干涉成像的结果［图 3-98(a)］。详细地讲，当一束近似平行的入射电子束照射在样品上，除了形成透射束外，还会产生衍射束。衍射束通过透镜的聚焦作用，在其焦平面上形成衍射束振幅极大值，然而每个振幅极大值又可视为次级光源，与透射束相互干涉，再在透镜的像平面上形成物体的相位衬度像。由于透射电子穿过薄膜晶体

时，其波振幅变化较小，而这些携带晶体结构信息的透射束与若干衍射束经过透镜重构，以此获得相应晶体的高分辨像。

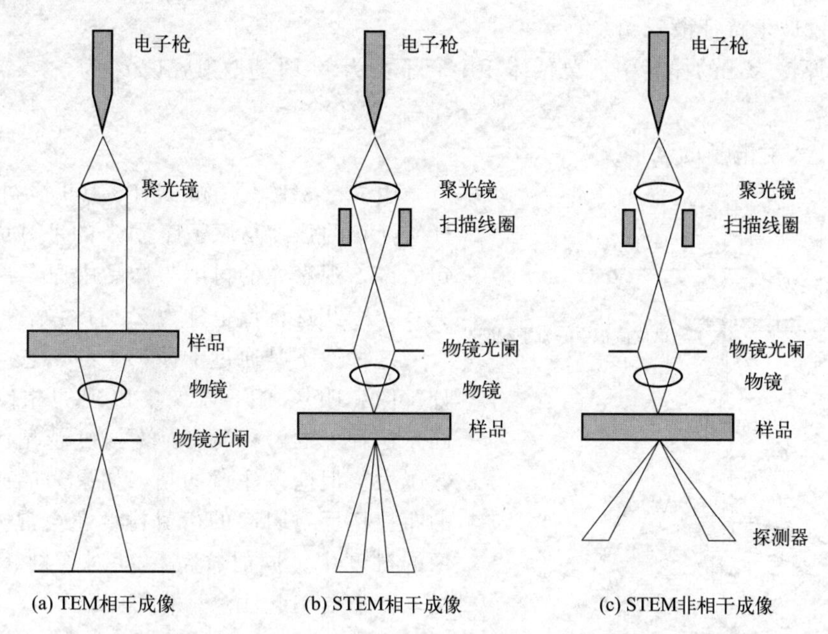

图 3-98　TEM 与 STEM 电子光学系统结构及成像示意图

图 3-98(b) 所示为 STEM 相干成像原理示意图。实际上，STEM 和 TEM 中，电子波的传播方向正好相反，相互倒置。在 STEM 中采用了电子束斑尺寸很小的场发射源和接收范围小的收集器光阑，获得的图像衬度主要源于透射电子的贡献。在这种情况下，STEM 的成像理论与 TEM 相似，可以用 TEM 成像理论加以解释。

图 3-98(c) 显示了 STEM 非相干成像原理示意图。众所周知，TEM 入射电子与样品之间发生多种相互作用，其中弹性散射电子分布在比较大的散射角范围内，而非弹性散射电子分布在比较小的散射角范围内。如果仅仅探测高角度弹性散射电子，屏蔽中心区小角度非弹性散射电子，这样不利用中心的透射电子成像，所以获得的是暗场像。采用细聚焦的高能电子束，通过线圈控制对样品进行逐点扫描，把这种方式与 STEM 方法相结合，能得到暗场 STEM 像。为了实现高探测效率，在透射电镜中加入环形探测器，除晶体试样产生的布拉格反射外，电子散射是轴对称的，所以这种成像方法又称为高角环形暗场像（high angle annular dark field，HAADF），其图像亮度与原子序数 Z 的平方成正比，因此又称为原子序数衬度像（Z 衬度像）。

图 3-99 所示为高角环形暗场方法的原理图。按照彭尼库克（Pennycook）等人的理论，散射角 θ_1 和 θ_2 间的环形区域中散射电子的散射截面 $R_{(\theta_1,\theta_2)}$ 可以用卢瑟福散射强度从 θ_1 到 θ_2 的积分来表示：

$$R_{(\theta_1,\theta_2)}=\left(\frac{m}{m_0}\right)\frac{Z^2\lambda^4}{4\pi^3a_0^2}\left(\frac{1}{\theta_1^2+\theta_0^2}-\frac{1}{\theta_2^2+\theta_0^2}\right) \tag{3-108}$$

式中　m——高速电子的质量；

m_0——电子的静止质量；

Z——原子序数；

λ——电子的波长；

a_0——玻尔半径；

θ_0——玻尔特征散射角。

因此，厚度为 t 的样品中，单位体积中原子数为 N 时的散射强度 I_s 为

$$I_s = R_{(\theta_1,\theta_2)} NtI \tag{3-109}$$

式中 I——入射电子的强度。

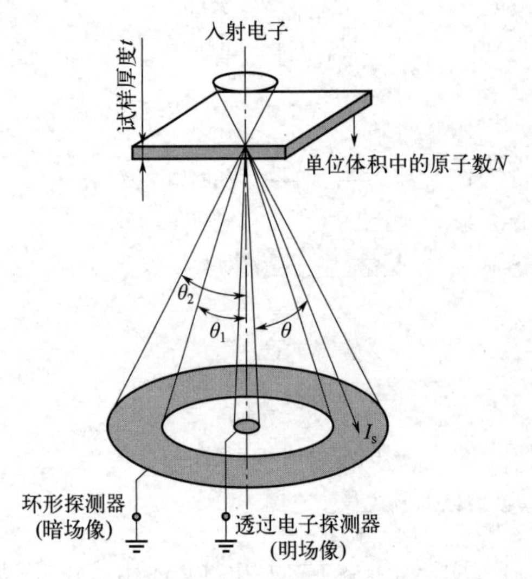

图 3-99 高角环形暗场（HAADF）方法的原理

由式（3-108）和式（3-109）可以看出，HAADF 的强度与原子序数 Z 的平方成正比，换句话说，观察像的衬度与样品中原子序数有密切关系，因此这种像也称为 Z 衬度像。

这种像不是通过干涉产生的，它与以往的高分辨像和明场 STEM 像中出现的相位衬度像不同，这种像的解释简单，像衬度越亮代表原子序数越大。但应该注意的是，如果为晶体样品，它的布拉格反射引起的衍射衬度还会混入 HAADF 像的衬度中，同时样品厚度对像衬度的影响较大，都需要引起注意。

在 HAADF 方法中，用一个具有大的中心圆孔的环形探测器，只接收高角的卢瑟福弹性散射电子，而卢瑟福散射来源于原子核的有效散射，因此有效的取样点大小就是原子核尺度，这个尺度远比原子的实际尺度小。由于每一个原子位置真实地由一个唯一的点所代表，因此在成像中不必考虑样品的投影势。正如前文所述，由于其衬度与原子序数的平方成正比，如果用场发射枪和一个聚光镜形成探针，实际探针尺寸可以达到 0.1nm。此时，HAADF 像的图像分辨率比使用相同聚光镜的 TEM 模式要高得多。

随着现代透射电子显微学的蓬勃发展和普及，现在的透射电子显微镜都具有 STEM 模式，STEM 工作模式因具有多种优势受到材料、化学、固体物理等领域科研工作者们的青睐，它具有如下优点。

① 高分辨率。一方面，在 HAADF 方法中，由于 Z 衬度像几乎完全是在非相干条件下产生的，而对于相同的物镜球差和电子波长，非相干成像的分辨率要高于相干成像，因此 Z 衬度像的分辨率要高于相干成像。另一方面，Z 衬度不会随试样厚度或物镜聚焦的变化而有所改变，不会出现衬度反转，即原子以及原子列在像中总是一个亮点。此外，TEM 的分辨率与入射电子的波长和透镜系统的球差系数有关，大多数情况下 TEM 的分辨率可达 0.2～0.3nm。而 STEM 像的点分辨率与获得信息的样品面积有关，一般接近会聚电子束的尺度，目前场发射电子枪的会聚电子束直接能达到 0.13nm 以下。

② 对物相组成敏感。由于 Z 衬度像的强度与其原子序数的平方成正比，因此 Z 衬度像对物相的化学组成成分比较敏感，在 Z 衬度像上可以直接观察各物相或夹杂物的析出，以及相关有序或无序原子排列结构。

③ 有利于观察较厚的试样和低衬度的样品。Z 衬度像是在非相干条件下成像的，其成像源于非弹性散射电子信息，在一定条件下，能满足相对较厚的样品的成像观察。

④ 图像简明。Z 衬度像具有正衬度传递函数。而在相干条件下，随空间频率的增加其衬度函数在零点附近快速振荡，当衬度传递函数为负时，翻转衬度成像，当衬度传递函数通过零点时，不显示衬度。换句话说，非相干的 Z 衬度像不同于相干条件下的相位衬度像，它不存在相位的翻转问题，因此它能直接从图像的衬度反映客观样品的晶体信息。

STEM 模式和 HAADF 在材料科学方面的研究中做出了突出的贡献。高空间分辨能力和对原子序数的敏感性使人们对金属材料的微观组织有了更加深入的认识。

3.8.2 分辨率的不断提高

透射电镜的分辨率也不断提高。目前常用的 200kV 透射电镜的分辨率为 0.2nm，高压 1000kV 透射电镜的分辨率可达到 0.1nm。众所周知，界面、位错、偏析物和间隙原子等缺陷结构对于材料及器件的物理、力学和电学性质产生重要影响，因此获取物质的原子结构、化学成分和局域电子态的信息细节是高分辨电子显微学的研究目标。为获得原子间成键信息，要求能量分辨率达 0.1～0.2eV；为获得缺陷的原子结构细节，要求"亚埃"的点分辨率。若要在中等电压的电镜中获得"亚埃"和"亚电子伏特"的分辨率，则需要发展配有单色的电子源、电子束斑尺寸小于 0.2nm 的聚光镜系统、物镜球差校正器、无像差投影镜和能量过滤成像系统等部件的新一代透射电镜。

透射电镜电子枪的加速电压不断提高，从 80kV、100kV、200kV、300kV 直到 3000kV 以上。为了获得高亮度且相干性好的照明源，电子枪由早期的发夹式钨灯丝，发展到 LaB_6 单晶灯丝，直到场发射电子枪。场发射电子枪具有纳米电子束斑亮度高、束流大、出射电子能量分散小和相干性好等优点，可显著提高电镜的信息分辨率，特别适合于纳米尺度综合分析，如亚纳米尺度成分分析、精确测定原子位置、结构因子和电荷密度等。近年出现的新型场发射透射电镜有 FEI 公司的 Tecnai G2 F30、Tecnai G P20 和 JEOL 公司的 JEM-2100F、JEM-3000F、JEM-2200FS、JEM-3200Fs 及 LEO 公司的 SATEM 等。

3.8.3 现代计算机技术和微电子技术的应用

透射电镜的发展还体现在现代计算机技术和微电子技术的应用上。计算机技术和微电子技术的应用使得透射电镜的控制变得简单，自动化程度大为提高。透射电镜中常采用照相底板记录电子显微像，具有探测效率好和视场大等优点，但也有非线性度大、动态范围小、不能联机处理和暗室操作不方便等缺点。后来出现的慢扫描电荷耦合器件（SSCCD）可把显微像的信息转换成数字信号，将信号强度增大几百倍后，把线性放大 20 余倍的显微像直接显示在监视器屏幕或存储在硬盘或光盘中，它的灵敏度、线性度、动态范围、探测效率和灰度等级明显优于照相底板，而分辨率与其相当。

思考题

1. 电子衍射与 X 射线衍射的相同点是什么？电子衍射与 X 射线衍射相比，优点和缺点是什么？

2. 请示意画出面心立方晶体的正空间晶胞和倒空间的晶胞，标明基矢。并画出晶带轴为 $\boldsymbol{r}=[100]$ 的零层倒易面 $(100)_0^*$，标出各阵点的指数。

3. 影响透射电镜分辨率的主要因素是什么？怎样消除各因素的影响？

4. 透射电镜中有哪些主要光阑？分别安装在什么位置？其作用如何？

5. 画图说明透射电镜衍衬成像原理，并说明什么是明场像、暗场像、中心暗场像。

6. 举例说明高分辨电子显微术在材料研究中的应用。

7. 看图 3-100 导出电子衍射的基本公式，解释其物理意义，并阐述倒易点阵与电子衍射图之间有何对应关系。解释为何电子束平行于晶带轴入射时，即使只有倒易点阵原点在厄瓦尔德球面上，也能得到除中心斑点以外的一系列衍射斑点。

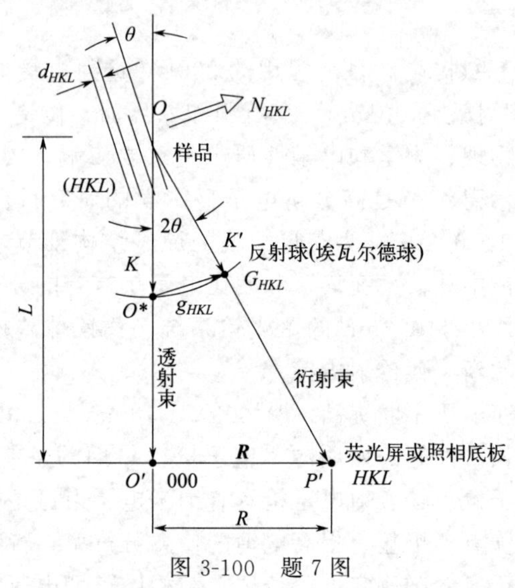

图 3-100　题 7 图

8. 电镜的电子束波长由加速电压决定。

① 计算透射电子显微镜常用电压的电子束波长；

② 计算电镜该电压下的分辨率极限；

③ 查找资料给出目前实际透射电镜的分辨率；

④ 说明限制分辨率的原因；

⑤ 分析提高电镜分辨率的途径；业内人士采取的方案，你有何见解？

参考文献

[1] 李炎. 现代材料微观分析技术 [M]. 北京：化学工业出版社，2011.

[2] 周玉，武高辉. 材料分析检测技术 [M]. 哈尔滨：哈尔滨工业大学出版社，2007.

[3] 周玉. 材料分析方法 [M]. 4 版. 北京：机械工业出版社，2020.

[4] 于荣，沙浩治，崔吉哲，等. 电子叠层的原理与特点 [J]. 电子显微学报，2023，42(06)：767-781.

[5] 姬鹏翔，雷鑫铖，苏东. 锂离子电池原位透射电镜方法的综合比较 [J]. 电子显微学报，2023，42(05)：615-628.

[6] 魏婷，唐静，李金霞，等. 强化以应用为目的的透射电镜实验教学探索 [J]. 实验室研究与探索，2023，42(09)：196-200.

[7] 董全林，蒋越凌，王玖玖，等. 简述透射电子显微镜发展历程 [J]. 电子显微学报，2022，41(06)：685-688.

[8] 朱万全. 透射电子显微镜三维取向成像技术的发展与应用 [D]. 重庆：重庆大学，2022.
[9] 李志鹏. 透射电镜原位双倾定量化纳米压痕平台开发及应用 [D]. 北京：北京工业大学，2022.
[10] 施特. 透射电镜中的像差成像和涡旋电子束与样品的力学作用研究 [D]. 合肥：中国科学技术大学，2022.
[11] 马晓丽，刘礼. 透射电镜图像处理的晶面间距测量系统设计 [J]. 电子显微学报，2022，41(02)：123-127.
[12] 夏委委，张梦倩. 透射电镜带轴系列倾转的数学模型设计 [J]. 实验技术与管理，2022，39(04)：30-34.
[13] 武瑞芳，王永钊，赵永祥. 透射电镜的管理维护与故障处理探讨 [J]. 实验室科学，2022，25(01)：210-213.
[14] 汤进，吴耀东，熊奕敏，等. 透射电镜差分相位分析技术磁畴研究 [J]. 中国材料进展，2021，40(11)：851-860+880.
[15] Dong Z L. Fundamentals of Crystallography，Powder X-ray Diffraction，and Transmission Electron Microscopy for Materials Scientists[M]. Boca Raton：CRC Press，2021.
[16] Saka H. Practical Electron Microscopy of Lattice Defects[M]. Singapore：World Scientific Publishing Company，2021
[17] Bruma A. Scanning Transmission Electron Microscopy：Advanced Characterization Methods for Materials Science Applications[M]. Boca Raton：CRC Press，2020.
[18] Goodhew P. Specimen Preparation for Transmission Electron Microscopy of Materials[M]. Boca Raton：CRC Press，2020.
[19] Williams D B，Carter C B. Transmission Electron Microscopy：A Textbook for Materials Science[M]. Berlin：Springer，2009.
[20] Keyse R J，Garratt-Reed A J，Goodhew P J，et al. Introduction to Scanning Transmission Electron Microscopy[M]. London：Routledge，1997.

第 4 章

热分析技术

4.1 概述

4.1.1 热分析的历史和发展

热分析技术是在长期科学实践的基础上逐渐发展起来的。1887 年，法国学者 H. Le. Chatelier 首次应用热分析的方法研究黏土矿物；1899 年，W. C. Roberts Austen 改进了 H. Le. Chatelier 的装置，通过采用差热电偶测量试样和参比物间的温度差来研究钢铁等金属材料，这就是目前广泛应用的差热分析法的原始模型。1915 年，日本的本多光太郎研制出热天平，开创了热重分析。而后在 1923 年法国学者 Maurice 和 Gaichard 也曾提出了类似的设想；1949 年，Vold 研制出全自动记录的差热量热计；1952—1954 年，Wittel 和 Stonc 分别设计制造了高灵敏度的 DTA 和动态气氛 DTA；1955 年，Boersma 提出了 DTA 理论和新的测量方法，从此差热分析仪的基本结构趋于稳定；1963 年 Perkin Elmer 公司首先研制出功率补偿型差示扫描量热仪。

第二次世界大战后，由于电子技术的普及，热分析仪摆脱了手工操作，实现了温控、记录等过程的自动化，热分析技术得以较快地发展。20 世纪 60 年代初期，由于塑料、化学纤维等工业的迅速发展，热分析有了很大突破，进一步向微型化、高灵敏度方向发展。20 世纪 70 年代，热分析在自动化、微量化方面更为完善，在一段时期内研制出的各种类型的热分析仪有 EGA（逸出气体）、TMA（静态热机械）、DMA（动态热机械）、TG-DTA（热重-差热分析）、TG-EGA（热重-逸出气体分析）、TG-MS（质谱）、TG-G（气相色谱）、DTA-MS（热差-质谱）等。自 20 世纪 70 年代至 20 世纪 80 年代初，不仅热分析技术有了较快发展，热分析的内容也不断扩充，应用领域日趋广阔，同时热分析在理论、数据分析和实验方法上也取得了很大进展。

在仪器与理论迅速发展的基础上，热分析已成为一门跨越许多科学技术领域的边缘学科。1965 年在苏格兰召开了首次国际热分析会议，并成立了国际热分析联合会（ICTA）。国际热分析联合会的工作大大推动了热分析的国际学术交流，促进了热分析技术的发展和科学化。

中国科学院地质研究所于 1952 年设计制造了一台差热分析仪，并得到了实际应用。20 世纪 60 年代初，在北京光学仪器厂诞生了我国第一台商品化的热天平。20 世纪 60 年代末，北京光学仪器厂和上海天平仪器厂等先后研制了差热分析仪。我国第一台差示扫描量热仪于 1976 年由上海天平仪器厂制造。目前我国已能生产多种系列和不同型号的热分析仪，我国的热分析技术正处在蓬勃发展的新阶段。

4.1.2 热分析的定义与分类

1977 年在日本京都召开的 ICTA 第七次会议对热分析给出了明确的定义：热分析是在程序控制温度下，测量物质的物理性质与温度之间关系的一类技术。其数学表达式为：

$$P = f(T)$$

式中　P——物质的一种物理量；

　　T——物质的温度。

所谓程序控制温度就是把温度看作时间的函数：

$$T = \varphi(t)$$

式中　t——时间。

则
$$P = f[\varphi(t)]$$

根据国际热分析联合会的归纳，可将现有的热分析技术方法分为 9 大类 16 种，见表 4-1。其中差热分析（differential thermal analysis，DTA）、差示扫描量热法（differential scanning calorimetry，DSC）和热重分析（thermogravimetry，TG）应用最广泛，因此本章重点讨论这些热分析技术，其它较为常见的热分析方法还有热膨胀法（thermal dilatometry，TD）、热机械分析（thermomechanic analysis，TMA）和动态热机械分析（dynamic thermomechanic analysis，DMA）等。

表 4-1　国际热分析联合会认定的热分析技术

测量参量	热分析技术	缩写	测量参量	热分析技术	缩写
质量	热重法	TG	尺寸	热膨胀法	TD
	等压质量变化测定		力学特性	热机械分析	TMA
	逸出气检测			动态热机械分析	DMA
	逸出气分析	EGD	声学特性	热发声法	
	反射热分析	EGA		热传声法	
	热微粒分析				
温度	差热分析法	DTA	光学特性	热光学法	
	加热曲线测定		电学特性	热电学法	
热量	差示扫描量热法	DSC	磁学特性	热磁学法	

这些热分析技术不仅能独立完成某一方面的定性或定量测试，而且还能与其它方法互相印证和补充，已成为研究物质的物理性质、化学性质及其变化过程的重要手段，它在基础科学和应用科学的各个领域都有极其广泛的应用。表 4-2 是一些热分析技术的主要应用范围。

表 4-2　热分析技术的主要应用范围

方法	TG	DTA	DSC	TMA	DMA	EGA	热电学法	热光学法
相转变、熔化、凝固		▲	•	○			▲	•
吸附、解吸	•	▲	•			▲		▲
氧化还原、裂解	•	▲	•		▲	▲	▲	▲
相图制作	▲	•	•	○				○

续表

方法	TG	DTA	DSC	TMA	DMA	EGA	热电学法	热光学法
纯度测定		▲	•					▲
热固化		▲	▲	▲	•			▲
玻璃化转变		▲	•	•	▲		○	▲
软化			○	•	○		○	○
结晶		▲	•	▲	▲		○	▲
比热容测定		▲	•					
耐热性测定	•	•	•	▲	▲	▲	○	▲
升华、反应和蒸发速率测定	•	▲	•			•	○	▲
膨胀系数、黏度测定				•				
黏弹性				•	•			
组分分析	•	▲	•		○	•	▲	▲
催化研究		▲	•					

注："•"表示最适用；"▲"表示可用；"○"表示某些样品可用。

对于材料研究而言，希望能在同一条件下获得材料在高温过程中的各种信息，从而对材料的高温性能做出比较全面的评价。因此，仪器的综合化已体现在高温物相分析中，例如综合热分析仪，可以同时测定样品的差热曲线、热重曲线及膨胀（收缩）曲线；又如差热分析与高温X射线衍射仪组合及高温显微镜与膨胀仪组合等，都使高温物相分析更有效、更方便；同时，引入了气体和压力条件，使得高温物相的分析更接近于实际情况。

4.2 差热分析

差热分析是在程序控制温度下测定物质和参比物（或称基准物质、中性体，是指在测量温度范围内不发生任何热效应的物质，如 α-Al_2O_3、MgO）之间的温度差随时间或温度变化的一种技术。在物质在升温或降温过程中的某一特定温度下，往往伴随有吸热或放热效应的物理、化学变化，如晶型转变、沸腾、升华、蒸发、熔融等物理变化，以及氧化还原、分解、脱水和离解等化学变化。另有一些物理变化如玻璃化转变虽无热效应发生，但比热容等某些物理性质会发生改变。此时物质的质量不一定改变，但温度是必定会变化的。差热分析就是在物质这类性质基础上建立的一种技术。

4.2.1 差热分析的基本原理

当样品在加热或冷却过程中发生任何物理或化学变化时，所释放或吸收的热量使样品温度高于或低于参比物的温度，从而相应地在差热曲线上得到放热峰或吸热峰。图4-1为典型的差热分析曲线。

现代的差热分析仪得到了极大的发展，结构和性能较原来的仪器有了很大的改进，但其基本结构单元仍是示差热电偶，如图4-2所示。根据第一热电效应（塞贝克效应），当金属丝A和金属丝B焊接后组成闭合回路，如果两焊点的温度 t_1 和 t_2 不同就会产生接触热电势，闭合回路有电流流动，检流计指针偏转。接触热电势的大小与温差成正比。把两根不同的金属丝 A 和 B 一端焊接（称为热端），放在测温部位，另一端（称为冷端）置于冰水中，以导线与检流计相连，此时所得的热电势与热端温度成正比，构成了用于测温的热电偶。将两个极性相反的热电偶串联起来（同极相连，产生的热电势正好相反），就构成了可测两个热源温度差的示差热电偶。

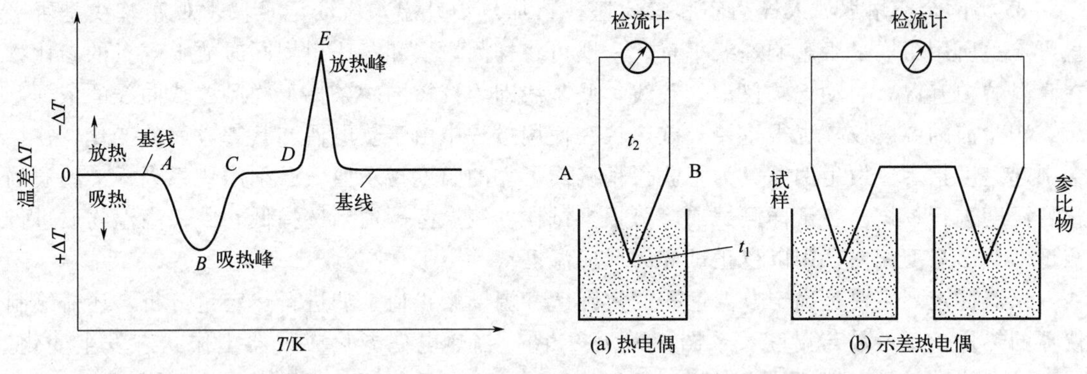

图 4-1　典型的差热分析曲线

图 4-2　热电偶和示差热电偶

差热分析的基本原理是将样品和参比物同时升温，由于样品在加热或冷却过程中产生的热变化而导致样品和参比物间产生温度差，这个温度差通过示差热电偶测出。温差的大小主要决定于样品本身的热特性，通过信号放大系统和记录仪记下的差热曲线，便能如实地反映出样品本身的特性，通过对差热曲线的分析，可以实现物相鉴定的目的。

4.2.2　差热分析的实验方法

差热分析的实验结果受许多因素影响，为获得准确的实验结果，必须十分注意实验方案的设计、实验条件的选择和熟练掌握实验技术。DTA 实验主要包括试样和参比物的制备和装填、仪器检验及标定、实验参数选择、样品测定等工作。

（1）样品制备

① 参比物的选择：选择参比物时其比热容、导热性能和粒度等应尽可能与试样接近，常用的参比物为 $\alpha\text{-}Al_2O_3$。

② 试样制备：实验前必须认真做好试样处理工作。为了除去试样表面的吸附水，应将试样放在干燥器中，但应避免使用脱水作用过强的干燥剂，以免脱去结晶水。对于块状无机物试样，可将其研磨、粉碎或锉成粉状，操作中要防止污染。粉状试样需过筛。不同类型的试样，粒度要求不完全一样。试样粒度过小，在预处理过程中易受污染，对结晶与表面能的影响也越明显。对大多数试样，一般应过 200 目筛，用量也要适宜，装填应紧密。

（2）仪器检验及标定

仪器检验的目的是确认仪器正常和处于最佳工作状态，此项工作常按仪器说明书进行，其中以检查分辨率、基线最为重要。在进行样品测试之前，应认真检查差热仪的基线情况，正常的差热曲线上出现偏离基线的位移就表明试样产生热效应。因而正常的差热仪基线应平直。自动化程度较高的仪器，在仪器安装时已通过炉体定位螺丝或斜率调整将基线调整平直。自动化程度低的差热仪，由于仪器本身的原因往往使基线不能平直，这种不平直的基线可作为校核同等条件下样品差热曲线的根据。检验基线的方法是采用空白试验：

① 在不升温的情况下，启动记录仪，观察记录笔下基线是否平直可检验记录仪或记录笔对基线是否有影响；

② 加热炉中未放坩埚和试样的情况下，将炉体升温，启动记录仪，观察记录笔下的基线是否平直可检验炉体本身或热电偶是否影响基线；

③ 将两个空坩埚放入样品座和参比座，将加热炉升温，启动记录仪，观察基线是否平直可检验所用坩埚是否影响基线平直。一般可将样品坩埚和参比坩埚同时放上等量的参比物在高温炉中升温，启动记录仪记录基线，此基线即为校核同一条件下样品差热曲线的依据。

实验前的温度校核也很重要。差热仪在使用过程中由于热电偶和其它方面的变化，往往会引起温度指示值发生偏差。为了获得精确而可靠的温度指示值，必须用一系列标准物质的相变温度进行校核。在试样测试前，可根据试样的测温范围适当选择低、中、高温物质进行测试，找出温度偏差，用以校正试样的反应温度。

仪器标定，主要是确定升温速率的实际值和温度修正值。如进行热定量分析，还需绘制仪器的热量校正系数与温度关系图，即 K-T 图。当热电偶老化或仪器工作状态发生变化，特别是炉体与样品支持器的相对位置发生改变时，则需重新标定。升温速率不同，温度修正值也不一样。

（3）实验方法的设计和实验条件的选择

实验方法的设计和实验条件的选择是决定实验成败的关键。前述准备工作结束以后，需要确定的主要实验条件包括：升温速率、气氛、走纸速率等。升温速率的选择主要根据试样与试样容器的热容和导热性能以及试样分析的目的而定。对于热容量大、导热性能差以及要求较高温度准确度及分辨率的物质，升温速率宜慢些，如 2～10℃/min，对于热容量小、导热性能好的物质及一般的分析目的，升温速率宜快些，如 10～20℃/min。为保证 DTA 曲线大小适宜，记录仪的走纸速度应与升温速率相配合。升温慢时采用小的走纸速度，升温快时可适当加大走纸速度。一般升温速率为 10℃/min 时走纸速度采用 30cm/h 为宜。

下面一些方法常用于有特殊目的的差热分析。

① 改变气氛组成或气氛压力。

② 改变升温速率。如升温转恒温及升到某一温度后进行自然或快速冷却，使反应中止，或变换记录速率和差热灵敏度。

③ 用活性物质作参比物，或试样内添加已知物作内标。

④ 对差热曲线进行一次或多次微分。

⑤ 使用联用技术，例如与 TG、EGD、EGA 和热态显微镜等联用。

⑥ 用不同的物理或化学方法预处理试样。

实验条件确定后，一般仍需试做，并对一些条件做适当变化以考察其合理性。如果实验结果能够重复，曲线形状理想，并能全面而真实地反映试样受热过程中的行为且达到了预定的实验目的，则设计与选择的实验方法和条件就是合适的。

4.2.3 差热分析的应用

差热分析具有广泛的应用，如研究材料的类型和物理、化学现象等。利用差热分析可以研究样品的分解或挥发，这类似于热重分析，但是它还可以研究那些不涉及重量变化的物理变化。例如结晶过程、相变、固态均相反应以及降解等。在以上这些变化中，由于放热或吸热反应使样品与参比物之间产生温差，由此可以鉴别是放热还是吸热反应，也可以用来鉴别未知物相，或测量在发生相变时所损失或增加的热量。石膏的差热曲线见图 4-3。它在 417K、440K 和 1466K 分别存在大小不等的三个吸热峰，而在 633K 产生一个小的放热峰。

在差热分析曲线的温度突变部分，样品的质量不一定发生变化。例如像半晶体材料（高聚物等）。一种高聚物的物理性质，如强度和柔性决定于结晶度，图 4-4 为非晶形（a）和晶形（b）两种高聚物的差热分析曲线。图 4-4(a) 无突变发生，直至 420℃。高聚物开始分解：由于高聚物软化也要吸热，因此曲线呈现非晶形样品的非直线特征。高聚物中的晶体在 180℃ 时开始发生熔化，因而在曲线上有一突变，直至 480℃高聚物发生分解。180℃时突变的峰面积与样品中晶体的质量成比例，若用已知结晶度的样品进行校准，就可从未知物峰面积求得其晶体的质量分数。从图 4-4(b) 中发生晶体熔化的温度范围可以得到有关晶体大小的信息。

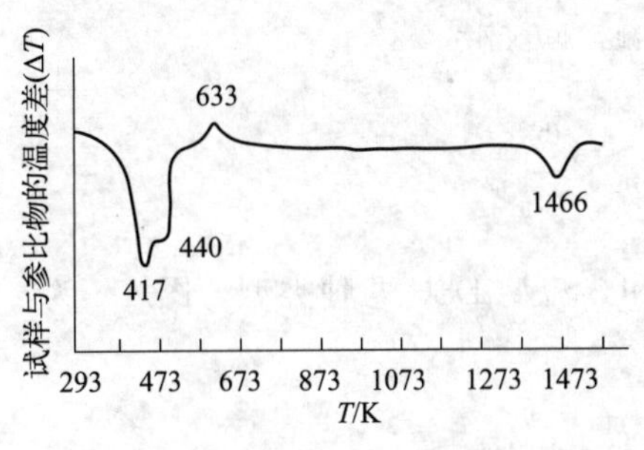

图 4-3　石膏 $CaSO_4 \cdot 2H_2O$ 的差热曲线

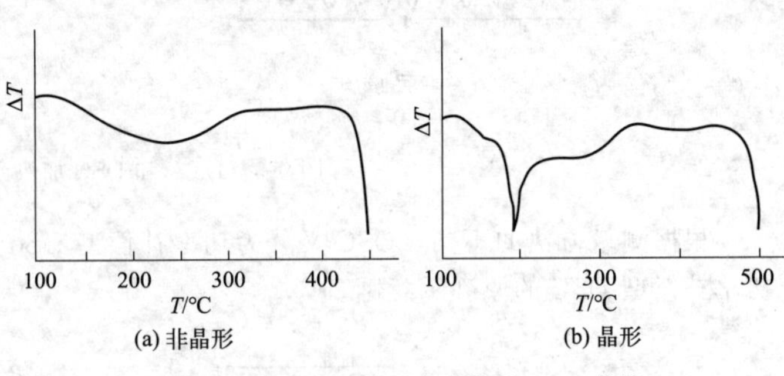

图 4-4　非晶形和晶形高聚物的 DTA 曲线

利用未知物的差热分析曲线与已知物进行比较，可以对未知物进行定性分析；通过测量在曲线突变时吸收或放出的热量可以进行定量分析。差热分析还可用于有机和药物工业中产品纯度的分析，可以对塑料工业废水中所含的不同高聚物进行指印分析以及工业控制，如测定在烧结、熔融和其它热处理过程中发生的化学变化，可以鉴别不同类型的合成橡胶及合金组成等等。

4.3 差示扫描量热分析

在差热分析测量样品的过程中，当样品产生热效应（熔化、分解、相变等）时，由于样品内的热传导，样品的实际温度已不是程序所控制的温度（如在升温时）。由于样品的吸热或放热，促使温度升高或降低，因而进行样品热量的定量测定是困难的。要获得较准确的热效应，可采用差示扫描量热法（DSC）。差示扫描量热分析是在程序控制温度下，测量物质和参比物之间的能量差随温度变化关系的一种技术。

4.3.1 差示扫描量热分析的基本原理

DSC 与 DTA 测量原理是不同的：DSC 是在控制温度变化的情况下，以温度（或时间）为横坐标，以样品与参比物间温差为零时所需供给的热量为纵坐标所得的扫描曲线，此曲线称为差示扫描量热曲线或 DSC 曲线；DTA 是测量 ΔT-T 的关系，而 DSC 是保持 $\Delta T = 0$，

测定 ΔH-T 的关系。两者最大的差别是 DTA 只能定性或半定量，而 DSC 的结果可用于定量分析。

DTA 常用一金属块作为样品保持器以确保样品和参比物处于相同的加热条件。而 DSC 的主要特点是样品和参比物分别有独立的加热元件和测温元件，并由两个系统进行监控。其中一个用于控制升温速率，另一个用于补偿样品和惰性参比物之间的温差。图 4-5 为 DTA 和 DSC 加热元件示意图。

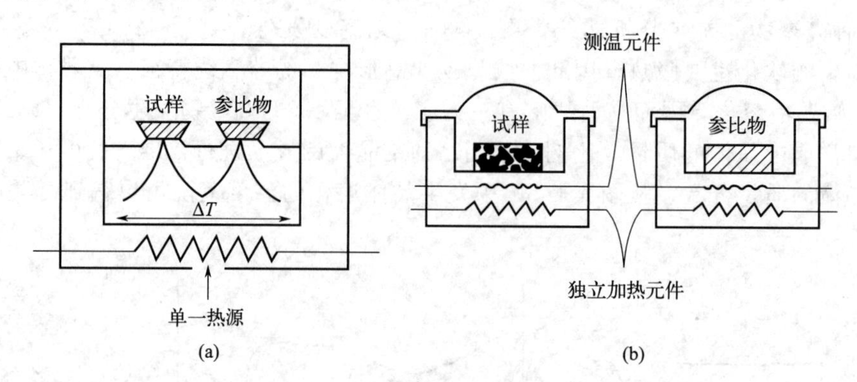

图 4-5　DTA 和 DSC 加热元件

根据测量方法的不同，DSC 又分为功率补偿型 DSC 和热流型 DSC 两种类型。图 4-6 为功率补偿型 DSC 的原理示意图。

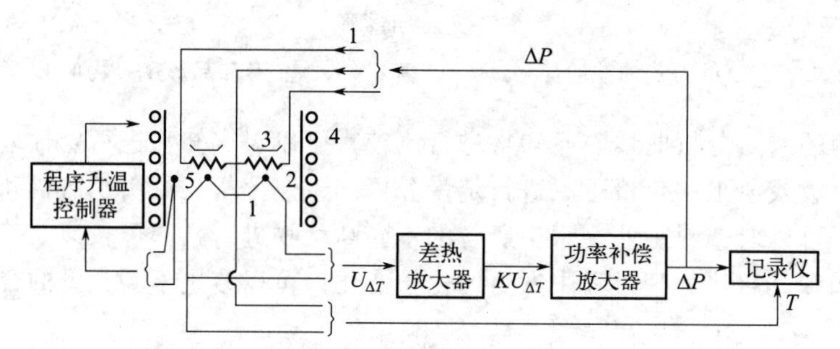

图 4-6　功率补偿型 DSC 原理

1—温差热电偶；2—补偿电热丝；3—坩埚；4—电炉；5—控温热电偶

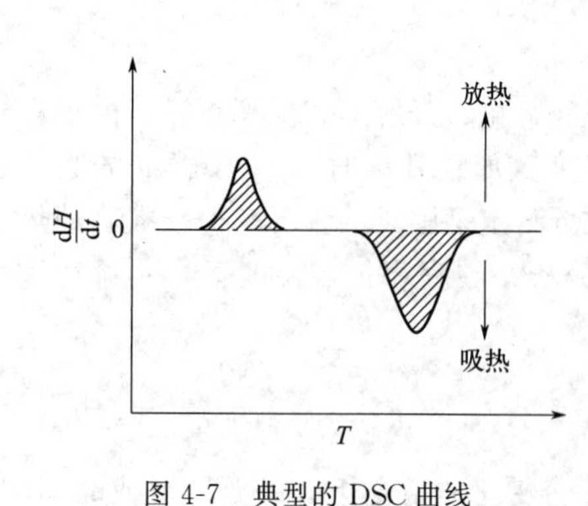

图 4-7　典型的 DSC 曲线

样品在加热过程中由于热效应与参比物之间出现温差 ΔT，通过差热放大器和功率补偿放大器，使流入补偿电热丝的电流发生变化：当样品吸热时，补偿放大器使样品一边的电流立即增大；反之，当样品放热时，则使参比物一边的电流增大，直到两边热量平衡，温差 ΔT 消失为止。换句话说，样品在热反应时发生的热量变化，由于及时输入电功率而得到补偿，因此实际记录的是样品和参比物下面两只电热补偿的热功率之差随时间 t 的变化（$\mathrm{d}H/\mathrm{d}t$-t）关系。如果升温速率恒定，记录的也就是热功率之差随温度 T 的变化（$\mathrm{d}H/\mathrm{d}t$-T）关系，如图 4-7 所示。

DSC 曲线的纵坐标表示样品放热或吸热的速度即热流率（$\mathrm{d}H/\mathrm{d}t$），单位是 mJ/s，横坐标是温度 T（或时间 t），如图 4-7 所示。图中，曲线离开基线的位移即代表样品吸热或放热的速率，而曲线中峰或谷的面积即代表热量的变化，因而差示扫描量热法可以直接测量样品在发生物理或化学变化时的热效应。

可以从补偿的功率直接计算热流率：

$$\Delta P=\frac{\mathrm{d}Q_{\mathrm{s}}}{\mathrm{d}t}-\frac{\mathrm{d}Q_{\mathrm{R}}}{\mathrm{d}t}=\frac{\mathrm{d}H}{\mathrm{d}t} \tag{4-1}$$

式中　ΔP ——所补偿的功率；

$\frac{\mathrm{d}Q_{\mathrm{s}}}{\mathrm{d}t}$ ——单位时间内给样品的热量；

$\frac{\mathrm{d}Q_{\mathrm{R}}}{\mathrm{d}t}$ ——单位时间内给参比物的热量；

$\frac{\mathrm{d}H}{\mathrm{d}t}$ ——单位时间内样品的焓变，即热流率，也就是 DSC 曲线的纵坐标。

DSC 是通过测定样品与参比物吸收的功率差来代表样品的焓变。样品放热或吸热的热量 ΔH 为：

$$\Delta H=\int_{t_1}^{t_2}\Delta P\,\mathrm{d}t \tag{4-2}$$

DSC 曲线中的峰面积 A 就是焓的变化。但应注意的是：样品和参比物与补偿电热丝之间总存在热阻，这使补偿的热量或多或少产生损耗，故样品的焓变与峰面积 A 之间的关系为：

$$\Delta H=KA=m\Delta H_{\mathrm{m}} \tag{4-3}$$

式中　K ——修正系数，称仪器常数；

m ——样品质量；

ΔH_{m} ——单位质量样品的焓变。

仪器常数可由标准物质实验确定，对已知的样品进行 DSC 测试，从 DSC 曲线中得到与 ΔH 对应的峰面积，则可根据式(4-3) 求出 K。仪器常数 K 与温度和操作条件无关，故 DSC 比 DTA 定量性能好。

4.3.2　差示扫描量热分析的实验方法

DSC 的实验方法在许多方面与 DTA 是相同的，所存在的某些不同之处，例如最高工作温度、试样量、装样方式等，主要是由仪器结构上的差异引起的。

(1) DSC 的关键操作参数

DSC 的关键操作参数是试样量、升温速率和气氛。对于热效应小的过程或非均匀的试样，试样量可适当增加，但测得的温度准确度和分辨率将降低且峰变宽。为此，应采用较慢的升温速率。与此相反，试样量少，得到的峰尖锐，分辨率也好。所以，现代商品仪器，试样量通常在 10mg 以下，并用十万分之一天平称量。快速升温可以提高灵敏度，但会使分辨率和温度的准确度降低。在气氛上，一般而言，动态气氛优于静态气氛。采用动态气氛时，气体流量一般为 20mL/min 左右，流量太大易使仪器噪声增加。热导率高的氢气和氦气有利于获得高的分辨率，而热导率低的气氛，如真空，检测灵敏度高。利用试样与气氛的热反应性能，还可以实现气氛气体与试样间的反应。

（2）坩埚的选择与装样

实验时应对坩埚做适当选择。常用坩埚有敞口式和密封式两种，完全密封的坩埚用于液态试样和压强高固态试样，普通密封坩埚能承受 202.6～303.9kPa 的压力。对于易氧化试样，宜在惰性气氛中封装。对于固体试样，宜将其制成薄膜、薄片或细小颗粒，以增大试样和坩埚的接触。测量液体的常压沸点，应事先在密封盖上制成直径为 0.5～1mm 的孔。

（3）仪器校准、标定和检查

DSC 曲线的温度轴与 DTA 一样也需校正，其方法与 DTA 相同。通过校正，获得温度修正值与温度的关系曲线。热定量校正系数 K 的标定与 DTA 完全一样，热流型 DSC 也需作 K-T 图，对于功率补偿 DSC，K 值通常不随温度变化，一般只需标定一个点。标定时，常用纯铟作标样。为了获得可靠的实验结果，校准 DSC 的条件，特别是升温速率，应与实测试样的条件一致，以使坩埚和支持器之间的热阻相同。若需考虑 DSC 曲线纵坐标的量程即灵敏度 S 和走纸速率 c 的改变对 K 值的影响，校正系数 K 和试样热效应 Q_p 可按式(4-4)、式(4-5) 计算：

$$K=\frac{A_1S_1}{Q'_pc_1} \tag{4-4}$$

$$Q_p=\frac{A_2S_2}{Kc_2} \tag{4-5}$$

式中 A_1、S_1、c_1 和 A_2、S_2、c_2——标样和试样的峰面积、测量量程和走纸速率；

Q'_p——标样的热效应。

实践表明，DSC 仪器量程的标度只是一个标称值，它与实际值常有较大的误差。升温速率和纸速也有一定的误差。如果标定和实验采用同一种量程，则这些系统误差对热量测定的影响在校准时均并入仪器校正系数 K 中而无须精确测出各量程的真实值。这样的校准，已能满足定量测定的精度要求。但对涉及 DSC 曲线中纵坐标位移的测量，如在动力学计算和比热容测定中，还需对纵坐标的量程标度进行精确修正，这样才能得到精确的实验结果。对功率补偿型 DSC 仪进行纵坐标标度校准的方法是：在标样铟的记录纸上画出一块大小适当的面积，如取记录纸横向全分度的 3/10（即三大格）为高度，半分钟走纸距离为长度的长方形，如图 4-8。用铟标定时的纵坐标量程若是 41.84mJ/s，则这一长方形的面积相当于 376.6mJ 的热量。于是，将面积 A 和纸速 c 代入式(4-5)，可得 K_1。如果纵坐标的标称量程标度 S 是准确的，则 K_1 应与由铟标定后得到的 K 相同。若 $K_1 \neq K$，表明标称量程标度与实际标度不符，实际的纵坐标标度应是（K_1/K）S。有些仪器设有专用的调节装置，通过调节可使 $K_1/K=1$。实验前还应检查仪器的分辨率、基线的漂移和噪声、升温的线性度等仪器的主要性能。

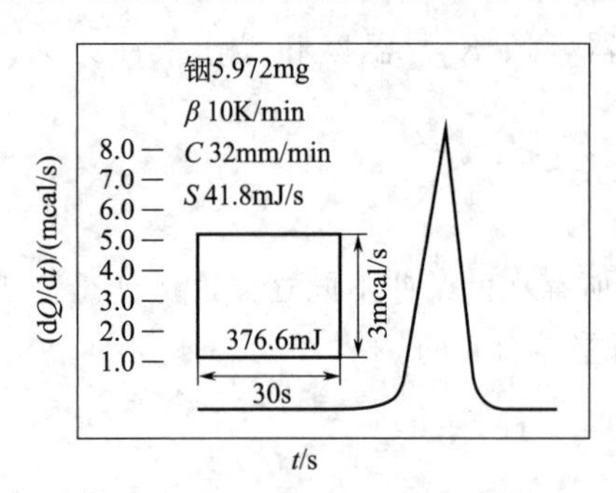

图 4-8 标定功率补偿型 DSC 曲线纵坐标的方法
1cal=4.186J

（4）实验数据的处理

在处理实验数据时，峰面积的测量是其中最基本的一项。总面积的常用测量方法与DTA相同。若要对功率补偿DSC曲线峰的部分面积进行更为精确的测量，则需考虑功率补偿型DSC曲线方程式(4-6)中的第Ⅱ项和第Ⅲ项即（C_S-C_R）dT_p/dt和$RC_S d^2Q/dt^2$对峰面积的影响。

$$\frac{dH}{dt}=\underset{(Ⅰ)}{\frac{dQ}{dt}}+\underset{(Ⅱ)}{(C_S-C_R)\frac{dT_p}{dt}}-\underset{(Ⅲ)}{RC_S\frac{d^2Q}{dt^2}} \tag{4-6}$$

图4-9是假设C_S、C_R和dT_p/dt是常量时确定峰底边界的方法，图4-9(a)中Y是偏离空载基线的距离，即式(4-6)中第Ⅱ项（C_S-C_R）dT_p/dt的值；下面反S形曲线是式(4-6)中第Ⅲ项$RC_S d^2Q/dt^2$，将它翻转180°并上移Y后即得图4-9(b)的峰底边界线。对于热流型DSC，也可用类似方法确定峰底基线，以求得较为精确的局部峰面积和整体峰面积。

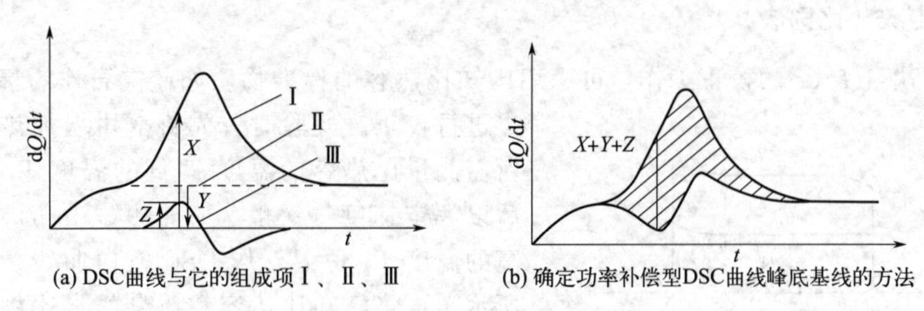

(a) DSC曲线与它的组成项Ⅰ、Ⅱ、Ⅲ　　(b) 确定功率补偿型DSC曲线峰底基线的方法

图4-9　确定功率补偿型DSC曲线峰底基线的方法

4.3.3　差示扫描量热分析的应用

差示扫描量热法与差热分析的应用功能有许多相同之处，但由于DSC克服了DTA以ΔT间接表示物质热效应的缺陷，具有分辨率高、灵敏度高等优点，适合于研究伴随焓变或比热容变化的现象。因而可以定量测定多种热力学和动力学参数，且可进行晶体微细结构分析等工作，因此DSC已成为材料研究领域十分有效的方法之一。

4.3.3.1　熔点的测定

熔点即固相到液相的转变温度。ICTA规定外推起始温度为熔点。外推起始温度的定义为：峰前沿最大斜率处的切线与前沿基线延长线的交点处温度，如图4-10中的点T_p。

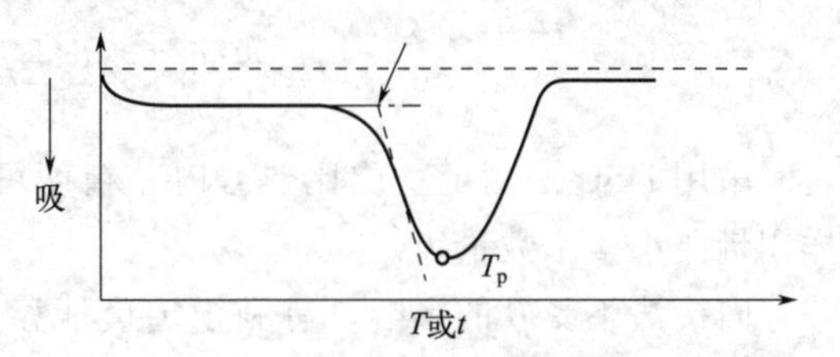

图4-10　DSC曲线上熔点特征

4.3.3.2　比热容的测定

比热容是物质的一个重要物理常数。可用基线偏移测定试样的比热容，大部分用DSC测定。利用DSC法测量比热容是一种新发展起来的仪器分析方法。在DSC法中，热流速率正比于样品的瞬时比热容：

$$dH/dt=mc_p dT/dt \tag{4-7}$$

比热容的测定分为直接法和间接法两种。

(1) 直接法(能量校正)

$$c_p = cm = \frac{dH}{dT} = \frac{dH}{dt} \times \frac{dt}{dT} = \frac{dH}{dt} \times \frac{1}{\beta}$$

故:

$$c = \frac{\frac{dH}{dt}}{m\beta} \tag{4-8}$$

式中 dH/dt——热流速率,s^{-1};

m——样品质量,g;

c_p——比热容,J/(g·℃);

β——程序升温速率,℃/s。

但由于 β 不是绝对线性的,所以此方法误差较大。

(2) 间接法(比例法)

为了解决 dH/dt 的校正工作,可采用已知比热容的标准物质如蓝宝石作为标准,为测定进行校正。实验时首先将空坩埚加热到比试样所需测量比热容的温度 T 低的温度 T_1 恒温,然后以一定速度(一般为 8~10℃/min)升到比 T 高的温度 T_2 恒温,作 DSC 空白曲线,如图 4-11 所示;再将已知比热容和质量的参比物放在坩埚内,按同样条件进行操作,作出参比物的 DSC 曲线;然后再将已知质量的试样放入坩埚,按同样条件作 DSC 曲线。此时可从图中量得欲测温度 T 时的 y' 和 y 值。

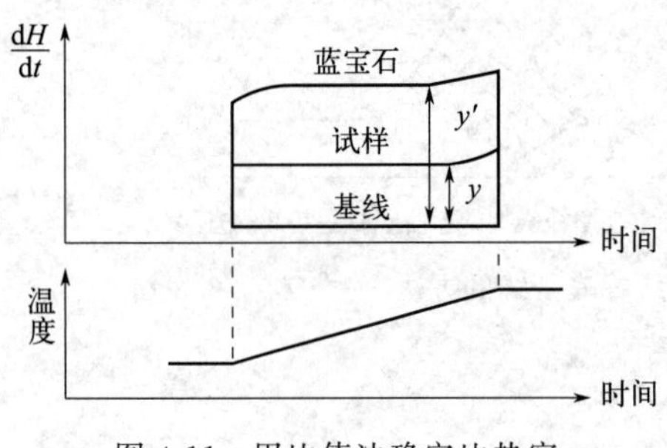

图 4-11 用比值法确定比热容

对于标准参比物(蓝宝石):

$$(dH/dt)_B = m_B c_{pB} dT/dt \tag{4-9}$$

将式(4-9) 除以式(4-7) 得:

$$c_p = \frac{m_B c_{pB}}{m} \times \frac{dH}{dt} / \left(\frac{dH}{dt}\right)_B = c_{pB} \frac{m_B}{m} \times \frac{y}{y'} \tag{4-10}$$

采用 DSC 法测定物质比热容时,精度可达到 0.3%,与热量计的测量精度接近,但试样用量要小 4 个数量级。

间接法不受 β 的影响,有利于定量计算,可计算热力学参数:焓[式(4-11)]、熵[式(4-12)]。

$$\Delta H = H_T - H_0 = \int_0^T c_p dT \tag{4-11}$$

$$\Delta S = S_T - S_0 = \int_0^T c_p \frac{dT}{T} \tag{4-12}$$

4.3.3.3 玻璃化转变温度 T_g 的测定

高聚物的玻璃化转变温度 T_g 是一个非常重要的物性数据,高聚物在玻璃化转变时由于热容的改变导致DTA或DSC曲线的基线平移，会在曲线上出现一个台阶。玻璃态是高聚物高弹态的转变，是链段运动的松弛现象（链段运动："冻结"→"解冻"）。玻璃化转变发生在一个温度范围内，在玻璃化转变区，高聚物的一切性质都发生急剧的变化，如比热容、热膨胀系数、黏度、折射率、自由体积和弹性模量等。根据ICTA的规定，以转折线的延线与基线延线的交点 B 作为 T_g 点。图4-12又以基本开始转折处 A 和转折回复到基线处 C 为转变区。有时在高聚物玻璃化转变的热谱图上会出现类似一级转变的小峰，常称为反常比热峰[图4-12(b)]，这时 C 点定在反常比热峰的峰顶上。

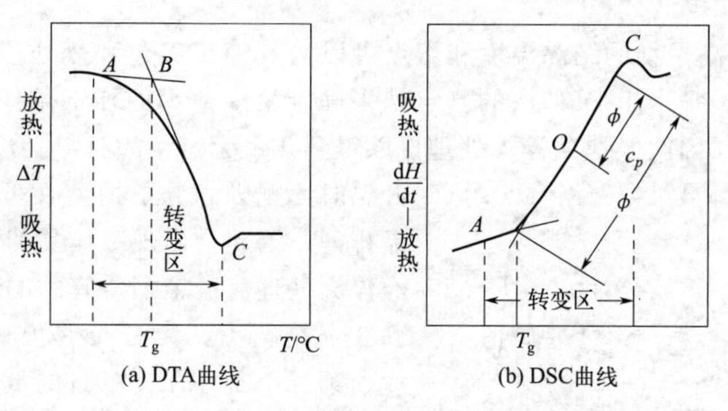

图4-12 用DTA曲线和DSC曲线测定 T_g 值

差示扫描量热仪DSC测量的是材料内部与热转变相关的温度、热流的关系，应用范围非常广，特别是在材料研发、性能检测与质量控制领域。材料的特性，如玻璃化转变温度、冷结晶、相转变、熔融、结晶、产品稳定性、固化/交联、氧化诱导期等，都是DSC的研究领域。现将差示扫描量热法的应用举例介绍如下。

(1) 测定外掺氧化镁水泥浆体中的氢氧化镁

大体积混凝土常因水泥水化过程的放热而使体内温度升高，在之后的降温阶段混凝土收缩而导致开裂。为防止这种收缩，可以向水泥中掺加氧化镁，由氧化镁水化生成 $Mg(OH)_2$ 的体积膨胀来补偿混凝土的收缩。由于氧化镁的膨胀过程受多种因素影响（烧结温度、晶粒尺寸、晶体结构等），迄今无法确定膨胀体积与掺加氧化镁量之间的关系，其困难在于未水化氧化镁和生成 $Mg(OH)_2$ 含量的测定。而DSC可对外掺氧化镁水泥浆体中的 $Mg(OH)_2$ 进行定量分析。图4-13为不同 $Mg(OH)_2$ 掺量的DSC曲线。

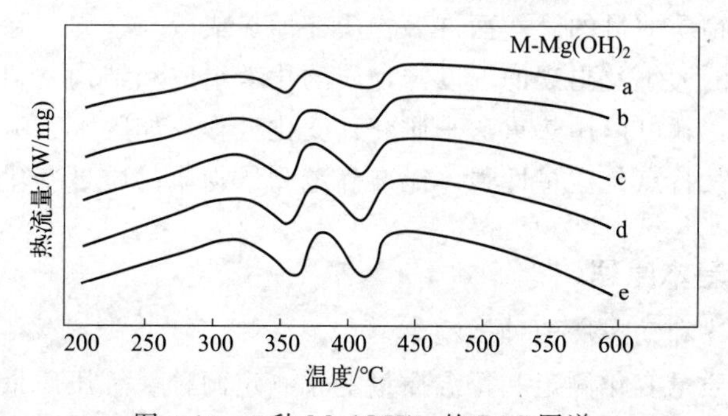

图4-13 5种 $Mg(OH)_2$ 的DSC图谱

a—2%；b—3%；c—4%；d—5%；e—6%［$Mg(OH)_2$ 掺量所占的百分比］

水泥浆体在加热过程中，存在多种成分的放热和吸热反应，比如：在120℃，水化硅酸钙和钙矾石受热脱水；氢氧化钙在480℃左右失水生成氧化钙；碳酸钙在740℃以上吸热分解成氧化钙和二氧化碳，水泥浆体 $Mg(OH)_2$ 在370℃左右失水生成氧化镁。这些吸热反应在DSC曲线上会表现出不同强度的吸热峰，同时这些吸热峰的面积与其含量相关。对这五种掺量的 $Mg(OH)_2$ 的吸热峰面积拟合计算，最终可完全测定外掺氧化镁水泥浆体中 $Mg(OH)_2$ 含量。

（2）高聚物结晶行为的研究

用DSC法测定高聚物的结晶温度和熔点可以为其加工工艺和热处理条件等提供有用的资料。最典型的例子是运用DSC法的测定结果确定聚酯薄膜的加工条件。聚酯熔融后在冷却时不能迅速结晶，因此经快速淬火处理可以得到几乎无定型的材料。淬火冷却后的聚酯再升温时无规则的分子构型又可变为高度规则的结晶排列，因此会出现冷结晶的放热峰。图4-14是经淬火处理后的聚酯薄膜的DSC图。从图上可看到3个热行为：第一个是81℃的玻璃化转变温度；第二个是137℃左右的放热峰，这是冷结晶峰；第三个是结晶熔融的吸热峰，出现在250℃左右，从这个简单的DSC曲线即可以确定其薄膜的拉伸加工条件。拉伸温度必须选择在 T_g 以上和冷结晶开始温度（117℃）以下的温度区间内，以免发生结晶而影响拉伸。拉伸热定型温度则一定要高于冷结晶结束的温度（152℃），使之冷结晶完全，但又不能太接近熔点，以免结晶熔融。这样就能获得性能好的薄膜。

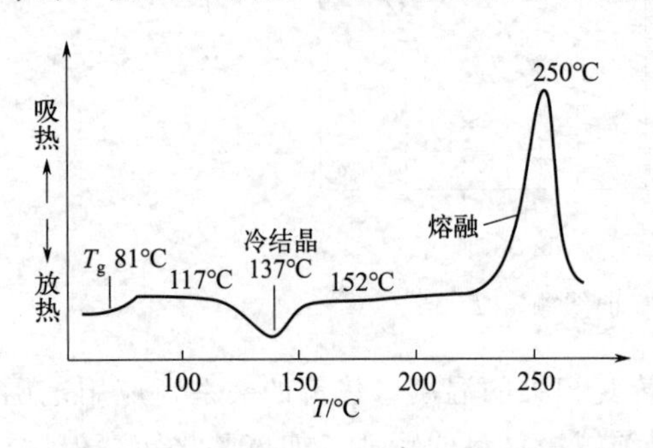

图4-14 用DSC曲线确定聚酯薄膜的加工条件

4.4 热重分析

热重分析（TG）是在程序控制温度下测量获得物质的质量与温度关系的一种技术。前面所讲的DTA和DSC都是利用物质在加热或冷却过程中产生的热效应来表征和分析物质的性能，从而达到鉴别物质的目的。然而许多物质在加热或冷却过程中除了产生热效应外往往有质量变化，其变化的大小及出现的温度与物质的化学组成和结构密切相关。因此只要物质受热时质量发生变化，就可以用热重法来研究其变化过程，如脱水、吸湿、分解、化合、吸附、解吸、升华等。其特点是定量性强，能准确地测量物质的质量变化及变化的速率。

4.4.1 热重分析的基本原理

热重法包括静态法和动态法两种类型。

静态法又分等压质量变化测定和等温质量变化测定两种。等压质量变化测定又称自发气氛热重分析，是在程序控制温度下测量物质在恒定挥发物分压下平衡质量与温度关系的一种方法。该方法利用试样分解的挥发产物所形成的气体作为气氛，并控制在恒定的大气压下测量质量随温度的变化，其特点就是可减少热分解过程中氧化过程的干扰。等温质量变化测定是指在恒温条件下测量物质质量与温度关系的一种方法。该方法每隔一定温度将物质恒温至恒重，记录恒温恒重关系曲线。

动态法又称非等温热重法，分为热重分析和微商热重分析。热重和微商热重分析都是在程序升温的情况下测定物质质量变化与温度的关系。微商热重分析又称导数热重分析(derivative thermogravimetry，DTG)，它是记录热重曲线对温度或时间的一阶导数的一种技术。由于动态非等温热重分析和微商热重分析简便实用，又利于与DTA、DSC等技术联用，因此广泛应用在热分析技术中。本节重点介绍动态热重分析法。

4.4.2 热重分析的实验方法

采用正确的实验方法是得到准确和能够重复与再现热重实验结果的重要条件。热重测量的实验方法主要包括实验前的准备、仪器可靠性检验与校正、实验参数选择和样品测试等工作。

(1) 实验准备

试样的用量与粒度对热重曲线有较大的影响。试样的吸热或放热反应会引起试样温度发生偏差，试样用量越大，偏差越大。试样用量大，逸出气体的扩散受到阻碍，热传递也受到影响，使热分解过程中TG曲线上的平台不明显。因此，在热重分析中，试样用量在仪器灵敏度范围内应尽量小。试样的粒度同样对热传导、气体扩散有较大影响。粒度不同会使气体产物的扩散过程有较大变化，这种变化会导致反应速率和TG曲线形状的改变，如粒度小，反应速率加快，TG曲线上反应区间变窄。试样用量与粒度对热重曲线有着类似的影响，实验时应适当选择。一般粉末试样应过200～300目筛，用量在10mg左右为宜。

(2) 仪器检验与校正

一般实验前的基本准备工作是按说明书检查仪器的工作状态是否正常。对于用记录的国产热天平，通常是先按记录仪说明书检查记录仪的灵敏度、阻尼、记录基本误差和线性度。记录仪的基本误差和线性度的校正需输入直流标准电压信号。待记录仪正常后即可对整机进行静态校准，即室温条件下先在最大称量档上逐渐递增砝码以检查各段记录值是否在允许的记录基本误差范围内，然后再对其它量程档进行满量程值的记录检查。

热天平与普通天平不同，它是在升温过程中连续测量并记录试样的质量变化，属于动态测量技术。即使在室温下漂移很小的高准确天平，在升温过程中由于浮力、对流、挥发物的凝聚等都可使TG曲线基线漂移，大大降低热重测量的准确度。因此，在样品热重测量之前应空载升温校正基线，记录空载时每一温度间隔的质量数值。另外，还应进一步检查升温时的线性度和重复性、加载时的记录响应仪器基线的漂移与噪声。仪器基线漂移分时漂和温漂，即在较高量程档上不加试样，分别记录基线在不升温和升温时的漂移情况。为了得到准确可靠的测量结果，应尽可能将实验条件下升温时的漂移调整到最小。

在热重分析仪中，由于热电偶不与试样接触，显然试样真实温度与测量温度之间是有差别的。另外，由于升温和反应的热效应往往使试样周围的温度分布紊乱，从而引起较大的温度测量误差。为了消除由于使用不同热重分析仪而引起的热重曲线上的特征分解温度的差别，需要对热重分析仪进行温度校正，可用温度标准物质或其它适于校正温度的试剂进行温度校正并绘制温度校正曲线。为了提高校正曲线的准确性，温度校正应尽可能在与实验相同的条件下进行。每一校正点必须进行两次以上的测定，温度校正总数不应少于3个。温度的校正值一般应在±2℃以内，如误差太大，需找出原因并消除。条件许可时，测温热电偶在使用前可用二级标准铂铑-铂热电偶进行校准。

(3) 实验参数的选择

对于不同的试样和不同的实验目的，选择的实验参数往往是不同的。一般说来，如已有类似研究工作可借鉴，通过对比可容易地确定实验参数。需要确定的主要实验参数包括升温速率、记录仪的走纸速度和气氛选择等。

① 升温速率。升温速率大，所产生的热滞后现象严重，往往导致热重曲线上起始温度 T_i 和终止温度 T_t 偏高。在热重分析中，中间产物的检测是与升温速率密切相关的。升温速率快不利于中间产物的检出，TG 曲线上的拐点及平台很不明显，升温速率慢可得到相对明晰的实验结果。因此，在热重分析中宜采用低速升温，如2.5℃/min、5℃/min，一般不超过10℃/min。

② 纸速。在热重分析中，纸速对热重曲线的形状有着显著影响。对于两个连续的热分解过程，慢速走纸分辨不明显，快速走纸则两个反应明显分开。一般说来，快速走纸使 TG 曲线斜率增大、平台加宽、分辨率提高，但过快的走纸速度会使失重速率的差异变小。因此，走纸速度应和升温速率适当配合，通常升温速率为0.5～6℃/min时，走纸速度为15～30cm/h。

③ 气氛。试样周围的气氛对试样热反应本身有较大的影响，试样的分解产物可能与气流反应，也可能被气流带走，这些都可能使热反应过程发生变化，因而气氛的性质、纯度、流速对 TG 曲线的形状有较大的影响。为了获得重现性好的 TG 曲线，通常采用动态惰性气氛，即向试样室通入不与试样及产物发生反应的气体，如 N_2、Ar 等气体。

4.4.3 热重分析的应用

热重法有力地推动了无机分析化学、高分子聚合物、石油化工、人工合成材料科学的发展，同时在冶金、地质、矿物、油漆、涂料、陶瓷、建筑材料、防火材料等方面应用也十分广泛，尤其近年来在合成纤维、食品加工方面应用更加广泛。总之，热重分析在无机化学、有机化学、生物化学、地质学、矿物学、地球化学、食品化学、环境化学、冶金工程等学科中发挥着重要的作用。热重分析的应用举例介绍如下。

4.4.3.1 热重法在无机材料中的应用

热重法在无机材料领域有着很广泛的应用。它可以用于研究含水矿物的结构及热反应过程、测定强磁性物质的居里点温度、测定计算热分解反应的反应级数和活化能等。在测定玻璃、陶瓷和水泥材料等建筑材料方面的研究也有着较好的应用价值。在玻璃工艺和结构的研究中，热重分析可用来研究高温下玻璃组分的挥发、验证伴有失重现象的玻璃化学反应等。在水泥化学研究中，热重分析可用于研究水合硅酸钙的水合作用动力学过程，它可以精确测定加热过程中水合硅酸钙中游离氢氧化钙和碳酸钙的含量变化。在采用热重分析结合逸气分析研究硬化混凝土中的水含量时，可以发现在500℃以前发生脱水反应，而在700℃以上发生的则是脱碳过程。

物质的热重曲线的每一个平台都代表了该物质确定的质量，它能精确地分析出二元或三元混合物中各组分的含量。在研究白云石的热重曲线时，如图4-15所示，可求出白云石中CaO和MgO的含量，并推算白云石的纯度。图中m_0-m_1为白云石中$MgCO_3$分解出CO_2的失重，以此可算出MgO的含量。m_1-m_2为白云石中$CaCO_3$分解放出CO_2的失重，以此可算出CaO的质量。由白云石中的CaO和MgO的质量可算出白云石的纯度。

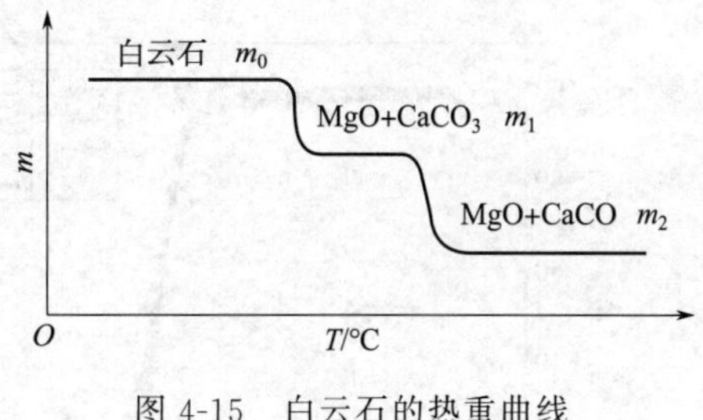

图4-15 白云石的热重曲线

4.4.3.2 热重法在高分子材料中的应用

在高分子材料研究中，热重法可用于测定高聚物材料中的添加剂含量和水分含量、鉴定和分析共混和共聚的高聚物、研究高聚物裂解反应动力学和测定活化能、估算高聚物化学老化寿命和评价老化性能等。

（1）材料热稳定性的评价

热重法可以评价聚烯烃类(PVC)、聚卤代烯类(HPPE)、含氧类聚合物(PMMA)、芳杂环类聚合物［单体(PI)、多聚体和聚合物(PTFE)］、弹性体高分子材料的热稳定性。

高温下聚合物内部可能发生各种反应，如开始分解时可能是侧链的分解，而主链无变化，达到一定的温度时，主链可能断裂，引起材料性能的急剧变化。有的材料一步完全降解，而有些材料可能在很高的温度下仍有残留物。

如图4-16所示，在同一台热天平上，以同样的条件进行热重分析，比较五种聚合物的热稳定性。可见，每种聚合物在特定温度区域有不同的TG曲线，这为进一步研究反应机制提供了有启发性的资料。由图中TG曲线的信息，可知这五种聚合物的相对热稳定性顺序是PVC＜PMMA＜LDPE＜PTFE＜PI。

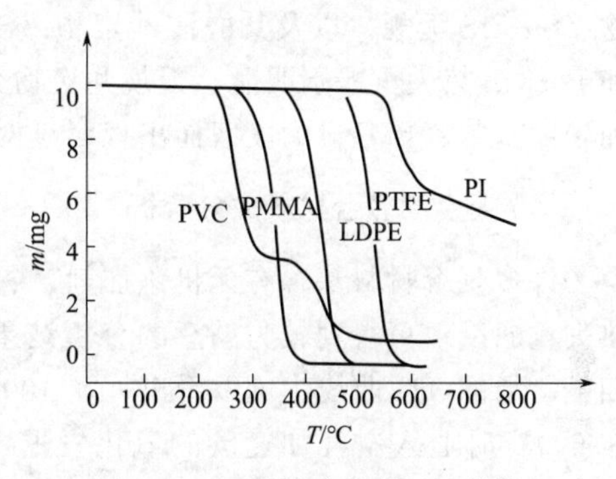

图4-16 五种聚合物的TG曲线

（2）材料的热特性

每种高分子材料都有自己特有的热重曲线。通过研究材料的热重曲线，可以了解材料在温度作用下的变化过程，从而研究材料的热特性。随着材料科学的发展，单一材料已远不能满足人们的需求，在这种趋势下，复合材料应运而生。近年来，人们一直进行着对环氧树脂的改性工作，其中在环氧树脂体系中加入橡胶类弹性体是目前发展较为成熟的一种增韧方法。聚氨酯（PU）增韧改性环氧树脂是近年来环氧树脂增韧改性领域的热门课题，其目标就是在增韧的同时［环氧树脂（EP）本身优良的力学性能不会下降或略微有所提高］也提高耐热性能。通过TG/DTG曲线研究，探讨材料的耐热性能变化。图4-17为不同PU含量EP/PU改性材料的TG/DTG曲线。从图中可以看出，与纯环氧树脂相比，聚氨酯的加入并没有引起曲线总趋势的改变，说明改性后材料的热分解机理与纯环氧树脂大致相同。

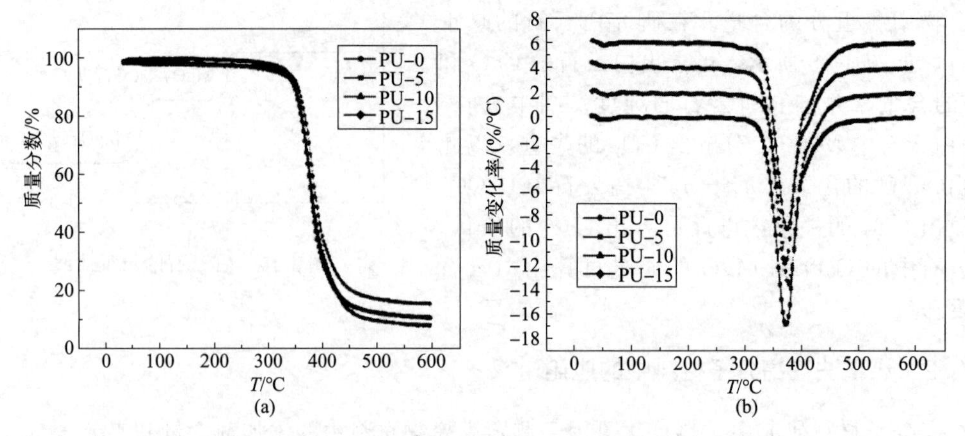

图 4-17　不同 PU 含量 EP/PU 改性材料的 TG/DTG 曲线

（3）材料种类的鉴别

利用材料的特征热谱图可以对材料的种类进行鉴别。一般材料的 TG 谱图可从有关手册或文献中查到。如果是热稳定性差异非常明显的材料同系物，通过 TG 则很容易区别。

图 4-18 是聚苯乙烯（PS）、聚 α-甲基苯乙烯（P-αMS）、苯乙烯和甲基苯乙烯无规共聚物（S-αMS 无规）以及其嵌段共聚物（S-αMS 嵌段）四种试样的 TG 曲线。由此可见，PS 和 P-αMS 热失重差别明显，无规共聚物介于两者之间，而嵌段共聚物则由于形成聚苯乙烯和聚甲基苯乙烯各自的段区而出现明显两个阶段的失重曲线。

（4）聚合物复合材料成分分析

许多复合材料都含有无机添加剂，它们的热失重温度往往要高于聚合物材料，因此根据热失重曲线，可得到较为满意的分析结果。图 4-19 是混入一定质量比的碳和二氧化硅的聚四氟乙烯的 TG 曲线。可以看出，在 400℃以上聚四氟乙烯开始分解失重，留下碳和 SiO_2，在 600℃时通入空气加速碳的氧化失重，最后残留物为 SiO_2。根据图 4-19 上的失重曲线，很容易定出聚四氟乙烯的质量分数为 31.0%，C 为 18%，而 SiO_2 为 50.5%，其余为挥发物（包括吸附的湿气和低分子物）。

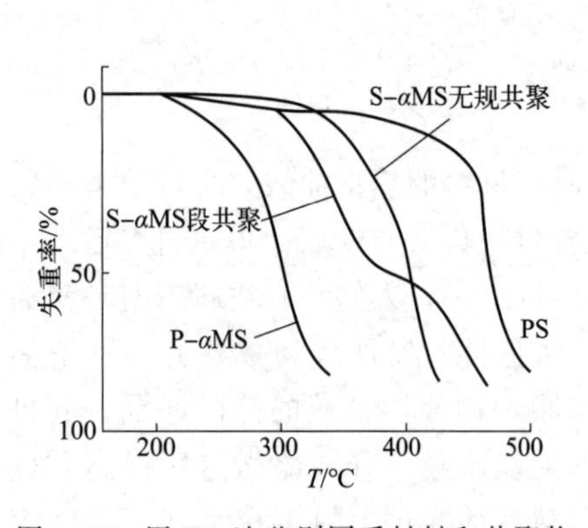

图 4-18　用 TG 法鉴别同系材料和共聚物

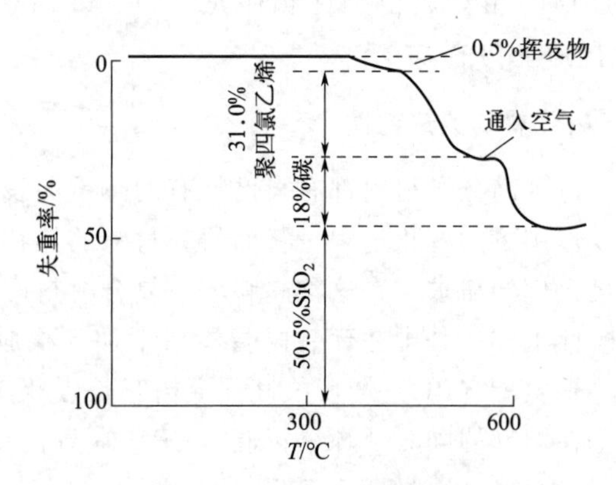

图 4-19　TG 法分析含填料的聚四氟乙烯成分

4.5 热分析技术的发展

4.5.1 热分析仪的发展

热分析技术的应用越来越广泛，对仪器灵敏度的要求也越来越高，进而发展了联用技术。下面简单介绍热分析仪的发展动向。

(1) 小型化和高性能

热分析仪器小型化和高性能是各厂家仪器开发的普遍趋势，如日本理学的热流式 DSC，体积仅为原产品的 1/3，不仅简便经济，提高了升降温和气体切换速度，而且提高了仪器的灵敏度和精度。美国 PE 公司新型产品 PYRISIDSC，仪器整体设计将电子仓和加热仓分开，使仪器的稳定性大为提高；采用热保护、空气屏蔽和深冷技术，获得了卓越的基线再现性，显著改善了仪器的低温性能，并使量热精度由原来的 1μW 提高到 0.2μW。梅特勒-托利多仪器有限公司推出 DSC821c 分析仪，采用独特的 14 点金/金钯热电偶堆传感器，具有高抗腐蚀性及容易更换的优点，独有时滞校正功能，经校正后结晶等起始温度不因升温速度而改变。

目前 DTA 和 TG 的使用温度范围广，为－160～3000℃，测温精度可达 0.1℃，热天平灵敏度可达 0.1μg。

(2) 新型热分析仪

介电热分析仪（DEA）是近几年新发展起来的，用于材料科学研究和发展的新技术。它是从介电的原理出发，通过研究材料中离子和偶极子在电场中的运动变化来预测材料的性能及其变化等，性能参数用介电黏度表示。美国公司研制的 EUMETRIC 系统血型微介电分析仪可单独使用，也可和动态热机械分析仪联用，用同一试样同时测出其介电性能及动态力学性能。美国流变科学仪器公司提供的介电热分析仪的激发频率可达 1mHz。

德国耐驰公司推出的激光法导热性能测试仪（LFA），测量温度范围为－40～2000℃，10s 内可得到样品的热扩散系数，可测直径 1cm，厚度几毫米的样品，可测两层样品的导热性能、合金的烧结温度、检测航空材料的质量。

(3) 热分析联用技术

热分析联用技术的应用即综合热分析技术，又分为两种情况：一是热分析技术的联用，如差热热重分析（DTA-TG）、差示扫描量热热重分析（DSC-TG）、差示扫描量热热重微商热重分析（DSC-TG-DTG）、差热热机械分析（DTA-TMA）、差热-热重-热机械分析（DTA-TG-TMA）等；另一种情况是热分析与其它分析方法的联用，如与气相色谱（GC）、质谱（MS）、傅里叶红外光谱（FTIR）、X 射线衍射仪（XRD）等联用。

4.5.2 综合热分析

4.5.2.1 综合热分析简介

材料研究中要求能准确地掌握材料制备过程中发生的物理或化学变化。热分析为材料在加热或冷却过程中产生的物理或化学变化提供了依据。但应注意，单一热分析方法的结果受到各种因素的影响，故对同一材料进行相同的热分析结果可能存在差异，所以只根据单一热分析方法很难对材料的物理或化学变化进行正确的判断。利用多种热分析方法联用形成的综合热分析，可以获取更多的热分析信息，同时，多种热分析技术集中在一个仪器上，实验条件相同、使用方便、实验误差小。

利用综合热分析的结果可对物理或化学反应进行简单的判断：当产生吸热效应并且伴随失重时，可能是物质脱水或分解过程；当产生放热效应并伴随增重时，可能是物质氧化过程；当产生吸热效应且有体积变化，但无质量变化，可能是晶型变化；当产生放热效应并伴随体积收缩时，可能有新晶相形成；当无热效应，有体积收缩时，可能是烧结过程。

4.5.2.2 综合热分析在材料研究中的应用举例

(1) 锆钛酸钡凝胶的 DTA-TG 分析

锆钛酸钡（$BaZr_xTi_{1-x}O_3$，BZT）是一种新型的介电非线性材料。采用溶胶-凝胶法制备锆钛酸钡纳米粉体时，需要通过对凝胶进行热分析，以选择合适的热处理制度，如图 4-20 所示。

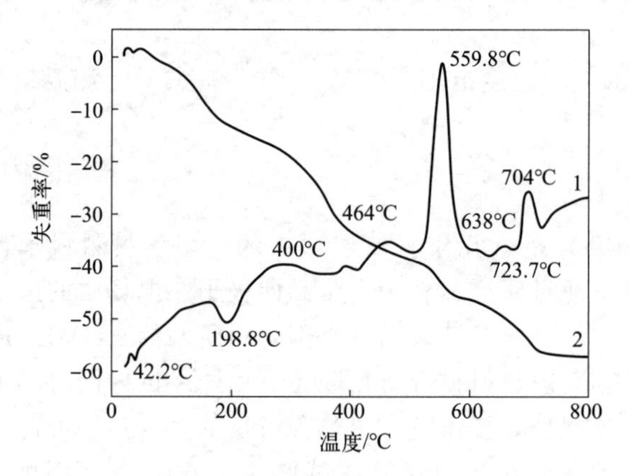

图 4-20　BZT 凝胶的 DTA-TG 曲线

1—DTA；2—TG

从图 4-20 可以看出，凝胶的热分解历程大致可以分为 3 个阶段：第 1 阶段，呈现在 TG 曲线为室温～320℃，失重率为 19.83%，对应的 DTA 曲线为 198.8℃的吸收峰，这主要与凝胶脱去挥发的有机溶剂成分（如乙二醇、乙酸、反应生成正丁醇、酯等）有关；第 2 阶段呈现在 TG 曲线上为 400～600℃，失重率约为 13.3%，对应的 DTA 曲线为 559.8℃的放热峰，这主要是凝胶网络的有机物在空气中燃烧放热产生的，凝胶网络是在钛酸四丁酯的水解聚合过程中获得的，类似于低分子量的聚合物，而且有一定的支撑强度；第 3 阶段呈现在 TG 曲线上的是从 638～723.7℃，失重率约为 9.53%，这是由于仍然有少量的碳存在，相应 DTA 曲线上在 704℃有一个放热峰，这是产生相变的原因，继续升温至 1000℃，无失重现象和任何的吸热及放热峰。

(2) $Ni(NO_3)_2 \cdot 6H_2O$ 的热分解过程

图 4-21 为 $Ni(NO_3)_2 \cdot 6H_2O$ 样品的 DSC-DTG-TG 曲线。从样品的 TG-DTG 曲线上可

以看出，$Ni(NO_3)_2 \cdot 6H_2O$ 的热分解过程可以分为 4 个阶段：第 1 个阶段失重率为 12.03%，相当于失去 2 个 H_2O 分子；第 2 阶段为 110～199.1℃之间有一个缓慢的失重过程，失重率为 11.99%，也相当于失去 2 个 H_2O 分子；第 3 阶段为 199.1℃以后，$Ni(NO_3)_2 \cdot 2H_2O$ 迅速分解，失重率为 15.74%；第 4 阶段为 303.4℃以后，TG 曲线出现平台。四步总的失重率为 70.57%，生成淡绿色粉末 NiO。从样品的 DSC 曲线上可以看出 $Ni(NO_3)_2 \cdot 6H_2O$ 的热分解过程由 5 个吸热峰组成。第 1 个吸热峰的峰值为 56.2℃，$Ni(NO_3)_2 \cdot 6H_2O$ 溶化，并溶于自身所带的结晶水引起的；在溶化相变的同时，有极少量的水变为水蒸气逸出，TG 曲线上有少量的失重。第 2 个吸热峰的峰值为 86.29℃，伴有峰值为 76.0℃的肩峰，是由失去 2 个分子的结晶水造成的。第 3 个吸热峰也是由于失去 2 个结晶水造成的。第 4 个吸热峰的峰值为 229.3℃，是 $Ni(NO_3)_2 \cdot 4H_2O$ 分解生成 H_2O、HNO_3 和 NO_x 造成的。第 5 个吸热峰的峰值是 303.4℃，是由中间产物分解生成 NiO 引起的。

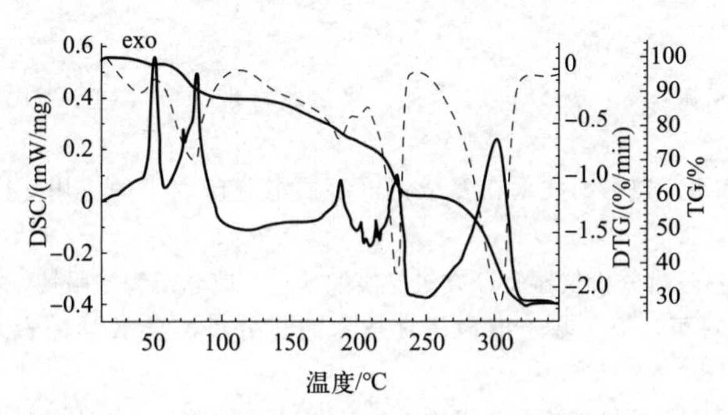

图 4-21　$Ni(NO_3)_2 \cdot 6H_2O$ 样品的 DSC-DTG-TG 曲线

思考题

1. 差热分析中放热峰和吸热峰产生的原因有哪些？

2. 影响差热曲线峰谷温度变化的因素有哪些？

3. 在利用标准差热曲线来进行物相鉴定时，主要的鉴定依据是什么？

4. 半定量差热分析的原理是什么？

5. 差热扫描量热法与差热分析方法比较有何异同？

6. 影响反应热量测定准确度的因素有哪些？

7. DTG 曲线相对于 TG 曲线的优点是什么？

8. 综合热分析比起单一的热分析有何优点？

9. 由碳酸氢钠的热重分析可知，它在 100～225℃之间分解放出水和二氧化碳，所失质量占样品质量的 36.6%，而其中 $\omega(CO_2)=25.4\%$。试据此写出碳酸氢钠加热时的固体反应式。

10. 结晶硫酸铜（$CuSO_4 \cdot 5H_2O$）的 TG 曲线示于图 4-22 中。分析其分解反应的过程和对应的化学反应式，并对图中的质量变化进行计算印证。其中 $W_0=10.8$mg；$W_1=9.25$mg；$W_2=7.65$mg；$W_3=6.85$mg；Cu 的原子量为 63.5，S 是 32，H 是 1，O 是 16。

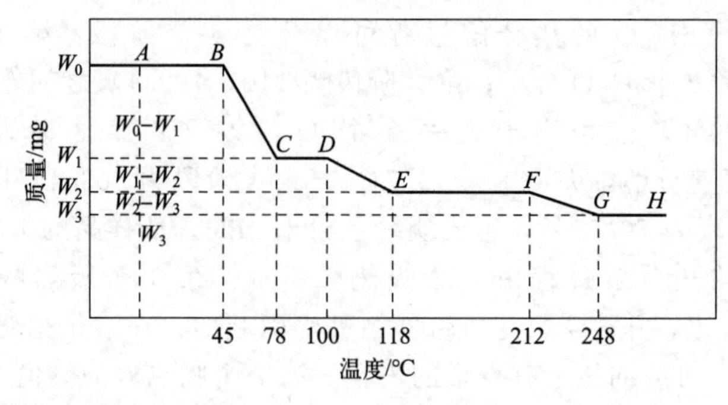

图 4-22　题 10 图

参考文献

[1]　宋树芹，蒋婷婷，陈振，等．热分析仪器实验教学及管理探索［J］．当代化工研究，2021，(19)：113-115.

[2]　赵晖，金自钦，李和平．热分析技术在复杂铝电解质组分研究中的应用［J］．云南冶金，2021，50(04)：109-115.

[3]　王帆，田英良．热重-差热分析仪器验证方法与实践［J］．玻璃搪瓷与眼镜，2020，48(06)：1-7.

[4]　申文竹，安维岳，刘丽，等．基于虚拟仿真技术的热分析实验教学探索与实践［J］．化学教育，2020，41(22)：84-88.

[5]　罗清威．材料分析方法中差热理论的教学难点处理［J］．山东化工，2020，49(19)：139-140+142.

[6]　张小娜，李小龙．现代测试技术在微波介质陶瓷研究中的应用［J］．中国陶瓷，2020，56(10)：13-19.

[7]　陈忠颖，石晶，吴玫晓．浅谈热分析技术在黏结剂研究中的应用［J］．广东化工，2020，47(03)：105-107.

[8]　贾涛．热分析技术的发展现状及其在稀土功能材料中的应用［J］．科技风，2020，(03)：18.

[9]　邹涛，赵瑾，郭姝，等．浅谈国内热分析技术的发展与应用［J］．分析仪器，2019，(06)：9-12.

[10]　热分析技术多领域横向发展行业市场前景广阔［J］．化学分析计量，2018，27(05)：42.

[11]　吴天祺．红外动态热像仿真系统热分析技术研究［D］．长春：长春理工大学，2018.

[12]　章涛．三维芯片热分析技术研究［D］．北京：北京交通大学，2013.

[13]　陈润民．基于热解与热分析技术的阻化剂性能实验研究［D］．淮南：安徽理工大学，2012.

[14]　周海球．热分析技术在陶瓷材料烧结过程中的应用研究［D］．长沙：湖南大学，2012.

[15]　葛新玉．基于热分析技术的煤氧化动力学实验研究［D］．淮南：安徽理工大学，2009.

[16]　杨南如．无机非金属材料测试方法［M］．武汉：武汉工业大学出版社，1990.

[17]　Gabbott P. Principles and Applications of Thermal Analysis [M]. New Jersey: Blackwell, 2008.

[18]　Michael E B, Patrick K. Handbook of Thermal Analysis and Calorimetry: From Macromolecules to Man [M]. Amsterdam: Elsevier, 1998.

[19]　Hatakeyama T, Kambe T. Thermal Analysis: Fundamentals and Applications to Polymer Science [M]. Hoboken: John Wiley & Sons, 1999.

第5章 红外吸收光谱分析

红外吸收光谱利用物质分子对红外辐射的吸收，在振动和转动时产生偶极矩改变，引起分子能级跃迁的同时，又伴随着转动能级的跃迁。分子振动能级和转动能级变化产生的振动-转动光谱，即红外吸收光谱。红外吸收光谱是探究分子运动的吸收光谱，属于分子吸收光谱的范畴。

红外光谱的应用主要在化学领域，大体分为两个方面：第一方面，用于分子结构的基础研究。根据红外光谱测定的分子键长、键角推测出分子的立体结构；另一方面，用于物质化学组成分析。根据红外光谱中吸收峰的位置和形状推测出未知物的结构，依照吸收峰的强度测定混合物的含量，这也是红外光谱最广泛的应用。红外光谱已成为现代结构学、分析化学的一种非常重要的鉴定工具。

5.1 概述

5.1.1 红外光谱的发展史

1600年，牛顿证明一束白光可以分为一系列不同颜色的可见光。将这一系列光投影到一个屏幕上出现了一条从紫色到红色的光带。牛顿由此引入了“光谱”这一词来描绘这个现象，光谱科学就此开始。

1800年，英国科学家Herschel将一只不在光谱中的温度计作为参考，将不同颜色的光通过另一只温度计，发现温度计从光谱的紫色末端向红色末端移动时，温度计读数逐渐上升，而当温度计移动到红色末端之外的区域时，温度计上的读数达到了最高。这个实验证明了可见光红色末端之外还有辐射区域。由于这种辐射在红色末端之外就称为红外线。

1800年，天文学家Langley在研究太阳和其它星球发出的热辐射时发明了一种检测装置，该仪器可以检测分子的红外光谱。1881年，Abney和Festing第一次将红外线用于分子结构的研究。1889年，Angstrem证实了不同的气体分子具有不同的红外光谱。且红外吸收产生的根源是分子而不是原子。随后，Julius发表了20个有机液体的红外光谱图，并将在3000cm^{-1}的吸收带指认为甲基的特征吸收峰，这是第一次将分子结构特征和光谱吸收峰的位置直接联系起来。

红外光谱仪的研制追溯到20世纪初期。1908年Coblentz制备出以氯化钠晶体为棱镜的红外光谱仪。1918年Sleator和Ramdall研制出高分辨仪器。1950年美国PE公司开始商业化生产名为Perkin-Elmrr21的双光束红外光谱仪，推动了红外光谱仪的快速发展。

我国从20世纪70年代从国外引进红外光谱仪。在20世纪80年代，开始大量引进傅里叶变换红外光谱仪。20世纪80年代后期，北京瑞利分析仪器公司引进美国Analect仪器公司的FTIR光谱仪技术，开始生产FTIR光谱仪。目前，FTIR光谱仪遍布我国高等院校、科研机构、厂矿企业和分析测试部门，在教学、科研和分析测试中发挥着重要的作用。

随着红外光谱技术的不断发展，红外光谱仪附件在更新换代。新的、先进的红外光谱仪的出现，使红外光谱仪的功能不断地扩大，性能不断地提高，使红外光谱技术得到更加广泛的应用。

5.1.2 红外光区的划分

研究表明，红外线和可见光、X光、紫外光及无线电波等都是电磁波的一种。红外线波长介于可见光和微波之间。现在已知电磁波波长在 10^{-12}～10^{6}cm 之间，其中红外波长范围为 0.75～1000μm。红外光谱区间通常划分为三个区域（表 5-1），之所以将红外光谱划分为近红外区、中红外区、远红外区，是因为测试这三个区间的红外光谱所使用的红外仪器或仪器内部的配置不同。

表 5-1 红外光区波段的划分

波段名称	波长范围/μm	波数范围/cm^{-1}	频率范围/Hz
近红外	0.75～2.5	13300～4000	4.0×10^{14}～1.2×10^{14}
中红外	2.5～50	4000～200	1.2×10^{14}～6.0×10^{12}
远红外	50～1000	200～10	6.0×10^{12}～3.0×10^{11}
常用波段	2.5～25	4000～400	1.2×10^{14}～1.2×10^{13}

近红外区（0.75～2.5μm）位于可见光红色末端的一端。只有 X—H（X 为卤族元素）或多键振动的倍频和合频出现在该区。近红外光谱通常变量数巨大，光谱信息重叠、冗余且光谱中包含大量噪声等问题导致光谱解析复杂，模型精度低。但随着计算机、化学计量、光谱测量等的快速发展，近红外光谱分析技术在研究含氢原子的官能团（如 O—H、N—H 和 C—H 的化合物），特别是醇、酚、胺和碳氢化物以及研究末端亚甲基、环氧基和顺反双键等方面发挥重要作用。近红外光谱分析技术成为最有应用前景的分析技术之一。

中红外光区（2.5～50μm），绝大多数有机化合物和无机离子的基频吸收带都落在这个区域。由于基频振动是分子中吸收最强的振动，所以该区最适用于进行化合物的定量分析和定性分析。大多数红外吸收光谱仪在此区域应用发展，使得吸收峰的数据收集、整理和归纳已趋于完善。因此，中红外光区是当今应用极为广泛的光谱区。

远红外光区（50～1000μm）空格气体分子中的纯转动跃迁、振动-转动跃迁、液体和固体中重原子的伸缩振动、某些变角振动、骨架振动以及晶体中的晶格振动都在此光区。但由于远红外光区能量弱，一般不在此范围进行分析。

5.2 基本原理

5.2.1 产生条件

物质的分子是在不断地运动的。分子运动可以分为分子的平动、转动、振动和分子价电子相对于原子核的运动。与产生光谱有关的运动方式有三种。

① 分子内价电子相对于原子核的运动。

② 分子绕其重心的转动。

③ 分子内原子的振动。

分子内部的每一种运动形式都有一定的能级，分子的转动能级间隔最少（$\Delta E<0.05\text{eV}$），能级跃迁仅需要远红外光或微波照射；如果振动能级的间隔在 0.05～1.0eV 之间，振动能级的跃迁需要吸收较短波长的光，那么振动光谱就出现在中红外光区；如果振动能级间隔在 1～20eV 之间，那么其光谱出现在可见、紫外或波长更短的光谱区。

在红外光谱分析中，要产生振动吸收需要两个条件。

① 振动的频率与红外光谱段的某频率相等。即照射光的能量 $E=h\upsilon$ 等于两个振动能级的能量差 $\Delta E=E_1-E_2$ 时（E_1 为分子低振动能级，E_2 为 E_1 跃迁到高振动能级），才会产生红外吸收，这是产生红外吸收光谱的必要条件。

② 偶极矩的变化。分子振动中原子间的距离（键长）或夹角（键角）的变化可引起分子偶极矩的变化，产生一个稳定的交变磁场。它的频率等于振动频率，这个稳定的交变磁场将和具有相同频率的电磁场相互作用，从而吸收辐射能量，产生红外光谱吸收，这是红外光谱产生的充分条件。例如：设正负电中心电荷分别为 $+q$ 和 $-q$，正面电荷中心距离为 d（如图 5-1 所示的 HCl 和 H_2O），则电偶极矩的计算如下。

$$\mu=qd$$

则由于分子内原子于其平衡位置附近不断地振动，在振动过程中 d 的瞬间值也在不断地发生变化。因此，分子的 μ 也发生了相应的改变，分子也具有确定的偶极矩变化频率。对称分子由于正负电荷中心重叠，故 $\mu=0$。

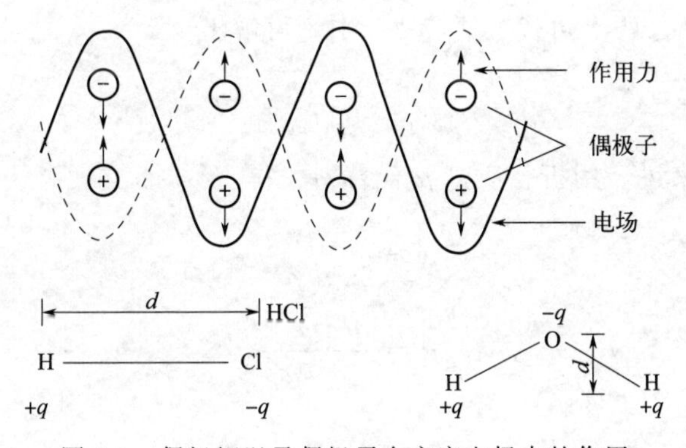

图 5-1　偶极矩以及偶极子在交变电场中的作用

5.2.2　分子振动

（1）分子振动方程式

分子中的原子以平衡点为中心，以非常小的振幅（与原子核之间的距离相比）做周期性的振动，称为简谐振动。分子绝大多数是由多原子构成的，其振动方式非常复杂。但是多原子分子可以看成是双原子分子的集合。可以以双原子分子的简谐振动来讨论分子振动。

如图 5-2 所示，当忽略分子的转动时，双原子分子可以看成质量 m_1 和 m_2 的两个原子通过化学键连接起来的一种振动模型，这个体系的振动频率取决于弹簧的强度，即化学键的强度和小球的质量。该振动是在连接两个小球的键轴方向上发生的。根据经典力学原理，此简谐振动遵循虎克定律。

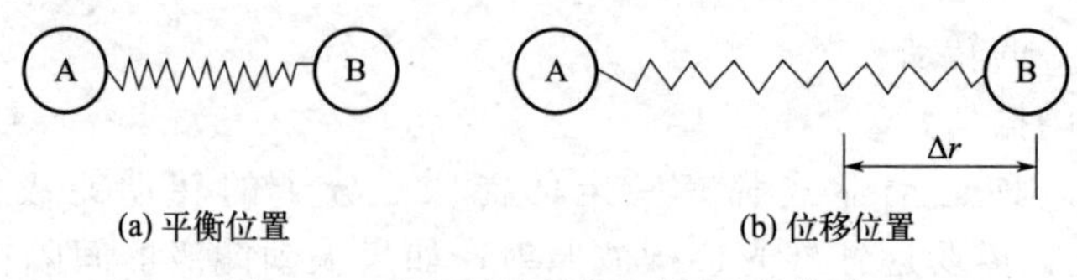

图 5-2　双原子分子振动时原子的位移

由虎克定律有：

$$F = -kx \tag{5-1}$$

式中　k——弹簧的力常数；

x——谐振子位移的距离。

对分子来说，k 就是化学键的力常数，x 是原子位移的距离。根据牛顿第二定律有：

$$F = ma = m\frac{\mathrm{d}^2x}{\mathrm{d}t^2} \tag{5-2}$$

将式(5-1) 代入式(5-2) 中，得：

$$m\frac{\mathrm{d}^2x}{\mathrm{d}t^2} = -kx \tag{5-3}$$

解此微分方程得：

$$x = A\cos(2\pi\nu t + \varphi) \tag{5-4}$$

式中　A——振幅；

ν——振动频率。

将式(5-3) 对 t 微分两次再代入式(5-2) 中，可解出：

$$\nu = \frac{1}{2\pi}\sqrt{\frac{k}{m}} \tag{5-5}$$

对于双原子分子来说，用折合质量 μ 代替 m，得：

$$\nu = \frac{1}{2\pi}\sqrt{\frac{k}{\mu}} \tag{5-6}$$

$$\mu = \frac{m_1 m_2}{m_1 + m_2} \tag{5-7}$$

式中　μ——折合质量；

k——化学键力常数（相当于弹簧的虎克常数），N/m 或者 g/s^2；

ν——振动频率。

一般来说，单键的 $k = 4\times10^5 \sim 6\times10^5\,g/s^2$，双键的 $k = 8\times10^5 \sim 12\times10^5\,g/s^2$，三键的 $k = 12\times10^5 \sim 20\times10^5\,g/s^2$。

(2) 分子的振动类型

① 振动自由度。由 N 个原子构成的分子内的原子振动有多种形式，通常称为多原子分子的简正振动。多原子分子简正振动的数目称为振动自由度，每个振动自由度对应于红外光谱图上一个基频吸收带。

② 伸缩振动。原子沿键轴方向伸长和收缩，键长发生周期性变化而键角不变称为伸缩振动。若原子振动时所有键都同时伸长或收缩称为对称伸缩振动；若有些伸长而另一些键收缩称为不对称伸缩振动。如图 5-3 所示，为 H_2O 和 CO_2 对称伸缩振动和不对称伸缩振动。

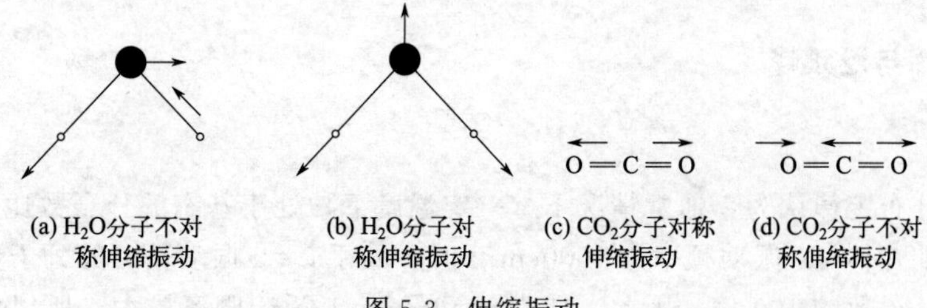

(a) H_2O分子不对称伸缩振动　(b) H_2O分子对称伸缩振动　(c) CO_2分子对称伸缩振动　(d) CO_2分子不对称伸缩振动

图 5-3　伸缩振动

③ 弯曲振动。原子与键轴成垂直方向振动，键角发生周期变化而键长不变的振动称为弯曲振动。根据对称性不同可以分为对称弯曲振动和不对称弯曲振动。图 5-4 为 H_2O 和 CO_2 对称弯曲振动和不对称弯曲振动。

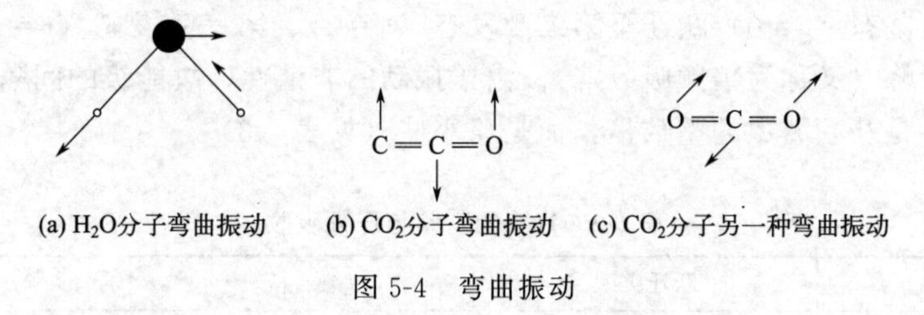

(a) H_2O分子弯曲振动　(b) CO_2分子弯曲振动　(c) CO_2分子另一种弯曲振动

图 5-4　弯曲振动

④ 分子的振动形式总结。分子的基本振动形式有 6 种，以亚甲基为例，列于表 5-2 中。

表 5-2　亚甲基的基本振动形式

振动模式		代号		示意图	亚甲基键的变化
伸缩	对称伸缩	ν	ν_s		改变键长
	不对称伸缩		ν_{as}		
弯曲（变形）	面内弯曲（剪式）	δ	δ		改变键角
	面外弯曲（扭绞）		t		
摇摆	面内摇摆	γ	γ		键长和键角都不变
	面外摇摆		ω		

5.2.3 基频峰与泛频峰

(1) 基频峰

玻尔兹曼分布定律认为：通常情况下（一定温度下）处于基态的分子数比处于激发态的分子数多。例如在300K振动频率为$1000cm^{-1}$时，处于$\nu=0$振动基态的分子数大约为$\nu=1$的振动激发态分子数的100倍，因此，通常$\nu=0 \rightarrow \nu=1$跃迁概率最大，所以出现的相应吸收峰强度也最强，称为基频吸收峰，一般特征峰都是基频吸收。其它如$\nu=0 \rightarrow \nu=2$或$\nu=1 \rightarrow \nu=2$等跃迁概率较小，出现的吸收峰强度就弱。

(2) 泛频峰

振动能级由基态（$\nu=0$）跃迁至第二激发态（$\nu=2$）、第三激发态（$\nu=3$）等所产生的吸收峰称为泛频峰（又称为倍频吸收峰）。由于振动的非谐性，故能级的间隔不是等距离的，所以泛频往往不是基频波数的整数倍，而是略小些（见表5-3）。

表5-3 HCl的基频与泛频吸收

吸收峰	跃迁类型	波数/cm^{-1}	强度
基频峰	$\nu=0 \rightarrow \nu=1$	2885.9	最强
二倍频峰	$\nu=0 \rightarrow \nu=2$	5668.0	较弱
三倍频峰	$\nu=0 \rightarrow \nu=3$	8346.9	较弱
四倍频峰	$\nu=0 \rightarrow \nu=4$	10923.1	较弱
五倍频峰	$\nu=0 \rightarrow \nu=5$	13396.5	较弱

5.3 实验技术

5.3.1 红外光谱仪

红外光谱仪分为两大类：色散型和干涉型。色散型红外光谱仪包括棱镜和光栅两种类型；干涉型红外光谱仪为傅里叶变换红外光谱仪，它没有单色器和狭缝，是由迈克尔逊干涉仪和数据处理系统组合而成。

5.3.1.1 色散型红外光谱仪

色散型红外光谱仪由光学系统、机械转动部分和电学系统三大部分组成，其主要部分为光学系统。光学系统主要由光源室、样品池、单色器和检测器等部分组成（如图5-5所示）。

(1) 光源室

Nernst glower是常用的红外光源。它是由氧化锆、氧化钍、氧化钍等稀土元素氧化物烧结而成的圆柱形棒。其工作温度达1300～1700℃，寿命约2万小时。此外还有一些常见的光源如表5-4所示。

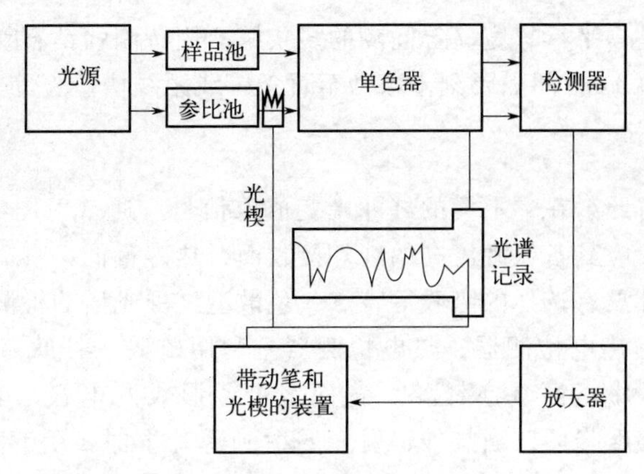

图 5-5　色散型红外分光光度计

表 5-4　红外光谱的常见光源

名称	适用波长范围/cm^{-1}	说明
能斯特（Nernst）灯	400～5000	ZrO_2、ThO_2 等烧结而成
碘钨灯	5000～10000	
硅碳棒	200～5000	FTIR，需用水冷或风冷
炽热镍铬丝圈	200～5000	风冷
高压汞灯	＜200	FTIR，用于远红外区

（2）样品池

红外光谱仪的样品池为一个可插入固体薄膜或者液体池的槽。红外吸收池要用可透过红外光的 NaCl、KBr、CsI、KRS-5（TlI 58%，TlBr 42%）等材料制成窗片。常用池体材料的透光范围如表 5-5 所示。

表 5-5　常用池体材料的透光范围

材料	透光范围/μm
NaCl	0.2～17
KBr	0.2～25
CsI	1～50
CsF	0.13～12
AgCl	0.2～25
KRS-5	0.55～40

（3）单色器

单色器的作用是将由入射狭缝进入的复色光通过三棱镜色散为具有一定宽度的单色光，以便在检测器上加以测量。单色器是由狭缝、准直镜和色散元件通过一定的排列组合而成。用于红外光谱仪的色散元件有两类：棱镜和光栅。

棱镜作用是将红外光透过并进行色散。因此用于红外光谱仪的棱镜材料必须具有良好的透过红外光的性能和尽可能最大的光的色散性。最常用的材料是氯化钠。

衍射光栅实际上是一平行等宽又等间隔的多狭缝。用特制的钻石刀在抛光的玻璃或者金属坯上刻槽而成。在每 1nm 间隔要刻十条乃至百条等线距线槽。

（4）检测器

检测器的作用是将照射在它上面的红外光变成电信号。通常射向检测器的红外光很弱，所以检测器的选择一般应具备灵敏度高的红外接收面、热容量低、响应快、带电子的热波动产生的噪声小、对红外没有选择的吸收等特点。色散型红外光谱的检测器有两类：热电和光检测器。目前常用的是热电检测器。热电检测器是利用硫酸三甘肽（TGS）的单晶片作为检测元件。将 TGS 薄片正面真空镀铬，背面镀金，形成两电极。其极化强度与温度有关，温度升高，极化强度降低。当红外辐射光照射到薄片上时，引起温度升高，TGS 极化度改变，表面电荷减少，相当于释放了部分电荷，经放大，转变成电压或电流方式进行测量。

5.3.1.2 干涉型红外光谱仪

干涉型红外光谱仪又称为傅里叶变换红外光谱仪。与色散型红外光谱仪不同，它没有单色器和狭缝。它是利用一个迈克尔逊干涉仪获得入射光的干涉图，通过数学运算（傅里叶变换）把干涉图变成红外光谱图如图 5-6 所示。

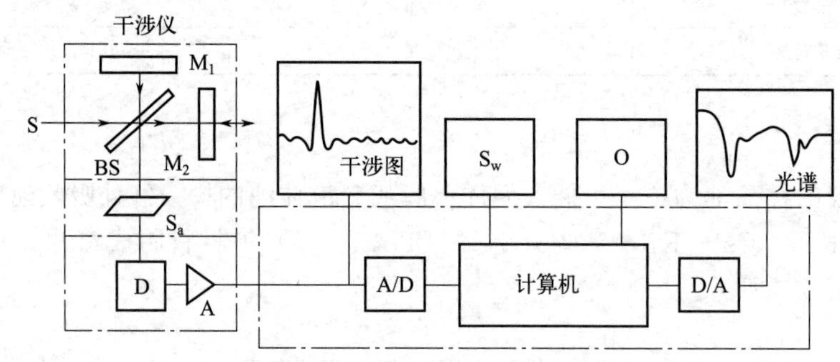

图 5-6 傅里叶变换红外光谱仪工作原理示意图

S—光源；M_1—定镜；M_2—动镜；BS—分束器；D—探测器；S_a—样品；

A—放大器；A/D—模数转换器；D/A—数模转换器；S_w—键盘；O—外部设备

傅里叶变换红外光谱仪主要由光源（硅碳棒、高压汞灯等）、干涉仪、检测器、计算机和记录系统组成。大多数傅里叶变换红外光谱仪使用迈克尔逊（Michelson）干涉（如图 5-7），首先记录的是光源的干涉图，然后通过计算机将干涉图进行快速傅里叶变换，最后得到以波长或波数为横坐标的光谱图。

干涉仪是由固定反射镜 M_1（定镜）、移动反射镜 M_2（动镜）及分束器（BS）组成。定镜和动镜相互垂直放置，分束器是一半透膜，放置在定镜和动镜之间呈 45°角，它能把来自光源的光束分成相等的两部分。当入射光照到分束器（BS）上时，有 50％的光透过 BS 即透射光，另 50％的光被 BS 反射即反射光。透射光被动镜 M_2 反射沿原路回到半透膜 BS 上，被 BS 反射到检测器。反射光被固定镜 M_1 反射沿原路透过 BS 而到达检测器。这样在检测器上所得到的是两束光的相干光。当动镜 M_2 移动距离是入射光的 $\frac{\lambda}{4}$ 时，则透射光的光程变化是 $\frac{\lambda}{2}$，在检测器上两束光的光程差为 $\frac{\lambda}{2}$，相位差 180°，发生相消干涉，亮度最小。凡动

镜移动距离是 $\frac{\lambda}{4}$ 的奇数倍时，都会发生这种相消干涉，亮度最暗；当动镜的移动距离是 $\frac{\lambda}{4}$ 的偶数倍时，则发生相长干涉，亮度最亮。若 M_2 位置处于上述两种位移值之间，则发生部分相消干涉，亮度介于两者之间，如果动镜 M_2 以匀速 v 向分束器移动即动镜扫描，动镜每移动 $\frac{\lambda}{4}$ 距离，信号强度就会从明到暗周期性改变，即在检测器上得到一个强度为余弦变化的信号。

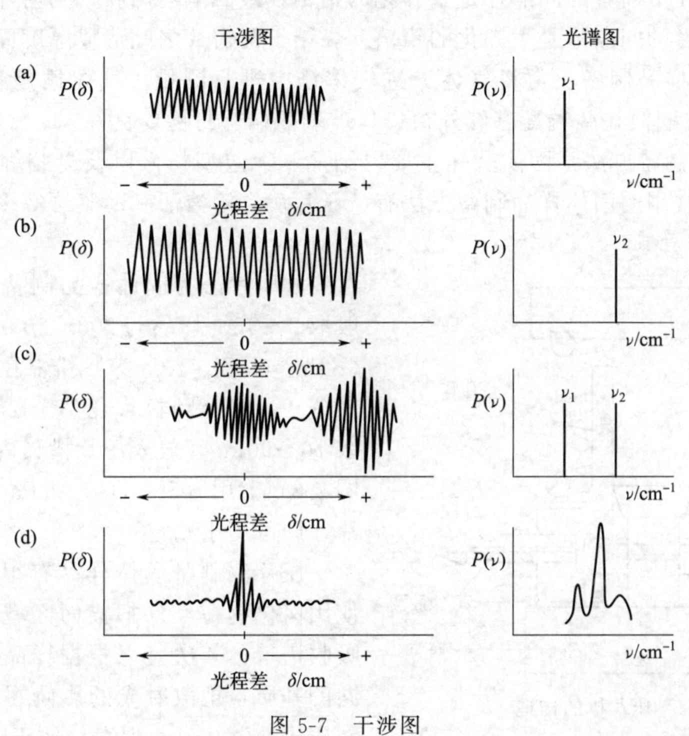

图 5-7 干涉图

图 5-7(a) 和图 5-7(b) 分别为入射单色光 ν_2 和 ν_1 产生的干涉图；如果两种频率的光一起进入干涉仪，则产生图 5-7(c) 所示的两种单色光叠加的干涉图；如图 5-7(d) 所示，当入射光为连续波长的多色光时，就会产生中心极大并向两边迅速衰减的对称干涉图，入射多色光的干涉图等于所含各单色光干涉图的和。在这种复杂的干涉图中，包含着入射光源提供的所有光谱信息。傅里叶变换红外光谱可以测量在上述干涉光束中放置能够吸收红外辐射的试样，样品吸收了某些频率的红外辐射，就会得到一种复杂的干涉图，该干涉图是一个时间域函数，通过计算机对该干涉图进行傅里叶变换，将时间域函数变换为频率域函数，即得到我们常见的以波长或波数为函数的光谱图。

5.3.2 样品制备

红外光谱分析中样品制备占有非常重要的地位。对于样品的处理我们应该注意一些事项。

① 试样的浓度和厚度应选择适当，吸收峰的透射比处于 15%～17%之间较为合适。浓度小，厚度薄，会使一些弱的吸收峰和光谱的细微部分不能显示出来。反之，过大和过厚会使吸收峰超越标尺的厚度而无法确定它的真实位置。

② 试样中不能含有游离水。水分的存在会侵蚀吸收池的盐窗，并且水分会在红外区吸

收，使测得的光谱图变形。

③ 试样应该是单一组分的物质，多组分试样应在测定前进行组分分离。否则各组分光谱相互重叠，以致对光谱图无法进行正确的解释。

样品制备有多种方法，根据样品状态分为气体、液体和固体样品制备：

① 液体样品制备：液体样品多为有机化合物，一般把液体注入液体槽进行测定。液体槽分为可拆卸式和固定密封式两种。它们都是由槽架、窗片、间隔片和保护窗片的橡皮垫组成。两者的区别在于前者的间隔片是汞齐化的铅箔或聚四氟乙烯膜，两窗片可以拆开，间隔片可以更换。后者的间隔片是汞齐化的铅箔，黏结于两窗片之间形成厚度固定的密封槽。

② 对于气体样品制备：常将气体充进气体槽中进行测量。气体槽是直径约为 40mm，长为 100mm 的玻璃筒，两端配有红外窗口，玻璃两端密封性要良好。

③ 固体样品制备方法：固体试样主要以结晶、无定型粉末以及凝胶等形式存在。调制方法各不相同。常用的固体样品制备方法有：压片法、溶液法和薄膜法等多种方法。以下详细介绍这些方法。

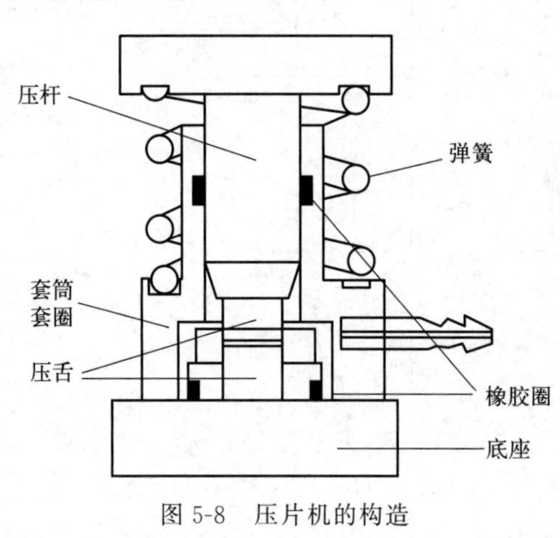

图 5-8　压片机的构造

a. 压片法为固体样品制备常用的方法。一般取 2～3mg 样品与 200～300mg 干燥的卤化物（KBr、NaCl、KCl 等）粉末在玛瑙研钵中混匀充分，研细至颗粒直径小于 2μm。用不锈钢铲取 70～90mg，放入压片槽具内。在压片机（如图 5-8）上用（5～6）$\times 10^7$Pa 压力压成透明薄片，即可用于测定。

压片法制备固体样品有很多优点。首先是使用卤化物在红外扫描面区域内不出现干扰的吸收谱带；其次可以根据样品的折射率选择不同的基质，把散射光的影响尽可能地减小；再次压成的薄片易于保存，便于重复测试或携带；最后压片时所使用的样品和基质都可以借助于天平精确测量。可以根据需要精确地控制压片样品的浓度和压片的厚度，便于定量测试。

b. 溶液法对于不宜研成细末的固体样品，如果能溶于溶剂，可制成溶液，按照液体样品测试的方法进行测试。

c. 薄膜法对一些高聚物样品，难于研成细末/细粉，可制成薄膜直接进行红外光谱测定。薄膜的制备方法有两种，一种是直接加热熔融样品然后涂制或压制成膜；另一种是先把样品溶解在低沸点的易挥发溶剂中，涂在盐片上，待溶剂挥发后成膜来测定。

5.4 红外吸收光谱

5.4.1 图谱解析三要素

在红外光谱中会有许多峰，峰也被称为谱带，这些峰对应于分子中一个或多个基团的吸收，所以从红外光谱图中可以得到一些关于基团的信息。

在分析红外光谱图时，首先要对谱带的位置（谱图中水平轴上的波数）进行检查，然后检查谱带的强度（峰的面积或者高度），最后是检查谱带的形状（峰的分裂和宽度等）。谱带的位置、强度、形状合称为谱图解析三要素，从三要素中可以得到有关分子结构的信息。

(1) 谱带的位置

具有相同官能团的一连串化合物具有大致相同的吸收频率范围，分子中的其它部分对其吸收频率几乎没有影响，这种吸收峰具有高强度并且可以代表某一基团的存在，因此这种峰称为基团的特征吸收峰，该峰所在的频率位置被称为基团的特征吸收频率。

谱带的位置能够反映基团的特征吸收频率，这是结构分析和定性鉴别的依据，也是红外光谱法中最重要的数据。确定聚合物的类型可以通过谱图中基团的特征吸收频率来判定。

官能团吸收区是指谱带中 650～903cm^{-1} 和 1300～4000m^{-1} 的位置，一些 OH、NH、C═O 等重要的官能团的强特征吸收都会出现在此范围内。903～1300cm^{-1} 区域通常是由基团互相振动引起的，不同样品在此范围内的吸收可能是不同的，所以此范围被称为指纹区。

如果分子中基团的状态不同或者分子间有相互作用，则会影响分子的特征吸收频率。此时分子中特征吸收频率会有所不同。比如分子内氢键的形成就会导致吸收频率改变。这部分内容在此不多做赘述，下文中再详细说明。

利用这些吸收峰的特征可帮助记忆和识别不同的分子结构特征。

① 当一些原子的原子量比较接近时（如 C、N、O），那么它们的振动频率 ν 主要由键力常数 k 决定。

单键中的键力常数 k 最小，所以振动频率 ν 最小，吸收峰会出现在 1300cm^{-1} 附近，如 C—N 出峰位置在 1330cm^{-1}。双键中的 k 大些，吸收峰会出现在 1500～1900cm^{-1} 的位置，如 C═C 出峰位置在 1667cm^{-1}。三键中的 k 最大，吸收峰常出现在 2100～2400cm^{-1}，如 C≡C 出峰位置在 2222cm^{-1}。

② 像 C—O、C—C、C—N 中的键力常数 k 非常接近，但它们之间的折合质量 μ 却不同，因此出峰位置会有所不同，其中出峰位置 C—C＞C—N＞C—O，分别为 1429cm^{-1}、1330cm^{-1}、1280cm^{-1}。

③ 由于 H 原子的质量最小，其与 C、N、O 结合键之间的振动一般在高波数区出现，出峰位置一般在 2700cm^{-1} 以上。

(2) 谱带的强度

谱图中纵坐标的值反映了谱带的强度，纵坐标的值越大，强度越高；纵坐标值越小，强度越低。分子的分子数（基团数）和分子振动的对称性（分子极性）都会影响谱带的强弱。对称性越高，振动中分子偶极矩变化越小，谱带强度也就越弱，谱带的强度也常用来做定量计算。

比如苯在 1600cm^{-1} 的谱带强度应该是较强的，但是由于它的振动是对称的，振动中偶极矩变化小，导致苯在 1600cm^{-1} 的谱带的强度反而很弱。一般来说，极性较弱的基团在振动时偶极矩的变化小，吸收峰弱；极性较强的基团在振动时偶极矩的变化大，吸收峰强。

(3) 谱带的形状

谱带的形状包括谱带的宽度、平坦度、是否有裂痕等。它主要用于研究分子的互变异性、旋转异构性、对称性等。并且，它还可以在识别官能团方面发挥一定的作用，这些官能团可以通过它们在相同特征吸收频率下的吸收峰宽度来区分。

比如，虽然酰胺的 ν（C═O）和烯的 ν（C═C）都在 $1650cm^{-1}$ 附近有吸收，但是酰胺的峰明显会比烯的峰的宽度宽，这样酰胺和烯的峰可以很容易区分开来。

5.4.2 影响频率位移的因素

在红外光谱中，官能团的特征吸收频率不是绝对固定的。同一基团的振动吸收频率受不同结构或者环境的影响都会有所移动。研究频率位移和其规律对鉴定工作发挥着重要的作用。影响频率位移的因素可以分为外部因素和内部因素。

（1）外部因素

红外光谱吸收频率受到样品物理状态、溶剂、粒度等外部因素的影响会发生移动。样品图谱与标准图谱对照时，需要在外部条件一致的情况下才能比较。

① 物理状态的影响。同一个样品在气态、液态、固态等不同的聚集态中检测出来的光谱有很大的区别，这主要由于气态、液态、固态的相互作用是不同的。气态分子间的相互作用最弱，所以测得的伸缩振动频率最高，液态次之，固态最少。

例如：　丙酮：气态时 ν（C）＝$1742cm^{-1}$

　　　　　　液态时 ν（C）＝$1718cm^{-1}$

气态和液态的丙酮，其频率吸收波位置不同，测得的红外光谱图差异很大，易被误认为是不同的化合物。

② 溶剂的影响。同一个物质放在不同的溶剂中，由于溶质与不同溶剂之间的相互作用不同，导致光谱吸收带的频率不同。研究发现，极性基团如—OH、—NH、—CN 等伸缩振动的频率随着溶剂的极性增大而向低波数移动，强度增强。但是变形振动的频率随着溶剂的极性增大而向高波数移动，强度减弱。

例如：羧基在非极性溶剂中羧基单体：ν（C）＝$1762cm^{-1}$

　　　在极性溶剂中：乙醚中 ν（C）＝$1735cm^{-1}$

　　　　　　　　　　乙醇中 ν（C）＝$1720cm^{-1}$

③ 粒度的影响。样品粒度会影响红外光谱的基线。样品粒度越大，基线越高，导致红外图谱峰宽且强度低。粒度减小，基线下降，峰变窄，强度增高，所以测定样品要求粒度大小要小于测定波长。

（2）内部因素

基团处于分子中某一特定的环境中，它的振动不是一个孤立的体系。当基团确定后，相邻的原子或其它基团通过电子效应、空间效应等内部因素来改变化学键的键力常数，使基团的特征频率发生位移。研究发现，频率的内部因素主要是受分子结构的影响。

① 电子效应。电子效应包括诱导效应、共轭效应和中介效应。它们都是由化学键的电子分布不均匀造成的。

a. 诱导效应。当基团旁边有电负性不相同的原子或基团时，会发生静电诱导作用，引起分子中电子分布发生改变，从而改变化学键的键力常数，使基团的特征频率发生位移。例如 C═O 中的氧原子有吸引电子形成 C^+、O^- 的倾向，使 C═O 邻位有电负性大的原子或官能团时，羰基化合物就要和氧原子争夺电子，由于取代基团的诱导效应会使电子云由氧原子转向双键的中间，使 C═O 双键性增强，键力常数增大，特征频率向高波数位移。例如：

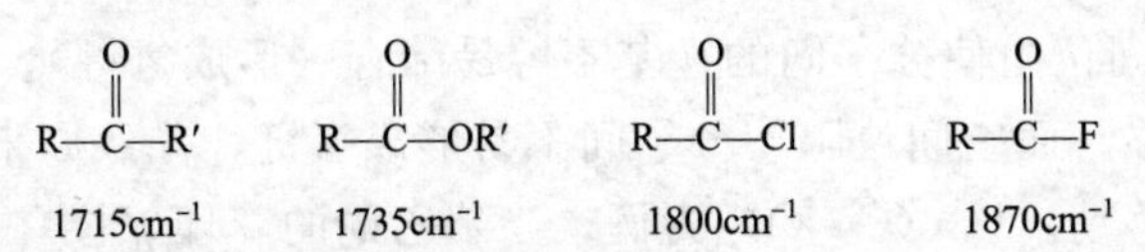

由此可见，随着取代原子电负性的增大或取代数目的增加，诱导效应增强，吸收峰向高波数移动的程度显著。

表 5-6　一些 X—H 伸缩振动频率ν　　单位：cm^{-1}

B—H 2400	C—H 3000	N—H 3400	O—H 3600	F—H 4000
Al—H 1750	Si—H 2150	P—H 2350	S—H 2570	Cl—H 2890
	Ge—H 2070	As—H 2150	Se—H 2300	Br—H 2650
	Sn—H 1850	Sb—H 1890		I—H 2310

由表 5-6 可得，在周期表任一周期中，X—H 的频率或键力常数随原子序数的增加而线性增加；而在同族中，X—H 的频率自上而下有规则地递减。由此得出，X—H 伸缩振动的频率随 X 元素电负性的增加而增加，即与键强度和键长有关。对比表 5-7 中甲基变形振动频率与表 5-6 中 X—H 伸缩振动频率，可以发现，甲基对称变形振动的频率随同周期中元素电负性的增加而增加（电负性 N＜O＜F），并随同族元素下行而减小（电负性 I＜Br＜Cl＜F）。

表 5-7　X—CH_3 对称变形振动ν　　单位：cm^{-1}

B—CH_3 1310	C—CH_3 1380	N—CH_3 1425	O—CH_3 1450	F—CH_3 1475
	Si—CH_3H 1265	P—CH_3 1295	S—CH_3 1310	Cl—CH_3 1335
	Ge—CH_3 1235	As—CH_3 1250	Se—CH_3 1282	Br—CH_3 1350
	Sn—CH_3 1165	Sb—CH_3 1200		I—CH_3 1252

b. 共轭效应。分子中 π-π 双键共轭引起的基团频率位移称为共轭效应。共轭体系中的电子云密度趋于平均化，结果使原来的双键略有伸长（电子云密度降低）、力常数减小，吸收频率向低波数方向移动。以 ν（C═O）为例加以说明：

R—C(═O)—R′　　R—C(═O)—C_6H_5　　C_6H_5—C(═O)—C_6H_5

$1715cm^{-1}$　　$1690cm^{-1}$　　$1665cm^{-1}$

当共轭体系中的单键强度有所增强时，相应的振动频率增大。如脂肪醇的红外光谱，C—O—H 基团中的 C—O 反对称伸缩振动频率位于 $1050\sim1150cm^{-1}$。在酚中，因为氧与芳环的 p-π 共轭，使 C—O 键强增大，其 ν（C—O）位移到 $1200\sim1230cm^{-1}$。

c. 中介效应。中介效应是由分子中 n 电子和 n-π 双键共轭所形成的共振结构引起的基团特征频率位移。

② 空间效应。空间位阻使分子间的羟基不容易缔合（形成氢键）。形成氢键时，特征吸收频率会向低波数位移。而空间位阻使分子间不易形成氢键，导致原来因共轭效应而处于低频的振动吸收向高频移动。以 ν(C═O) 为例，当苯乙酮的苯环邻位有甲基或异丙基存在时，ν(C═O) 发生位移。

1663cm^{-1}　　1686cm^{-1}　　1693cm^{-1}

环张力即键角张力。环张力的大小受环上有关基团振动频率的影响。环张力越小，张力效应越大。环张力增大，导致环外基团的伸缩振动频率增加，但是环内基团振动频率反而下降。表 5-8 给出了一些典型例子。

表 5-8　环的张力对基团振动频率的影响　　单位：cm^{-1}

基团种类	基团[①]	六元环	五元环	四元环	三元环
环外基团	环酮 ν(C═O)	1715	1745	1780	1850
	环外烯 ν(C═C)	1651	1657	1678	1781
	环烷烃 ν(C—H)	2925	—	—	3050
环内基团	环丙烯 ν(C═C)	1639	1623	1566	—

① 环酮，如 ═O；环外烯，如 ═；环烷烃，如 H H；环丙烯，如 。

③ 耦合效应。当振动频率在相近或相等位置上的两个化学键或基团直接相连或相接近时，它们之间的相互作用会使原来的谱带裂分成两个峰，一个频率比原来的谱带高一些，另一个频率则低一些，称为振动的耦合。例如二元酸：丙二酸和丁二酸，它们的两个 C═O 伸缩振动发生耦合，都出现两个吸收峰，当 $n>3$ 时，两个 C═O 相距较远，相互作用小，基本上不发生振动耦合。

④ 氢键效应。氢键在给电子基团 X—H（如—OH、NH_2）的氢和吸收基团 Y（如 O、N 和卤素等）之间形成。氢键的形成会使参与形成氢键的原有化学键的键力常数降低，吸收频率向低频移动，对红外光谱的主要作用是使峰变宽，基团频率发生迁移。形成氢键后，相应基团振动时，偶极矩变化增大，吸收强度增大。例如：醇、酚的 ν(O—H) 处于游离状态时，振动频率位于 3640cm^{-1} 左右，红外光谱呈现出中等强度的尖锐吸收峰；当因氢键形成缔合状态时，振动频率将位移到 3300cm^{-1} 附近，谱带增强且峰加宽。除伸缩振动外，OH、NH 的弯曲振动也会受氢键的影响而发生谱带位置的移动和峰形变宽。值得注意的是还有一种氢键发生在 OH 或 NH 与 C═O 之间，如图羧酸会以这种方式形成二聚体：

这种氢键比 OH 自身形成的氢键作用更大，不仅使 ν(O—H) 移向更低频，也使 ν(CO) 发生位移。游离羧酸的 ν(C═O) 位于 1760cm^{-1}，在固态、液态等缔合状态下受氢键作用 ν(CO) 位移到 1700cm^{-1} 附近。

5.4.3 影响谱带强度的因素

影响谱带强度的一个很重要的因素是基团振动时偶极矩变化的大小。基团振动时偶极矩变化越大，谱带强度越大；基团振动时偶极矩变化越小，谱带强度就越小；当基团振动时偶极矩没有发生变化，此时能带强度为 0，即红外失活。然而偶极矩的变化与基团本身的偶极矩有很大关系，一个基团的极性越强，在振动时偶极矩的变化会越大，谱带强度也会越强；反之，基团的活性越弱，在振动时偶极矩的变化就会越小，谱带强度就会越弱。例如，C═O 和 C—C 都在双键区，伸缩振动频率虽然相差不大，但是由于 C═O 基团的极性大，C═O 的吸收强度会很强，C—C 的极性小，吸收强度就会很弱。单键区的基团受极性的影响也是如此。

基团的偶极矩不仅与上述的原因有关，还与结构的对称性有关。基团结构对称性越强，偶极矩在基团振动时的变化越小，吸收谱带越弱；基团结构对称性越弱，偶极矩在基团振动时的变化越大，吸收谱带越强。例如 C═C 在下述三种结构中吸收强度的差别会很大。

R—CH═CH—R′（顺式$\varepsilon=10$，反式$\varepsilon=2$），R—CH═CH_2（$\varepsilon=40$）

其中 ε 为摩尔吸光系数。反式烯烃的对称性最强，顺式烯烃对称性次之，端烯烃对称性最差。在反式烯烃中吸收峰强度几乎检测不到，吸收峰的强度会随着对称性的变差而逐渐增强。

5.4.4 常用图谱介绍

已知的红外光谱繁多，无法做到全部熟记。但了解常见的红外图谱可以提高对谱图的鉴别能力。以下列举一些高分子常用图谱，并简述它们的特征。

① 正己烷和 2-甲基-戊烷同属于烷烃，其红外谱图分别如图 5-9 和图 5-10 所示。

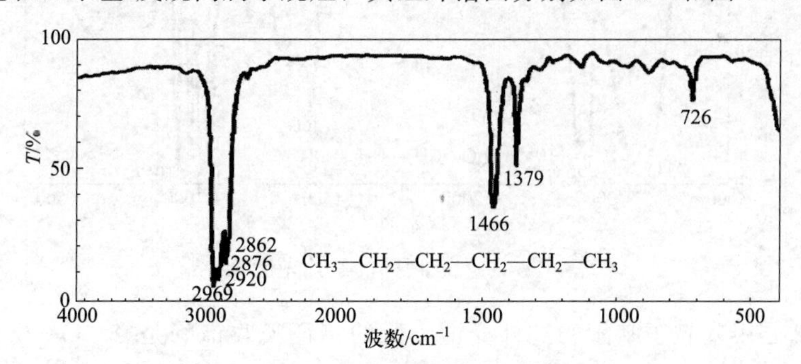

图 5-9　正己烷的红外光谱

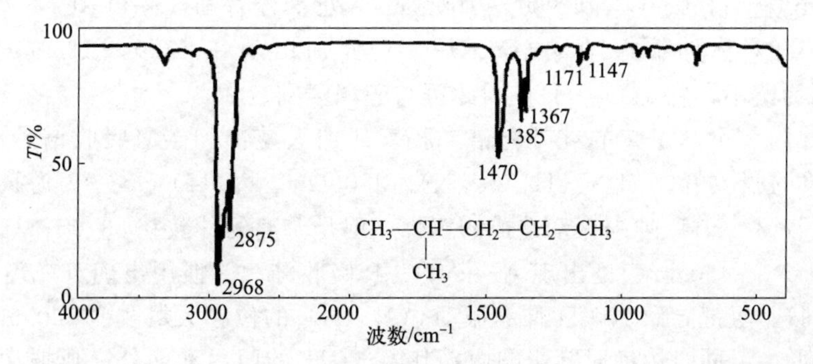

图 5-10　2-甲基-戊烷的红外光谱

烷烃图谱中 $2962cm^{-1}$ 和 $2872cm^{-1}$ 附近产生的强吸收峰分别属于甲基不对称伸缩振动 $\nu_{as}(CH_3)$ 和对称伸缩振动 $\nu_s(CH_3)$；而次甲基不对称伸缩振动 $\nu_{as}(CH_2)$ 和对称伸缩振动 $\nu_s(CH_2)$ 分别在 $2926cm^{-1}$ 和 $2853cm^{-1}$ 附近产生强吸收峰。$1460cm^{-1}$ 和 $1380cm^{-1}$ 附近产生的吸收峰分别表示甲基的不对称变形振动 $\delta_{as}(CH_3)$ 和对称变形振动 $\delta_s(CH_3)$；次甲基的面内变形振动 $\delta(CH_2)$ 在 $1460cm^{-1}$ 附近产生吸收；当有 4 个以上次甲基相连 $\text{—}(CH_2)_n\text{—}$ ($n\geqslant4$) 时，其水平摇摆振动 $\gamma(CH_2)$ 在 $720cm^{-1}$ 附近产生吸收峰。$1380cm^{-1}$ 位置的甲基对称变形振动吸收峰的分裂峰相对强度可以用来推断异构烷烃，若分裂峰强度与异丙基相同且强度比为 5∶4 则为谐二甲基，若强度比为 1∶2 则为叔丁基。烷烃的骨架振动 ν(C—C) 出现在 $1000\sim1200cm^{-1}$，但由于振动的耦合作用且强度较弱，这些吸收带的位置随分子结构而变化，在结构鉴定上意义不大。

② 图 5-11 为正丙醇的红外光谱。羟基是在饱和碳氢吸收谱带的基础上增加了一些与羟基（—OH）有关的吸收谱带（如 O—H、C—O）。醇羟基（—OH）的特征频率与氢键的存在与否有密切关系。羟基是强极性基团，由于氢键的作用，醇羟基（—OH）通常以缔合状态存在，只有在极稀的溶液中，即浓度 $<0.005mol\cdot L^{-1}$ 时以游离羟基的形式存在。游离羟基伸缩振动的频率 ν(O—H) 依照伯醇（$3640cm^{-1}$）＞仲醇（$3630cm^{-1}$）＞叔醇（$3620cm^{-1}$）＞酚（$3610cm^{-1}$）的顺序下降。形成氢键时吸收带向低频区位移（二聚体 $3450\sim3550cm^{-1}$，多聚体 $3200\sim3400cm^{-1}$）且峰形变宽。在 $1000\sim1150cm^{-1}$ 产生的强吸收峰是由醇类化合物中强极性的 C—O 键的伸缩振动 ν(C—O) 产生，其中 $1050cm^{-1}$、$1100cm^{-1}$、$1150cm^{-1}$、$1200cm^{-1}$ 是区分伯仲叔醇的特征吸收峰。

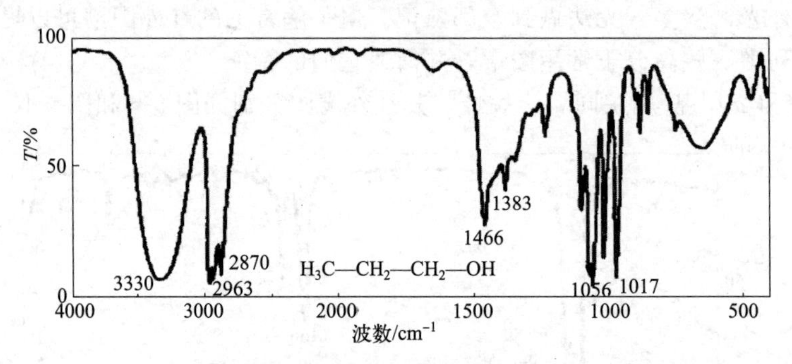

图 5-11　正丙醇的红外光谱

③ 图 5-12 是甲基叔丁基醚的红外光谱。醚的特征吸收谱峰是 C—O—C 伸缩振动产生的吸收带，脂肪醚 C—O—C 不对称伸缩振动 ν_{as}(C—O—C) 和对称伸缩振动 ν_s(C—O—C) 分别出现在 $1100\sim1150cm^{-1}$ 和 $900\sim1000cm^{-1}$ 处。芳香醚 C—O—C 不对称伸缩振动 ν_{as}(C—O—C) 和对称伸缩振动 ν_s(C—O—C) 分别出现在 $1220\sim1280cm^{-1}$ 和 $1100\sim1050cm^{-1}$。因为醚不存在 ν(O—H)，因此可与醇相区别。

④ 图 5-13 为 3-甲基丁胺的红外光谱。胺基的加入使饱和碳氢吸收谱带中增添了胺基（$—NH_2$）相关的吸收峰（如 N—H、C—N）。$3500cm^{-1}$ 及 $3400cm^{-1}$ 为游离 $Ar—NH_2$ 中的 N—H 与伯胺 $R—NH_2$ 伸缩振动造成的双峰；但是游离的仲胺在 $3310\sim3350cm^{-1}$ 处出现 R—NH—R 单峰，$3450cm^{-1}$ 处出现 Ar—NH—R 吸收峰。习惯用出现双峰还是单峰来区别是伯胺还是仲胺。氢键导致 N—H 伸缩振动 ν(N—H) 的位移大概改变 $100cm^{-1}$，不过其谱峰通常较弱峰形尖，同时浓度对其影响微乎其微。CH_2 的面内和面外变形振动分别与 N—H

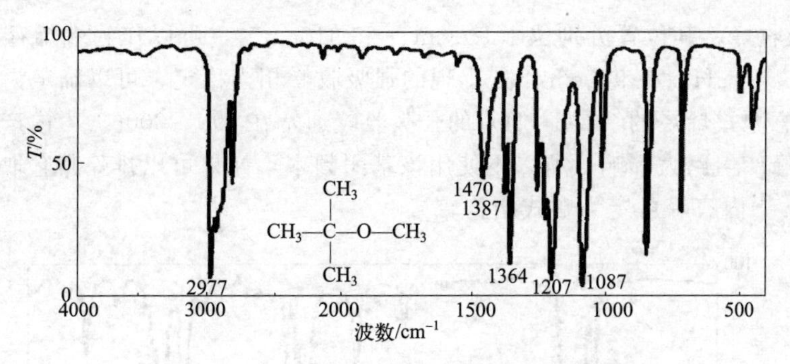

图 5-12　甲基叔丁基醚的红外光谱

变形振动 $\delta(NH_2)$ 在 $650\sim900cm^{-1}$ 与 $1560\sim1640cm^{-1}$ 的吸收相当，两者都因氢键的参与，其吸收移向高波数。胺类化合物的 C—C 伸缩振动与 C—N 伸缩振动 ν(C—N) 的吸收位置相近，但由于 C—N 键极性的存在，强度会比 C—C 伸缩振动的更大。脂肪胺 ν(C—N) 位置在 $1030\sim1203cm^{-1}$，芳香胺 ν（C—N）位置在 $1250\sim1360cm^{-1}$。

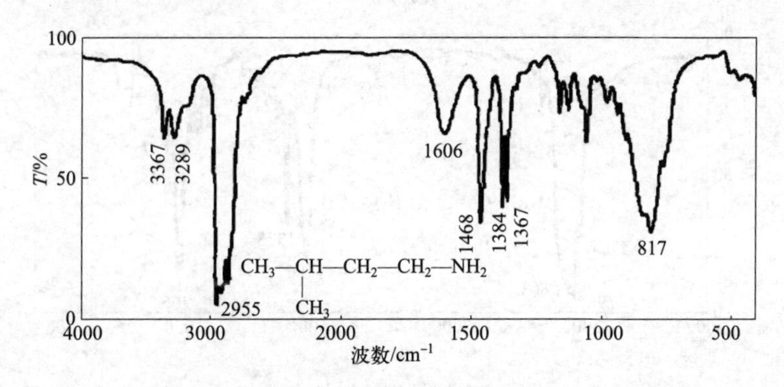

图 5-13　3-甲基丁胺的红外光谱

⑤ 图 5-14 为烯烃的红外光谱。不饱和键加入后新增了三键和双键相关的特征谱带。烯烃与炔烃不饱和碳上 ν（═C—H）分别在 $3300cm^{-1}$ 与 $3080cm^{-1}$ 处出现吸收峰，它们均超过 $3000cm^{-1}$，是和饱和碳氢最大的特征。不过吸收峰的强度都较弱，尤其当分子中有较多的饱和—CH_2 和—CH_3 时，只能呈现为肩峰形式。当分子对称性发生变化，碳碳双键的伸缩振动 ν（C═C）强度也会产生变化，可能变强也可能会消失。如果分子有对称中心，那么 C═C 的伸缩振动不会发生偶极矩的变化，例如乙烯分子便没有 C═C 伸缩的峰，即红外非活性。ν（C═C）一般在 $1630\sim1680cm^{-1}$ 之间出现尖锐的谱带，其强度很难确定。当 C═C 存在为已知条件时，$1600cm^{-1}$ 可以作为划分不同种类烯烃的标准，假设在 $1665\sim1680cm^{-1}$ 内产生弱峰，说明存在三取代、反式结构或四取代结构；如果在 $1630\sim1660cm^{-1}$ 内存在尖锐的峰则说明存在乙烯基、亚乙烯基或顺式结构的烯烃。当共轭基团（C≡N、C═C、C═O 等）和 C═C 连接，ν(C═C) 会靠近低波数大概 $20cm^{-1}$。当炔烃三键的伸缩振动 ν(C≡C) 产生在 $2100\sim2140cm^{-1}$ 间便认为是端炔，产生在 $2190\sim2260cm^{-1}$ 间便认为三键在内部。

不饱和碳氢发生面内变形振动 β(═C—H) 的吸收峰处于 $1400\sim1420cm^{-1}$，该吸收峰弱且与—CH_3 和—CH_2 的吸收峰重合无法使用；面外摇摆振动 γ(═C—H) 的吸收峰处于 $700\sim1000cm^{-1}$ 是完美的特征频率（振动无耦合，不受共轭影响），可以根据吸收峰的位置来判定烯类的构型和取代类型。乙烯型（—CH═CH_2）化合物因振动耦合产生两个很强的

γ(═C—H）吸收峰，其位置分别位于 990cm^{-1} 和 910cm^{-1}，可以作为端烯存在的特征。如果反式烯烃 γ(═C—H）在 970cm^{-1} 处出现的强吸收峰相当稳定，可以确定为反式结构的重要峰。需要注意顺式烯烃的（═C—H）的强吸收峰通常在 690～800cm^{-1} 内产生。取代基的性质会对吸收峰产生巨大影响，所以不使用该基团频率，如果可以排除其它取代种类，那么在 800～690cm^{-1} 内有峰可定为顺式结构。

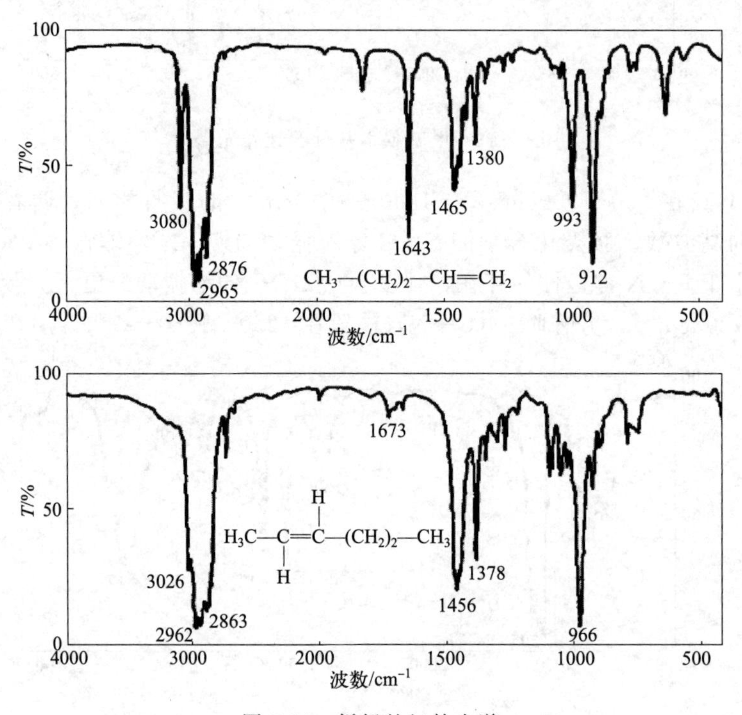

图 5-14　烯烃的红外光谱

⑥ 图 5-15 及图 5-16 为乙苯和二甲苯三种异构体的红外光谱图。因苯环具有刚性故不能出现旋转构象，所以芳烃的红外吸收谱带是尖锐的针状。芳环的 ν(═C—H）一般产生在 3000～3100cm^{-1} 内，其烯烃伸缩振动与谱带重合，是较弱的峰。棱镜光谱中在 3030cm^{-1} 可获得谱带，如果有烷基的存在，该谱带则是烷基 C—H 伸缩振动峰在 2963cm^{-1} 处的肩峰。

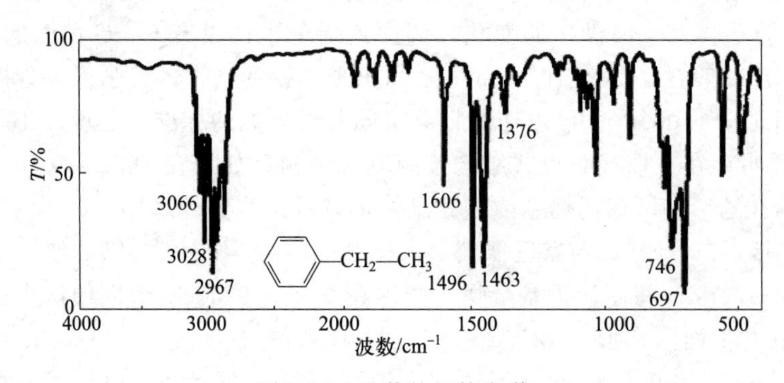

图 5-15　乙苯的红外光谱

光栅仪器中可辨别出两个谱带 3070cm^{-1} 和 3030cm^{-1}，分辨率高的仪器（FTIR）能分

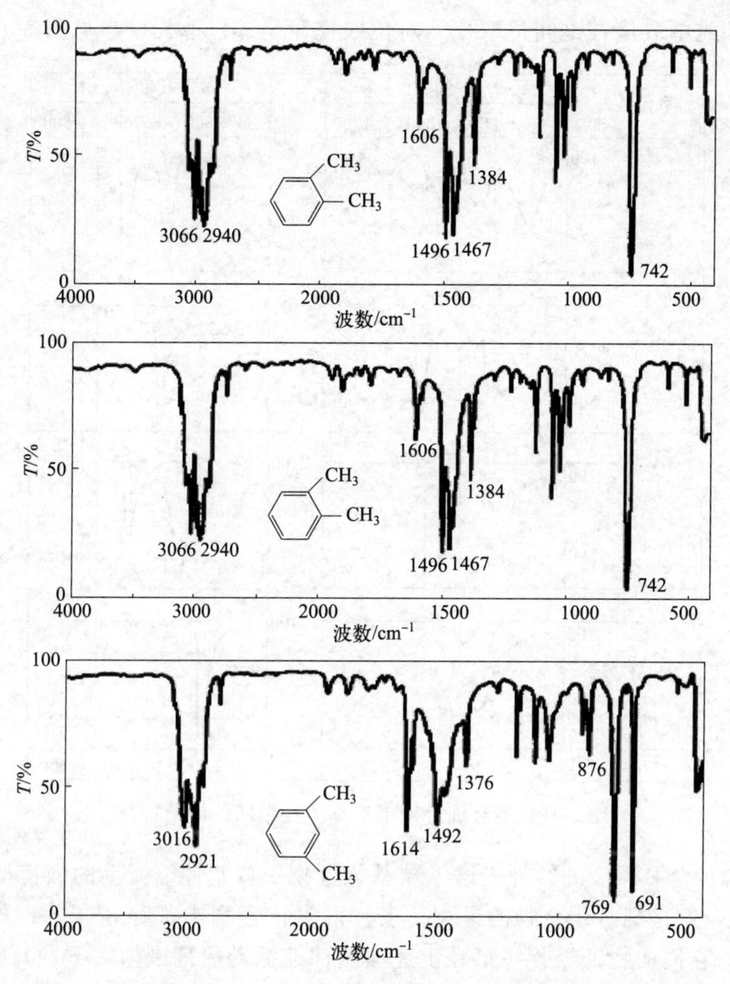

图 5-16　二甲苯三种异构体的红外光谱

辨出 1～5 个峰。如果结构对称，例如 1,3,5-三取代体系中的三个孤立的 C—H 峰是相同的，只能在 3050cm^{-1} 出现一个谱峰。

芳环骨架振动 ν(C═C) 出现 1500cm^{-1} 和 1600cm^{-1} 两条谱带，当苯环与 NO_2、C═C、C═O、C≡N 和 S、P、Cl 等共轭时，1600cm^{-1} 谱带会演变出 1580cm^{-1} 和 1600cm^{-1} 两条谱带同时强度增加（1580cm^{-1} 吸收峰增加尤其明显）；1500cm^{-1} 谱带会演变出 1450cm^{-1} 和 1500cm^{-1} 两条谱带，共轭会导致 1500cm^{-1} 减弱直至消失，1450cm^{-1} 吸收峰与饱和碳氢 $\delta(CH_2)$ 1460cm^{-1} 和 $\delta_{as}(CH_3)$ 等强峰重合导致没有使用价值。

芳环骨架的面外变形振动 δ(环) 只有在苯环为 1,3,5-取代、1,3-取代、单取代时为红外活性，故可以依据 δ（环）在 690～710cm^{-1} 吸收峰的存在与否来辨别取代的种类。

Ar—H 由于面外变形振动 γ(═C—H) 在 650～900cm^{-1} 之间的吸收峰很强，因相邻氢的强耦合作用，谱峰位置对于相邻氢的数量相当敏感（相邻氢数越少频率越高），同时谱峰的数目只和取代情况相关而与取代基类型无关。此外芳环其它振动与 γ(═C—H) 的倍频在 1650～2000cm^{-1} 出现 2～6 个峰组成的特征峰群，此倍频区域峰的形状与特定的取代种类有关。芳烃在 650～900cm^{-1} 之间的吸收峰 [包括 γ(═C—H)、δ(环)] 的数目、位置及 1650～2000cm^{-1} 泛频区域峰的形状是表征苯环上取代置和数目的主要方法，可以确定苯环化合物是双取代或单取代，是间位取代、对位取代还是邻位取代（参见图 5-17）。

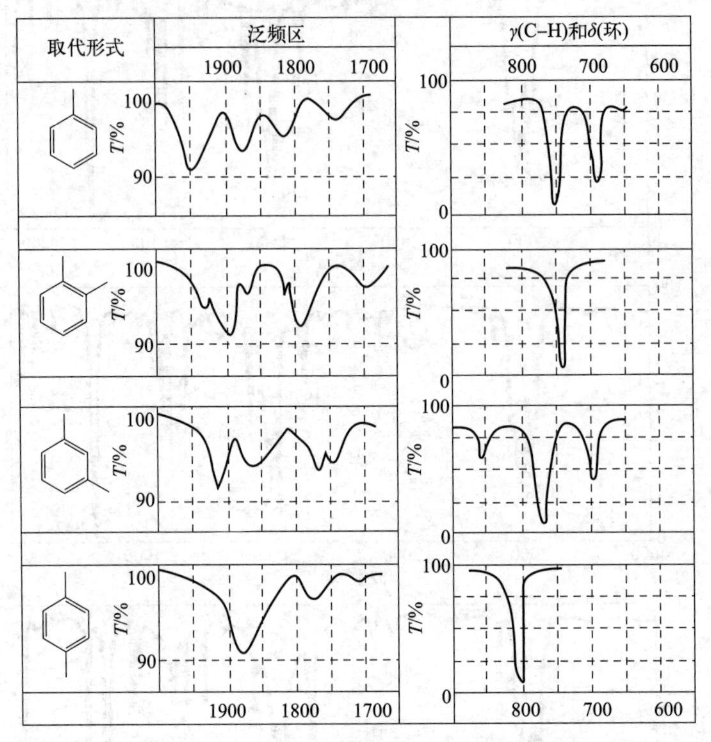

图 5-17 芳环面外变形振动和泛频区的谱图特征

⑦ 如图 5-18 为丁酮-2 的红外光谱。羰基化合物中羰基伸缩振动的强特征峰常在 1650～1850cm^{-1} 附近，这是羰基化合物的最大特点。很多化合物中都存在羰基，如醛、酯、酸和酐、酰胺、酮。它们的特征吸收峰都在上述羰基伸缩振动的范围内，不过其吸收峰的具体范围还是依羰基所处的化学环境而不同。

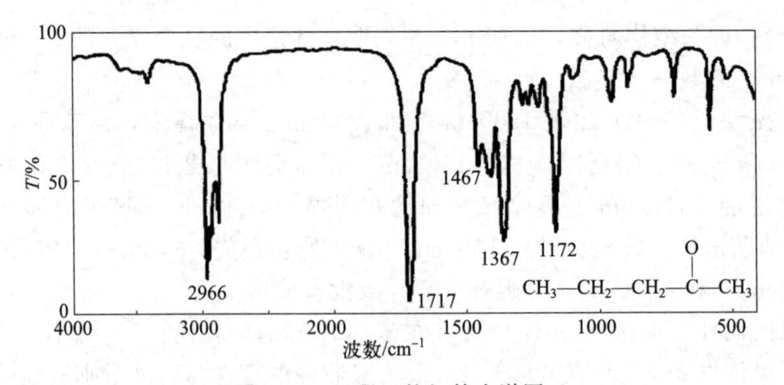

图 5-18 丁酮-2 的红外光谱图

例如酰胺（1680cm^{-1}）＜酮（1715cm^{-1}）＜醛（1725cm^{-1}）＜酯（1735cm^{-1}）＜酸（1760cm^{-1}）＜酸酐（1817cm^{-1} 和 1750cm^{-1}）。一般诱导效应使 $\nu(C=O)$ 向高波数位移，共轭效应使 $\nu(C=O)$ 向低波数位移，当诱导、共轭两种效应同时存在时，其中一个效应起主要作用，这时频率位移的方向由起主要作用的效应决定。例如酯中—OR 起诱导效应，氧原子起共轭效应，不过—OR 起诱导效应比氧原子起共轭效应强，所以酯的 $\nu(C=O)$

(1735cm^{-1}) 比酮 ν(C═O) (1715cm^{-1}) 高；再如酰胺中—NH_2 起共轭效应，氮原子的诱导效应，由于—NH_2 的共轭效应比氮原子的诱导效应强，所以酰胺的 ν(C═O) (1680cm^{-1}) 比酮 ν(C═O) (1715cm^{-1}) 低。不过光靠 ν(C═O) 频率来判别醛、酮、酸、酯是不够准确的，一种基团有很多振动形式，这些振动会形成一组基团特有的红外吸收峰，这些特征吸收峰组常用来鉴别官能团的存在。这些特征吸收峰完全是由分子中的基团决定，与分子中的其它基团无关。比如鉴定羧基是否存在，就看在谱图中能否找到与其对应的特征系列峰：ν(C—O)、δ(O—H) 和 γ(O—H)、ν(C═O)、ν(O—H)。

酮的红外吸收光谱只有酮羰基 ν(C═O)，位于 1710～1715cm^{-1} 附近的一个特征吸收带。羰基如果和烯键 C═C 共轭，羰基 ν(C═O) 将移向低频 1660～1680cm^{-1} 附近。

⑧ 图 5-19 为异戊醛的红外光谱。确定醛基不仅可以通过 ν(C═O) 在 1725cm^{-1} 附近产生的特征吸收峰；还可以由醛基中的 C—H 伸缩振动和 C—H 变形振动倍频的耦合峰来确定。一般在 2820cm^{-1} 和 2720cm^{-1} 附近有弱的双峰，醛基中 C—H 伸缩振动都比此频率值高，所以醛基中的 C—H 伸缩振动在此范围的吸收峰较明显且具有特征性。

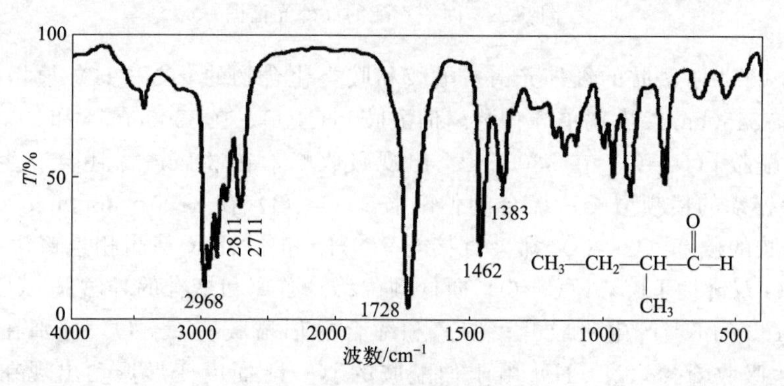

图 5-19 异戊醛的红外光谱图

⑨ 在红外光谱中常通过羧基的 ν(C═O)、ν(O—H) 和 δ(O—H) 来鉴别羧酸。羧羟基很容易缔合，所以羧酸通常以二聚体存在，缔合时 ν(C═O) 1710cm^{-1}，游离时 1760cm^{-1}；ν(O—H) 在 2500～3300cm^{-1} 范围内会有很宽的高低不平的吸收峰；二聚体 δ(O—H) 会在 920cm^{-1} 附近产生中等强度的宽吸收峰。3-甲基丁酸的红外光谱如图 5-20 所示。

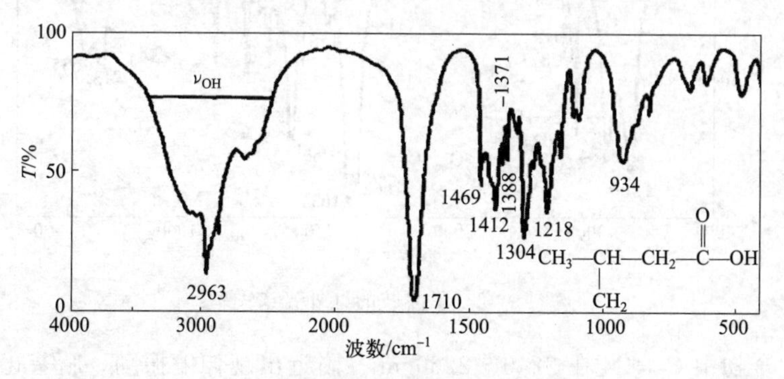

图 5-20 3-甲基丁酸的红外光谱图

⑩ 如图 5-21 为丙酸乙酯的红外光谱。通过 ν(C═O) 在 1735cm^{-1} 附近产生特征吸收峰来证明酯类化合物；还可以用 ν(C═O) 在 1030～1300cm^{-1} 的强吸收峰来证明，通常在

1030～1300cm^{-1} 范围内会产生两个峰，分别是为C—O—C基团的对称伸缩振动和不对称伸缩振动，其中不对称伸缩振动的谱带通常比C═O伸缩振动谱带宽而且强，也称为酯谱带，偶尔也分裂为双峰，C—O—C不对称伸缩振动谱带较稳定且与酯的类型有关，甲酸酯1180cm^{-1}，乙酸酯1240cm^{-1}，丙酸及以上的酯1190cm^{-1}，甲酯1165cm^{-1}。

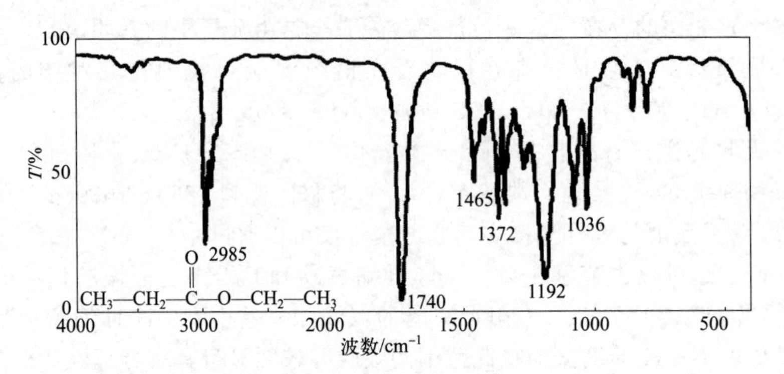

图 5-21　丙酸乙酯的红外光谱图

⑪ 如图5-22为丁酰胺的红外光谱。酰胺和胺类化合物的ν(N—H)很相似，游离仲酰胺ν(C═O)在3450cm^{-1}出现单峰；游离伯酰胺ν(C═O)在3500cm^{-1}和3400cm^{-1}出现双峰；缔合的仲酰胺ν(C═O)在3300cm^{-1}出现吸收峰，在307cm^{-1}还会产生一个弱谱带，是N—H变形振动的倍频谱峰；缔合的伯酰胺ν(C═O)在3100～3350cm^{-1}会出现双峰。伯酰胺和仲酰胺的羰基（C═O）都会直接与—NH_2和—NHR基团相连产生共轭效应，共轭效应使C═O双键性下降，ν(C═O)向低频位移。游离和缔合的仲酰胺ν(C═O)分别在1680cm^{-1}和1665cm^{-1}产生吸收峰；游离和缔合的伯酰胺ν(C═O)分别在1690cm^{-1}和1650cm^{-1}产生吸收峰。δ(N—H)由于伯酰胺的N—H面内变形振动出现在1620cm^{-1}附近，缔合时会向高频1620cm^{-1}移动；仲酰胺的反式构形出现在1530～1550cm^{-1}附近。N—H的面外变形振动在700cm^{-1}产生，其谱带宽而且强。鉴定叔酸胺，只有通过ν(C═O)在1630～1670cm^{-1}的一个谱带来进行鉴定。

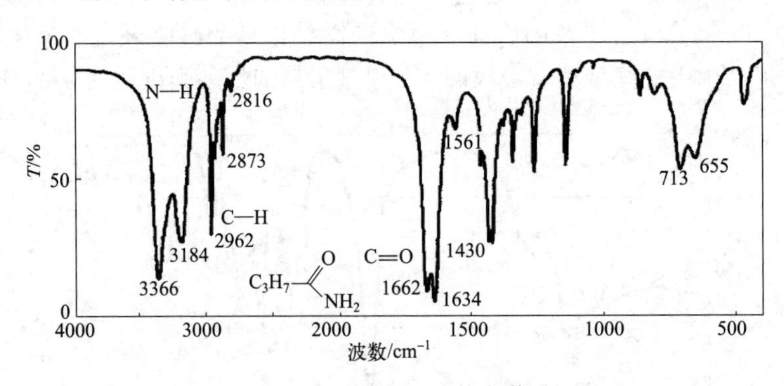

图 5-22　丁酰胺的红外光谱图

⑫ 腈基化合物中C≡N在2240～2260cm^{-1}附近出现伸缩振动，腈基化合物与不饱和键或芳环产生共轭时，C≡N的伸缩振动就会位移到2200～2230cm^{-1}，一般位移30cm^{-1}左右，此时因为共轭强度增强，ν(C≡N)的峰形会变得很尖锐，在谱图中很容易与其它峰分开。

⑬ 脂肪族硝基化合物 ν(—NO_2) 会在 $1550cm^{-1}$ 和 $1370cm^{-1}$ 产生两个强峰，分别是 ν(—NO_2) 的不对称伸缩振动和对称伸缩振动，其中不对称伸缩振动峰更强，对称伸缩振动的峰稍弱，不过硝基烷烃的这两个峰都很稳定。芳香族硝基化合物则是在 $1540cm^{-1}$ 和 $1350cm^{-1}$ 产生两个强峰，分别为 ν(—NO_2) 不对称伸缩振动和对称伸缩振动，但两者的强度与脂肪族相反，对称伸缩振动强度更强，不对称伸缩振动的峰弱些。

5.5 红外吸收光谱分析的应用

5.5.1 定性分析

用红外光谱对官能团和化合物进行定性分析，优点是特征性强。每一个化合物都具有特定的红外吸收光谱，种类不同的官能团和化合物，其谱峰的数目、位置、强度、形状不同。化合物的光谱，就像人类的指纹一样独一无二，多用于确定化合物和官能团。红外光谱定性分析可分为两类，官能团定性分析和结构分析。官能团定性分析是依据化合物的红外光谱特征和基团频率来判断物质基团，从而确定化合物的类别；结构分析是根据化合物的红外光谱与其它实验资料（如紫外光谱、分子量、质谱核磁共振波谱、物理常数等）来推断出化合物的化学结构。

（1）标准红外光谱图的应用

目前已刊行了很多有关高分子材料剖析方面的红外光谱书籍与谱图集。常用的红外光谱图集有萨特勒（Sadtler）标准红外光谱图和树脂及添加剂的红外分析谱图集。

① 萨特勒（Sadtler）谱图集。该谱图集共收纳七万多张红外谱图，而且每年都会增补新的谱图，谱图可分两大类：一类是纯度高出 98％的化合物的红外光谱；另一类是商品的红外光谱。该图集有多种检索方式，例如有分子式索引、化合物名称索引、化合物分类索引和分子量索引等。

② 树脂及添加剂的红外分析谱图集。该书已经发行三册。第一册介绍了聚合物结构和红外光谱图。第二册介绍了纤维、塑料、橡胶等材料的红外光谱图和判定方法。第三册介绍了添加剂的判定方法与红外光谱图。

（2）高分子的不均一性

高分子结构比较复杂，通过分子指纹图法进行判定时，简单的均聚合物也不会出现一样的指纹图。高分子具有的不均一性大体表现在以下几个方面：

① 分子的长短各异。分子长短各异的现象在规则的线型分子里都会出现，更不用说支化或网状分子，故导致端基的数目（乃至结构）会有区别，同时端基的化学结构与链的结构单元也是各异的。

② 高分子的构型不同会产生不同的指纹图。比如二烯烃可以反 1，4 加成，顺 1，4 加成还有 1，2 加成等方式，单烯烃则可能有全同和无规等立体结构。

③ 分子构象的不同对谱图会产生影响。无定形与结晶态的高分子会产生不一样的特征峰。因高分子一直为半结晶状态，需用无定形与结晶的光谱结合获得结晶高分子的谱图。

至于共聚物，因序列分布导致分子结构不同，分子的形状与堆砌方式等因素带来的影响，使解析谱图的困难增加。故高分子谱图的对比不可能像小分子谱图对比那般细致。

（3）红外光谱做结构判断时的注意事项

① 如果仪器的分辨率不同，那么获得的谱图质量就会参差不齐，吸收峰位置会产生 $10cm^{-1}$ 左右的误差，峰的样式也会产生变化。

② 聚合物在加工、制样和分离提纯时操作不同，会导致谱图出现细微区别。解析出现区别的原因，并联合其它数据得出结论。

③ 有部分不同的高聚物分子之间拥有一样的结构单元，红外光谱图大同小异，需注意。例如酮和酰胺，都有 C═O，$1680cm^{-1}$ 的结构单元。

④ 共聚物里的某类单体组分占比不足5%时，红外光谱展示的结构特征容易被遗漏，需格外注意。

⑤ 若样品的纯度不高，会产生异常峰，尤其是样品里存在无机填料，会产生又宽又强的吸收峰。

⑥ 如果在谱图对照时找不到一样的红外图，则可能是一种新型材料。新型高聚物材料价格昂贵，多用于科学领域，民用或商用领域相当罕见。故得出一个新型高聚物材料的用途和结论，我们需要考虑其性价比和是否符合预期等因素。同时样品测出的红外光谱图可靠与否、样品纯度达标与否、有无别的因素干扰等问题也要进行再三考虑。

（4）对已知化合物和官能团的结构鉴定

将红外光谱与标准图谱或文献上的图谱进行对照得到化合物结构，是红外光谱的重要应用之一。与标准图谱对照需要采用与标准图谱相同的测试条件，假如除了已对照的谱带外，还存在其它的谱带，则表明其中尚有杂质，比如尚未反应的原料或反应中产生新的物质，需要进一步把标准物放在参比光路中，与待分析试样同时测定，可得到其它物质的光谱图，从而确认杂质是何种物质。

（5）未知化合物结构分析

若待测物质完全属于未知的状况，则在红外光谱分析以前，应对样品做必要的准备工作，对性能需要有一定的了解。例如被测物的外观、晶态或非晶态、化学成分；待测是否含结晶水或含其它水；待测物是属于化合物还是混合物。

5.5.2 定量分析

与其它分光光度法（紫外-可见分光光度法）一样。红外光谱做定量分析是根据物质组分的吸收峰强度来进行的，其理论依据是朗伯-比耳定律。用红外光谱做定量分析时要选定一个波长，由于红外光谱的谱带较多，选择的余地大，所以能方便地对单一组分或多组分进行定量分析。此外，红外光谱法不受样品的状态限制，能定量测定气体、液体与固体样品，其中采用试样溶液进行定量分析最普遍。目前红外光谱法定量灵敏度较低，尚不适用于微量组分的测定。

（1）红外光谱定量分析原理

红外光谱定量分析理论依据是朗伯-比耳定律，基础就在于吸收度 A 的测量。红外光若传输了距离 db，则其能量的减少 dl 与光在这点的总量 I 成正比。

$$-\frac{dI}{db}=KI \tag{5-8}$$

其解为

$$I=I_0\,e^{-Kb} \tag{5-9}$$

或

$$T=\frac{I}{I_0}=e^{-Kb} \tag{5-10}$$

$$A=\lg\frac{1}{T}=\lg\frac{I}{I_0}=Kb \tag{5-11}$$

式中 A——吸光度；

I_0 或 I——入射光和透射光的强度；

$T=I/I_0$——透射率；

b——样品的厚度；

K——吸收系数，cm^{-1}。

（2）吸收带的选择原则

① 通常选组分的特征吸收峰，是一个不受干扰并且与其它峰不重叠的孤立峰；例如分析醛、酯、酮、酸时，应选择与羰基振动相关的特征吸收带。

② 被测物质的浓度应与吸收带的吸收强度呈线性关系。

③ 所选的特征峰附近如果有干扰峰存在，应选择浓度变化时吸收强度迅速变化的峰，这样可以减少定量分析的误差。

（3）计算

① 吸光度的测定。吸光度的测定大多采用基线法。基线法是用基线表示吸收峰不存在时的背景吸收。通常在吸收峰两侧最大透过率处作切线，作为该谱峰的基线（a），则分析波数处的垂线与基线的交点，与最高吸收峰顶点的距离为峰高，其吸光度 $A=\lg 1/T$。基线的取法应当根据具体情况具体分析，基线取得是否合理对分析结果的准确性、重复性等都有影响，一般基线可有如下几种取法，如图 5-23 所示。

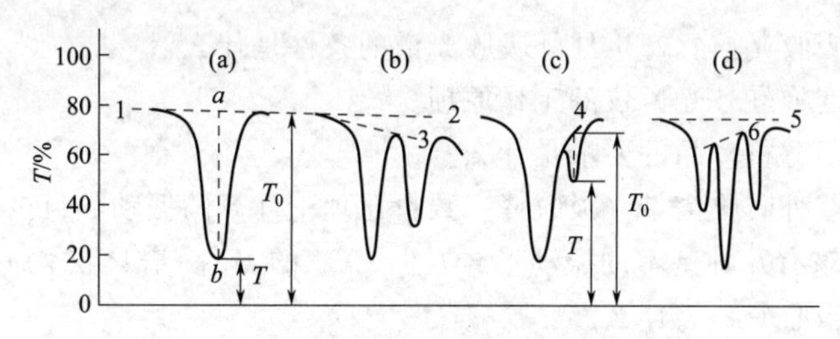

图 5-23 基线的各种取法

T 为 b 处的透过率，T_0 为 a 处的透过率

图 5-23 中：

a. 如果分析峰是一个不受影响的孤立峰，则如图 5-23 中标号“1”方案取基线。其峰高 ab 值为 $A=\lg T_0/T$。

b. 若分析峰受到相邻峰影响，可以如图 5-23 中标号“2”方案作单点切线，也可按照图 5-23 中标号“3”方案作切线，只要切点位置相对稳定，即浓度改变对切点的位置改变不大就行。

c. 基线可以是曲线也可是直线，因吸收峰是对称的，故外推线可能是相邻分析峰最合适的基线，如图 5-23 中标号“4”方案，峰高 $A=\lg T_0/T$。

d. 如果干扰峰和分析峰重合在一起，那么浓度变化对干扰峰的峰肩位置影响可以忽略，此时可采取图 5-23 中标号“5”或“6”方案取基线。

② 计算。对二元体系来说，若两组分的特征谱带不存在重叠，就可根据朗伯-比尔定律获得：

$$A_1=\varepsilon_1 c_1 \tag{5-12}$$

$$A_2=\varepsilon_2 c_2 \tag{5-13}$$

$$c_1+c_2=1 \tag{5-14}$$

两谱带吸光度比值如下：

$$R=\frac{A_1}{A_2}=\frac{\varepsilon_1 c_1}{\varepsilon_2 c_2}=\varepsilon\frac{c_1}{c_2} \tag{5-15}$$

使用已知浓度比的样品可算出 ε 值，再用已知的 ε 值计算未知样品的浓度 c_1、c_2。此方法不用测量样品厚度，故对涂膜、高分子薄膜和溴化钾压片等样品更便利，最常用在高分子共混物或共聚物定量分析。

如果浓度的变化区间较大，ε 值又不是常数，就可以使用工作曲线。此方法同样可推广至三元体系，只是需要做出两条工作曲线。

思考题

1. 特征区与指纹区是如何划分的？在光谱解析时有何作用？

2. $CH_3—CH_3$ 的哪种振动形式是非红外活性的？

3. Cl_2、H_2S 分子的振动能否引起红外吸收而产生吸收谱带？为什么？预测可能有的谱带数。

4. 什么叫红外吸收光谱？产生红外吸收光谱的条件是什么？

5. 简述傅里叶变换红外光谱仪的工作原理。

6. 制备红外光谱分析样品的要求是什么？

7. 解释实际上红外吸收谱带（吸收峰）数目比理论计算的振动数目少的原因。

8. CO_2 分子应该有几种基本的振动形式？但 CO_2 的 IR 图谱只在 $2349cm^{-1}$ 和 $667cm^{-1}$ 处在出现两个基频吸收峰，为什么？

参考文献

[1] 董炎明. 高分子材料实用剖析技术 [M]. 北京：中国石化出版社，2005.

[2] 杨忠东. 红外高光谱成像原理及数据处理 [M]. 北京：国防工业出版社，2015.

[3] 张美珍，柳百坚. 聚合物研究方法 [M]. 北京：中国轻工业出版社，2006.

[4] 严衍禄，陈斌，朱大洲. 近红外光谱分析的原理、技术与应用 [M]. 北京：中国轻工业出版社，2013.

[5] 朱明华，胡坪. 仪器分析 [M]. 4 版. 北京：高等教育出版社，2008.

[6] Colthup N B, Daly L H, Wiberley S E. Introduction to Infrared and Raman Spectroscopy [M]. Amsterdam: Academic Press, 1990.

[7] Larkin P. Infrared and Raman Spectroscopy: Principles and Spectral Interpretation [M]. Amsterdam: Elsevier, 2011.

[8] Shultz J M, Stucki J W. Infrared Spectroscopy: Applications in Organic Chemistry [M]. Amsterdam: Elsevier, 2015.

[9] Sakamoto A, Tanaka N, Shinmyozu T. Measurement and analysis of the infrared absorption spectrum of the radical cation of [3_4](1,2,4,5) cyclophane: Observation of electron-molecular vibration interaction between two benzene moieties [J]. Chemical Physics, 2013, 419: 266-273.

[10] Zhang X, Sander S P, Cheng L, et al. Matrix-Isolated Infrared Absorption Spectrum of CH_2IOO Radical. [J]. The Journal of Physical Chemistry. A, 2016, 120 (2): 260-265.

第 6 章

核磁共振波谱法

6.1 核磁共振波谱法的发展与应用

6.1.1 核磁共振的发展

核磁共振（nuclear magnetic resonance，NMR）是指磁性原子核在外加磁场的作用下，吸收射频辐射而引起自旋能级跃迁的现象。利用核磁共振现象进行分析的方法，称为核磁共振波谱法。核磁共振波谱法是化学、材料科学、生物化学以及医学领域中鉴定有机和无机化合物结构的重要工具之一，可应用于定性分析和定量分析。

NMR 的理论基础是核物理。早在 1924 年 Pauli 就提出了核磁共振的基本理论，之后 Stern、Gerlach、Rabi 等人继续完善了核磁理论的相关细节。1946 年以 F. Bloch 和 EM. Purcell 为首的两个研究小组同时独立发现核磁共振现象，1953 年美国 Varian 公司制造出第一台高分辨核磁共振波谱仪。核磁共振分析能够提供四种结构信息：化学位移 δ 、耦合常数 J 、各种核的信号强度比和弛豫时间。通过分析这些信息，可以了解特定原子（如 ^{1}H、^{13}C 等）的化学环境、原子个数、邻接基团的种类及分子的空间构型。所以 NMR 在化学、生物学、医学和材料科学等领域的应用日趋广泛。特别是近 20 年来，随着超导磁体和脉冲傅里叶变换法的普及，NMR 的新方法、新技术如二维核磁共振技术、差谱技术、极化转移和波谱编辑技术及固体核磁共振技术等不断涌现，应用范围日趋扩大，在样品用量大大减少的同时灵敏度也大大提高。由只能测溶液试样发展到可以做固体样品，之前 ^{13}C 和 ^{15}N 等原子核的 NMR 测试灵敏度较低，但目前已可以顺利完成。

6.1.2 NMR 谱仪的基本组件

根据不同的设计和功能，NMR 谱仪可分为不同类型。如按磁体性质可分为永磁、电磁、超导磁体谱仪；按激发和接收方式分为连续、分时、脉冲谱仪；按功能分为高分辨液体、高分辨固体、固体宽谱、微成像波谱仪。随着 NMR 实验技术及电子、超导、计算机技术的发展，NMR 波谱仪已大多采用超导高磁场且集多核、多功能于一体。按照 NMR 实验中射频场的施加方式，将其分为两大类：一类是连续 NMR 谱仪，即射频场连续不断地加到试样上，得到频率谱（波谱）。另一类是脉冲 NMR 谱仪，即射频场以窄脉冲的方式加到试样上，得到自由感应衰减（FID）信号，再经计算机进行傅里叶变换，得到可观察的频率谱。由于脉冲傅里叶变换波谱仪具有灵敏度高、快速、实时等优点，并可采用各种脉冲序列实现不同目的，还容易用数学方法完成滤波过程，因而得到了广泛的应用，成为当代主要的 NMR 谱仪。

NMR 谱仪的基本组件有：

① 磁体。产生强的静磁场，该磁场使置于其中的核自旋体系的能级发生分裂，以满足产生 NMR 的要求。

② 射频源。用来激发核磁能级之间的跃迁。

③ 探头。位于磁体中心的圆柱形探头作为 NMR 信号检测器，是 NMR 谱仪的核心部件。试样管放置于探头内的检测线圈中。

④ 接收机。用于接收微弱的 NMR 信号，并且放大变成直流的电信号。

⑤ 匀场线圈。用来调整所加静磁场的均匀性，提高谱仪的分辨率。

⑥ 计算机系统。用来控制谱仪，并进行数据显示和处理。

6.2 NMR 的基本原理

6.2.1 原子核的自旋和核磁矩

6.2.1.1 原子核的自旋

原子核具有一定的体积和质量，如果它能绕穿过核心的某一自旋轴做自旋运动，那么将产生自旋角动量 $\boldsymbol{P}^*$。$\boldsymbol{P}^*$ 是矢量，其方向按右手螺旋法则确定（右手四指空握并指向自旋方向，竖起拇指所指的方向即为自旋角动量的方向），大小由下式确定：

$$\boldsymbol{P}^* = \sqrt{I(I+1)}\ \frac{h}{2\pi} \tag{6-1}$$

式中　h ——普朗克常数；

I ——原子核的自旋量子数，其取值范围为零、正整数、正半整数。

各种原子核的自旋量子数 I 如表 6-1 所示。

表 6-1　各种原子核的自旋量子数 I

原子质量数	原子序数	核自旋量了数 I
偶数	偶数	0
偶数	奇数	1、2、3 等整数
奇数	奇数或偶数	1/2、3/2、5/2 等半整数

6.2.1.2 核磁矩

原子核是带正电荷的粒子。对于自旋不为零的核来说，当其自旋时由于形成环电流（原子核有体积，假定其正电荷分布在表面上，故自旋时形成环电流），故而产生一个小磁场。这个小磁场可以用核磁矩 $\boldsymbol{\mu}^*$ 表示。$\boldsymbol{\mu}^*$ 是矢量，大小由下式确定：

$$\boldsymbol{\mu}^* = \gamma \boldsymbol{P}^* = \gamma\ \sqrt{I(I+1)}\ \frac{h}{2\pi} \tag{6-2}$$

式中　γ ——核的磁旋比。

常见同位素的 γ 值列入表 6-2。$\boldsymbol{\mu}^*$ 和 $\boldsymbol{P}^*$ 同轴。γ 大于零的同位素，其 $\boldsymbol{\mu}^*$ 和 $\boldsymbol{P}^*$ 同向；γ 小于零的同位素，其 $\boldsymbol{\mu}^*$ 和 $\boldsymbol{P}^*$ 反向。

表 6-2 有机化合物中常见同位素的磁性参数

同位素	天然丰度/%	核自旋量子数 I	核磁矩 μ/μ_n	磁旋比 γ/(rad·s^{-1}·T^{-1})	电四极矩 Q/($e\times10^{-24}cm^{-2}$)
$^{1}H_{1}$	99.9844	1/2	2.79268	2.6753×10^{8}	0
$^{2}H_{1}$	0.0156	1	0.85739	4.107×10^{7}	2.77×10^{-3}
$^{10}B_{5}$	18.83	3	1.8005	—	7.4×10^{-2}
$^{11}B_{5}$	81.17	3/2	2.6880	—	3.55×10^{-2}
$^{12}C_{6}$	98.9	0	—	—	—
$^{13}C_{6}$	1.108	1/2	0.70220	6.728×10^{7}	0
$^{14}N_{7}$	99.635	1	0.40358	1.934×10^{7}	2.0×10^{-2}
$^{15}N_{7}$	0.365	1/2	−0.28304	-2.712×10^{7}	0
$^{16}O_{8}$	99.76	0	—	—	—
$^{17}O_{8}$	0.037	5/2	−1.8930	-3.628×10^{7}	-4.0×10^{-3}
$^{19}F_{9}$	100	1/2	2.6273	2.5179×10^{8}	0
$^{28}Si_{14}$	92.28	0	—	—	—
$^{29}Si_{14}$	4.70	1/2	−0.55477	-5.319×10^{7}	0
$^{30}Si_{14}$	3.02	0	—	—	—
$^{31}P_{15}$	100	1/2	1.1305	1.0840×10^{8}	0
$^{32}S_{16}$	95.06	0	—	—	—
$^{33}S_{16}$	0.74	3/2	0.64274	2.054×10^{7}	-6.4×10^{-2}
$^{34}S_{16}$	4.2	0	—	—	—
$^{35}Cl_{17}$	75.4	3/2	0.82091	2.624×10^{7}	-7.97×10^{-2}
$^{37}Cl_{17}$	24.6	3/2	0.68330	2.184×10^{7}	-6.21×10^{-2}
$^{79}Br_{35}$	50.57	3/2	2.0991	—	0.33
$^{81}Br_{35}$	49.43	3/2	2.2626	—	0.28
$^{127}I_{53}$	100	3/2	2.7937	—	−0.75

注：1. $\mu_n=eh/(4\pi m_p)=5.0508\times10^{-27}$J/T（$e$ 为质子所荷电量；m_p 为质子静止质量）称作核磁子，是量度核磁矩的单位；

2. μ 为 $m=I$ 的核磁矩 $\boldsymbol{\mu}_I^*$ 在外加磁场方向上的分量，即 μ_I。

6.2.2 塞曼效应

6.2.2.1 空间量子化

对于 I 不为零的核来说，如果不受外来磁场的干扰，其自旋轴的取向将是任意的。当它们处于外加静磁场（磁场强度为 H_0）中时，根据量子力学理论，它们的自旋轴的取向不再是任意的，而是有 $2I+1$ 种，这叫作核自旋的空间量子化。每一种取向可用一个磁量子数 m 表示，$m=I, I-1, I-2, \cdots, -I+1, -I$。

核自旋轴取向不同，$\boldsymbol{P}^*$ 和 $\boldsymbol{\mu}^*$ 与 $\boldsymbol{H}_0$ 的夹角也就不同，分别用 $\boldsymbol{P}_m^*$ 和 $\boldsymbol{\mu}_m^*$ 表示。$\boldsymbol{P}^*$ 和 $\boldsymbol{\mu}^*$ 在 $\boldsymbol{H}_0$ 上的分量 P_m 和 μ_m 由下式确定：

$$P_m=m\frac{h}{2\pi} \tag{6-3}$$

$$\mu_m = m\gamma \frac{h}{2\pi} \tag{6-4}$$

$\boldsymbol{P}_m^*$ 和 $\boldsymbol{\mu}_m^*$ 与 $\boldsymbol{H}_0$ 之间的夹角 θ_m 可由下式求出：

$$\cos\theta_m = \frac{m}{\sqrt{I(I+1)}} \tag{6-5}$$

例如，$I=1/2$ 的核，$m=\pm 1/2$，所以

$$\cos\theta_{1/2} = \frac{\frac{1}{2}}{\sqrt{\frac{1}{2}\times\left(\frac{1}{2}+1\right)}} = 0.5774 \tag{6-6}$$

$\theta_{1/2}=54.7°$。

同理，$\theta_{-1/2}=125.3°$（见图 6-1）。

对于 $I=1$ 的核，$m=1$、0 和 -1，所以

$$\cos\theta_1 = \frac{1}{\sqrt{1\times(1+1)}} = \frac{\sqrt{2}}{2}, \theta_1 = 45° \tag{6-7}$$

$\theta_{-1}=135°$，$\theta_0=90°$（见图 6-2）。

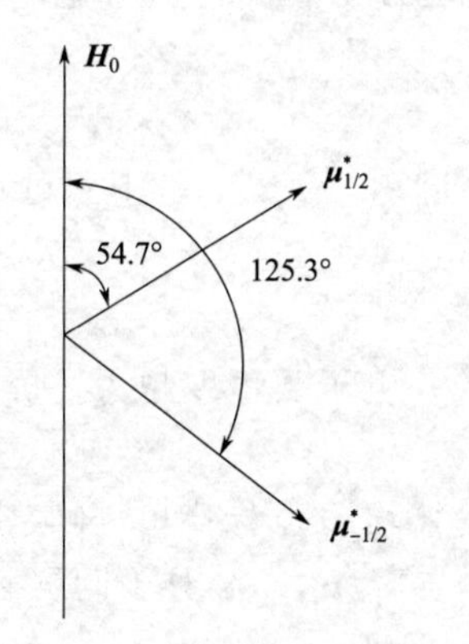

图 6-1　$I=1/2$ 的核自旋取向

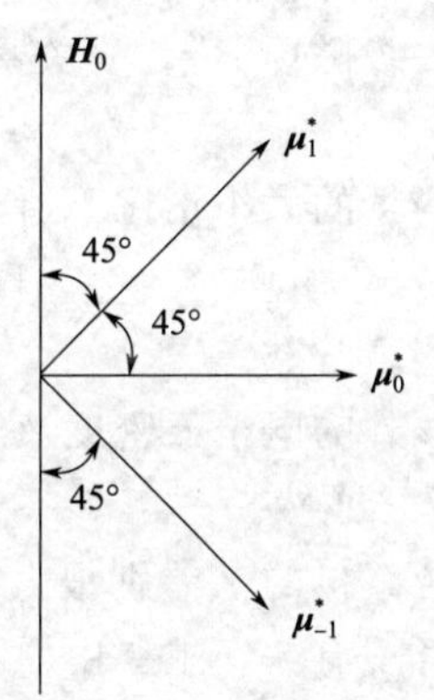

图 6-2　$I=1$ 的核自旋取向

6.2.2.2　塞曼效应

核磁矩 $\boldsymbol{\mu}_m^*$ 和外加静磁场 $\boldsymbol{H}_0$ 的相互作用能 E_m 由下式确定：

$$E_m = -\boldsymbol{\mu}_m^* \cdot \boldsymbol{H}_0 = -\mu_m^* \cdot H_0 \cdot \cos\theta_m = -\mu_m \cdot H_0 = -\frac{m\gamma h H_0}{2\pi} \tag{6-8}$$

由式(6-8) 可知，由于不同取向的核磁矩与 $\boldsymbol{H}_0$ 的夹角不同，故与 $\boldsymbol{H}_0$ 的相互作用能也就不同。这就是说，外加磁场使核自旋能级发生了分裂。对于 γ 大于零的核来说，m 处于大于零的自旋状态，能级降低了；m 处于小于零的自旋状态，能级升高了。我们把外加磁场引起的核自旋能级的分裂，称为核的塞曼（Zeeman）效应。

相邻自旋状态的能级差 ΔE_m 可用下式求出：

$$\Delta E_m = E_{(m-1)} - E_m = \frac{m\gamma h H_0}{2\pi} - \frac{(m-1)\gamma h H_0}{2\pi} = \frac{\gamma h H_0}{2\pi} \tag{6-9}$$

由式(6-9) 不难看出：①塞曼效应是由外加磁场引起的，一旦外加磁场消失，ΔE_m 即为

零，各种自旋状态能级相同；②塞曼效应是等间隔的，即任何两相邻自旋能级的能量差相等；③塞曼效应的大小与外加磁场强度成正比（见图 6-3）；④塞曼效应的大小与核的 γ 值成正比，故在相同的 H_0 下，不同的同位素，其核自旋的塞曼效应的大小不同。

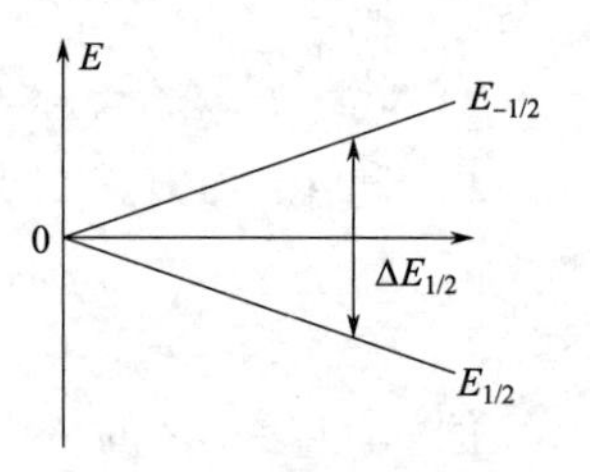

图 6-3　$I=1/2$ 核的塞曼效应与 H_0 的关系

6.3 化学位移及影响因素

6.3.1 化学位移的产生

根据公式 $\nu=\mu\beta\dfrac{B_0}{Ih}$ 知，质子的共振频率由外部磁场强度和核的磁矩决定。其实，任何原子核都被电子所包围，在外磁场作用下，核外电子会产生环电流，并感应产生一个与外磁场方向相反的次级磁场。这种对抗外磁场的作用称为电子的屏蔽效应。由于电子的屏蔽效应，某一质子实际上受到的磁场强度不完全与外磁场强度相同。此外，分子中处于不同化学环境中的质子，核外电子云的分布情况也不同。因此，不同化学环境中的质子，受到不同程度的屏蔽作用。在这种情况下，质子实际上受到的磁场强度 B，等于外加磁场 B_0 减去其外围电子产生的次级磁场 B'，其关系可用下式表示：

$$B=B_0-B' \tag{6-10}$$

由于次级磁场的大小正比于所外加的外磁场强度，即 $B'\propto B_0$，故上式可写成：

$$B=B_0-\sigma B_0=B_0(1-\sigma) \tag{6-11}$$

式中　σ——屏蔽常数。

它与原子核外的电子云密度及所处的化学环境有关。电子云密度越大，屏蔽程度越大，σ 值也越大。反之亦然。

不同的同位素核的 γ 差别很大，但任何同位素核的 σ 均远远小于 1。屏蔽常数 σ 与原子核所处的化学环境有关，主要由原子屏蔽(σ_A)、分子内屏蔽(σ_M) 和分子间屏蔽(σ) 三部分构成。

① 原子屏蔽。原子屏蔽可指孤立原子的屏蔽，也可指分子中原子的电子 s 项 σ_A^p 。抗磁项起增强屏蔽作用，主要由 s 轨道电子贡献。这是由于 s 轨道电子云大体呈球形对称分布，其感应磁场总是与外磁场方向相反，因此表现出抗磁性；顺磁项起减弱屏蔽作用，主要由 p 轨道电子贡献。这是由于 p 电子具有方向性，在外磁场作用下，电子只能绕其对称轴旋转，因而自身有了磁矩而产生进动，经一定时间后磁矩与外磁场的取向趋于一致，因此表现出顺磁性。

② 分子内屏蔽。分子内屏蔽指分子中其它原子或原子团对所要研究的原子核的磁屏蔽作用。原子核附近有吸电子基团存在使核周围电子云密度降低，屏蔽效应减弱，去屏蔽作用增强。相反，原子核附近有给电子基团存在则使核周围电子云密度增加，屏蔽效应增强。影响分子内屏蔽的主要因素有诱导效应、共轭效应和磁各向异性效应。

③ 分子间屏蔽。分子间屏蔽指样品中其它分子对所有研究的分子中核的屏蔽作用。影响这一部分的主要因素有溶剂效应、介质磁化率效应、氢键效应等。

当氢核发生核磁共振时，应满足如下关系：

$$\nu_{共振}=\mu\beta\frac{2B}{h}=\mu\beta\frac{2B_0(1-\alpha)}{h} \tag{6-12}$$

或
$$B_0=\frac{\nu_{共振}h}{2\mu\beta(1-\alpha)} \tag{6-13}$$

因此，屏蔽常数 σ 不同的质子，其共振峰将分别出现在核磁共振谱的不同磁场强度区域。若固定照射频率，σ 大的质子出现在高磁场处，而 σ 小的质子出现在低磁场处，据此可以进行氢核结构类型的鉴定。

由上可知，在测定一个化合物中某种自旋核的核磁共振谱时，其共振吸收峰的位置（频率或磁场）将随着该自旋核的化学环境不同而变化，这种变化叫化学位移。

6.3.2 化学位移的表示

在有机化合物中，化学环境不同的氢核化学位移的变化，只有百万分之十左右。如选用60MHz的仪器，氢核发生共振的磁场变化范围为（1.4092±0.0000140)T；如选用1.4092T的核磁共振仪扫频，则频率的变化范围相应为（60±0.0006)MHz。在确定结构时，常常要求测定共振频率绝对值的准确度达到正负几个赫兹。要达到这样的精确度，显然是非常困难的。但是，测定位移的相对值比较容易。因此，一般都以适当的化合物（如四甲基硅烷，TMS）为标准试样，测定相对的频率变化值来表示化学位移。目前最常用的标准试样为TMS，人为地把它的化学位移定为零。用TMS作标准是由于下列几个原因：第一，TMS中的所有氢核所处的化学环境相同，其共振信号只有一个峰；第二，由于硅的电负性比碳小，TMS中的氢核外电子云密度比一般的有机化合物的大，绝大部分有机化合物的核的吸收峰不会与TMS峰重合；第三，TMS化学性质不活泼，与试样之间不发生化学反应和分子缔合；第四，TMS沸点（27℃）很低，容易除去，有利于试样回收。

由式 $\nu=\mu\beta\frac{B_0}{Ih}$ 可以知道，共振频率与外部磁场成正比。例如，若用60MHz仪器测定1,1,2-三氯丙烷时，其甲基质子的吸收峰与TMS吸收峰相隔134Hz；若用100MHz仪器测定时，则相隔233Hz。为了消除磁场强度变化所产生的影响，以使在不同核磁共振仪上测定的数据统一，通常用试样和标样共振频率之差与所用仪器频率的比值 δ 来表示。在理论上可将化学位移(δ ）定义为：

$$\delta=\frac{\nu_{试样}-\nu_{TMS}}{\nu_0}\times10^6=\frac{\Delta\nu}{\nu_0}\times10^6 \tag{6-14}$$

式中 δ，$\nu_{试样}$——试样中质子的化学位移及共振频率；

ν_{TMS}——TMS的共振频率（一般 $\nu_{TMS}=0$）；

$\Delta\nu$——试样与TMS的共振频率差；

ν_0——操作仪器选用的频率。

不难看出，用 δ 表示化学位移，就可以使不同磁场强度的核磁共振仪测得的数据统一起来。例如，用60MHz和100MHz仪器上测得的1,1,2-三氯丙烷中甲基质子的化学位移均为2.23。早期文献中用 τ 表示化学位移值，δ 与 τ 的关系可用下式表示：

$$\delta=10-\tau \tag{6-15}$$

TMS信号在用 δ 表示时为0，在用 τ 表示时为10。

同时，需指出的是，迄今为止，国际上通用的化学位移 δ 的单位仍然是ppm，而在国内则把ppm定为非法定单位，$1\text{ppm}=1\times10^{-6}$。本书中，采用ppm为化学位移的单位。对于给定的吸收峰，不同磁场强度NMR仪器所测得的 δ 值是相同的，因此通用性更强。大多数

质子的 δ 在 1～12 之间。对于试样来说，δ 越大就越往低场（或高频）方向偏移。

6.3.3 氢谱的解析

在解析 NMR 图谱时，一般由简到繁，先解析和确认易确定的基团和一级谱，再解析难确认的基团和高级谱。在很多情况下比较复杂的化合物光靠一张 NMR 谱图是难以确定结构的，应综合各种测试数据加以解析。必要时有针对性地做一些特殊分析。如重氢交换确认活泼氢、用双共振技术及 2DNMR 确认指配的基团及基团间的关系等，特别是 2DNMR 在新化合物的结构解析中非常有用。

产生 ^{1}H-NMR 谱的自旋体系必须满足如下两个条件：

① 自旋体系属于弱耦合体系，即相互耦合的两组化学等同核的共振频率差 $\Delta\nu$，与它们的耦合常数 J 之比应大于 10；

② 自旋体系内的每一组化学等同核也是磁性等同核。

解析 NMR 图谱的一般步骤如下。

① 先检查图谱是否合格。基线是否平坦？TMS 信号是否在零？样品中有无干扰杂质（若有 Fe 等顺磁性杂质或氧气，会使谱线加宽，应先除去）？积分线没有信号处是否平坦？

② 识别“杂质”峰。在使用氘代溶剂时，由于有少量非氘代溶剂存在，会在谱图上出现 ^{1}H 的小峰。若使用普通溶剂，除了正常 ^{1}H 峰，还要注意旋转边峰和卫星峰。

③ 已知分子式先计算出不饱和度。

④ 按积分曲线算出各组质子的相对面积比，若分子总的氢原子个数已知，则可以算出每组峰的氢原子的个数。

⑤ 先解析 CH_3O—、CH_3N—、CH_3Ph、CH_3—C≡等孤立的甲基信号，这些甲基均为单峰。

⑥ 解释低磁场处，$\delta>10$ 处出现的—COOH、—CHO 及分子内氢键的信号。

⑦ 解释芳氢信号，一般在 7～8 附近，经常是一堆耦合常数较小，图形乱的小峰。

⑧ 若有活泼氢，可以加入重水交换，再与原图比较加以确认。

⑨ 解释图中一级谱，找出 δ 和 J，解释各组峰的归属。再解释高级谱。

⑩ 若图谱复杂，可以应用图谱简化技术。

⑪ 应用元素分析、质谱、红外、紫外以及 ^{13}C-NMR 等结果综合考虑，推定结构。

⑫ 将图谱与推定的结构对照检查，看是否符合。已知物可以对照标准谱图来确定。

不饱和度的计算方法：

不饱和度为一个有机化合物中所有的双键数目（一个三键相当于两个双键）和环数目之和，即环加双键的数目。其计算公式为：

$$\Omega=(2+2n_4+n_3-n_1)/2 \tag{6-16}$$

式中　Ω ——分子的不饱和度；

n_4、n_3、n_1——分子中四价、三价、一价元素数目。

当不饱和度 $\Omega\geqslant 4$ 时，应考虑该化合物可能存在一个苯环（或吡啶环）。

6.3.4 影响化学位移的因素

化学位移是由核外电子云产生的对抗磁场所引起的，因此，凡是使核外电子云密度改变的因素，都能影响化学位移。如内部的诱导效应、共轭效应和磁的各向异性效应等；外部的溶剂效应、氢键的形成等。

① 诱导效应：由于诱导效应，取代基电负性越强，与取代基连接同一碳原子上的氢的峰越移向低场，反之亦然。表 6-3 的化合物中甲基上的氢的化学位移可以充分说明这一点。

表 6-3 化合物甲基上的氢的化学位移

化合物	CH_3F	CH_3OCH_3	CH_3Cl	CH_3CH_3	CH_3I	CH_3Li
δ	4.26	3.24	3.05	0.88	2.16	1.95

取代基的诱导效应可沿碳链延伸，但只对距离较近的碳上的氢原子有效，对 γ 位以后碳原子上的氢化学位移几乎无影响。

② 共轭效应：共轭效应与诱导效应一样，也会改变核周围的电子云密度，使其化学位移发生变化。如果带有孤对电子的杂原子通过单键与碳碳双键相连，由于发生了 p-π 共轭，杂原子上孤对电子可离域至双键 π 轨道上，使双键上相连的氢原子电子云的密度升高，因此其共振吸收移向高场的化学位移 δ 降低。如果带有孤对电子的杂原子以不饱和键的形式与碳碳双键相连并发生 π-π 共轭，则双键上的电子云将移向电负性高的杂原子，使双键上连接的氢原子周围的电子云密度下降，因此化学位移 δ 变大，共振吸收移向低场。如乙烯醚的双键上的氢原子的化学位移值要小于乙烯双键上的氢原子的化学位移；而 α、β-不饱和酮双键上氢原子的化学位移大于乙烯双键上氢原子的化学位移，如图 6-4 所示。

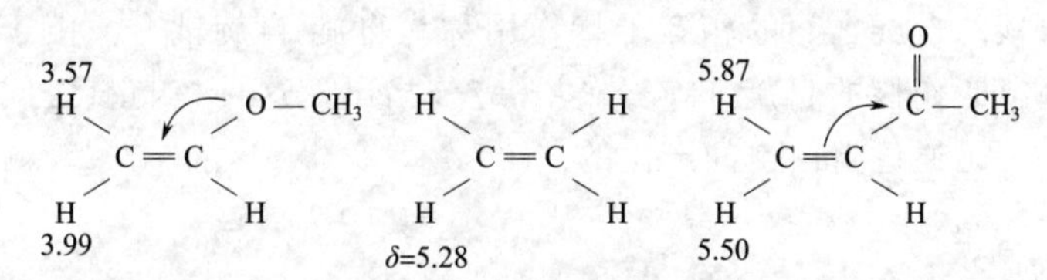

图 6-4 三种含双键化合物中双键上氢原子的化学位移值

③ 磁各向异性效应：在外磁场的作用下，核外的环电子流产生了次级感生磁场，由于磁力线的闭合性质，感生磁场在不同部位对外磁场的屏蔽作用不同，在一些区域中感生磁场与外磁场方向相反，起抗外磁场的屏蔽作用，这些区域为屏蔽区，处于此区的 $^1H\delta$ 小，共振吸收在高场（或低频）；而另一些区域中感生磁场与外磁场的方向相同，起去屏蔽作用，这些区域为去屏蔽区，处于此区的 $^1H\delta$ 变大，共振吸收在低场（高频）。这种作用称为磁的各向异性效应。磁的各向异性效应只发生在具有 π 电子的基团中，它是通过空间感应磁场起作用的，涉及的范围比较大，所以又称为远程屏蔽。

④ 氢键：根据实验结果，无论是分子内还是分子间氢键的形成都使氢核受到去屏蔽作用。例如羧基在溶液中会形成强的氢键，因此羧基氢的 δ 值一般都大于 10。

⑤ 溶剂的影响：不同溶剂有不同的容积磁导率，使得溶解在其中的样品分子所受的磁感应强度不同。极性不同的溶剂分子与溶质分子之间的作用情况也不同，因此溶剂会影响化学位移值。

6.4 自旋耦合与自旋分裂

6.4.1 自旋耦合与自旋分裂现象

在用低分辨率和高分辨率的核磁共振仪测乙醇（CH_3CH_2OH）的核磁共振谱时，乙醇都出现三组峰，它们分别代表—OH、$—CH_2—$、$—CH_3$，其峰面积比为1∶2∶3。而在高分辨核磁共振谱图中，能看到$—CH_2—$和CH_3分别分裂为四重峰和三重峰，而且多重峰面积之比接近于整数比。$—CH_3$的三重峰面积之比为1∶2∶1，$—CH_2—$的四重峰面积之比为1∶3∶3∶1。

氢核在磁场中有两种自旋取向，用A表示氢核与磁场方向一致的状态，用B表示氢核与磁场方向相反的状态。乙基中的两个氢可以与磁场方向相同，也可以与磁场方向相反。它们的自旋组合一共有四种（AA、AB、BA、BB），但只产生三种局部磁场。亚甲基所产生的这三种局部磁场，会影响邻近甲基上的质子所受到的磁场作用，其中AB和BA两种状态（Ⅱ）产生的磁场恰好互相抵消，不影响甲基质子的共振峰，AA（Ⅰ）状态的磁矩与外磁场一致，很明显，这时要使甲基质子产生共振所需的外加磁场较（Ⅱ）时较小；相反，BB（Ⅱ）磁矩与外磁场方向相反，因此要使甲基质子发生共振所需的外加磁场较（Ⅱ）时较大，其大小与（Ⅰ）的情况相等，但方向相反。这样，亚甲基的两个氢所产生的三种不同的局部磁场，使邻近的甲基质子分裂为三重峰。由于上述四种自旋组合的概率相等，因此三重峰的相对面积比为1∶2∶1。

同理，甲基上的三个氢可产生四种不同的局部磁场，反过来使邻近的亚甲基分裂为四重峰。根据概率关系，可知其面积比近似为1∶3∶3∶1。

上述这种相邻核的自旋之间的相互干扰作用称为自旋-自旋耦合。由于自旋耦合引起的谱峰增多，这种现象叫作核的自旋-自旋分裂。应该指出，这种核与核之间的耦合，是通过成键电子传递的，不是通过自由空间产生的。

6.4.2 耦合常数

由上可知，当自旋体系存在自旋-自旋耦合时，核磁共振谱线发生分裂。由分裂所产生的裂距反映了相互耦合作用的强弱，称为耦合常数J，单位为赫兹Hz（周/秒）。如图6-5所示，当A核和X核无耦合时，两个核分别产生一条谱线。而当两个核之间存在耦合时，原有的谱线分裂成两条谱线。裂分成的两条谱线相对于原有谱线左右对称且强度相对，两者之和等于原有谱线。对于A核及X核来讲，分裂的两条谱线的间距均为J。

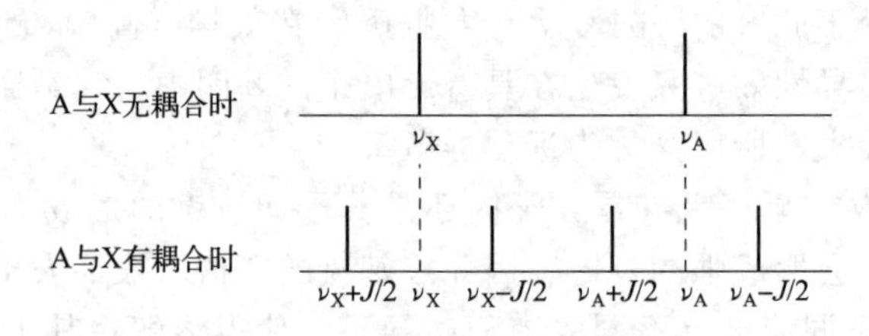

图6-5　AX体系的核磁共振图谱

耦合常数J反映的是两个核之间作用的强弱，故其值与仪器的工作频率无关。耦合常数J的大小和相互耦合的两个核在分子中相隔化学键的数目密切相关，故在J的左上方标以两核相距的化学键数目。如$^{13}C—^{1}H$之间的耦合常数标为^{1}J，而$^{1}H—^{12}C—^{12}C—^{1}H$中两个$^{1}H$之间的耦合常数标为$^{3}J$。耦合常数随化学键数目的增加而迅速下降，因自旋耦合是通过成键电子传递的。两个氢核相距4根化学键以上即难以存在耦合作用，若此时$J \neq 0$，则称为远程耦合或长程耦合。碳谱中^{2}J以上即称为长程耦合。

谱线分裂的裂距反映耦合常数的大小，确切地说是反映J的绝对值。然而J是有正负号的，有耦合作用的两核，若它们取向相同时能量较高，或它们取向相反时能量较低，这相应于 $J>0$，反之 $J<0$。

6.4.3 核的化学等价和磁等价

在核磁共振谱中，有相同化学环境的核具有相同的化学位移。这种有相同化学位移的核称为化学等价。例如，在苯环上，六个氢的化学位移相同，它们是化学等价的。

所谓磁等价是指分子中的一组氢核，其化学位移相同，且对组内任何一个原子核的耦合常数也相同。例如，在二氟甲烷中，H_1 和 H_2 质子的化学位移相同，并且它们对 F_1 或 F_2 的耦合常数也相同，即 $J_{H_1F_1}=J_{H_2F_1}$，$J_{H_2F_2}=J_{H_1F_2}$，因此 H_1 和 H_2 称为磁等价核。应该指出，它们之间虽有自旋干扰，但并不影响峰的分裂。而只有磁不等价的核之间发生耦合时，才会产生峰的分裂。

化学等价的核不一定是磁等价的，而磁等价的核一定是化学等价的。例如，在二氟乙烯中，两个 ^1H 和两个 ^{19}F 虽然环境相同，是化学等价的，但是由于 H_1 和 F_1 是顺式耦合，与 F_2 是反式耦合。同理 H_2 和 F_2 是顺式耦合，与 F_1 是反式耦合。所以 H_1 和 H_2 是磁不等价的。

应该指出，在同一个碳上的质子，不一定都说是磁等价。事实上，与手性碳原子相连的—CH_2—上的两个氢核，就是磁不等价的。例如，在化合物 2-氯丁烷中，H_a 和 H_b 质子是磁不等价的。

在解析图谱时，必须弄清某组质子是化学等价还是磁等价，这样才能正确分析图谱。

6.5 核磁共振氢谱

6.5.1 核磁共振氢谱的特点

核磁共振氢谱（^1H-NMR）是发展最早、研究最多、应用最广泛的 NMR 谱。在较长的一段时期内，核磁共振氢谱几乎是核磁共振谱的代名词。主要是因为：①^1H 的磁旋比较大，加之其非常高的天然丰度，使得 ^1H 的 NMR 信号的灵敏度是所有磁性核中最大的；②氢核是有机化合物中最常见的原子核，^1H-NMR 谱在有机化合物结构解析中最为常用；③由于受到仪器的限制，20 世纪 70 年代以前，核磁共振研究主要集中于氢核。20 世纪 70 年代前后，随着傅里叶变换谱仪的出现，^{13}C 核的研究得到迅速发展。此外，大量有磁矩的同位素核的研究也广为开展，但迄今为止，由于氢谱的灵敏度最高且累积的数据最丰富，其重要性仍略强于碳谱。

在 ^1H-NMR 图中，横坐标为化学位移 δ。图谱中的横坐标从左至右代表磁场增强或频率减小的方向，同时也是 δ 逐渐减小的方向。化学位移 δ 数值反映了氢核的化学环境，是 NMR 谱提供的一个重要信息。纵坐标代表谱峰的强度，谱峰的强度根据谱线的积分面积可以进行精确测量，谱线的积分面积与其代表的质子数目成正比，这是 ^1H-NMR 谱提供的另一个重要信息。谱图中有些谱峰还会呈现出多重峰形，这是自旋-自旋耦合引起的谱峰分裂，是 ^1H-NMR 谱提供的第三个重要信息。化学位移、耦合常数和积分面积这三个重要信息是化合物定性和定量分析的主要依据。

下面以丙二酸二乙酯［化学式为 $CH_2(COOCH_2CH_3)$］的 ^1H-NMR 谱为例进行说明。

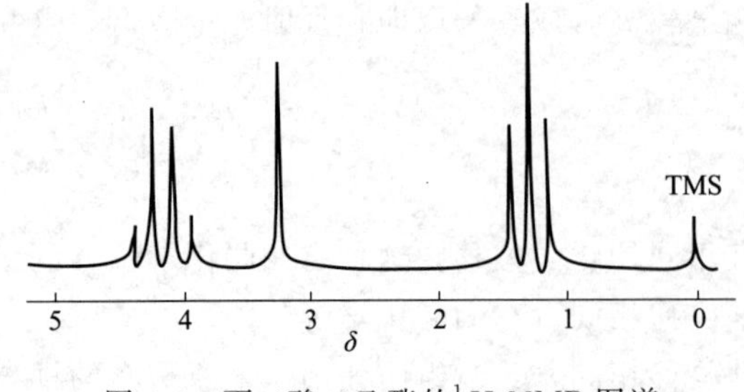

图 6-6　丙二酸二乙酯的[1] H-NMR 图谱

图 6-6 所示为丙二酸二乙酯的^{1}H-NMR 谱。谱图中，$\delta=0$ 处的峰为 TMS 的谱峰。从低场到高场，丙二酸二乙酯的^{1}H-NMR 谱共出现三组峰，每组峰代表一类质子。其中，δ4.2 的四重峰是亚甲基的共振信号，δ3.3 的单峰是与羰基相连的碳原子上氢的共振信号，δ1.2 的三重峰则是甲基的共振信号。它们之间峰面积之比为 2∶1∶3，对应于三个基团的质子数之比。

6.5.2　^{1}H-NMR 谱中影响化学位移的主要因素

（1）化学位移的产生

与独立的质子不同，分子中的各个质子都分别处于特定的化学环境。化学环境主要是指质子的核外电子以及与该质子距离相近的其它原子核或官能团的有关电子分布、运动及其对周围空间的影响情况。由于原子核都被电子所包围，在外磁场作用下，核外电子会产生环电流，并产生一个与外磁场方向相反的感应磁场。这种对抗外磁场的作用称为电子的屏蔽效应。导致不同的质子实际受到的磁场强度各不相同，于是产生了化学位移。

（2）影响化学位移的因素

化学位移的大小取决于屏蔽常数 σ 的大小。屏蔽常数的一般表达式如下式所示。氢原子核外只有 s 电子，故抗磁屏蔽 σ_d 起主要作用，σ_a 及 σ_s 对 σ 有一定影响。

$$\sigma=\sigma_d+\sigma_p+\sigma_a+\sigma_s$$

式中　σ_d——反映抗磁屏蔽的大小；

σ_p——反映顺磁屏蔽的大小；

σ_a——表示相邻基团磁各向异性的影响；

σ_s——表示溶剂、介质的影响。

化学位移是由核外电子云产生的对抗磁场所引起的，因此，凡是使核外电子云密度改变的因素，都能影响化学位移。包括诱导效应、共轭效应、磁各向异性效应、范德华效应、氢键以及溶剂效应等外部因素。

① 诱导效应：一些电负性基团如卤素、硝基、氰基等，具有强烈的吸电子能力，它们通过诱导效应作用使与之相邻的核外电子云密度降低，从而减少电子云对该核的屏蔽，使核的共振频率向低场移动。一般来说，在没有其它影响因素存在时，屏蔽作用将随相邻基团的电负性的增加而减小，而化学位移则随之增加。如表 6-4 所示，卤代甲烷的化学位移就是一个典型例子。

表 6-4　卤代甲烷的化学位移

化合物	取代基及电负性			
	F(4.0)	Cl(3.0)	Br(2.8)	I(2.5)
CH_3X	4.26	3.05	2.68	2.16
CH_2X_2	5.45	5.33	4.94	3.90

此外，取代基的诱导效应可沿碳链延伸，取代基与观察核的距离越近，诱导效应越明显。如表 6-5 所示，—CH_3 的^{1}H 化学位移值随着与氯原子间隔距离的增大而减小。

表 6-5　不同取代的 CH_4 中^{1}H 的化学位移

化合物	CH_3Cl	CH_3CH_2Cl	$CH_3CH_2CH_2Cl$	$CH_3CH_2CH_2CH_2Cl$
δH	−1.94	0	0.23	0.86

② 共轭效应：共轭效应同诱导效应一样，也会使电子云的密度发生变化。例如极性基团通过 π-π 和 p-π 共轭作用使较远的碳上的质子受到影响，图 6-7 为共轭效应导致 δ 值发生变化的情况。

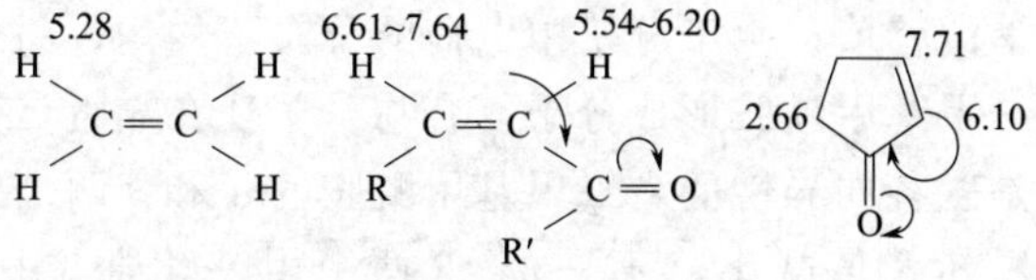

图 6-7　共轭效应导致 δ 值发生变化

双氢黄酮的芳环氢 a、b 的化学位移值 δ =6.15，一般芳氢 δ 值应大于 7。这里主要是由于 H_a、H_b 的邻位和对位有氧原子存在。氧原子可以通过其未共用电子对与芳环的 p-π 共轭使 H_a、H_b 核外电子云密度增大，δ 值减小。

③ 磁各向异性效应：磁各向异性效应只发生在具有 π 电子的基团中，它是通过空间感应磁场起作用的，涉及的范围较大，所以又称为远程屏蔽。

如果在外场的作用下，一个基团中的电子环流取决于它相对于磁场的取向，则该基团具有磁各向异性效应。而电子环流将会产生一个次级磁场（右手定则），这个附加磁场与外加磁场共同作用，使相应质子的化学位移发生变化。如苯环上的质子是去屏蔽的如图 6-8 所示，它们在比仅基于电子云密度分布所预料的磁场低得多的磁场处共振。当苯环的取向与外磁场平行时，则很少有感应电子环流产生，也就不会对质子产生去屏蔽作用。溶液中苯环的取向是随机的，而各种取向都介于这两个极端之间。分子运动平均化所产生的总效应，使得苯环有很大的去屏蔽作用。

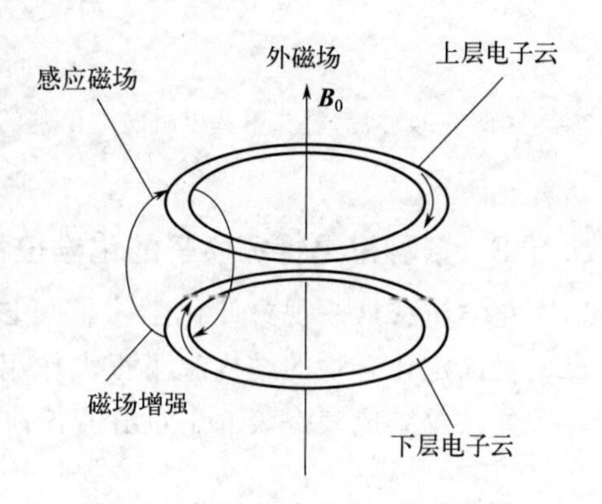

图 6-8　苯环上质子的去屏蔽效应

④ 范德华效应：当两个原子相互靠近时，由于受到范德华力作用，电子云相互排斥，导致原子核周围电子云密度降低，屏蔽减小，吸收谱线向低场移动，这种效应称为范德华效应。

⑤ 氢键：当分子形成氢键时，氢键中质子的信号明显地移向低场，化学位移 δ 变大。一般认为这是由形成氢键时，质子周围的电子云密度降低所致。

对于分子间形成的氢键，化学位移的改变与溶剂的性质以及浓度有关。在惰性溶剂的稀溶液中，可以不考虑氢键的影响。这时各种羟基显示它们固有的化学位移。但是，随着浓度的增加，它们会形成氢键。例如，正丁烯-2-醇的质量分数从 1%增至纯液体时，羟基的化学

位移从 $\delta=1$ 增至 $\delta=5$，变化了 4 个单位。对于分子内形成的氢键，其化学位移的变化与溶液浓度无关，只取决于它自身的结构。

⑥ 溶剂效应：同一样品用不同的溶剂，其化学位移值可能不同。这种由于溶剂不同使得化学位移值发生变化的效应叫溶剂效应。不同的溶剂对同一个化合物的影响是不同的。如苯和吡啶的磁各向异性效应比较大，对某些化合物可能产生较明显的影响。同一种溶剂对不同化合物的不同基团的影响也是不同的，有时可以利用溶剂效应使重叠的峰组分开。一般说来，耦合常数受溶剂及温度的影响较小，在日常工作中可以忽略不计。

如图 6-9 所示，二甲基甲酰胺分子中，由于氮上的孤对电子对与羰基发生共轭，使氮上的两个取代甲基与羰基处于同一个平面之内，两个取代基处于不同的状态。由于 N 原子上孤对电子与羰基的 p-π 共轭，使 C—N 单键带有一定的双键性，旋转困难，所以氮上面两个甲基出现两种不同的化学位移值。由于分子中电荷的分布不均匀，将苯逐渐加入二甲基甲酰胺的氯仿溶液时，苯和二甲基甲酰胺形成分子复合物。苯环在靠近二甲基甲酰带正电一端而远离负电荷。由于苯环是磁各向异性的，二甲基甲酰胺的 α 和 β 两个甲基在苯环不同的屏蔽区，α 受到屏蔽效应大，其 δ 值减小，于是 α、β 两个甲基化学位移值随苯的加入而发生变化。

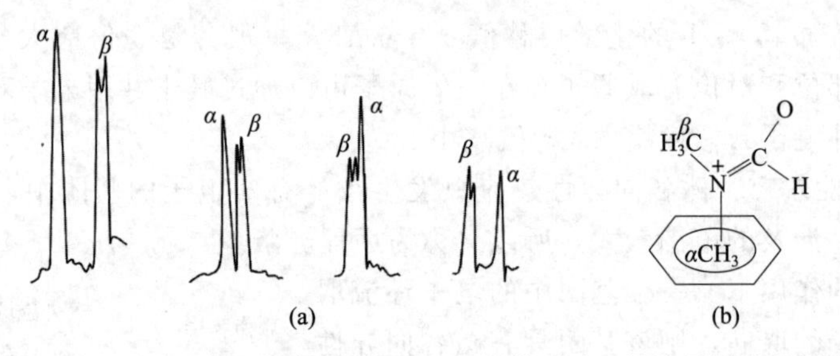

图 6-9 溶剂对二甲基甲酰胺的甲基的影响（a）以及苯环对二甲基甲酰胺的甲基的屏蔽（b）

6.5.3 各种常见特征质子的化学位移

化学位移这一现象使化学家们可以获得关于电负性、键的各向异性及其它一些基本信息，对确定化合物的结构起了很大作用。关于化学位移与结构的关系，前人已做了大量的实验，并已总结成表，表 6-6 列出了各种常见特征质子的化学位移。

表 6-6 各种常见特征质子的化学位移

质子类型	化学位移	质子类型	化学位移
$(CH_3)_4Si$（TMS）	0.0	HO—CH	3.4～4.0
R—CH_3	0.9	RO—CH	3.3～4.0
CH_3R_2	1.3	RCOO—CH	3.7～4.1
R_3CH	1.5	ROOC—CH	2.0～2.2
C═C—H	4.6～5.9	HOOC—CH	2.0～2.6
C≡C—H	2.0～3.0	O═C—H	2.0～2.7
Ar—H	6.0～8.5	RCHO	9.0～10
Ar—C—H	2.2～3.0	RO—H	1.0～5.5

续表

质子类型	化学位移	质子类型	化学位移
C=C—C—H_3	1.7	ArO—H	4.0～12
F—C—H	4.0～4.5	C=C—OH	15～17
Cl—C—H	3.0～4.0	RCOOH	10.5～12
Br—C—H	2.5～4.0	R—NH_2	1.0～5.0
I—C—H	2.0～4.0	Ar—NH_2	3.0～6.0
N—CH_3	2.3	$RCONH_2$	5.0～12

6.6 核磁共振碳谱

大多数有机化合物分子的骨架是由碳原子组成的，通过^{13}C核磁共振（^{13}C-NMR）研究有机分子的结构是十分有用的。1957年Lauterbur第一次观察到天然有机物的^{13}C-NMR。但由于^{13}C的天然丰度只占1.108%，所以含碳化合物的^{13}C-NMR信号很弱，致使^{13}C-NMR的应用受到了极大的限制。20世纪60年代后期，脉冲傅里叶变换（PFT）谱仪的出现，才使^{13}C-NMR成为可实用的测试手段。近年来^{13}C-NMR技术及应用发展迅速，其在有机化学的各个领域、分子构型及构象等结构研究、合成高分子、天然高分子及动态过程的研究等方面都有十分广泛的应用，已成为化学、生物、医学和化工等领域不可缺少的分析工具。

6.6.1 ^{13}C-NMR的特点

^{13}C-NMR是目前常规的NMR方法之一，用于研究有机化合物中^{13}C核的核磁共振状况，给出化合物中碳的信息，与^{1}H-NMR相互参照使用，有力地解决有机化合物结构解析的难题，同时它对于化合物（特别是高分子）中碳的骨架结构的分析测定是很有意义的。

6.6.1.1 核磁共振碳谱的优点

在碳谱中，正确判断碳原子的级数，即碳原子上相连氢原子的数目，对于鉴定有机物结构具有十分重要的意义。其中，DEPT法被普遍使用，配合全去耦图可清楚地鉴别各种碳原子的级数。

与核磁共振氢谱相比，^{13}C-NMR在测定有机分子结构方面具有更大的优越性。

① ^{13}C-NMR提供的是分子骨架的信息，即它给出了组成分子骨架的碳的信息，而不是外围质子（如氢、氧）的信息，这一点对于结构解析极其重要，因为有机物均含有碳这种必需的元素。

② 对大多数有机分子来说，^{13}C-NMR谱的化学位移范围达200，而^{1}H-NMR的化学位移只在10左右，两者相比，碳谱的化学位移要宽得多，这就意味着在^{13}C-NMR中复杂化合物的峰重叠比^{1}H-NMR要小得多。

③ 有机化合物中，^{13}C与相邻的^{13}C不会发生自旋耦合，有效地降低了图谱的复杂性。

④ 全去耦技术及其它去耦技术已经十分成熟，在实验中可以有效地消除^{13}C与质子之间

的耦合，可以得到只有单线组成的^{13}C-NMR谱，对图谱解析极其有利。

与^{1}H-NMR相比，^{13}C-NMR谱应用于结构分析的意义更大。^{13}C在复杂化合物及固相样品分析中同样可以发挥重要作用，随着二维^{13}C-NMR及三维^{13}C-NMR等的日趋成熟和广泛应用，^{13}C-NMR在结构解析方面的重要性更为突出。

6.6.1.2 测定碳谱的困难

碳谱的发展相对于氢谱约晚20年。这是因为^{13}C核的γ（旋磁比）仅约为^{1}H的1/4，^{13}C核的天然丰度也仅约为^{1}H的1/100，所以灵敏度很低。早期^{13}C核磁共振的研究都采用富集^{13}C的样品。在脉冲傅里叶变换核磁共振波谱仪问世之后，碳谱才能用于常规分析，各种研究才蓬勃开展。

6.6.2 ^{13}C的化学位移

^{13}C-NMR与^{1}H-NMR类似，主要有化学位移δ、耦合常数J、谱线强度和弛豫时间四个参数。但它们的重要性程度与^{1}H-NMR不同。

化学位移是^{13}C-NMR中最重要的参数。^{13}C-NMR谱化学位移的分布范围约为400，δ_c能直接反映碳核周围的电子云分布，即屏蔽情况，因此对分子构型、构象的微小差异也很敏感。一般情况下，对于宽带去耦的常规谱，几乎化合物的每个不同种类的碳均能分离开。

（1）^{13}C化学位移的内标物

在^{13}C-NMR谱中，与^{1}H-NMR类似，仍用四甲基硅（TMS）的^{13}C信号的δ_c作为零，把出现在TMS低场一侧（左边）的信号的δ_c值规定为正值，在TMS右侧即高场的^{13}C信号规定为负值。

除了TMS作参比物外，CS_2（δ_c192.5）和溶剂峰均可作内标。可用下式换算成以TMS为内标的δ值：$\delta_{c(TMS)}=192.5+\delta_{c(CS_2)}=67.4+\delta_{c(二氧六环)}=\cdots$

一般水溶性样品常用二氧六环或DSS作内标，DSS各碳的位移值如下：

$$\text{DSS}: NaSO_3—CH_2—CH_2—CH_2—SiMe_2 \quad \delta_c: 7.25、21.15、17.70$$

常用溶剂的δ_c见表6-7。

表6-7 常用溶剂的δ_c(TMS为内标)

溶剂	δ_c	
	质子化合物	氘代化合物
CH_3CN	1.7（CH_3）	1.3（CH_3）
环己烷	27.5	26.1
$CH_3—CO—CH_3$	30.4（CH_3）	29.2（CH_3）
$CH_3—SO—CH_3$	40.5	39.6
CH_3OH	49.9	49.0
CH_2Cl_2	54.0	53.6
二氧六环	67.4	66.5
$CHCl_3$	77.2	76.9

续表

溶剂	δ_c	
	质子化合物	氘代化合物
CCl_4	96.0	—
苯	128.5	128.0
CH_3COOH	178.3 (COOH)	—
CS_2	192.8	—

（2）化学位移与屏蔽

与^{1}H-NMR一样，^{13}C-NMR要满足关系式

$$\nu=\frac{\gamma c}{2\pi}B_0(1-\sigma) \tag{6-17}$$

由于各种碳原子受到的屏蔽不同，即屏蔽常数不同，所以有不同的化学位移值。C的屏蔽系数是三项因素的加和。

$$\sigma=\sigma_{抗磁}+\sigma_{顺磁}+\sum_{N\neq B}\sigma NB \tag{6-18}$$

① 局部抗磁屏蔽项$\sigma_{抗磁}$。$\sigma_{抗磁}$为绕核的局部电子环流产生的屏蔽，它产生了一个平行于$\boldsymbol{B}_0$并与$\boldsymbol{B}_0$方向相反的小磁场。核上电子云密度越大，抗磁屏蔽越大，化学位移移向高场。这种作用是各向同性的。抗磁项不是决定因素。

② 局部顺磁屏蔽项$\sigma_{顺磁}$。局部顺磁屏蔽项是决定^{13}C化学位移的主要因素。顺磁是反映各向异性、非球形局部电子环流的贡献。由于绕核局部电子环流的各向异性以及磁场的诱导，电子的基态与激发态混合，造成对屏蔽的顺磁贡献。顺磁使共振移向低场（左侧）。

根据Karplus和Pople公式

$$\sigma_{顺磁}=\frac{-e^2h^2}{2m^2c^2}(\Delta E)^{-1}(\gamma^{-3})_{2pN}(Q_{NN}+\sum_{N\neq B}Q_{NB}) \tag{6-19}$$

式中 ΔE——平均电子激发能；

$(\gamma^{-3})_{2pN}$——一个2p电子与核N距离三次方倒数的平均值；

Q——非微扰分子的MO表达式中电荷密度及键序矩阵元。

其中$(\gamma^{-3})_{2pN}$这一项为决定顺磁的主要因素，γ表示核与2p轨道的距离。它主要取决于核上的有效核电荷。在碳原子上电荷密度增加，则2p轨道趋于扩大，$(\gamma^{-3})_{2pN}$就迅速下降，即顺磁效应减低，δ_c移向高场。2p轨道上增加一个电子可使相应的^{13}C共振向高场移动约160。这也是^{13}C化学位移范围宽的原因。

③ 邻近各向异性屏蔽项σ_{NB}。在所观察的碳核周围，有许多其它核B存在，这些核电子环流的各向异性影响，对碳原子可产生正或负的效应。σ_{NB}只取决于B的性质与几何位置，而与核N性质无关。

6.6.3 碳谱中影响化学位移的因素

δ_c与δ_H不同的一点是δ_c受分子间影响较小。因为δ_H处在分子的外部，邻近分子对它影响较大，如氢键缔合等。而碳处在分子骨架上，所以分子间效应对碳影响较小，但分子相互作用相比更重要。

(1) 杂化状态

杂化状态是影响 δ_c 的重要因素，一般来说 δ_c 与碳上的 δ_H 次序基本平行。

sp^3	CH_3<CH_2<CH<季 C	在较高场	0～50
sp	C≡CH	在中间	50～80
sp^2	—CH═CH_2	在较低场	100～150
>C═O		在最低场	150～220

(2) 诱导效应

有电负性取代基、杂原子以及烷基连接的碳，都能使其 δ_c 信号向低场位移，位移的大小随取代基电负性的增大而增加，这叫诱导效应。其原因是，随着取代基电负性增加，从碳原子 2p 轨道上拉电子的能力也增加，$\sigma_{顺磁}$ 项中 $(\gamma^{-3})_{2PN}$ 项增加，去屏蔽增加。表 6-8 列举了一些取代基对正烷烃的诱导效应。可以看出诱导效应对 α-C 影响较大，但对 β-C 和 γ-C 影响较小，而且它们的诱导位移随取代基的变化无明显变化。

表 6-8　正烷烃末端氢被电负性取代基取代后的诱导位移 $\Delta\delta_c$

取代基电负性	取代基　碳	取代基电负性	取代基　碳
	α　β　γ		α　β　γ
	X—CH_2—CH_2—CH_2—CH_3		X—CH_2—CH_2—CH_2—CH_3
2.1	H　0　0　0	3.0	NH_2+29+11−5
2.5	CH_3+9+10−2	3.0	Cl+31+11−4
2.5	SH+11+12−6	4.0	F+68+9−4

(3) 空间效应

^{13}C 化学位移对分子的几何形状非常敏感，相隔几个键的碳，如果它们在空间上非常靠近，则互相之间发生强烈的影响，这种短程的非成键的相互作用叫空间效应。由于空间上相互靠近的原子间存在范德华力作用，这使得 ^{13}C 的化学位移向高场移动。此外，空间上相互靠近的原子之间存在着排斥力，它引起电子分布和分子几何形状的变化，从而影响到屏蔽常数。

(4) 超共轭效应

当第二周期的杂原子 N、O、F 处在被观察的碳 的 γ 位并且为对位交叉时，则观察到杂原子使该碳的 δ_c 不是移向低场而是向高场位移 2～6。这可以用超共轭效应解释，即由于超共轭提高了 γ-C 的电荷密度。

在苯环的氢被取代基取代后，苯环上碳原子的 δ_c 变化是有规律的。若苯氢被—NH、—OH 取代后，则这些基团的孤对电子将离域到苯环的 π 电子体系上，增加了邻位和对位碳上的电荷密度，屏蔽增加；若苯氢被拉电子基团—CN、—NO_2 取代后，则使苯环上 π 电子离域到这些吸电子基团上，减少了邻对位碳的电荷密度，屏蔽减小。

在不饱和羰基化合物和具有孤对电子的取代基系统中，这些基团使羰基碳正电荷分散，使其共振向高场位移。

(5) 重原子效应

大多数电负性基团的作用主要是去屏蔽的诱导效应。但对于较重的卤素，除了诱导效应外，还存在一种所谓“重原子”效应。随着原子序数的增加，抗磁屏蔽增大，这是因为重原子的核外电子数增多，使抗磁屏蔽项增加而产生的。对于化合物 $CH_{4-n}X_n$（X=F、Cl、Br、I），其 δ_c 随卤素种类及原子个数的变化如表 6-9 所示，这主要是诱导效应引起的去屏蔽作用和重原子效应的屏蔽作用的综合作用结果。对于碘化物，随着 n 的增大，屏蔽作用增强。

表 6-9 卤代甲烷中碳的 δ_c 值

化合物	Cl	Br	I
CH_3X	25.1	10.2	−20.5
CH_2X_2	54.2	21.6	−53.8
CHX_3	77.7	12.3	−139.7
CX_4	96.7	−28.5	−292.3

(6) 分子内氢键

在邻羟基苯甲酸和邻羟基苯乙酮中，由于分子内氢键使得羰基碳产生较强的正碳化，产生去屏蔽效应。

(7) 介质位移

介质对 δ_c 有一定的影响，但一般比较小。介质位移主要是：稀释位移、溶剂位移和 pH 位移。介质 pH 值对胺、羧酸盐、氨基酸等化合物有影响。

$$C—C—C—NH_2 + H^+ \longrightarrow C—C—C—N^+H_3$$

$$\Delta\delta_\alpha \approx -1.5 \qquad \Delta\delta_\beta \approx -5.5 \qquad \Delta\delta_\gamma \approx -0.5$$

一些化合物的 δ_c 在不同溶剂中也有一定位移，如表 6-10 所示。

表 6-10 苯胺的 δ_c 与溶剂的关系

溶剂	C—I	邻位	间位	对位
CCl_4	+18.0	−13.0	+0.9	−9.7
CH_3COOH	+5.5	−6.0	+1.4	−1.1
CH_3SO_3H	+0.4	−5.1	+1.9	+1.7
DMSO—d6	+20.7	−14.3	+0.5	−12.5
$CD_3—CO—CD_3$	+20.1	−13.8	+0.6	−11.5

(8) 位移试剂

稀土元素如 Eu(Ⅱ)、Pr(Ⅱ)、Yb(Ⅱ) 的配合物常用作位移试剂。这些位移试剂加入试样后，由于稀土元素离子的孤对电子与试样中的极性基团如—OH、$—NH_2$、—SH、—COOH、>C—O 等作用，使样品的 δ_c 产生诱导的、附加的化学位移，可以把谱带拉开。

6.6.4 有机化合物中^{13}C的化学位移

核磁共振碳谱一般情况下只有一条条的谱线（极少情况下出现钝峰），因此没有相应于核磁共振氢谱的耦合裂分的信息。一般情况下，峰的高度近似正比于峰面积。因此，碳谱中主要的信息就是化学位移值。了解有机化合物中不同官能团中碳原子的化学位移对于^{13}C-NMR谱的解析非常重要。表6-11给出了有机化合物中各种官能团中^{13}C化学位移的概括情况。

表6-11　各种官能团中碳原子化学位移值变化范围

官能团	δ_C	官能团	δ_C
>C=O	225～175	>C=N—	165～145
—COOH	185～160	—N≡Cl	150～130
—COCl	182～165	—C≡N	130～110
—CONHR	180～160	—N=C=S	140～120
$(—CO)_2NR$	180～165	—S—C≡N	120～110
—COOR	175～155	—N=C=O	135～115
$(—CO)_2O$	175～150	—O—C≡N	120～105
$(R_2N)_2CS$	185～165	>CH—X	65(Cl)～30(I)
$(R_2N)_2CO$	170～150	$—CH_2—O—$	70～40
>C=NOH	165～155	$—CH_2—S—$	45～25
$(RO)_2CO$	160～150	$H_3C—O—$	60～40

6.6.5 碳谱中的耦合现象

因为^{13}C的天然丰度仅为1.1%，$^{13}C—^{13}C$的耦合可以忽略。另一方面，^{1}H的天然丰度为99.98%，因此，若不对^{1}H去耦，^{13}C谱线总会被^{1}H分裂。这种情况与氢谱中难以观察到的^{13}C引起^{1}H谱线的分裂（^{13}C的卫星峰）是不同的。

$\gamma_{^{13}C}/\gamma_{^{1}H}\approx1/4$，即$\nu_{^{13}C}/\nu_{^{1}H}\approx1/4$，因此$CH_n$基团是最典型的$AX_n$体系。

^{13}C与^{1}H最重要的耦合作用当然是$^{1}J_{^{13}C\text{-}^{1}H}$。决定它的最重要因素是C—H键的s电子成分，近似有

$$^{1}J_{^{13}C\text{-}^{1}H}=5\times(\omega)\text{Hz} \tag{6-20}$$

式中　ω——C—H键电子所占有的百分数。

可用以下数据说明：

$$CH_4\ (sp^3,\ \omega=25\%)\ ^{1}J=125\text{Hz}$$

$$CH_2{=}CH_2\ (sp^2,\ \omega=33\%)\ ^{1}J=157\text{Hz}$$

$$C_6H_6\ (sp^2,\ \omega=33\%)\ ^{1}J=159\text{Hz}$$

$$CH{\equiv}CH\ (sp,\ \omega=50\%)\ ^{1}J=249\text{Hz}$$

由于^{1}J很大，造成碳谱谱线相互重叠，因此记录碳谱时必须对^{1}H去耦。

除s电子的成分外，取代基电负性对^{1}J也有影响。随取代基电负性的增加，^{1}J相应增加。以取代甲烷为例，^{1}J可增大41Hz。

s电子成分对于^{1}J的影响以及取代基电负性对^{1}J的影响证实了理论计算对^{1}J的预测。

$^2J_{CH}$ 的变化范围为 5～60Hz。$^3J_{CH}$ 在十几赫兹之内。它与取代基有关，也与空间位置有关。

有趣的是，在芳香环中，$|^3J|>|^2J|$。

除少数特殊情况，^4J 一般小于 1Hz。

6.6.6 ^{13}C 核磁共振中的质子去耦技术

(1) 宽带去耦

宽带去耦（broadband decoupling）也称为质子噪声去除（proton noise decoupling），这是测定碳谱时最常采用的去耦方式。

在测碳谱时，如果以当宽的频带（包括样中所有氢核的共振频率，其作用相当于自旋去耦的 ν_2）照射样品，则^{13}C 和^{1}H 间的耦合被全部去除，每个碳原子仅出一条共振谱线。

(2) 门控去耦

在傅里叶核磁谱仪中有发射门（用以控制射频 ν_2 的发射时间）和接收门（用以控制接收器的工作时间）。门控去耦（gated decoupling）是指用发射门及接收门来控制去耦的实验方法。常用门控去耦为抑制 NOE 的门控去耦（gated decoupling with suppressed NOE），也称定量碳谱。

6.6.7 碳谱的解析

^{13}C-NMR 是有机物结构分析中很重要的方法，它可以提供很多结构信息。特别是在其它方法难以解决的立体化学构型、构象、分子运动性质等问题中，^{13}C-NMR 也是有力的工具。尤其是近年来一些新方法、新技术的发展，使它的应用日益广泛和便利。但是由于^{13}C-NMR 样品用量较大，比较费时费钱，仪器昂贵，所以它的应用受到一定的限制。

^{13}C-NMR 谱图解析通常按下列步骤进行。

① 充分了解已知的信息，如分子量、分子式、元素分析数据和其它波谱分析数据。若已知分子式则先算出不饱和度。

② 检查谱图是否合格，基线是否平坦，出峰是否正常，认清测试条件和方法。

③ 找出溶剂峰。

④ 确定谱线数目，推断碳原子数。当分子中无对称因素时，宽带去耦谱的谱线数等于碳原子数；当分子中有对称因素时，谱线数小于碳原子数。由于宽带去耦谱中峰强度与碳原子数不成正比，所以当分子中有对称因素时要用反转门去耦（非 NOE 方式）测定碳原子数。

⑤ 由 DEPT 谱及 2D-NMR 等方法确定各种碳的类型：季碳、叔碳、$>CH_2$、$-CH_3$、$>C=O$ 等。

⑥ 分析各个碳的 δ_c，参考其它信息，推断碳原子上所连的官能团及双键、三键存在的情况。

一般谱图从高场到低场可分为四大区。

0～40 为饱和区；40～90 碳上有 N、O 等取代；90～160 为芳碳及烯碳区；>160 为羰基碳及叠烯碳。

⑦ 推测可能的结构式。用类似化合物的文献数据作对照，按取代基参数估算 δ_c，结合

其它分析，找出合理结构式。

⑧ 当分子比较复杂，碳链骨架连接顺序难以确定时，可应用 2D-NMR，确定各个碳之间的关系及连接顺序。

⑨ 对照标准谱图确定结构，必要时用一些特殊方法验证。

6.7 固体核磁共振

如果我们将样品分子视为一个整体，则可将固体核磁中探测到的相互作用分为两大类：样品内部的相互作用及由外加环境施加于样品的作用。前者主要是样品内在的电磁场在与外加电磁场相互作用时产生的多种相互作用力，这主要包括：化学环境的信息（分子中由于内在电磁场屏蔽外磁场的强度、方向等），分子内与分子间偶极自旋耦合相互作用，对于自旋量子数为>1/2 的四极核尚存在四极作用。外部环境施加于样品的主要作用有：

① 由处于纵向竖直方向的外加静磁场作用于特定的核磁活性的核上产生的塞曼相互作用（Zeeman interaction），核子相对应的频率为拉莫尔频率（Larmor frequency）；

② 由处于 x-y 平面的振荡射频场产生的作用于待测样品的扰动磁场。与溶液核磁共振技术测定化学结构的基本思路相同，在固体核磁共振实验中也是首先利用强的静磁场使样品中核子的能级发生分裂，例如对于自旋量子数 $I=1/2$ 的核会产生两个能级，一个顺着静磁场方向从而导致体系的能量较低；另一个则逆着静磁场排列的方向使得体系相对能量较高。

经能级分裂后，处于高能级与低能级的核子数目分布发生改变，并且符合玻尔兹曼分布原理，即处于低能级的核子数目较多而高能级的数目较少，最终产生一个竖直向上的净磁化矢量。此磁化矢量在受到沿 x-y 平面的振荡射频磁场作用后产生一个矩，最终将沿竖直方向的磁化矢量转动一特定的角度。由于这种射频脉冲施加的时间只是微秒量级，施加完射频脉冲后，体系中剩下的主要相互作用将会平复这种处于热力学不稳定状态的体系到热力学稳定的初始状态。在磁化矢量的恢复过程中，溶液核磁中主要存在的相互作用有化学位移、J-耦合等相对较弱的相互作用，而相对较强的分子间偶极自旋耦合相互作用在大多数体系中由于分子的热运动而被平均化。但是在固体核磁共振实验中，由于分子处于固体状态从而难以使体系中的偶极自旋耦合作用通过分子热运动而平均化。另外值得指出的是与化学位移、J-耦合等相互作用的强度相比，分子间偶极自旋耦合作用是一种远强于前两者的一种相互作用。通常情况下，化学位移与 J-耦合一般都处于 Hz 量级，但是偶极自旋耦合作用强度却处于 kHz 量级，所以如果不采用特殊手段压制偶极自旋耦合作用带来的谱线展宽，通常静态条件下观察到的核磁共振谱往往是信息被偶极自旋耦合作用掩盖下的宽线谱。图 6-10 为乙酸胆固醇酯在静态下以通常的去耦方式所得到的图谱与溶于 $CDCl_3$ 后所测得的溶液核磁图谱的对比，从中可看出固体核磁图谱在没有特殊技术处理下呈现的是毫无精细结构的宽包峰。因此，在固体核磁中只有采用特殊技术首先压制来自强偶极自旋耦合作用导致谱线宽化的影响，才有可能观察到可用于解析物质化学结构的高分辨固体核磁共振谱。

在固体核磁测试中，虽然质子的自然丰度与旋磁比都比较高，但是由于体系中质子数目多，相互偶极自旋耦合强度远高于稀核，例如 ^{13}C 和 ^{15}N 等，因此在大多数情况下固体核磁采用魔角旋转技术（magic angle spinning MAS）与交叉极化技术（cross polarization CP）可得到高分辨的杂核固体核磁谱。对于 ^{1}H 必须采用魔角旋转与多脉冲结合的方式（combined

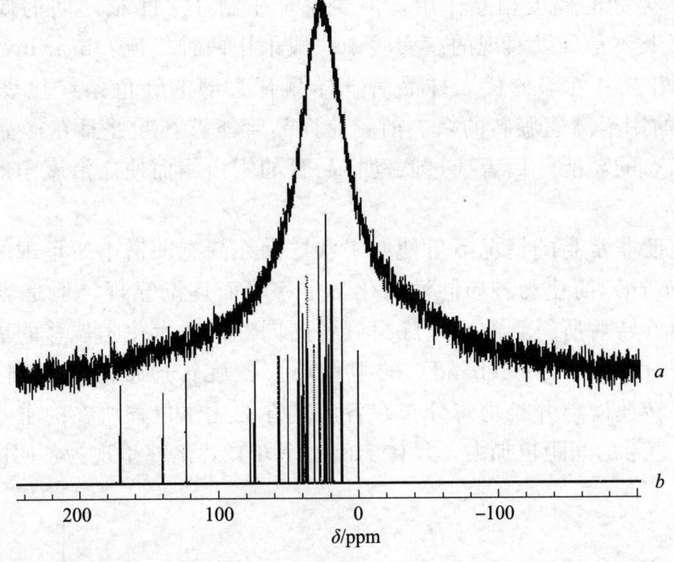

图 6-10　乙酸胆固醇在静态下以通常去耦方式得到的图谱与溶于 $CDCl_3$ 后的溶液核磁图谱

曲线 a 所示为乙酸胆固醇酯的固体 ^{13}C-NMR（静态，未进行强功率去耦）、
曲线 b 记录的是将其溶于 $CDCl_3$ 后的溶液状态的核磁共振谱。由此可见在固体
状态由于化学位移各向异性及强偶极相互作用等因素的存在使谱线展宽为毫无精细结构的图谱

rotation and multipulse spinning CRAMPS）将质子的磁化矢量转至魔角方向方能得到高分辨质子谱。

6.7.1　固体核磁共振实验技术

核磁共振中核自旋的相互作用可以分为两大类——外部相互作用和内部相互作用。前者是核自旋和外部仪器设备产生的磁场（如静磁场、射频场）的相互作用。后者则相反，是核自旋和样品本身所产生的磁场和电场的相互作用，这些作用包括屏蔽作用（化学位移、奈特位移、顺磁位移等）、偶极作用（直接和间接）、四极作用等。这些相互作用的哈密顿可以用下面的通式表达：

$$H_\lambda = C_\lambda R_\lambda A_\lambda$$

式中，C_λ、R_λ、A_λ 为特定的相互作用 λ 中的常数，表达此相互作用各向异性的二阶张量和与核自旋 I 相互作用的对象。

（1）魔角旋转

在静态固体 NMR 谱中主要展现的是化学位移各向异性、偶极自旋耦合和四极相互作用的信息，这些物理作用往往展现出的是宽线谱。如果在研究中对这些信息不感兴趣，而更多关注于化学位移与 J-耦合时，可通过将样品填充入转子，并使转子沿魔角方向高速旋转，即可实现谱线窄化的目的。这是因为上述作用按时间平均的哈密顿量均含有因子（$1-3\cos^2\theta$），因此如果将样品沿 $\theta = 54.7°$（即正方体的体对角线方向）旋转时，上述强的化学位移各向异性、偶极自旋耦合和四极相互作用被平均化，而其它相对较弱的相互作用便成为主要因素，因此有利于得到高分辨固体核磁共振谱。值得指出的是由于 ^{1}H 核的自然丰度非常高，因此 ^{1}H-^{1}H 核之间的偶极作用远强于 ^{13}C-^{13}C 之间的相互作用，因此在不是太高的旋转速度下就可以压制^{13}C-^{13}C之间的偶极相互作用，但要完全压制^{1}H-^{1}H核之间的偶极作用，在许多固体核磁共振谱仪上还是难以实现的。实验中一般采用两种气流：bearing气流和driving气流（见图6-11），图中白色部分代表样品管，样品管头部的红色条纹代表样品管的锯齿状Kel-F或BN制成的用于高速旋转的帽。前者使样品管能够浮起并且在样品管旋转过程中具有使其处于平衡状态的功能，后者通过吹动样品管的锯齿帽而使之沿魔角所在方向进行高速旋转。

在魔角旋转速度非常高的情况下可使粉末状样品在静态图谱中所呈现的各向异性粉末状图案（powder pattern）简化为各向同性的化学位移峰而逐渐显现，但是当沿魔角旋转速度不够快时，经魔角旋转后所得到的图谱除得到各向同性的表示化学位移的单峰外，尚存在一系列称为旋转边带（spinning sideband）的卫星峰。各旋转边带之间的间距（用Hz表示）正好是样品管的旋转速度，并且均匀分布在各向同性的化学位移所在的主峰的两侧。当旋转速度加快时，旋转边带的间距也加大，具体实例见图6-12，最终呈现为各向同性的化学位移。

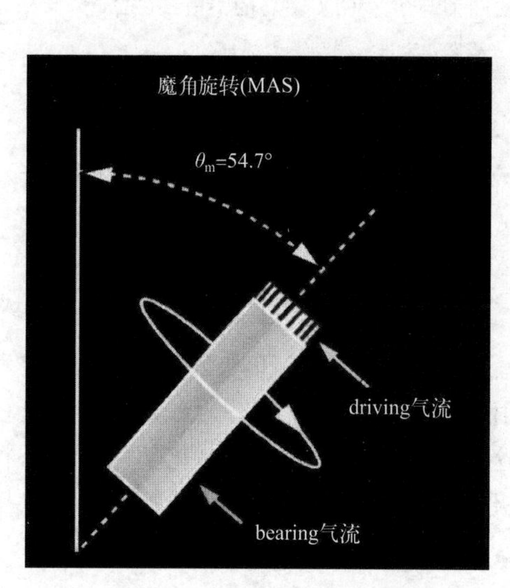

图6-11　魔角旋转实验示意图

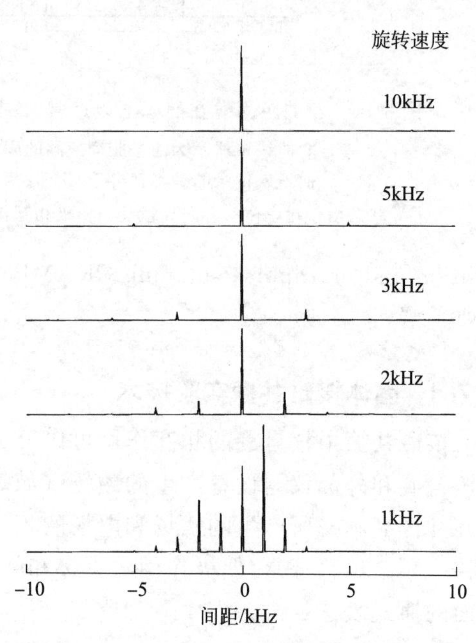

图6-12　固体核磁共振实验中旋转边带与魔角旋转速度的相互关联关系

目前样品管的旋转速度随样品管的尺寸不同可在1～35kHz范围内调节，这对于自然丰度比较低的核，例如：^{13}C、^{15}N可以有效抑制体系中的同核偶极相互作用，但对于自然丰度很高的核，例如^{1}H、^{19}F等，由于体系中的偶极作用强度往往大于100kHz，因此如果单纯依靠魔角旋转技术是难以获得高分辨图谱的。

（2）交叉极化

对于^{13}C、^{15}N等体系虽然通过魔角旋转技术有效地压制了同核偶极相互作用，但是这些核的旋磁比较小，自然丰度比较低，因此如果采用直接检测这些核的实验方法将导致整个实验过程的灵敏度非常低。为进一步提高这些核的实验灵敏度，又发展了交叉极化技术。通过该技术可将^{1}H核的磁化矢量转移到^{13}C或^{15}N等杂核上，从而提高这些杂核的实验灵敏度。

在交叉极化进行前锁场脉冲磁场的作用如同静磁场一样，因此在脉冲磁场所在的旋转坐标系中产生^1H的能级分裂，使其α态与β态数目不同，当在此旋转坐标系中对杂核X施加一个脉冲磁场使得体系满足哈特曼-哈恩（Hartmann-Hahn condition）条件时，即：$\omega_H=\omega_X$，氢核与杂核就可以通过偶极作用发生能量转移，能量转移的结果是氢在α态与β态的数目差异减小，而对于杂核来说，原来低能级与高能级之间本没有数目差异，经此过程后，产生一定的数目差异，所以达到了活化杂核的目的，使杂核在固体核磁共振实验中的灵敏度得到极大的提高。

在整个交叉极化过程中由于^1H核与X核之间的偶极作用满足如下的关系式：

$$\hat{H}_{HX}=\sum_{i>k}d_{ik}\frac{1}{2}(3\cos^2\theta-1)\cdot\hat{I}_{iz}^{H}\hat{I}_{kz}^{X} \tag{6-21}$$

从式中可以看到^1H核与X核之间偶极作用只与z方向有关，而与x-y平面无关，然而交叉极化过程是在$-y$方向完成的，因此在交叉极化前后，总偶极强度保持不变。通过交叉极化过程后，氢核的磁化矢量减少而杂核X的磁化矢量增加，两种核增加与减少的幅度与核的种类、交叉极化的动力学过程等多种因素有关。

(3)固体核磁共振的异核去耦技术

在测定杂核的固体核磁共振实验过程中，采用魔角旋转技术能够比较有效地去除同核间的偶极耦合作用（例如：^{13}C-^{13}C、^{15}N-^{15}N等），但是对于这些核与氢核间的偶极耦合作用则比较有限，为此还发展了多种去耦技术抑制这些杂核间的偶极耦合作用。值得指出的是虽然在溶液核磁体系中已发展了多种去耦技术，但是由于在溶液体系中相应的作用力远小于固体状态的作用力，因此在固体核磁共振实验中所采用的去耦功率往往在100～1000瓦量级，而非溶液状态的瓦级。固体核磁共振实验中高功率去耦技术的采用带来的一个不可避免的注意事项就是防止样品在照射过程中由于产生的热导致其变性。

固体核磁共振实验中之所以采用高功率去耦技术是为了进一步提高图谱的分辨率与灵敏度。经过高功率照射后，原来存在偶极作用的氢与杂原子之间的作用消失，这样原来所呈现的多峰就合并为一个，谱线的强度增加，并且使谱图的重叠减弱，有利于识谱。但是不可避免的是在此过程中由于去耦技术的采用也使得反映有关原子周围的化学环境、原子间相对距离等信息被消除。

6.7.2 固体核磁共振实验的特点

① 固体核磁共振技术可以测定的样品范围远远多于溶液核磁，由于后者受限于样品的溶解性，对于溶解性差或溶解后容易变质的样品往往比较难分析，但是这种困难在固体核磁实验中不存在。

② 从所测定核子的范围看，固体核磁同溶液核磁一样不仅能够测定自旋量子数为1/2的^1H、^{19}F、^{13}C、^{15}N、^{29}Si、^{31}P、^{207}Pb，还可以是四极核，如：^2H、^{17}O等，所以可分析样品的范围非常广泛。

③ 是一种无损分析。

④ 所测定的结构信息更丰富，这主要体现在固体核磁技术不仅能够获得溶液核磁所测得的化学位移、J-耦合等结构方面的信息，还能够测定样品中特定原子间的相对位置（包括原子间相互距离、取向）等信息，而这些信息，特别是对于粉末状样品或膜状样品，通常是其它常规手段无法获得的信息。

⑤ 能够对相应的物理过程的动力学进行原位分析，从而有助于全面理解相关过程。

⑥ 能够根据所获信息的要求进行脉冲程序的设定，从而有目的有选择性地抑制不需要的信息但保留所需信息。

6.7.3 固体 NMR 对仪器性能的要求

固体核磁共振仪主要由以下几部分组成：磁体部分、射频发生器、接收器/发射器转换开关、探头、接收器、进样与载气及计算机控制单元。

(1) 超导磁体

磁体部分通常要求在不同部位磁体的变化量不超过 10^{-9}，只有这样所测定的实验结果才有完全可信度，否则由于磁场的不稳定性轻则导致谱线的展宽（直接影响对拉莫尔频率差别非常小的体系的分辨），重则直接导致测试结果的可信度。目前主要采用的是超导磁体，这是由于超导体能够在无外加能量的情况下支持大电流，一旦充电后，超导磁体能够在为外加干扰的情况下提供极其稳定的磁场。

(2) 射频发生器

通常情况下，核磁共振仪中根据所测核的拉莫尔频率的不同配备多个射频单元。在射频单元中包括射频合成器、脉冲门、脉冲程序单元和放大器。射频合成器会产生一频率固定的电磁振荡信号，其振荡频率位于仪器的参考频率，记为：ω_{ref}。对于 400MHz 的核磁共振仪其频率合成器产生的振荡频率为 400MHz，相应的该射频合成器的输出信号的波形为：$S_{synth}\cos(\omega_{ref}t+\varphi)$，其中 φ 是相应射频的相位，t 是时间。在许多 NMR 实验中射频脉冲的相位可以快速变换，而这种变换是通过脉冲程序单元控制的。脉冲门能够截取所产生的连续波脉冲使之变为不连续状态，当脉冲门打开时，由射频合成器产生的脉冲得以进入后续系统，但当脉冲门关闭时，射频合成器产生的连续波将无法进入后续系统。脉冲门打开的时间称为脉宽。脉冲门的开放与否及相关时间亦由脉冲程序单元控制。射频放大器是将所产生的门控调制的信号放大到一定程度进而输入到探头。通常情况下，放大器信号的输出功率在几瓦到一千瓦的范围。放大的射频信号通过双轴导线传入到接收器/发射器转换开关。

(3) 接受器/发射器转换开关

该部件存在合并的两组导线：一组通向固定于静磁场中的探头，另一组通向可检测由核自旋产生的微弱的射频信号的接受器单元。因此此部分的功能就是当正向的由放大器发出的强射频信号传入接受器/发射器转换开关时，它会将此信号输入探头而不是检测器，反之，当反向的有关核磁共振响应的弱信号进来时，它会导向检测器而非放大器。

(4) 探头

探头是核磁共振仪中最复杂的部分，它具有以下方面的功能。

① 由于它的存在，才能使样品进入均匀的静磁场中。

② 在探头中存在产生射频波照射样品以及检测相应从样品中产生的射频辐射的射频电子线路。

③ 为保证固体核磁图谱能得到更精细的结构信息，就必须使样品在魔角方向进行高速旋转，因此在固体核磁探头中存在将样品管倾斜至魔角方向并使其沿此方向进行高速旋转的装置。

④ 探头中存在使样品温度恒定的装置。

⑤ 在特定的场合，探头中还存在一些特殊线圈（梯度场线圈）能产生空间上分布不均匀的磁场，这些线圈的存在对减短样品的检测时间、选择性收集所需要的磁化矢量、抑制不需要的磁化矢量等方面具有极其重要的作用。另外探头中还存在一对容抗电路，通过这对容抗电路可调谐探头的感应频率使其与外来的射频发生器完全匹配，有利于产生共振，从而使之能够完全吸收来自前者的能量，同时经过调谐后探头所接受的 NMR 信号会强于未经调谐的探头，有利于提高 NMR 实验的灵敏度。

(5) 接收器

仪器接受器单元的电子线路与设计往往都比较复杂，其基本组成主要有以下几部分：信号预放大器、四相位接受器、数模转换器、信号相移单元（signal phase shifting)。

NMR 信号经过接受器/射频发生器转换开关后进入信号预放大器，信号预放大器是一种低噪声射频放大器，通过它能够将微弱的 NMR 信号放大到伏特级。因此为了使微弱的 NMR 信号得以及时放大，信号预放大器往往被置于最靠近磁场的部位，从而使信号在传递过程中的损失达到最小。

(6) 进样与载气及计算机控制单元

对于固体核磁共振仪而言，为了得到高精细结构的固体核磁共振图谱，首先必须采用魔角旋转技术压制强偶极作用导致的谱线展宽，为此固体核磁共振仪需配有一整套设备以满足上述要求。例如能够使样品管在竖直位置与魔角位置自如转换的装置，能够将样品安全地进入及弹出探头系统并能保证推动样品管沿魔角方向进行高速旋转的载气系统等附属设备。

因此通常的核磁共振仪的结构如图 6-13 所示。

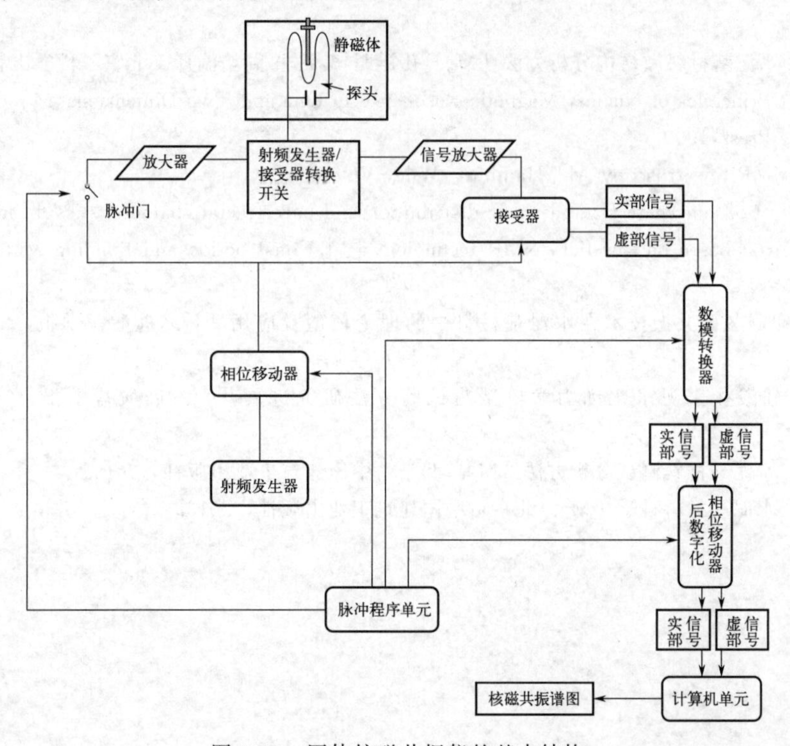

图 6-13　固体核磁共振仪的基本结构

思考题

1. 为什么用δ值表示峰位，而不用共振频率的绝对值表示？为什么核的共振频率与仪器的磁场强度有关，而耦合常数与磁场强度无关？

2. 什么是自旋耦合与自旋分裂？单取代苯的取代基为烷基时，苯环上的芳氢（5个）的裂分峰是多少？两取代基为极性基团（如卤素。$—NH_2$、—OH等），苯环的芳氢变为多重峰，试说明原因，并推测是什么自旋系统。

3. 什么是狭义与广义的$n+1$律？

4. 核磁共振技术中，^1H谱谱图中包含了化合物的哪些结构信息？

5. 核磁共振技术中，^1H谱谱图一般解析步骤是什么？

6. NMR测试中，峰的裂分数反映的是相邻碳原子上的质子数。因此，化合物$ClCH_2—CHCl_2$中$—CH_2$基团应该为________重峰，—CH基团应该表现为________重峰。

参考文献

[1] 孙振平. 低场核磁共振技术在水泥基材料研究中的应用及展望 [J]. 材料导报，2011，25(7)：4.

[2] 李春景. 低场核磁共振技术在水泥基材料中的应用 [J]. 材料导报，2016，30(13)：6.

[3] Nabor J S. Mix-, storage-and temperature-invariant precipitation characteristics in white cement paste, expressed through an NMR-based analytical model[J]. Cement and Concrete Research, 2023, 172: 207-237.

[4] Karen S. 水泥基材料微结构分析方法 [M]. 孔祥明 李克非 阎培渝译. 北京：科学出版社，2021.

[5] Eenst R R Principles of Nuclear Magnetic Resonance in One and Two Dimensions[M]. Oxford: Oxford University Press, 1990.

[6] Gunther. NMR Spectroscopy[M]. Hamburg: Wiley-VCH, 2013.

[7] Lin N. Effect of aggregate size on water distribution and pore fractal characteristics during hydration of cement mortar based on low-field NMR technology [J]. Construction and Building Materials, 2023, 13 (1): 60-70.

[8] 李文郁. 低场核磁共振技术在水泥基材料中的理论模型及应用 [J]. 硅酸盐学报，2022，50(11)：2992-3008.

[9] 赵凯月. 硅酸盐水泥水化动力学模型与试验方法研究进展 [J]. 硅酸盐学报，2022，50(06)：1728-1761.

[10] 史才军. 水泥基材料测试分析方法 [M]. 北京：中国建筑工业出版社，2018.

[11] 施惠生. 水泥基材料科学 [M]. 北京：中国建筑工业出版社，2013.

第 7 章 综合应用与分析

7.1 稀土镁合金材料应用分析测试技术实例

随着社会的发展和科学技术的进步，能源节约的问题正在逐渐显现，轻质材料的开发应用势在必行。镁合金是目前在工业应用中最轻的金属结构材料之一，具有密度低（是铝的2/3，铁的1/4）、比强度和比刚度高、吸震减噪、导热性好、电磁屏蔽性能优良、易于回收等优点，被誉为“21世纪重要的绿色工程金属结构材料”，是机械构件轻量化的明星，在航空、航天、汽车、电器和国防军事领域有着广泛的应用。2001年日本东北大学通过快速凝固加热挤压方法制备的 $Mg_{97}Zn_1Y_2$ 镁合金，屈服强度超过600MPa，其强度约为普通碳素钢的3倍，同时具有5%的延伸率和高的耐热和耐腐蚀性能，这极大地引起了人们研究Mg-Zn-Y合金的热潮。经过研究发现，Mg-Zn-Y系合金中合金相的主要类型与合金的成分密切相关，合金中Y/Zn的原子比值决定了合金相的主要类型，合金相的种类有三种，分别为：二十面准晶I相（$Mg_3Zn_6Y_1$）、立方晶系W相（$Mg_3Zn_3Y_2$）和长周期堆垛有序结构（long periodstacking ordered structure，LPSO）相（即X相 $Mg_{12}YZn$）。Y/Zn的原子比约等于2的时候，是获得长周期有序相（LPSO）的最佳化学成分比。LPSO作为镁合金中一种增强相，能够很大程度地提升合金的室温与高温力学性能。日本对LPSO结构的研究非常重视，已连续四年（2013—2016年）召开了“LPSO结构和相关材料国际会议”，研究的方向集中在LPSO相的原子排列、形成原理、力学性能上。未来在对含LPSO结构镁合金的研究中，如何调控合金的组织，分析LPSO相的形成原理、变形特征，达到综合性能的最优化将是研究的重点。近年来，现代测试技术的飞速发展为稀土镁合金中LPSO的研究提供了有效的手段。

7.1.1 稀土镁合金中SEM的应用

EBSD分析技术可以对晶粒尺寸、晶界特征、晶体取向、取向差或取向关系等进行统计分析，使材料的微观分析达到亚微米级的定量分析。图7-1为普通凝固和定向凝固Mg-Zn-Y合金的晶粒尺寸大小分布图。从图中可以看出，定向凝固Mg-Zn-Y合金的晶粒尺寸平均为1200μm。定向凝固后合金晶粒的尺寸较大，属于粗大的柱状晶组织。

晶界是晶体结构和成分相同，但取向不同的两晶粒之间的界面，是晶体中的一种缺陷，晶粒越细小，晶界的作用越为重要。按照两个晶粒取向差的大小，可将晶界分为大角晶界与小角晶界。通常取向差大于15°的晶界为大角晶界，小于15°的晶界一般认为小角晶界。图7-2合金晶界分布图中，绿色代表小角度晶界，黑色代表大角度晶界，红色代表孪晶。由图可以看出，在普通凝固Mg-Zn-Y合金中，大角度晶界包裹的区域形状不规则，其区域内

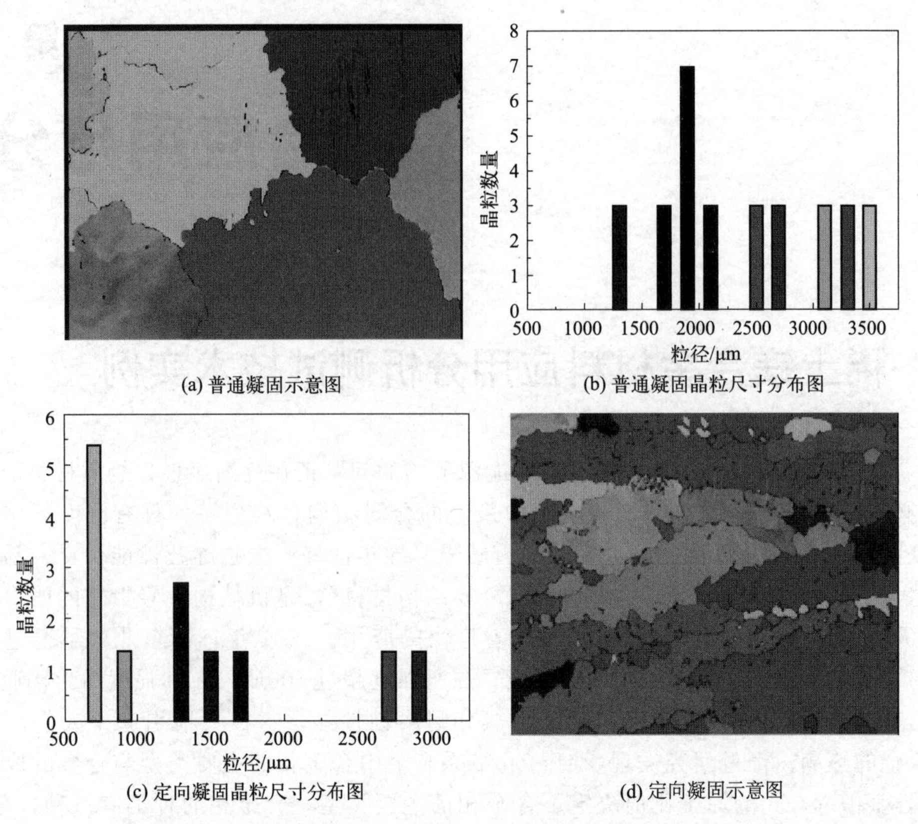

图 7-1 普通凝固与定向凝固 Mg-Zn-Y 合金晶粒尺寸统计

含有小角度晶界以及孪晶，孪晶形核和长大的条件是具有高的应力-应变能。尺寸较大的晶粒符合孪晶的长大环境，晶粒的尺寸较小时，晶界处的应力集中明显不够，除此之外，晶粒的晶界对孪晶的长大也起到限制作用。所以，随着晶界处应力集中程度的加大，孪晶很容易在大晶粒内产生。定向凝固制备 Mg-Zn-Y 合金中，大角度晶界包裹的区域呈现长条状，部分区域内含有大量的向内生长的小角度晶界。

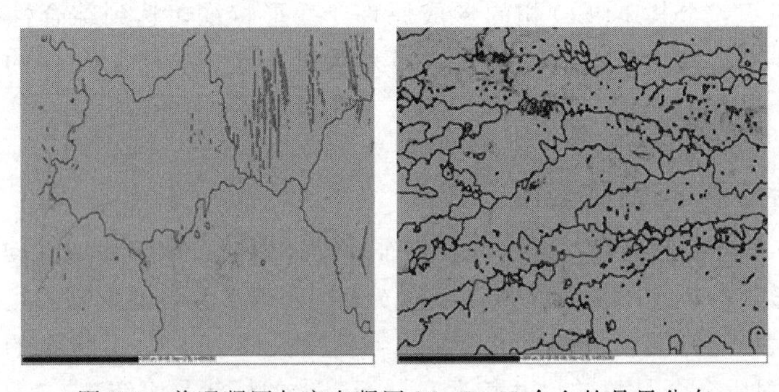

图 7-2 普通凝固与定向凝固 Mg-Zn-Y-合金的晶界分布

7.1.2 稀土镁合金中 TEM 的应用

定向凝固 Mg-Zn-Y 合金中 LPSO 相的结构特征，对片层状结构进行了透射电镜分析。图 7-3(a)～(b) 是定向凝固 Mg-Zn-Y 合金的明场像，图 7-3(c) 为高分辨像，电子束入射方

向为 a 轴，可以看到在与 a 轴垂直的方向分布着许多方向一致、间距不等的片层状衬度。图 7-3(d) 是与其相对应的电子束衍射花样，可以看到，与镁基体反射对应的衍射斑到透射斑之间存在 13 个弱反射，把其间距分成 14 等分，说明这是一个以平均 14 层堆垛为周期的结构，由此判断该相的类型为 14H-LPSO 相。根据以上的实验结果可以得出，定向凝固制 Mg-Zn-Y 合金中长周期的类型为 14H 结构，其生长位向排列呈现一定的规律性，形态则呈现出片层状，组织较为均匀。

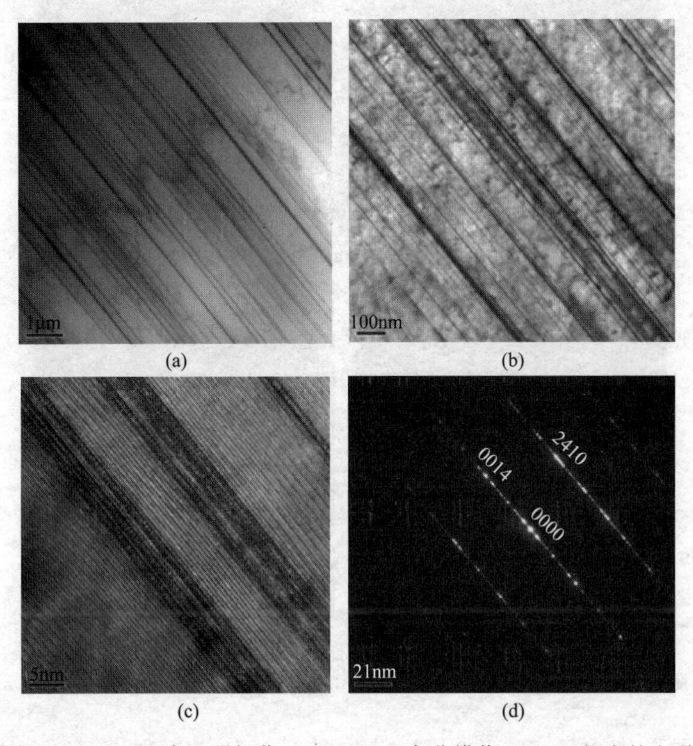

图 7-3　定向凝固 Mg-Zn-Y 合金明场像（a）、（b），高分辨像（c）和相应的电子衍射谱（d）

为了更好地揭示定向凝固制备 Mg-Zn-Y 合金中析出相的结构，给出了片层状 LPSO 相的高分辨观察像，如图 7-4(a) 所示，合金中大量出现了这种片层状结构，片层与片层之间的距离不等。观察图 7-4(b)，可以看出这种堆垛结构每 14 层为一个周期，在图中用白色箭头标出，一个周期的长度为 3.65nm。仔细观察图像可以发现，高分辨原子像中有较亮的条状衬度出现，而衬度像点的强度与原子序数的平方成正比关系，依据于此，能够凭借像点的强度来区分不同元素的原子。Y 原子的原子序数为 39，Zn 原子的原子序数为 30，可以推断 Y 原子和 Zn 原子有序地分布在较亮的衬度中。同时在图像中可以发现条状衬度中存在着类似于团簇的结构。

为了对较亮的条状衬度进行进一步的分析，选取一个周期放大，如图 7-4(c) 所示，通过图片可以得出，定向凝固制备 Mg-Zn-Y 合金中的长周期有序相的堆垛次序为 ABABCACACACBABA，每两个条状衬度之间有 3 个原子层。对条状衬度进行观察发现，条状衬度区域由 ABCA 与 ACBA 两个堆垛单元构成，两者具有相反的剪切方向，其剪切角度为 68.7°，相互之间具有孪生关系。在堆垛单元中有团簇结构嵌于其中，研究指出，Zn 元素和 Y 元素以 Zn_6Y_8 的团簇结构嵌于整个 ABCA 堆垛单元中，能提高致密性和稳定性，有效地促使了类 ABCA 堆垛单元的形成，从而形成 LPSO 相这一兼具结构有序、成分有序的长周期结构。

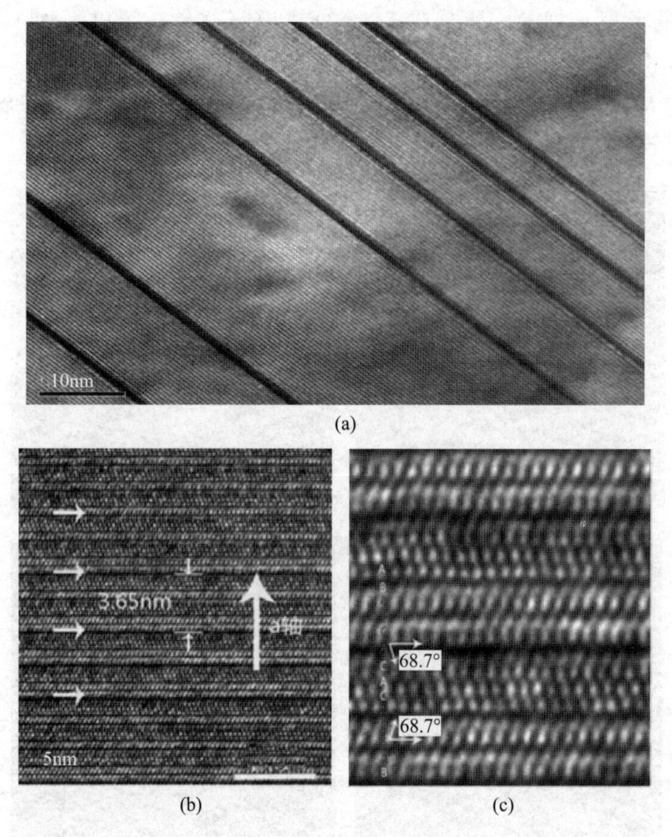

图 7-4　定向凝固制备 Mg-Zn-Y 合金中 LPSO 相的高分辨像（a）以及局部的放大图（b）、（c）

对基体内片层厚度大于 5nm 的片层结构进行高分辨透射电镜（HRTEM）的观察，图 7-5(a) 为 α-Mg 基体以及析出相的高分辨原子像，图 7-5(b) 为高分辨原子像对应的 FFT 衍射斑点，可以看出，析出的片层结构沿着 α-Mg 基体（0001）基面析出，并且在基面上沿着 [$\bar{1}2\bar{1}0$] 方向生长。由图 7-5(b) 可以看出，这种长周期堆垛结构与基体的位向关系为：α-Mg 基体的 [$\bar{1}2\bar{1}0$] 晶向平行于长周期有序相的 [$4\bar{5}10$] 晶向。

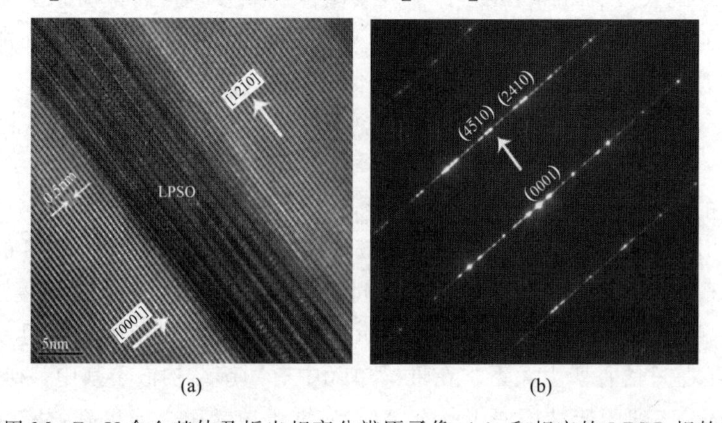

图 7-5　定向凝固 Mg-Zn-Y 合金基体及析出相高分辨原子像（a）和相应的 LPSO 相的电子衍射谱（b）

7.2 PAM-SCGM 分析实例

硫铝酸盐注浆材料具有早期强度高、抗腐蚀性强和结构致密性高的特点，已广泛应用于堵漏、抢修工程和冬季施工中。聚合物因其链段表现出优异的柔韧性和黏弹性被广泛应用于水泥基材料中，用于改善水泥基材料的脆性结构。PAM-SCGM 是丙烯酰胺单体在硫铝酸盐水泥基环境中原位聚合改性增韧的复合材料。

7.2.1 实验材料及方法

商用 SCGM 由丁豪科技股份有限公司提供，由浆液 A、B 组成，浆液 A 主要由硫铝酸盐水泥(SAC) 熟料组成，浆液 B 主要由石膏、石灰按 7：1 的比例组成。采用 XRF 法测定 SAC 熟料、石膏和石灰的化学组成，如表 7-1 所示，硫化铝酸盐水泥熟料的矿物组成见表 7-2。丙烯酰胺单体(AM)、引发剂(IA) 和交联剂(CA) 购自郑州新东股份有限公司。三种化学试剂的基本参数见表 7-3。

表 7-1 硫铝酸盐水泥熟料和石膏石灰的化学组成 单位：%（质量分数）

化学组成	SiO_2	Al_2O_3	Fe_2O_3	CaO	MgO	SO_3	TiO_2
SAC	8.59	29.47	3.86	45.21	0.82	9.44	1.40
Anhydrite	2.83	0.23	0.03	39.5	1.36	54.16	0.60
Lime	3.46	0.67	0.48	64.7	2.1	—	—

表 7-2 硫铝酸盐水泥熟料的矿物组成

C_4A_3S	β-C_2S	C_4AF	f-SO_3	CaO-TiO_2
60.68	30.16	5.78	7.95	2.38

表 7-3 三种材料的基本参数

缩写	材料名称	参数
AM	丙烯酰胺	分子式：C_3H_5NO，纯度：≥98%，熔点/℃：83～85，储存：避光保存
IA	引发剂	$(NH_4)_2S_2O_8$，纯度：≥98%
CA	交联剂	$C_7H_{10}N_2O_2$，纯度：≥99%

7.2.2 PAM-SCGM 中水化热的应用

图 7-6 为 PAM-SCGM 水化放热速率及水化放热总量曲线。从图 7-6(a) 可以看出，1h 内各试样的放热速率曲线相似，但随着 AM 含量的增加，第一个放热峰的峰值逐渐降低。SCGM-A0、SCGM-A5、SCGM-A20、SCGM-A35 和 SCGM-A55 的第一个放热峰的水化放热速率分别为 306.8mW/g、215.8mW/g、195.0mW/g、158.2mW/g 和 105.1mW/g。这说明 AM 的加入可以降低早期硫铝酸盐水泥的水化反应速率。当 AM 含量达到 35%以上时，注浆材料的第二个放热峰明显推迟到 1h 后才出现，第二放热峰为 PAM 的形成过程。此外，

从图 7-6(b) 中可以清楚地看到，当 AM 含量超过 35%时，水化放热总量显著增加。与 SCGM-A0 相比，SCGM-A35 和 SCGM-A55 的累积热值分别增加了 16.3%和 32.7%，累积热量的增加主要是由第二放热峰提供。

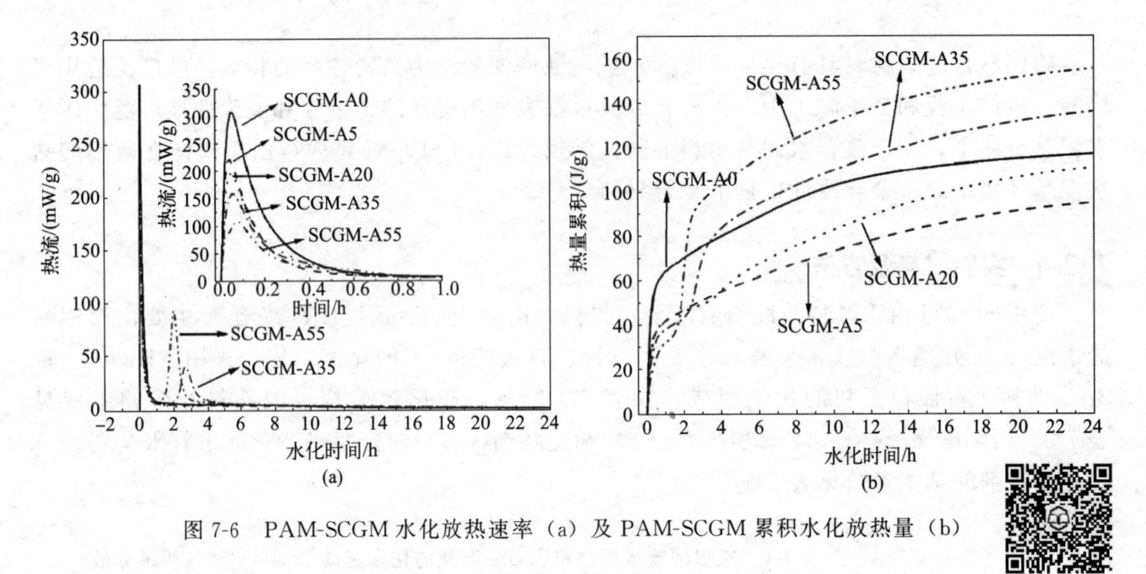

图 7-6 PAM-SCGM 水化放热速率（a）及 PAM-SCGM 累积水化放热量（b）

7.2.3 PAM-SCGM 中 XRD 的应用

图 7-7 为不同 AM 掺量的注浆材料在 20℃的室内养护 3d 和 28d 后的 XRD 图谱，水泥基注浆材料的主要矿物包括 $C_4A_3\overline{S}$、β-C_2S 和 C_4AF，随着水泥的水化，这些矿物的衍射峰强度逐渐降低。注浆材料的主要水化产物包括 AFt（高硫型水化硫铝酸钙）、AFm（低硫型水化硫铝酸钙）和 $Al(OH)_3$（gel）（铝胶）。同时，C_2S 的水化产物，如 C-S-H 凝胶，在 XRD 中未被检测到。当在注浆材料中加入 AM 时，AM 含量从 0 到 55%，其水化产物类型都没有改变。根据显著提升的力学强度结果，可以说明当注浆材料中加入 20%～55%AM 时，AM 在水泥水化产物构成的骨架中聚合，生成了 XRD 无法检测到的 PAM 凝胶。

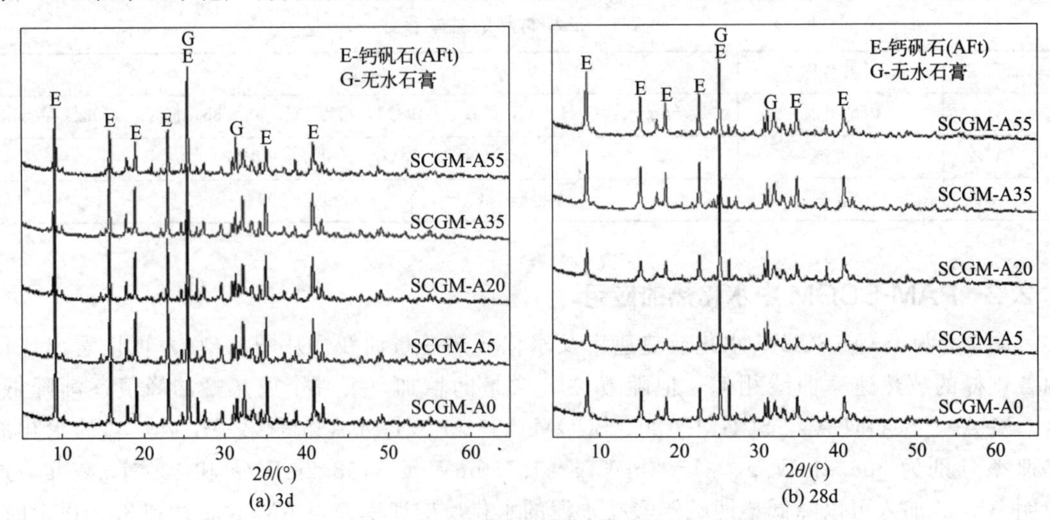

图 7-7 PAM-SCGM 不同龄期的 XRD 谱图

7.2.4 PAM-SCGM 中 FT-IR 的应用

图 7-8(a) 是本次实验表征所得到的聚合物 PAM、水泥基材料 SCGM 和 PAM-SCGM 的傅里叶红外光谱扫描图谱。经比较，PAM-SCGM 的红外光谱图形状与 SCGM 整体形状近乎相同。在此基础上 PAM-SCGM 的红外光谱图形状上部分吸收峰的位置与 PAM 有相似之处，说明他们具有相同的化学基团。分析并对比 PAM 及 PAM-SCGM 等红外光谱图中特征峰所代表的化学基团发现，PAM 和 SCGM 中大部分化学基团的特征峰均出现 PAM-SCGM 红外光谱。图中，例如，$1648cm^{-1}$ 和 $1450cm^{-1}$ 处的吸收峰对应 PAM 中的—CO—NH_2 基团中 C═O 和 C—N 的拉伸振动，$1611cm^{-1}$ 和 $3189cm^{-1}$ 处的吸收峰对应 PAM 中的 N—H 的振动，这说明在 PAM-SCGM 中含有 AM 原位聚合有效形成的 PAM。在试样的 FT-IR 中，在 $3625cm^{-1}$ 处显示的吸收带为钙矾石的［OH^-］的伸缩振动，钙矾石的 H_2O 伸缩振动吸收峰（$3405cm^{-1}$）较强，在 $1102cm^{-1}$ 处的强吸收带为钙矾石的［SO_4^{2-}］的不对称伸缩振动。综上所述，图 7-8(b) 所示，随着 AM 掺量增加，属于钙矾石的吸收峰的透射率均降低，表明丙烯酰胺的确有抑制 SAC 水化进程、抑制钙矾石的生成的作用。

此外，与空白组 SCGM 和 PAM 不同，PAM-SCGM 中出现了新的振动峰 $1452cm^{-1}$，这是由于 PAM 中 C—N 的拉伸振动所致。此外，PAM-SCGM 中 $1611cm^{-1}$ 和 $3189cm^{-1}$ 处的 N—H 振动峰转移到 $1619cm^{-1}$ 和 $3202cm^{-1}$ 处，说明水泥水化产物与 PAM 之间存在相互作用。

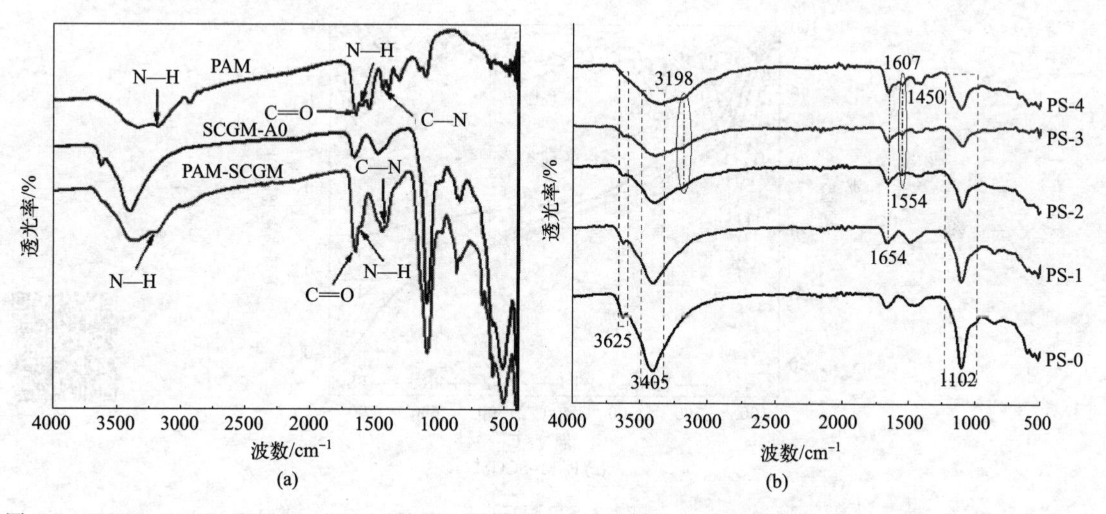

图 7-8 PAM、SCGM 和 PAM-SCGM 的 FT-IR 谱图 (a)；不同 AM 掺量的 PAM-SCGM 的 FT-IR 谱图 (b)

7.2.5 PAM-SCGM 中 TGA 的应用

热重分析法（TGA）可用于评估聚合物改性水泥的热稳定性。TGA 和 DTG 是根据水泥水化不同阶段的水化产物进行定性和定量的重要测试分析技术。SCGM 水化后主要生成的水化产物为 AFt、$Al(OH)_3$ 和 $CaCO_3$。AM 在水泥基环境中，在 IA 和 CA 的引发作用下聚合反应生成 PAM。通过 TGA-DTG 研究表明 PAM 在受热温度 200℃以上才会出现明显的热分解，具有良好的热稳定性。

PAM 的 TGA 测定结果如图 7-9(a) 所示。由图可知，PAM 的热重曲线上出现了三次明显的失重过程。第一次失重过程温度范围为50～211.25℃，失重率为5.81%，DTG曲线上对应的吸热峰位于84℃处，此部分失重的原因在于PAM分子链中存在部分亲水基团，这部分亲水基团易吸附空气中的水分，在测试的过程中随着温度的升高，吸附的水分蒸发而引起的样品失重。第二次失重过程的温度范围为211.25～343.5℃，失重率为14.94%，DTG曲线上对应的吸收峰位于277℃处，此部分失重的原因在于PAM分子链中AM单元中的酰胺基团的分解及亚胺化反应。第三次失重过程温度范围为343.5～535.5℃，失重率为42.71%，DTG曲线上对应的吸收峰位于约397.2℃处，此阶段为PAM骨架链的最终分解过程。综上所述，PAM在常规使用温度下，具有良好的热稳定性。

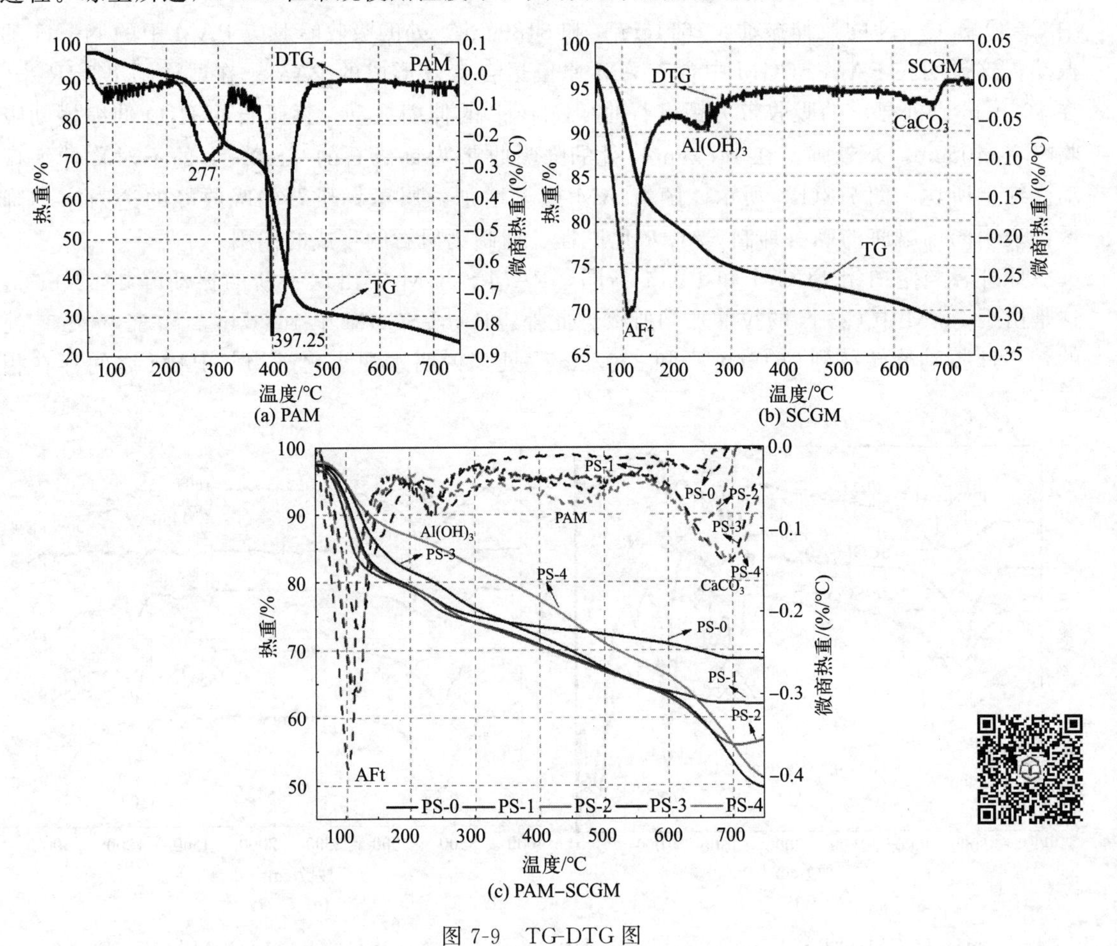

图7-9　TG-DTG图

SCGM的TGA测定结果如图7-9(b)所示。由图可知，SCGM的热重曲线上出现了三次明显的失重过程。当水泥水化后，它的主要成分（无水硫铝酸钙）会转化为水化产物，主要是AFt（钙矾石）和$Al(OH)_3$（gel）(铝胶)、$CaCO_3$(碳酸钙）等。水化作用可以通过测量水化产物在1000℃以下的质量损失来研究水化。并还可通过质量损失比来计算水化产物的含量，如表7-9所示。SCGM的TGA分析显示三种特征的吸热效应。第一种吸热效应，峰值温度在100～160℃范围内，失重率为17.18%，表明在水化过程中产生的AFt脱去20个H_2O造成的。第二种吸热效应，峰值温度在230～270℃之间，失重率为5.26%，表明在水化过程中形成的$Al(OH)_3$(gel) 的脱水作用。第三种吸热效应，峰值温度在660～690℃

温度之间，失重率为 2.20%，表明在水化过程中生成的 $CaCO_3$ 的分解失去一个 CO_2 而引起的样品失重。

PAM-SCGM 的 TGA 测定结果如图 7-9(c) 所示。由图可知，对不同 AM 掺量的试样进行 TGA 分析，观察到 4 种特征性的吸热反应，如表 7-4 所示。第一个吸热反应，失重温度在 50～200℃范围内，DTG 曲线上对应的吸热峰位于 103～121℃处，此部分失重的原因在于 AFt 的脱水作用。并发现随着 AM 掺量的增加，失重率从 17.18%降低至 10.45%，表明在 PS-4 试样中 AFt 的生成量减少。反映出 AM 掺量的增加抑制了水泥熟料的水化反应，从而使得水化产物中 AFt 含量降低。第二个吸热反应，失重温度在 200～300℃范围内，DTG 曲线上对应的吸热峰位于 230～268℃处，此部分失重的原因在于 $Al(OH)_3$(gel) 的脱水作用。失重率无显著变化，在 5%～6%范围内。第三个吸热反应，失重温度在 300～600℃范围内，DTG 曲线上对应的吸热峰位于 393～477℃处，此部分失重的原因在于 PAM 骨架链的分解作用。失重率从 0%增加到 16.09%，说明随着 AM 掺量的增加，在 SCGM 结构中有效生成的 PAM 含量增加。第四个吸热反应，失重温度范围在 600～750℃内，DTG 曲线上对应的吸热峰位于 672～702℃处，此部分失重的原因在于 $CaCO_3$ 的分解作用。随着 AM 掺量的增加，失重率从 2.2%增大至 15.20%。并且随着 AM 掺量的增大，DTG 曲线上对应的四个特征吸热峰温度都出现了后移，说明 PAM 对水泥的缠绕、包裹作用，提高了脱水、分解作用的峰值温度。

表 7-4　PAM-SCGM 的 TGA 结果

样品编码	失重率/%			
	温度范围/℃			
	50～200	200～300	300～600	600～750
PS-0	17.18	5.26	—	2.20
PS-1	17.83	5.68	10.18	1.80
PS-2	16.36	6.02	11.02	6.98
PS-3	14.94	6.43	12.75	13.79
PS-4	10.45	5.05	16.09	15.20

7.2.6 PAM-SCGM 中 MIT 的应用

压汞测试（MIP）是测量水泥、混凝土孔结构的常用方法之一，主要用来检测水泥、混凝土的孔隙率，表征材料内部的气孔。图 7-10(a) 为原位聚合改性注浆材料水化 3d 的孔隙率测试结果，图 7-10(b) 为不同 AM 含量的试样的孔径分布微分曲线。

根据孔径的尺寸可以将孔分为：凝胶孔（孔径小于 10nm），过渡孔（孔径介于 10～100nm 之间）、毛细孔（孔径介于 100～4000nm 之间）和气孔（孔径大于 4000nm）。由图 7-10(a) 可以看出，AM 的含量增加，PAM-SCGM 的孔隙率呈现先增加后逐渐降低的趋势。SCGM 的孔隙率为 44.7%（试样 SCGM-A0），随着 AM 含量的增加，即试样 SCGM-A5、SCGM-A20、SCGM-A35 和 SCGM-A55 的孔隙率分别为 48.5%、49.3%、47.7%和 46.5%。

图 7-10(b) 为 PAM-SCGM 试样的孔径分布微分曲线。从图中可以看出，随着 AM 含量的增加，过渡孔体积逐渐降低，毛细孔体积逐渐增加。AM 含量为 5%时，试样 SCGM-

A5 的过渡孔体积减小，此时毛细孔体积几乎为 0，随着 AM 含量的增加，毛细孔体积显著增加，说明 AM 会增加 SCGM 中的毛细孔，提高孔隙率，从而降低 SCGM 结石体的力学性能，其原因是 AM 发生聚合反应与水泥水化产物形成双网络，而 PAM 属于吸水性凝胶，此时的毛细孔多为 PAM 中的自由水消失导致；当 AM 含量增加到 35%时，毛细孔体积显著减小，但仍然比 SCGM-A0 试样中的孔隙率高，此时的力学性能由于 AM 的含量较高，聚合形成的 PAM 含量较多，PAM 与 SCGM 的水化产物相互交织的结构弥补了因孔隙率较大引起的力学性能损失。

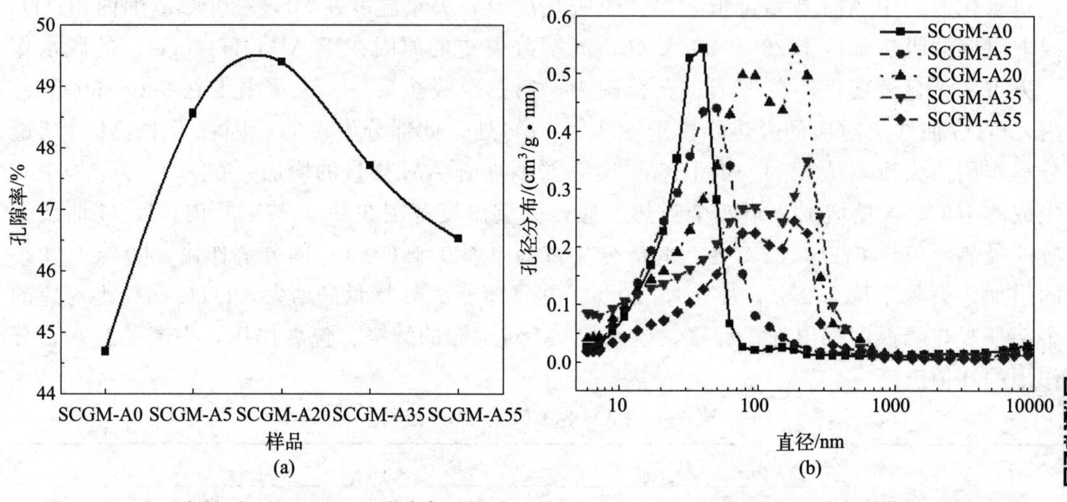

图 7-10　AM 含量对 PAM-SCGM 孔隙率的影响（a）及 PAM-SCGM 孔隙孔径分布的微分曲线（b）

7.2.7　PAM-SCGM 中吸水率测试的应用

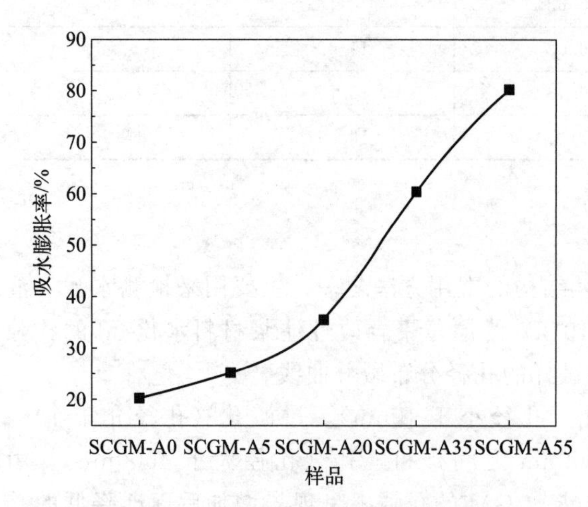

图 7-11　PAM-SCGM 的吸水膨胀曲线

聚丙烯酸盐类材料具有遇水膨胀的特性，在原位聚合改性材料中丙烯酰胺聚合形成聚丙烯酰胺，同时具备有一定的吸水膨胀性。图 7-11 为不同 AM 含量的试样连续 6h 内的吸水膨胀率，图 7-12 为显微镜观察的结果。

图 7-12 为 PAM-SCGM 吸水膨胀前后显微镜下的对比图，其中图（a）和（c）为试样前期持续干燥 24h 后的微观形貌，经同尺度测量得到 SCGM-A0 和 SCGM-A35 的最大裂缝尺寸分别为 35μm 和 26μm。图（b）和（d）为持续吸水 6h 后试样 SCGM-A0 和 SCGM-A35 的微观形貌。SCGM-A0 中无机材料经过二次水化，反应生成钙矾石、单硫型水化硫铝酸钙和铝胶等填补缝；SCGM-A35 中除了无机材料的二次水化之外，聚丙烯酰胺凝胶吸水，在经过持续 6h 吸水过程中，体积逐渐膨胀，吸水膨胀率达到 60%以上。

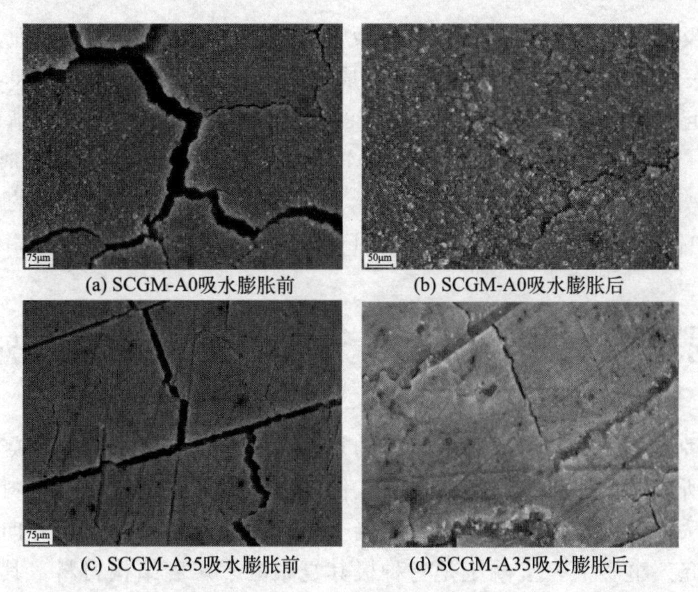

(a) SCGM-A0吸水膨胀前　(b) SCGM-A0吸水膨胀后

(c) SCGM-A35吸水膨胀前　(d) SCGM-A35吸水膨胀后

图 7-12　吸水膨胀前后显微镜下的 PAM-SCGM 对比图

7.2.8　PAM-SCGM 中 SEM-EDS 的应用

图 7-13 为 PAM-SCGM 的微观形貌。对于 SCGM（SCGM-A0 组），当黄料浆液、白料浆液混合后，硫铝酸盐水泥熟料、石膏、石灰水化反应大量生成针棒状钙矾石 AFt，相互搭接从而凝结硬化，如图 7-13(a) 所示，反应式为 (7-1)。

$$3CaO \cdot 3Al_2O_3 \cdot CaSO_4 + 38H_2O \longrightarrow 3CaO \cdot Al_2O_3 \cdot 3CaSO_4 \cdot 32H_2O + 2(Al_2O_3 \cdot 3H_2O) \tag{7-1}$$

(a) SCGM-A0　(b) SCGM-A35

(c) SCGM-A55　(d) SCGM-A55的EDS

图 7-13　PAM-SCGM 的微观结构

从图 7-13 也可看出，结构中存在较多孔隙，这可能是水灰比较高所致。当掺入有机成分后，双液混合反应过程中不仅存在着无机反应，有大量的 AFt 生成，而且存在有机成分的聚合反应，有大量的聚丙烯酰胺（PAM）生成，针棒状 AFt 形成刚性骨架，PAM 形成柔性结构对 AFt 骨架起到捆扎作用，从而形成互穿的网络结构，该结构可以清晰地从试样 SCGM-A35 的微观结构［图 7-13(b)］中看出。当 AM 掺量达到 55%时，PAM 生成量大，填充 AFt 骨架孔隙并包裹 AFt 晶体，如图 7-13(c) 所示。图 7-13(d) 为 SCGM-A55 的 EDS 图，由图可知 PAM-SCGM 中存在大量的 C 元素，证明了 PAM-SCGM 无机有机互穿网络结构的存在。

7.3 水泥基复合材料应用分析测试技术实例

混凝土是一种由填充料与胶凝材料组成的复合材料。由于复合化是混凝土材料获得高性能的主要途径，所以从 20 世纪 80 年代以后人们开始采用“水泥基复合材料”名词来概括各种混凝土材料。从混凝土发展历史来看，混凝土是一种应用先行、实用导向的材料，历来缺乏系统的科学研究。事实上，混凝土是一种极其复杂的多尺度结构材料，其微结构跨越了从纳米、微米、毫米多个尺度。对混凝土黏结强度贡献最大的水化产物，水化硅酸钙（C-S-H）凝胶，其微结构即在纳米尺度。然而，由于测试手段及研究方法的局限，一百多年来混凝土的研究与发展始终未能揭示其水化与微结构形成的本质，尤其是纳米尺度 C-S-H 凝胶的本质。近年来，现代测试技术的飞速发展为混凝土研究的科学化带来了极大的活力，也为研究混凝土水化机理及纳米尺度微结构和 C-S-H 凝胶提供了有效的手段。

7.3.1 水泥基复合材料中 XRD、SEM 的应用

马保国等人采用 XRD、SEM 等微观测试手段研究了混凝土在硫酸根和碳酸根共同作用下发生的一种特殊形式的硫酸盐侵蚀，硅灰石膏型硫酸盐侵蚀。图 7-14 是 2 种被腐蚀混凝土样品的 XRD 谱。混凝土样品 1 中的水泥水化产物已经完全分解，水泥石变为一种泥状混合物；混凝土样品 2 中的大部分水化产物被腐蚀分解，尽管呈碎块状，但结构非常脆弱，一捏即碎。从图 7-14 看出：2 个试样都没有明显的水泥水化产物存在的迹象。从结晶物相组成看，除了杂质石英外，腐蚀产物主要为 AFt($3CaO \cdot Al_2O_3 \cdot 3CaSO_4 \cdot 32H_2O$) 和/或硅灰石膏[$Ca_3Si \cdot SO_4CO_3(OH)_6 \cdot 12H_2O$]，另外有少量的石膏($CaSO_4 \cdot 2H_2O$)、方解石($CaCO_3$) 和食盐晶体(NaCl) 存在。由于 AFt 与硅灰石膏的主要特征峰值非常接近，很难分辨开来，但从其它一些小峰值分析，腐蚀产物中应该是这两种物质都存在，可通过其它手段共同分析进一步确定。AFt 和石膏是典型的硫酸盐侵蚀产物，方解石是氢氧钙石(CH) 受碳化或碳酸盐侵蚀后的产物，NaCl 则是来自高浓度地下盐水的结晶相，而硅灰石膏就是硫酸盐和碳酸盐在较低温度下共同作用的腐蚀产物。因此可以初步判断：该混凝土是在硫酸盐侵蚀、碳酸盐侵蚀和两者共同侵蚀作用下，结构解体破坏而导致强度丧失。

图 7-15 是 2 种混凝土样品的 SEM 照片。由图 7-15 可见：样品 1 的微观结构中已完全没有水泥水化产物存在，整个试样呈现为一种稀软的泥沙混合物。由图 7-15(a) 可知：样品 1 泥状体中嵌有一些长径比约为 3∶1 的短而粗的结晶体，这是结晶完好的棒状钙矾石晶体，还有少量的粒状晶体是来自环境水中的 NaCl 微晶。图 7-15(b) 为局部放大后的腐蚀产物形貌，可见大量平行排列的针状晶体，这些针状晶体棱角清晰，表面平直光滑，它们的直径大都在 0.5μm 以下，长度为 3～4μm，与文献中描述的硅灰石膏的形貌非常相像。对这些针状

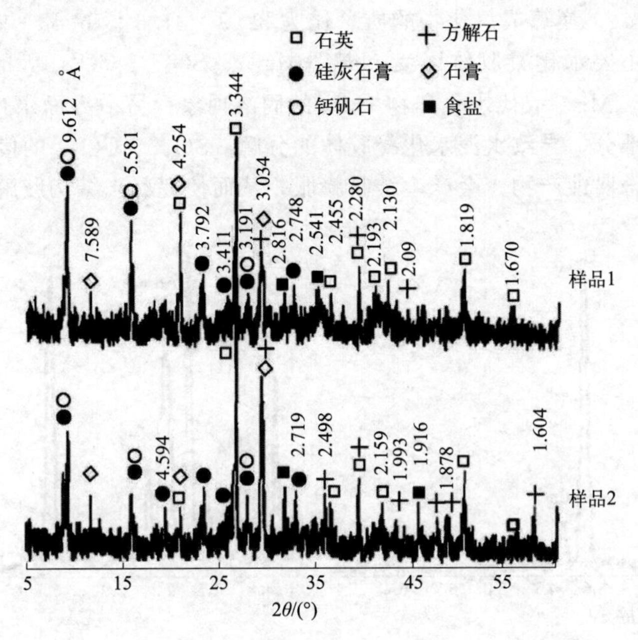

图 7-14　被腐蚀混凝土样品的 XRD 谱

晶体进行能谱微区元素分析，结果如图 7-16(a) 所示。针状晶体的主要组成元素为 Ca、S、Si、Al、Na 等，换算成氧化物的质量比为：41.26∶27.91∶12.91∶3.95∶3.92。C、Ca、Si、S 的共同存在证明这些针状晶体物质绝大多数为硅灰石膏。质量比 $m(SO_3)$ ∶ $m(SiO_2)$ 为 2.16，远大于硅灰石膏分子中的理论值 1.33。过剩的 SO_3 参与形成了钙矾石和少量石膏晶体，而 Cl 和 Na 元素的原子数基本相等，证明了以少量 NaCl 微晶体形式存在。

图 7-15　混凝土样品的 SEM 照片

由图 7-15(c) 可知：混凝土样品 2 结构疏松，水化产物大部分已经分解，在样品断面及孔隙中充满了大量乱向排列的针状、棒状晶体。由图 7-15(d) 可知：这些针状晶体的尺寸大小不一，较大的接近于钙矾石晶体，细而长的晶体类似于硅灰石膏形貌，但这类晶体含量并不多，说明样品 2 受硅灰石膏型硫酸盐侵蚀的程度小于样品 1。另外，在针、棒状晶体间有大量细小的粒状体，这些物质是一些未分解的颗粒状 CSH 凝胶和少量 NaCl 晶体。对图 7-15(d) 区域进行能谱分析，结果如图 7-16(b) 所示。混凝土样品主要组成元素：Si、

Ca、S、Al、Na、Mg，换算成氧化物的质量比为 32.2∶31.6∶15.43∶9.66∶5.17∶2.84。因此，混凝土中的主要水化凝胶体因受 Na^+、Mg^{2+}、SO_4^{2-}、CO_3^{2-} 等的侵入而严重破坏，一方面发生了 Na^+、Mg^{2+} 取代水化产物中 Ca 的固溶现象；另一方面水化产物中的 Ca 因地下水腐蚀而流失一部分，导致水泥水化凝胶体的分解。SO_4^{2-}、CO_3^{2-} 的侵入生成了 AFt、硅灰石膏和石膏的混合腐蚀产物，会产生结晶膨胀，从而使混凝土结构肢解破坏，强度损失。

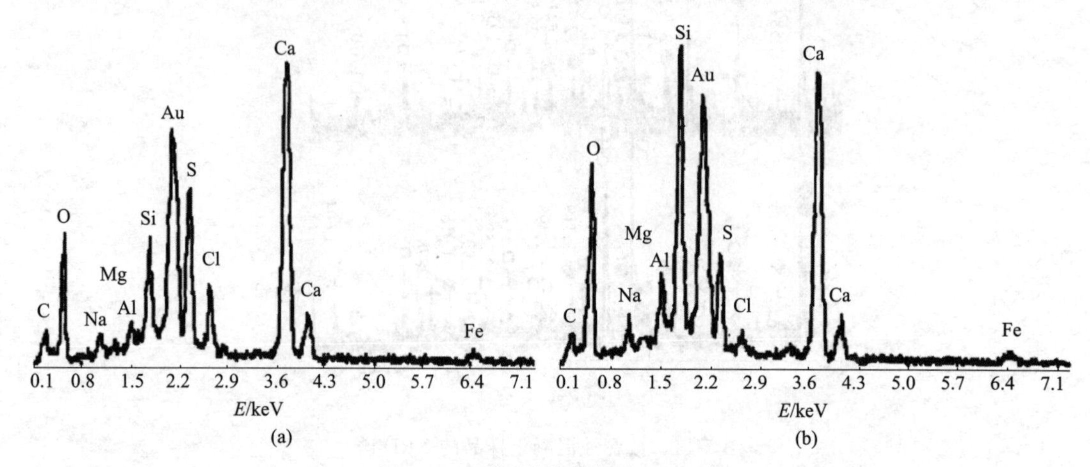

图 7-16　不同形貌晶体的 EDX 谱

7.3.2　水泥基复合材料中 TEM 的应用

张文生等人采用 XRD、TEM 等微观测试手段研究了聚羧酸类减水剂对水化硅酸钙微观结构的影响。图 7-17 所示为纯 C-S-H 的 TEM 谱。图 7-17 的分析表明：纯 C-S-H 的形貌呈卷曲的薄片状。这主要是由于当溶液中 pH＞13 时，硅酸盐一般以低聚物的形态出现，而 C-S-H 凝胶以包含 CaO_2 层的聚硅氧烷形态存在。同时这也表明在 C-S-H 的形成过程中，CaO 首先出现，而后聚硅氧烷沿 CaO_2 排列。图 7-17(b) 中晶格区很不明显，这说明合成的 C-S-H 主要以无序状存在。

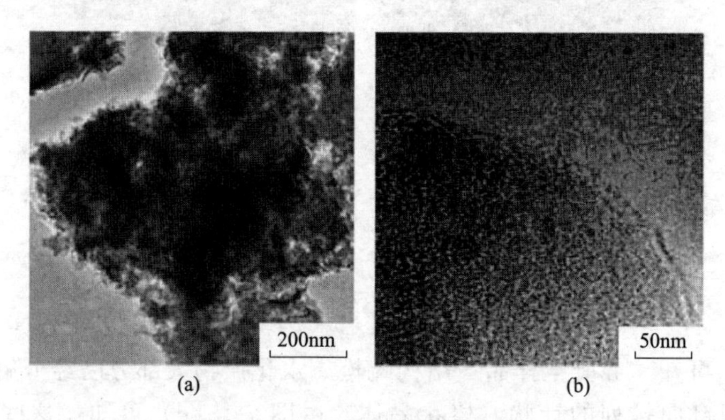

图 7-17　纯 C-S-H 的 TEM 照片

图 7-18 为掺有 15g/L 聚羧酸减水剂的 TEM 照片。由图 7-18(a) 可看出：掺聚羧酸有机大分子的 C-S-H 中长出了一条纤维状长管。图 7-18(b) 中可看到许多晶格区，经初步推算 A 区的晶格间距约为 0.28nm，其对应托贝莫来石结构中 Ca-O 面。B 区晶格间距约为

0.18nm，对应 C-S-H 的（020）面。结合图 7-17 和图 7-18 的分析表明：聚羧酸有机大分子能促进 C-S-H 由结晶度很差的凝胶态向结晶态转变。

图 7-17 和图 7-18 的 TEM 表明：掺入减水剂后，C-S-H 的形貌由卷曲薄片状到长出纤维状的长管，且出现了大片晶格区。由此可知，聚羧酸有机大分子使 C-S-H 结晶程度提高。

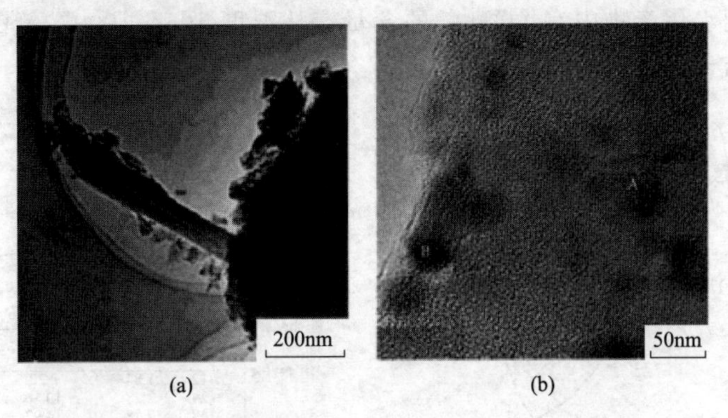

图 7-18　掺聚羧酸有机大分子 C-S-H 的 TEM 照片

7.3.3　水泥基复合材料中综合热分析的应用

王冲等人采用 X 射线衍射与差示扫描量热-热重法研究了粉煤灰与矿渣对水泥早期水化及其火山灰放热行为的影响。纯水泥浆试样（基准样）、掺 20％粉煤灰试样（FA-20）与掺 20％矿渣试样（GGBS-20）的 DSC 试验结果示于图 7-19～图 7-21。图 7-19～图 7-21 结果表明，基准、FA-20 和 GGBS-20 等 3 个试样在 30～1000℃之间有 3 个明显的吸热峰。第 1 个吸热峰出现在 100～110℃，这主要是 AFt 和 C-S-H 水化产物的凝胶水脱去所致。$Ca(OH)_2$ 的吸热峰出现在温度 440～480℃之间，900℃左右的吸热峰为 C-S-H 凝胶结构分解。DSC 试验结果表明：不掺任何混合材，与分别掺入粉煤灰和磨细矿渣作为混合材的水化产物类型基本相同，主要是 C-S-H 凝胶和 $Ca(OH)_2$。此外，在图 7-19～图 7-21 的 DSC 曲线 725℃附近有 1 个非常小的吸热峰，这主要是 $Ca(OH)_2$ 的碳化产物 $CaCO_3$。

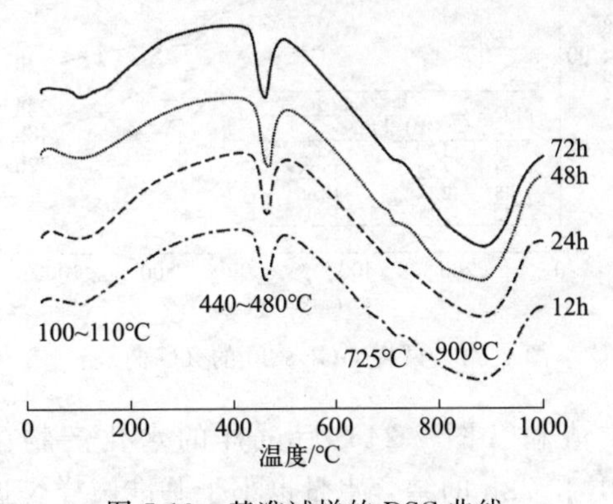

图 7-19　基准试样的 DSC 曲线

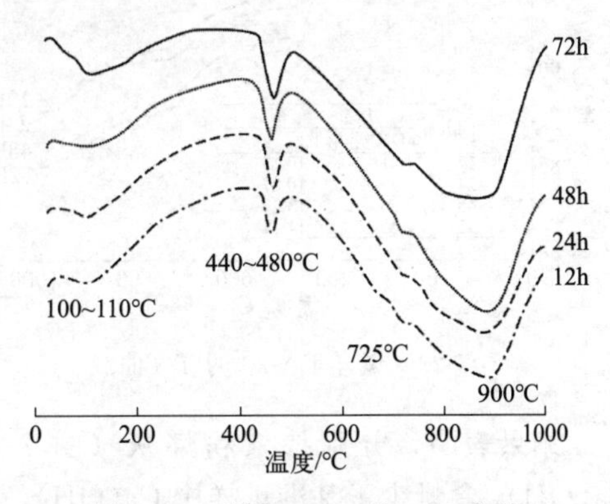

图 7-20　试样 FA-20 的 DSC 曲线

XRD 分析结果显示，不掺混合材时水泥的水化产物中 AFt 不稳定存在，因而图 7-19 中 100～110℃范围内的吸热峰面积代表了 C-S-H 水化产物生成量，水化时间从 12h 到 72h 吸热峰面积增加，表明 C-S-H 凝胶生成量增加。同时，440～480℃温度范围内 $Ca(OH)_2$ 吸热峰面积也随水化时间而呈增加趋势，这与 XRD 试验结果相符。

图 7-20 和图 7-21 表明，主要代表了 $Ca(OH)_2$ 生成量的 440～480℃的吸热峰面积随水化时间从 12h 到 72h 略微增加，粉煤灰与矿渣的火山灰反应消耗 $Ca(OH)_2$ 的速度不明显。

TG 试验结果示于图 7-22～图 7-24。图 7-22～图 7-24 中，通过计算 440～480℃范围的质量损失可以得到水化产物中 $Ca(OH)_2$ 的含量，从温度 105～1000℃范围内的质量损失可得到水化产物的结合水量以反映胶凝材料的水化程度。

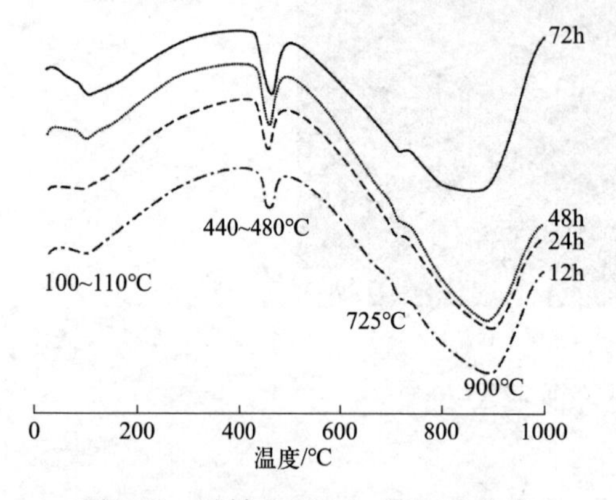

图 7-21　试样 GGBS-20 的 DSC 曲线

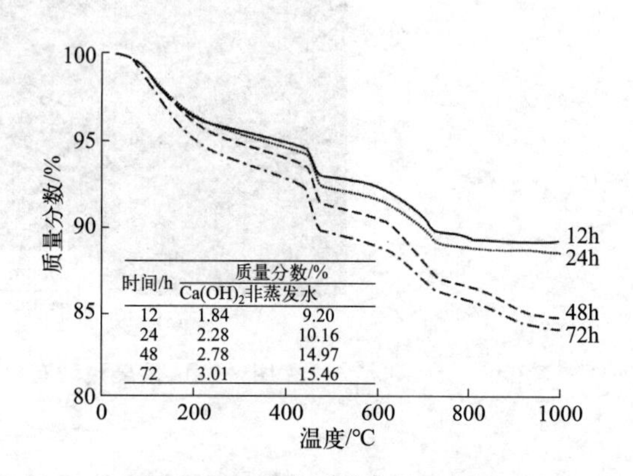

图 7-22　基准试样的 TG 曲线

图 7-22～图 7-24 中 TG 曲线在 440～480℃温度范围内的质量损失表明，无论掺与不掺活性混合材，水化产物中 $Ca(OH)_2$ 含量随水化时间而增加，特别是掺入粉煤灰或矿渣后的样品 FA-20 与 GGBS-20 试样的 $Ca(OH)_2$ 含量并未因其火山灰反应而减少水化产物中 $Ca(OH)_2$ 的含量，这与图 7-19 的 DSC 结果相符。相同水化时间内水化产物结合水量也增加，反映出粉煤灰与矿渣的火山灰反应消耗 $Ca(OH)_2$ 的结果是促进了水泥熟料的水化反应，从而使得水化产物中 $Ca(OH)_2$ 含量并未降低。

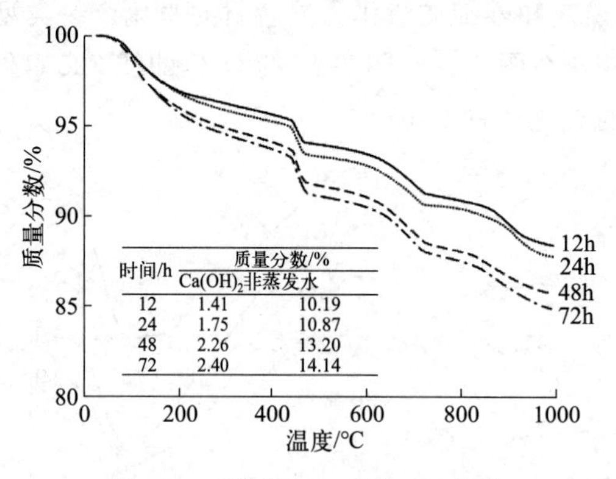

图 7-23　试样 FA-20 的 TG 曲线

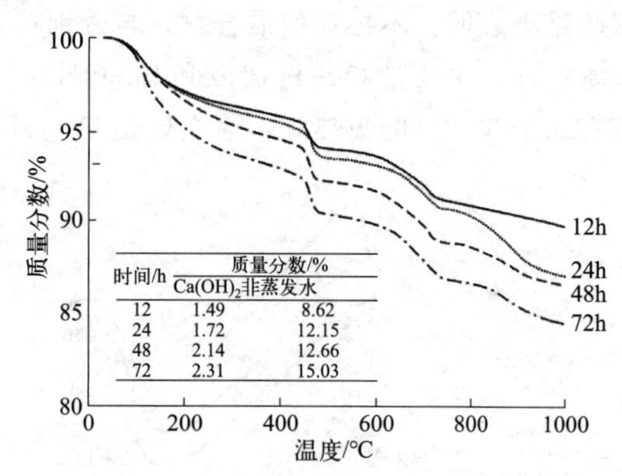

图 7-24　试样 GGBS-20 的 TG 曲线

结果表明，分别掺入粉煤灰（图 7-23）和矿渣粉（图 7-24）后试样的水化产物中 $Ca(OH)_2$ 含量少于基准试样中 $Ca(OH)_2$ 含量，48h 和 72h 的结合水量也小于基准试样，这表明粉煤灰与矿渣的掺入降低了水泥的水化程度。虽然图 7-23 与图 7-24 结果显示水化 12h 与 24h 时的结合水量含量大于基准试样，这主要是因为 24h 前掺入活性混合材后水泥水化产物中有 AFt 存在，AFt 结晶水含量高，因而测试得到的结合水量也高，这并不意味着水泥水化程度高。对比图 7-23 与图 7-24 的 $Ca(OH)_2$ 含量试验结果，可以发现，FA-20 试样在水化 12h 时 AFt 含量高，$Ca(OH)_2$ 含量低；GGBS-20 试样在水化 24h 时 AFt 峰值较强。结果表明，活性矿物掺合料对水泥水化热的降低除其活性不如熟料而导致水化热降低外，活性矿物掺合料延迟了 AFt 的分解，AFt 覆盖在水泥熟料颗粒表面，从而阻碍了水泥的水化，水泥水化热降低，同时 $Ca(OH)_2$ 含量降低，粉煤灰与矿渣的火山灰反应也受到影响。

7.3.4 水泥基复合材料中 NMR 的应用

C-S-H 结构的分析是 ^{29}Si-NMR 技术在水泥化学中应用的又一个重要方面。NMR 波谱中 ^{29}Si 的化学位移通常对应 ^{29}Si 所处的不同环境，其大小与最邻近原子配位密切相关，配位数越高，屏蔽常数越大，共振频率降低，化学位移向负值方向移动。^{29}Si($I=1/2$) 天然丰度为 4.6%，铝存在情况下，能够取代部分的硅形成 $Si(Al_n)$ （$n=0\sim4$）。^{29}Si-MAS 谱最多可出现五条谱峰，即五种可能的 SiO_4 四面体结构。C-S-H 凝胶平均分子链长（MCL）、Al 原子取代 Si 原子的比例 K 的计算公式：

$$\mathrm{MCL}=2\left[Q^1+Q^2(0\mathrm{Al})+1.5Q^2(1\mathrm{Al})\right]Q^1$$
$$K=\frac{0.5Q^2(1\mathrm{Al})}{\left[Q^1+Q^2+Q^2(0\mathrm{Al})+Q^2(1\mathrm{Al})\right]} \tag{7-2}$$

于文金等人采用固体 ^{29}Si 核磁共振等手段研究了养护温度、温度变化对大掺量粉煤灰水泥基材料水化 C-S-H 凝胶硅氧四面体聚合程度的影响规律。

（1）养护 7 d 的 C-S-H 聚合状态

图 7-25 是 FA50 在 20℃、50℃、80℃养护 7d 的 ^{29}Si-NMR 谱图。位于下半部分的曲线为原始曲线，上半部分的曲线是经过去卷积计算之后的拟合曲线。对比不同养护温度的谱图可以发现：养护温度为 20℃时，与 C-S-H 凝胶有关的 Q^1、Q^2(1Al)、Q^2(0Al) 谱峰，存在较多 Q^1 和 Q^2(0Al)，Q^2(1Al) 隐藏在 Q^1 中；而当养护温度提高到 50℃和 80℃时，存在较多 Q^2(1Al) 和 Q^2(0Al)，Q^1 隐藏在 Q^2(1Al) 中；由此可以定性地说明高温养护有助于提高 C-S-H 凝胶平均分子链长。另外，50℃和 80℃的 Q^3 和 Q^4 峰低于 20℃的，表明高温养护至 7d 时，有较多的粉煤灰与 CH 反应，二次反应生成更多的水化硅酸钙；同时，高温养护促使更多的 Al 原子从粉煤灰玻璃体中解离，取代 C-S-H 凝胶中的 Si 原子，形成四配位的铝氧四面体。

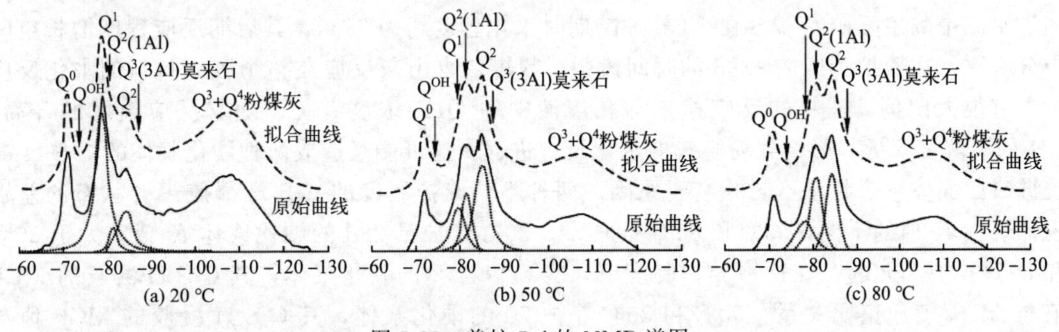

图 7-25 养护 7 d 的 NMR 谱图

（2）50℃、80℃养护 7d，20℃养护到 28d 的 C—S—H 聚合状态

图 7-26 是 50℃、80℃养护 7d 后 20℃养护到 28d 的 NMR 谱图，图 7-27 和图 7-28 分别

为 50℃、80℃养护 28d 的 NMR 谱图，NMR 去卷积结果见表 7-5。

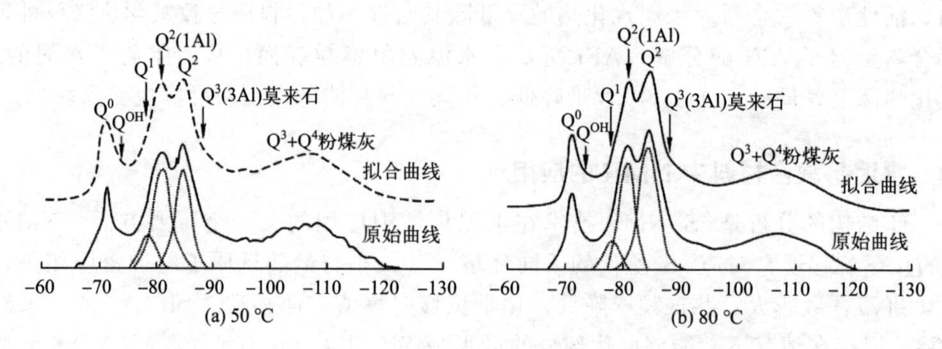

图 7-26　50℃、80℃养护 7d，20℃养护到 28d 的 NMR 谱图

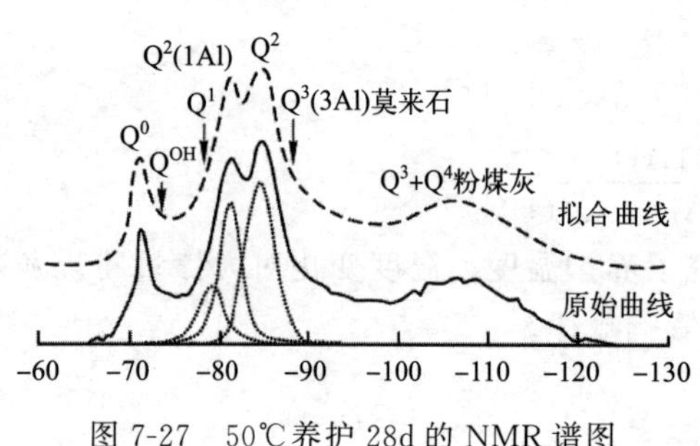

图 7-27　50℃养护 28d 的 NMR 谱图

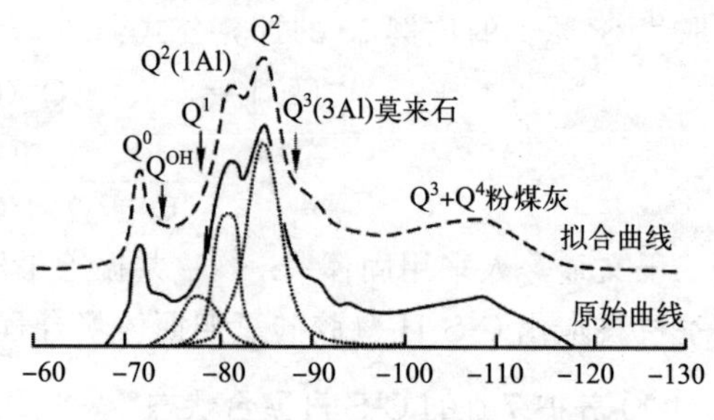

图 7-28　80℃养护 28D 的 NMR 谱图

表 7-5　NMR 去卷积结果一

养护温度/℃	MCL	铝硅比
20	2d，2.9；28d，4.1	7d，0.04；28d，0.06
50	7d，9.8；28d，13.8	7d，0.19；28d，0.18
80	7d，8.4；28d，15.6	7d，0.10；28d，0.12

可以看出，50℃和 80℃养护 7d，20℃养护到 28d 的硬化浆体的 C-S-H 凝胶的平均分子链较长。在 7d 至 28d 的龄期内，20℃养护更加有利于 C-S-H 凝胶硅氧四面体聚合程度的增加。水泥中的主要矿物 C_3S 在 7d 养护龄期时水化程度约为 75%，其后期反应程度增长空间十分有限。在养护龄期 7～28d 的时间段中，粉煤灰火山灰反应在整个胶凝材料的水化反应中占有很大比例。辅料的反应速率与孔溶液中的 OH^- 浓度有关。随着反应温度的升高，CH 的溶解度降低，影响到粉煤灰的水化反应进程，这可能是造成两种硬化浆体的 C-S-H 凝胶硅氧四面体聚合状态不同的主要原因。两种不同养护制度的 C-S-H 凝胶聚合状态的差别也体现在 K 值的不同，50℃和 80℃养护 7d、20℃养护至 28d 的硬化浆体 K 值，大于 50℃和 80℃养护 28d 的。在这种养护制度下，50℃和 80℃的硬化浆体，其 C-S-H 凝胶的 MCL 值与 Al/Si 值成正比关系；50℃和 80℃养护 7d 的硬化浆体，其 C-S-H 凝胶的 MCL 值与 Al/Si 值同样成正比关系。这说明，在 7～28d 的时间段，过高的养护温度（80℃）不但对 C-S-H 凝胶聚合程度的促进作用不大，而且对起桥接作用的 Al 原子进入 C-S-H 凝胶产生负面影响。

(3) 50℃养护 28d，20℃养护到 90d 的 C-S-H 聚合状态

图 7-29 是 20℃养护 90d 的 NMR 谱图，图 7-30 是 50℃养护 28d，20℃养护到 90d 的 NMR 谱图。图 7-29 中出现了 Q^2（1Al）的谱峰，说明随着养护龄期的延长，20℃养护的 C-S-H 凝胶聚合程度和铝氧四面体所占比例均有增加。Q^0 峰相对较弱，说明 90d 时水泥硅酸盐矿物反应程度较高。由表 7-6 可知当 50℃养护 28d 后，再在 20℃养护 90d 的 MCL 值增幅很小，说明 C-S-H 凝胶硅氧四面体聚合程度在 28～90d 的时间段中变化不大；同时，K 值有一定程度的降低。龄期 28～90d 的时间段，常温养护和高温养护的 K 值变化规律截然相反：常温养护的 K 值略有升高，高温养护的 K 值降低 25%。高温养护能够明显促进粉煤灰的火山灰活性，粉煤灰中网络状玻璃体的-O-Si-O-和-O-Si-O-Al-O-更容易解离，造成了高温养护至 28d 时 C-S-H 凝胶铝氧四面体含量较多。冷却至室温养护至 90d，部分含铝元素较高的 C-S-H 凝胶链状结构发生重构。养护至 90d 的硬化浆体，高温养护的 C-S-H 凝胶硅氧四面体聚合度仍然较高。同时，各个龄期的硬化浆体，高温养护（50℃、80℃）的 C-S-H 凝胶硅氧四面体聚合程度和 Al 原子取代 Si 原子的比例，都要高于常温养护的 C-S-H 凝胶。

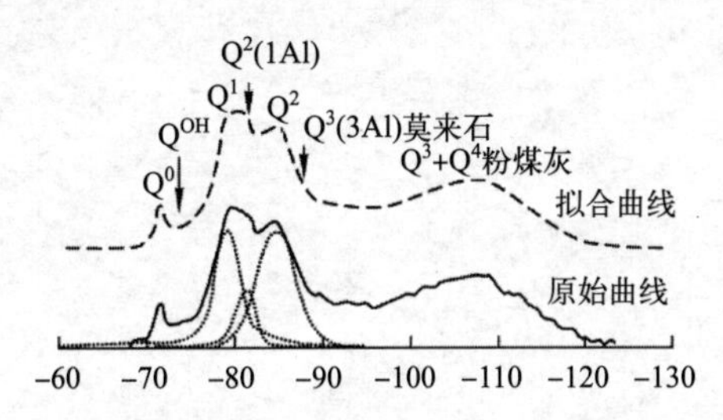

图 7-29　20℃养护 90d 的 NMR 谱图

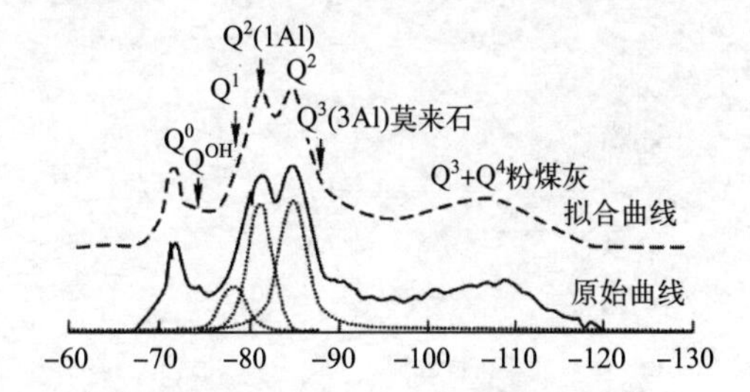

图 7-30　50℃养护 28d，20℃养护到 90d 的 NMR 谱图

表 7-6　NMR 去卷积结果二

养护温度/℃	MCL	铝硅比
20	28d，4.1；90d，5.1	28d，0.05；90d，0.06
50	28d，17.6；90d，18.7	28d，0.24；90d，0.18
80	28d，20.1	28d，0.19

思考题

1. TiO_2 有金红石和锐钛矿两种晶型，用溶胶-凝胶法制备 TiO_2 纳米晶，经 600℃ 煅烧后得到白色粉体。现要分析粉体的物相和粒度大小，请说明用什么分析方法，并简要说明分析过程。

2. 钙矾石是水泥水化的主要产物之一，分子式 $3CaO \cdot Al_2O_3 \cdot 3CaSO_4 \cdot 32H_2O$，其结构随温度的变化会发生改变。采取什么测试手段表征其温度变化过程中的结构变化？并说明分析过程。

参考文献

[1] 曾小勤. 高性能稀土镁合金研究新进展 [J]. 中国有色金属学报，2021，31(11)：2963-2975.

[2] Zhang H B. Acrylamide in-situ polymerization of toughened sulphoaluminate cement-based grouting materials [J]. Construction and Building Materials，2022，319(14)：126105.

[3] 焦玉凤. 稀土耐热镁合金及应用 [M]. 北京：化学工业出版社，2019.

[4] 胡曙光. 先进水泥基复合材料 [M]. 北京：科学出版社，2009.

[5] 史才军. 水泥基复合材料测试分析方法 [M]. 北京：中国建筑工业出版社，2018.

[6] 李文郁. 先进水泥基复合材料 [J]. 硅酸盐学报，2022，50(11)：2992-3008.

[7] 赵凯月. 硅酸盐水泥水化动力学模型与试验方法研究进展 [J]. 硅酸盐学报，2022，50(06)：1728-1761.

[8] 施惠生. 水泥基材料科学 [M]. 北京：中国建筑工业出版社，2013.